石油和化工行业"十四五"规划教材

国家级一流本科专业建设成果教材

高等学校制药工程专业规划教材

U0622445

制药过程安全 与环保 第二版

ZHIYAO GUOCHENG ANQUAN YU HUANBAO

姚日生　李凤和　主编

王　淮　王玉柱　史建俊　副主编

化学工业出版社

· 北京 ·

内容简介

　　《制药过程安全与环保》（第二版）与上一版同样集专业知识和专家经验于一体，按照制药过程的安全、职业卫生与环境保护涉及的基本知识、法规要求和技术方法以及风险评价等四方面进行组织编写。全书共十章，包括：绪论、药物生产中的危险品和危险工艺、药品生产过程的安全与防控技术、安全评价与安全生产管理、职业病危害与卫生防护、制药过程中"三废"的治理技术、环境影响评价与管理，以及应急救援与处置。其中主要增加了生物制药过程安全技术、制药工艺安全可靠性论证方法，以及固废处理新技术，并在各章习题中安排了"分析与应用评价"类课外大作业。同时，本书配套视频等数字资源，读者可扫描二维码获取。

　　本书可作为高校制药工程、药物制剂及相关专业师生的教材及参考书，也可作为各类制药企业中工程技术人员及管理人员的培训教材。

图书在版编目（CIP）数据

制药过程安全与环保 / 姚日生，李凤和主编；王淮，王玉柱，史建俊副主编． -- 2 版． -- 北京：化学工业出版社，2025.2． -- ISBN 978-7-122-46793-5

I. TQ460.3

中国国家版本馆 CIP 数据核字第 2024RR3207 号

责任编辑：马泽林　杜进祥
责任校对：赵懿桐　　　　　　　装帧设计：刘丽华

出版发行：化学工业出版社
　　　　　（北京市东城区青年湖南街 13 号　邮政编码 100011）
印　　装：高教社（天津）印务有限公司
787mm×1092mm　1/16　印张18¾　字数 435 千字
2025 年 7 月北京第 2 版第 1 次印刷

购书咨询：010-64518888　　　　　　售后服务：010-64518899
网　　址：http://www.cip.com.cn
凡购买本书，如有缺损质量问题，本社销售中心负责调换。

定　　价：49.00 元　　　　　　　　版权所有　违者必究

本书编写人员（按姓氏笔画排序）

王　淮　合肥工业大学

王玉柱　安徽康安宏润环保科技有限公司

王积国　安徽省化工研究院

王舒卓　沈阳市链接科技有限公司

王颖莉　山西中医药大学

左晶晶　安徽省化工研究院

史建俊　黄山学院

边侠玲　安徽安生生物化工科技有限责任公司

朱庭庭　安徽医科大学公共卫生学院

刘晴川　合肥工业大学

安敬喆　安徽省化工研究院

李凤和　安徽医科大学药学院

汪　燕　黄山学院

沈小宇　佳木斯大学药学院

张　侠　安徽省化工研究院

张燕燕　安徽省化工研究院

周　晓　天津大学

姚　森　安徽同速科技有限公司

姚日生　合肥工业大学

前言

"制药过程安全与环保"是制药工程专业的核心课程，主要为工程与可持续发展、工程伦理与职业道德，以及设计/开发解决方案等毕业要求的达成提供支撑作用。相应地，本课程的主要课程目标是学生通过学习了解相关法规知识和技术方法，能够结合与制药过程安全、职业卫生和环保相关的法规和技术，就制药过程技术解决方案与工程实践对环境、健康和安全的影响，进行分析评价并设计合理的技术解决方案；能够在工程实践中认同绿色和可持续发展的理念，遵守相关法规和工程职业道德，并理解应承担的责任等。

《制药过程安全与环保》第一版（2018年）在制药工程专业和相关专业作为教材使用已近六年，有读者在使用过程中反馈本书有关生物安全技术的介绍过于简单。同时，近年来的生物技术药物产业快速增长，以及绿色和连续制药过程技术与合成生物学和人工智能的发展，推动了"三废"处理的新技术发展与应用，这些变化与发展对制药产业的环境、健康和安全（EHS）提出了更高的和/或更新的要求，相关的法规和标准也因此发生了许多变化。因此，为了适应制药行业新业态和新技术发展的要求，并满足制药过程与环保的课程目标对课程内容的要求，需要对本书的相关内容进行修正、补充完善与更新。

本次修订版保持原有教材章节结构不变，除了对更新的法规和新技术标准做了修改完善外，更多地就主要章节的部分内容进行了更新。修订版依然是按照制药过程的安全、职业卫生与环境保护涉及的基本知识、法规要求和技术方法以及风险评价等四方面进行组织编写的。主要变化的章节及内容有：第一章第五节的生物制药过程的安全；第二章第二节的危险化学品重大危险源、危险生物品重大危险源的辨识，第二章第三节的危险生物品重大危险源的安全管理，第二章第五节的典型事故案例中的生物安全案例；第三章增加了生物安全防护技术；第四章增加了包括化学反应和生物反应/加工在内的制药过程工艺安全风险评估和工艺安全可靠性论证的一般方法；第六章增加了基于热泵技术的低温循环蒸发（CCE）系统装置与废液处理工艺技术；第八章对高有机废盐采用微波高效加热裂解（MP）技术，对高化学活性或生物活性的固废采用淬灭处理技术，中药生产过程产生的药渣的氧化发酵生产含腐植酸/黄腐酸等有机质的肥料。同时，在各章原有习题的基础上增加了"分析与应用评价"类的课外大作业，较难题目后给出提示，方便读者思考。

全书修订与统稿由姚日生和李凤和负责，新增内容撰写主要由李凤和和王淮负责，课外大作业编制由王淮和史建俊负责。章节编写具体分工为：第一章由边侠玲、李凤和、王淮编写，第二章由李凤和、张侠、边侠玲、王淮、周晓编写，第三章由王积国、王淮、史建俊、王舒卓、安敬喆编写，第四章由王积国、李凤和、史建俊、汪燕编写，第五章由左晶晶、李凤和、沈小宇编写，第六章由李凤和、朱庭庭、姚森、史建俊编写，第七章由王玉柱、刘晴川、张燕燕编写，第八章由王淮、刘晴川、王颖莉编写，第九章由张燕燕、王玉柱、朱庭庭编写，第十章由王玉柱、李凤和编写；另，本书部分插图与插图的优化由姚力蓉负责。在此，向为本书奉献素材的专家学者们表示衷心感谢！

由于笔者水平有限，尤其对智能制造技术的知识及工程实践经验的准备不足，书中依然难以避免有所疏漏，恳请各位读者批评指正。

编者

2024 年 7 月 4 日于合肥

制药过程不仅与制药工程技术密切相关，而且与安全工程和环境工程高度关联，并受到法律法规的限定约束。实际上，只有做到安全生产才能真正体现制药产业的价值，只有对环境友好才能确保青山绿水，实现可持续发展。而且，立志做制药人，就要做到：生命至上、职业使命至上，维护药品质量和生产过程的安全与环保，对雇主、同事和所从事的职业负责。

为此，要求制药工程师在从事设计、药厂生产运行与管理，以及新工艺技术和新产品研发工作的同时，要考虑社会、健康、安全、法律、文化以及环境等因素，具有社会责任感，能够在工程实践中理解并遵守工程职业道德和规范，履行责任，为社会提供安全、均一、稳定、有效的高品质药品。因此，制药工程等专业的学生需要学习药品生产过程中的安全与环境保护的知识。

《制药过程安全与环保》主要介绍原料药生产和药物制剂过程的生产安全和职业卫生、"三废"及其治理技术、环境和安全突发事件应急救援等专门技术知识以及安全风险和环境影响评价的一般方法。全书共十章：第一章绪论，第二章药物生产中的危险品和危险工艺，第三章药品生产过程的安全技术，第四章安全评价与安全生产管理，第五章职业危害与卫生防护，第六章制药废水的处理技术，第七章制药废气的治理技术，第八章制药过程固体废物的综合治理技术，第九章环境质量评价与管理和第十章应急预案与救援。其中，第二章危险品和危险工艺不仅限于化学品及其技术，还包括病毒生物制品及其技术；第十章内容不仅包括安全应急预案与救援，还包括环境污染突发事故的应急救援知识。

本书内容集专业知识和专家经验于一体，不仅能满足制药工程、药物制剂专业的教学要求，而且可作为相近专业学习"环境、健康和安全"知识的参考书，还可作为专业人员培训用书。

本书由合肥工业大学姚日生、安徽省合肥安生医药科技有限公司边侠玲、中国科学技术大学李凤和、安徽省化工研究院王玉柱、山西中医药大学王颖莉，以及安徽省化工研究院王积国、左晶晶、张燕燕、张侠、安敬喆和合肥工业大学刘晴川共同编写，姚日生、边侠玲任主编，王玉柱、李凤和任副主编。编写人员以产品技术工程师、注册安全工程师、安全评价师、注册环评工程师等工业一线的技术专家为主。

全书知识点的规划、习题编写以及各章内容完善与最后统稿由姚日生负责，第一章由边侠玲编写，第二章的第一节至第四节由张侠编写、第五节由边侠玲编写，第三章的第一节由王积国编写、第二节由安敬喆编写、第三节由李凤和编写，第四章由王积国编写，第五章由左晶晶编写，第六章由李凤和编写，第七章的第一节和第二节由刘晴川编写、第三节由王玉柱编写、第四节和第五节由张燕燕编写，第八章由王颖莉编写，第九章由张燕燕编写，第十章由王玉柱编写。

安徽安生生物化工科技有限责任公司姚力蓉为本书绘制了大部分插图并对书中的全部插图进行了整理加工，安徽职业技术学院刘晓艳对部分章节图文进行了校核，安徽丰原药业股份有限公司总工程师尹双青、悦康药业集团安徽凯悦制药有限公司总经理周如国等提供了部分应用实例，在此向他们以及为本书奉献素材的专家学者们深表感谢！

由于编者水平有限，尤其是有关生物安全方面知识的不足，疏漏之处在所难免，恳请读者批评指正。

编者
2018 年 3 月 1 日于合肥

目录

第三章
药品生产过程的安全
与防控技术　047

第四章
安全评价与安全
生产管理　079

第五章
职业病危害与卫生防护

117

第六章
制药过程废水处理技术

138

第七章
制药过程废气的
处理技术

187

附录
法规与技术标准

参考文献

第一章

绪论

 学习目标

熟悉：制药过程安全与环保的基本概念及其工程设计策略、理念与要求；

了解：制药过程安全与环保及其政策法规的历史和发展趋势；

掌握：制药过程的安全与污染特点，理解制药生产过程给社会带来的安全与环境影响以及自己的社会责任。

制药工业有第二国防工业之称，事关国民的身体健康和国家的稳定与发展。目前，制药工业已成为我国的支柱产业之一。

制药工业是典型的过程工业，按照生产阶段可将制药过程分为原料药生产过程和药物制剂生产过程；根据药物的制造技术方法可将制药过程分为化学制药过程、生物制药过程和中药制药过程及其药品成型加工过程。就像其他产业一样，药品生产过程不仅存在着安全风险，而且有环境污染的风险；常常因安全问题带来的环境污染风险，也会因环境污染引发安全事故。因此，制药过程的安全与环境保护，不仅与安全工程、环境工程以及制药过程工程技术密切相关，而且受到法律法规的限定和监管。实际上，没有安全的生产是无法运行的，并且，环境友好的生产才能确保是可持续的。只有做到安全和环境友好的生产才能真正体现制药产业的价值。

扫码看视频

第一节　安全与环保基本概念

一、安全与职业卫生的基本概念

安全泛指没有危险、不出事的状态，生产过程中的安全是指"不发生工伤事故、职业病、设备或财产损失"。事故是指造成死亡、疾病、伤害、损坏或其他损失的意外情况；而事件指的是导致或可能导致事故的情况（其结果未产生疾病、伤害、损坏或其他损失）。对于没有造成死亡、伤害、职业病、财产损失或其他损失的事件称为"未遂事件"。因此，事件包括事故事件和未遂事件。

系统安全工程认为世界上没有绝对安全的事物，任何事物中都包含不安全的因素，具有一定的危险性。安全是一个相对的概念，危险性是对安全性的隶属度，当危险性低于某种程度时，人们就认为是安全的。

本质安全是指通过设计等手段使生产设备或生产系统本身具有安全性，即使在误操作或发生故障的情况下也不会造成事故的功能。具体包括以下两方面的内容：

① 失误-安全功能　指作业人员即使操作失误，也不会发生事故或伤害，也可以说是设备、设施和技术工艺本身具有自动防止人的不安全行为的功能，可以自动阻止作业人员误操作。

② 故障-安全功能　指设备、设施、技术工艺发生故障或损坏时，还能暂时正常工作或自动转变为安全状态。

无论是"失误-安全功能"还是"故障-安全功能"，都是设备、设施和技术工艺本身固有的，即在它们规划设计阶段就被纳入其中了，而不是事后补偿的。

本质安全是珍爱生命、预防为主的实现形式，就是通过追求企业生产流程中人、物、系统、制度等诸要素的安全可靠、和谐统一，使各种危害因素始终处于受控制状态，进而逐步趋近本质型、恒久型安全目标。实际上，由于技术、资金和人们对事故的认识等原因，目前还很难做到本质安全。

制药过程因可能涉及化学反应、致病菌/病毒等而存在安全风险，因使用的原料、中间体、催化剂和产品以及有机溶剂等会以气体、气溶胶/气雾、蒸汽（气）、粉尘等形式扩散或散布在生产区域及其周边区域的空间中，而存在相关人员身体受伤害的风险。为此，制药企业需要加强安全及职业卫生管理，以确保安全生产、减少或避免事故的发生，使从业者的健康在职业活动过程中免受损害，使所有从事劳动的人员在体格、精神、社会适应等方面都保持健康；同时，建立应急救援组织和职业健康保证体系，配全工作场所需要的急救设备和防护用品，且要严格遵守国家的相关法律法规并执行相关技术标准。

二、环境与环境保护的基本概念

① 环境　《中华人民共和国环境保护法》对环境的定义，是指影响人类生存和发展的各种天然的和经过人工改造的自然因素的总体，包括大气、水、海洋、土地、矿藏、森林、草原、湿地、野生生物、自然遗迹、人文遗迹、自然保护区、风景名胜区、城市和乡村等。

② 环境要素　也称作环境基质，是构成人类环境整体的各个独立的、性质不同而又服从整体演化规律的基本物质组分。通常是指地表水环境、地下水环境、大气环境、声环境、生物种群、岩石、土壤等。

③ 环境质量　表述环境优劣的程度，指一个具体的环境中，环境总体或某些要素对人群健康、生存和繁衍以及社会经济发展适宜程度的量化表达。环境质量是因人对环境的具体要求而形成的评定环境的一种概念，因此，环境质量包括综合环境质量和各要素的环境质量，如大气环境质量、地表水环境质量、地下水环境质量、声环境质量、土壤环境质量、生态系统完整性等。各种环境要素的优劣是根据人类要求进行评价的，所以环境质量又和环境质量评价联系在一起，即确定具体的环境质量要进行环境质量评价，用评价的结果表征环境质量。环境质量评价是确定环境质量的手段、方法，环境质量则是环境质量评价的结果。要进行评价就必须有标准，这样就产生了与环境质量紧密相关的环境质量标准体系。

④ 环境容量 又称环境负载容量、地球环境承载容量或负荷量，是在人类生存和自然生态系统不致受害的前提下某一环境所能容纳的污染物的最大负荷量；或一个生态系统在维持生命机体的再生能力、适应能力和更新能力的前提下承受有机体数量的最大限度。环境容量包括绝对容量和年容量两个方面。前者是指某一环境所能容纳某种污染物的最大负荷量；后者是指某一环境在污染物的积累浓度不超过环境标准规定的最大容许值的情况下，每年所能容纳的某污染物的最大负荷量。

环境绝对容量（W_Q）是某一环境所能容纳某种污染物的最大负荷量，达到绝对容量没有时间限制，即与年限无关。环境绝对容量由环境标准的规定值（W_S）和环境背景值（B）来决定。数学表达式有以浓度单位表示的和以质量单位表示的两种。以浓度单位表示的环境绝对容量的计算公式为：

$$W_Q = W_S - B \qquad (1\text{-}1)$$

其单位为 1×10^{-6} g/g。例如，某地土壤中镉的背景值为 0.1×10^{-6} g/g，农田土壤标准规定的镉的最大容许值为 1×10^{-6} g/g，该地土壤镉的绝对容量则为 0.9×10^{-6} g/g。

任何一个具体环境都有一个空间范围，如一个水库能容多少立方米的水；一片农田有多少亩，其耕层土壤（深度按 20cm 计算）有多少立方米（或吨）；一个大气空间（在一定高度范围内）有多少立方米的空气等。对这一具体环境的绝对容量常用质量单位表示。以质量单位表示的环境绝对容量的计算公式为：

$$W_Q = M(W_S - B) \qquad (1\text{-}2)$$

当某环境的空间介质的质量 M 单位以 t 表示时，W_Q 的单位为 g。如按上面例子中的条件，计算 10 亩（1 亩=0.067 hm^2，下同）农田镉的绝对容量，可以根据土壤的密度，求出耕层土壤的重量（M），并把它代入上式，即可求得。如土壤容重 1.5g/cm^3，10 亩农田对镉的绝对容量为 1800g。

年容量（W_A）是某一环境在污染物的积累浓度不超过环境标准规定的最大容许值的情况下，每年所能容纳的某污染物的最大负荷量。年容量的大小除了同环境标准规定值和环境背景值有关外，还同环境对污染物的净化能力有关。若某污染物对环境的输入量为 A（单位负荷量），经过 1 年以后，被净化的量为 A'，则：

$$(A'/A) \times 100\% = K \qquad (1\text{-}3)$$

式中，K 称为某污染物在某一环境中的年净化率。以浓度单位表示的环境年容量的计算公式为：

$$W_A = K(W_S - B) \qquad (1\text{-}4)$$

以质量单位表示的环境年容量的计算公式为：

$$W_A = K M(W_S - B) \qquad (1\text{-}5)$$

则年容量与绝对容量的关系为：

$$W_A = K W_Q \qquad (1\text{-}6)$$

如某农田对镉的绝对容量为 9×10^{-7} g/g，农田对镉的年净化率为 20%，其年容量则为 9×10^{-7} g/g×20%=1.8×10^{-7} g/g。按此污染负荷，该农田镉的积累浓度永远不会超过土壤标准规定的镉的最大容许值 1×10^{-6} g/g。

环境容量主要应用于环境质量控制，并作为工农业规划的一种依据。任一环境，它的环境容量越大，可接纳的污染物就越多，反之则越少。污染物的排放必须与环境容量相适应，如果超出环境容量就要采取措施，如降低排放浓度、减少排放量，或者增加环境保护设施等。在工农业规划时，必须考虑环境容量，如工业废弃物的排放、农药的施用等都应以不产生环境危害为原则。

在应用环境容量参数来控制环境质量时，还应考虑污染物的特性。非积累性的污染物，如二氧化硫气体等，风吹即散，它们在环境中停留的时间很短，依据环境的绝对容量参数来控制这类污染有重要意义，而年容量的意义却不大。如在某一工业区，许多烟囱排放二氧化硫，各自排放的浓度都没有超过排放标准的规定值，但合起来却大大超过该环境的绝对容量。在这种情况下，只有制定以环境绝对容量为依据的区域环境排放标准，降低排放浓度，减少排放量，才能保证该工业区的大气环境质量。积累性的污染物在环境中能产生长期的毒性效应。对这类污染物，主要根据年容量这个参数来控制，使污染物的排放与环境的净化速率保持平衡。总之，污染物的排放必须控制在环境的绝对容量和年容量之内，才能有效地消除或减少污染危害。

⑤ 环境影响及其类型　环境影响是指人类活动（经济活动、政治活动和社会活动）对环境的作用和导致的环境变化以及由此引起的对人类社会和经济的效应。

按影响的来源分为直接影响、间接影响和累积影响，按影响效果可分为有利影响和不利影响，按影响性质分为可恢复影响和不可恢复影响；另外，环境影响还可分为短期影响和长期影响，地方、区域影响或国家和全球影响，建设阶段影响和运行阶段影响等。

⑥ 环境保护（environmental protection，简称环保）　它指的是在个人、组织或政府层面，为大自然和人类福祉而保护自然环境的行为，指人类为解决现实或潜在的环境问题，协调人类与环境的关系，保障经济社会的可持续发展而采取的各种行动。其方法和手段有工程技术的、行政管理的，也有法律的、经济的、宣传教育的等。保护环境是人类有意识地保护自然资源并使其得到合理的利用，防止自然环境受到污染和破坏；对受到污染和破坏的环境做好综合治理，以创造出适合人类生活、工作的环境，协调人与自然的关系，让人们做到与自然和谐相处。

环境保护涉及的范围广、综合性强，它涉及自然科学和社会科学的许多领域，还有其独特的研究对象。环境保护方式包括采取行政、法律、经济、科学技术手段及民间自发组织环保等，合理地利用自然资源，防止环境污染和破坏，以求自然环境同人文环境、经济环境共同平衡可持续发展，扩大有用资源的再生产，保证社会的发展。

第二节　工业生产安全与环保的发展历史与趋势

一、工业生产安全的发展历史与趋势

18 世纪中叶，蒸汽机的发明引起了工业革命，大规模的机器化生产开始出现，工人们在极其恶劣的作业环境中从事超过 10h 的劳动，工人的安全和健康时刻受到机器的威胁，伤亡事故和职业病不断出现。为了确保生产过程中工人的安全与健康，人们采用了很多种手段改善作业环境，一些劳动者也开始研究劳动安全卫生问题。安全生产管理的内容和范畴有了很大的发展。

20 世纪初，现代工业兴起并快速发展，重大生产事故不断发生，造成了大量的人员伤亡和财产损失，给社会带来了极大的危害，一些企业开始设置专职安全管理人员从事安全管理工作，并对工人进行安全教育。到了 20 世纪 30 年代，很多国家设立了安全管理的政府机构，发布了劳动安全和职业健康的法律法规，初步建立了较完善的安全管理、教育、职业健康体系，并因保险业的发展而推出了安全评价。于是，就产生了一个衡量风险程度的问题，这个衡量、确定风险程度的过程实际上就是一个安全评价的过程，因此，安全评价也被称作"风险评价"。

安全评价技术在 20 世纪的后半叶得到很大的发展，得益于系统安全工程理论的完善和发展。系统安全理论首先被应用于美国军事工业。1962 年 4 月美国公布了第一个有关系统安全的说明书《空军弹道导弹系统安全工程》，以此对与民兵式导弹计划有关的承包商提出了系统安全要求，这是系统安全理论的首次实际应用。1969 年美国国防部批准颁布了最具有代表性的系统安全军事标准 MIL-STD-822，对完成系统在安全方面的目标、计划和手段，包括设计、措施和评价，提出了涵盖系统整个生命周期的安全要求和程序、目标。此项标准于 1977 年修订为 MIL-STD-822A，1984 年又修订为 MIL-STD-822B，对世界工程安全和防火领域产生了巨大影响，陆续推广到世界各国的航空、航天、核工业、石油、化工等领域，并不断发展、完善，形成了现代系统安全工程的理论、方法体系，在当今安全科学中占有非常重要的地位。

系统安全工程理论和技术的发展与应用，为进行事故预测、预防的系统安全评价奠定了科学的基础。安全评价的现实作用又促使许多国家政府、工商业集团加强对安全评价的研究，开发自己的评价方法，对系统进行事先、事后的评价，分析、预测系统的安全可靠性，努力避免不必要的损失。

1964 年美国陶氏（Dow）化学公司根据化工生产的特点，首先开发出"火灾、爆炸危险指数评价法"，用于对化工装置进行安全评价。该评价方法几十年来已经多次进行修订、补充和完善。它是以单元重要危险物质在标准状态下的火灾、爆炸或释放出危险性潜在能量大小为基础，同时考虑工艺过程的危险性，计算单元火灾爆炸指数（F&EI），确定危险等级，并提出安全对策措施，使危险降低到人们可以接受的程度。1974 年英国帝国化学公司（ICI）蒙德（Mond）在陶氏化学公司评价方法的基础上引入了毒性概念，并发展了某些补偿系数，提出了"蒙德火灾、爆炸、毒性指标评价法"。1975 年美国原子能委员会在没有核电站事故先例的情况下，应用系统安全工程分析方法，提出了著名的《核电站风险报告》(WASH-1400)，并被以后发生的核电站事故所证实。1976 年日本劳动省颁布了"化工厂安全评价六阶段法"，确定了一种安全评价的模式，并陆续开发了"匹田法"等评价方法。由于安全评价技术的发展，安全评价已在现代企业管理中占有优先的地位。

鉴于安全评价在预防事故，特别是预防重大恶性事故方面取得的巨大效益，许多国家政府和生产经营单位投入巨额资金进行安全评价。美国原子能委员会发表的《核电站风险报告》，耗资 300 万美元，相当于建造一座 1000MW 核电站投资的 1%。当前，大多数工业发达国家已将安全评价作为工厂设计和选址、系统设计、工艺过程、事故预防措施及制订应急计划的重要依据。近年来，随着信息处理技术、数字化技术和事故预防技术的进步，还开发出了包括危险辨识、事故后果模型、事故频率分析、综合危险定量分析等内容的商用化安全评价计算机软件，计算机技术的广泛应用又促进了安全评价向更深层次发展。

20世纪70年代以后，世界范围内发生了许多震惊世界的火灾、爆炸、有毒物质的泄漏事故。例如：1974年，英国夫利克斯保罗化工厂发生的环己烷蒸气爆炸事故，死亡29人、受伤109人，直接经济损失达700万美元；1984年，墨西哥城液化石油气供应中心站发生爆炸，事故中约有490人死亡、4000多人受伤、900多人失踪，供应站内所有设施毁损殆尽；1984年12月3日凌晨，印度博帕尔农药厂发生一起异氰酸甲酯泄漏的恶性中毒事故，有2500多人中毒死亡，20余万人中毒，是世界上绝无仅有的大惨案。

恶性事故造成的人员严重伤亡和巨大的财产损失，促使各国政府、议会立法或颁布法令，规定工程项目、技术开发项目必须强化安全管理，降低安全风险程度。日本《劳动安全卫生法》规定，由劳动基准监督署对建设项目实行事先审查和许可证制度；美国对重要工程项目的竣工、投产都要求进行安全评价；英国政府规定，凡未进行安全评价的新建项目不准开工；欧共体1982年颁布《关于工业活动中重大危险源的指令》，欧共体成员国陆续制定了相应的法律；国际劳工组织（ILO）也先后公布了《重大事故控制指南》、《重大工业事故预防实用规程》和《工作中安全使用化学品实用规程》，其中对安全评价均提出了要求。2002年欧盟《未来化学品政策战略》白皮书中，明确了危险化学品的登记及风险评价，作为政府的强制性的指令。

20世纪80年代初期，安全系统工程被引入我国，许多研究单位、行业管理部门及部分企业开始对安全评价方法进行研究及实际应用。为将安全评价工作纳入法制化轨道，并在实际工作中更好地发挥作用，原劳动人事部1986年分别向有关科研单位下达了机械工厂危险程度分级、化工厂危险程度分级、冶金工厂危险程度分级等科研项目。1991年国家"八五"科技攻关课题中，将安全评价方法研究列为重点攻关项目，由原劳动部劳动保护科学研究所等单位完成的"易燃、易爆、有毒重大危险源识别、评价技术研究"，填补了我国跨行业重大危险源评价方法的空白，在事故严重度评价中建立了定量计算伤害模型库，使我国工业安全评价方法的研究从定性评价阶段进入定量评价阶段。

与此同时，安全预评价在建设项目"三同时"工作中开展起来，1988年，国内一些较早实施建设项目"三同时"的省、市，开始了建设项目安全预评价的实践，在初步取得经验的基础上，1996年10月，原劳动部颁发了第3号令《建设项目（工程）劳动安全卫生监察规定》，规定六类建设项目必须进行劳动安全卫生预评价；1999年5月，原国家经贸委发出了《关于对建设项目（工程）劳动安全卫生预评价单位进行资格认可的通知》（国经贸安全[1999]500号）。2002年6月，国家安全生产监督管理局（国家煤矿安全监察局）发出了《关于加强安全评价机构管理的意见》。2002年6月29日，《中华人民共和国安全生产法》颁布实施，对于安全评价起到了极大的推动作用。随着包括《危险化学品安全管理条例》等相关配套法规的出台，安全评价在我国逐步深入展开。

此外，国务院机构改革后，原国家安全生产监督管理局重申要继续做好安全评价工作，陆续发布了《安全评价通则》及各类安全评价导则，对安全评价单位资质重新进行了审核登记，通过安全评价人员培训班和专项安全评价培训班对全国安全评价从业人员进行培训和资格认定。2005年起，原国家安全生产监督管理局开始统一组织国家执业资格安全评价师资格考试，从事安全评价工作的人员应持有安全评价师资格证书或注册安全工程师执业资格证书。

由于制药过程会伴随易燃易爆、有毒有害等物料和产品，涉及工艺、设备、仪表、电气等多个专业和复杂的公用工程系统，因此，生产经营单位必须了解、掌握其安全技术特性，采取有效的安全防护措施，并对从业人员进行专门的安全生产教育和培训。《危险化学品建设项目安全监督管理办法》《危险化学品生产企业安全生产许可证实施办法》均明确规定：新开发的危险化学品生产工艺必须在小试、中试、工业化试验的基础上逐步放大到工业化生产，国内首次使用的化工工艺必须经省级人民政府有关部门组织安全可靠性论证。但是，安全风险依然存在。2019 年 3 月 21 日，位于江苏省盐城市响水县生态化工园区的某化工有限公司发生特别重大爆炸事故，造成 78 人死亡、76 人重伤、640 人住院治疗，成为中国近年来化工行业最严重的灾难事件。

2022 年 6 月应急管理部、国家发展改革委等四部委印发了《危险化学品生产建设项目安全风险防控指南（试行）》，鼓励采用科学技术降低工艺风险，明确采用微通道反应器、管式反应器等先进反应装置技术对现有工艺进行改造。

安全评价只是给出生产过程的风险，如何采取各种安全措施来避免各种危险事件、事故的发生是实现工业化生产的关键所在。因此，为确保人类自身的生存和延续，我们需要了解并研究各种危险源、事件、事故之间的内在联系和变化规律。建立药品生产过程的本质安全是制药工业生产安全的发展趋势，连续和微型化装置制药技术以及制药过程智能化技术将发挥重要作用。

二、环境保护的历史与发展趋势

自 20 世纪后半叶以来，技术的进步带来物质的极大丰富，人们的生活质量不断提升，人口随之增加，相应地，对地球自然资源的需求量剧增；同时也带来了大气污染、水污染、土地退化和生态破坏等环境问题。

1962 年美国生物学家蕾切尔·卡逊出版了《寂静的春天》，书中阐释了农药杀虫剂 DDT 对环境的污染和破坏作用，由于该书的警示，美国政府开始对剧毒杀虫剂进行调查，并于 1970 年成立了环境保护局，各州也相继通过了禁止生产和使用剧毒杀虫剂的法律。由此，该书被认为是 20 世纪环境生态学的标志性起点。并且，美国早在 20 世纪 60 代中期就提出了大气和水体的质量指数评价方法，并在 1969 年制定的《国家环境政策法》中规定，一切大型工程新建前必须编写环境影响评价报告书。

1972 年 6 月 5～16 日由联合国发起的，在瑞典斯德哥尔摩召开的第一届联合国人类环境会议，提出了著名的《人类环境宣言》，从此引起包括中国政府在内的世界各国政府对环境保护事业的重视。当时中国是在人均 GDP 不足 200 美元的条件下开展污染防治与生态保护的。1973 年我国成立国家建委下设的环境保护办公室，后来改为由国务院直属的部级国家环境保护总局；在 2008 年两会后，环保总局升格为"环保部"。1979 年公布的《中华人民共和国环境保护法（试行）》规定，一切企业、事业单位在兴建、改扩建工程时，必须提出环境影响报告书，经环保部门和其他有关部门审查批准后，才能进行设计。

经过二十多年实践，2002 年 10 月 28 日，我国修订通过了《中华人民共和国环境影响评价法》，从而使我国的环评工作走上了法制化的健康发展道路。为适应经济社会发展过程环境保护需要，2014 年国家对《中华人民共和国环境保护法》进行了修订，2016 年、2018 年两次修正了《中华人民共和国环境影响评价法》，从而使我国的环境影响评价工作日臻完善，适合新时期的工作要求。

目前，我国已经颁布的环境保护的相关法律法规主要有：《中华人民共和国环境保护法》《中华人民共和国环境影响评价法》《中华人民共和国大气污染防治法》《中华人民共和国水污染防治法》《中华人民共和国噪声污染防治法》《中华人民共和国固体废物污染环境防治法》《中华人民共和国海洋环境保护法》《中华人民共和国循环经济促进法》《建设项目环境保护管理条例》和《排污许可证管理条例》等。此外，我国还颁布了一系列环境标准、环保技术规范，环境管理体系日趋成熟。

在药品的生产及其使用过程中，还可能会有药物活性成分或其他有害物质进入环境的情况，由此带来环境污染以及持续性污染。因此，需要发展废弃物和副产物资源化利用技术、创新包括生物制造在内的绿色制药技术和产品，并在制药过程和药品设计中兼顾其对环境的影响，建立生态工业系统，以保证废物产生和排放的速率不超过自然环境的承受力，实现制药工业的可持续发展。因此，环境问题不仅是公众所关注的，更是制药产业工程师们要面临的技术问题和社会责任问题。

第三节　工业项目中的安全策略与设计

一、安全设计基本策略

就制药过程的安全性而言，传统的安全设计采用的是对存在危害性的过程使用保护层的方法处理，以降低发生事故的危害性。其模式是在过程设计的基础上叠加控制、报警、干预、工厂应急反应、自动保护和物理保护，以及公众应急反应，如图 1-1 所示。这种方法非常有效，可以显著改进制药过程的安全性，但其不足之处影响了其有效性：

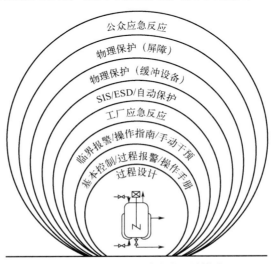

图 1-1　外层保护法安全设计模式

SIS—安全自锁系统；ESD—紧急停车

① 建设和维护保护层是十分昂贵的。

② 危害性依然存在，尽管使用保护层，仍然存在一定风险性。

先进的安全设计是追求内在更安全的设计，它完全不同于传统的方法。它要求工程师以构建内在安全系统为理想，重新设计以减少过程的危害源，并遵循以下基本策略：

① 最小化　使用更少量的危害性物质。要求在设计过程中，避免使用危险物质或尽量少用，或者在较低温度和压力下使用危险物质，或者使用惰性物质稀释危险物质，并避免使用形成可燃性气体的混合物而不是依赖灭火器。在不可避免使用危险物质的过程中，限制危险物质的周转量，尤其是需要限制闪蒸可燃或有毒液体的周转量。

设计时，工程师要考虑是否已经将储罐中与过程相关的危险品存量压缩到最小，所有过程设计的储罐是否真的需要，其他类型的单元操作或设备是否能够缩减化学品的使用清单，比如用连续在线混合器代替混合容器。

② 替代品　用危害性小的物质代替危害性大的物质。

设计时，最好是在工艺研究时，就要考虑通过采用替代工艺彻底消除危害性原料、过程中间体或副产物的可能，以及将原料替换为毒性更小的物质或将易燃溶剂替换为非易燃的可能。

③ 适宜化　选用危害性更小的操作条件或设施，使排放物质或能量的危害性最小。

理想的工艺操作参数是将原料的进料压力限制在低于其进入容器的操作压力，通过使用催化剂或使用更优良的催化剂使反应条件（温度、压力）变得不那么苛刻。

④ 简单化　通过简化设计消除不必要的复杂性，避免操作失误的发生，同时可以弥补已出现的失误。

对于无法限制危险物质的投入量或周转量的生产过程，选择能承受所产生最大压力的密闭或可隔离的设备与系统；对事故风险不可避免的，依据危险发生频率的高低，在设备和/或系统中安装防爆/泄爆装置和设施、配置上限报警和个人安全防护器具，加强过程安全管理，设置应急救援。

二、安全设计内容

为了预防、控制和消除建设项目可能产生的职业病危害，在我国境内的一切生产性的基本建设工程项目、技术改造和引进的工程项目（包括港口、车站、仓库），必须符合国家职业安全与卫生方面的有关法规、标准的规定，建设项目中职业安全与卫生技术措施和设施，应与主体工程同时设计、同时施工、同时投产使用（以下简称"三同时"）。

应急管理部在国务院规定的职责范围内，对全国建设项目职业病防护设施"三同时"实施监督管理；县级以上地方各级人民政府应急管理部门依法在本级人民政府规定的职责范围内，对本行政区域内的建设项目职业病防护设施"三同时"实施分类分级监督管理，具体办法由省级应急管理部门制定，并报应急管理部门备案；跨两个及两个以上行政区域的建设项目职业病防护设施"三同时"由其共同的上一级人民政府应急管理部门实施监督管理。上一级人民政府应急管理部门根据工作需要，可以将其负责的建设项目职业病防护设施"三同时"监督管理工作委托下一级人民政府应急管理部门实施；接受委托的应急管理部门不得再委托。

建设项目在进行可行性论证的同时，应对拟建设项目的劳动条件作出论证和评价；在编制初步设计文件时，应同时编制《安全设计专篇》和《职业卫生专篇》。在初步设计中，应严格遵守现有的职业安全卫生方面的法规和技术标准，要充分考虑到安全与预防职业危害的要求，对设计工作负责；在技术设计和施工图设计时，应不断完善初步设计中的职业安全卫生有关措施和内容。

因此，在编制建设项目计划和财务计划时，应将职业安全卫生方面相应的所需投资一并纳入计划，同时编报；引进技术、设备的原有职业安全卫生措施不得削减，没有措施或措施不力的应同时编报国内配套的投资计划，并保证建设项目投产后有良好的劳动条件；设计单位要对建设项目中职业安全卫生设施设计负责。

工程设计过程中，设计者应根据建设单位就劳动安全提供的资料、条件以及提出的具体要求，来保证建设项目的设计符合国家的有关法律法规和安全生产的基本要求。设计单位要对建设项目中职业安全卫生设施设计负责。

工艺专业人员在初步设计时，需提交涉及劳动安全、卫生防范措施内容的设计文件，并应落实在施工图设计中。一般有：

① 分别提出生产过程中需采取的各项安全技术要求和措施。

② 生产过程中使用和产生的主要有毒有害物质：包括原料、材料、中间体、副产物、产品、有毒气体、粉尘等的种类、名称和数量。

③ 生产过程中的高温、高压、易燃、易爆、辐射（电离、电磁）、振动、噪声等有害作业的生产部位、程度。

④ 生产过程中危害因素较大的设备种类、型号、数量。

⑤ 工艺和装置中，根据全面分析各种危害因素确定的工艺路线，选用的可靠装置设备。

⑥ 从生产、火灾危险性分类设置的泄压、防爆等安全设施和必要的检测、检验设施，说明危险性放大的过程中，一旦发生事故和急性中毒的抢救、疏散方式及应急措施。

⑦ 扼要说明在生产过程中，各工序产生尘毒的设备（或部位）、尘毒的种类、尘毒的名称、尘毒危害情况以及防止尘毒危害所采用的防护设备、设施及其效果等。

⑧ 经常处于高温、高噪声、高振动工作环境所采用的降温、降噪及防振措施，防护设备性能及检测、检验设施。

⑨ 可能受到职业病危害的人数及受害程度。

⑩ 重体力劳动强度方面的设施。

⑪ 对职业安全卫生方面存在的主要危害所采取的治理措施的专题报告和综合评价。

第四节　环境保护的策略与设计

一、环境保护的策略

环境保护是我国的基本国策之一，我国境内一切基本建设项目和技术改造项目以及区域开发项目的设计、建设和生产都应当执行《中华人民共和国环境保护法》以及由国务院发布的《建设项目环境保护管理条例》。

1．把好项目环境准入关

依据环境保护法规，建立了环境影响评价制度（一切建设项目在批准立项建设之前必须审查批准其环境影响报告），实施污染防治设施要遵守与生产主体工程同时设计、同时施工、同时投产使用的"三同时"的严格规定，把好项目环境准入关。通过加强项目规划的环境影响评价工作，提高项目污染防治的科学性和环境合理性，从源头预防环境污染和生态破坏，促进经济、社会和环境的全面协调可持续发展。提出并在工业生产中贯彻清洁生产理念，将工业污染控制的重点从原来的末端治理转移到全过程的污染控制，提高清洁生产技术水平，从而使资源能源利用率最大化，污染物的产生量、排放量最小化。

2．治理和综合利用并举以减少排放

环境保护应因地制宜地采用行之有效的治理和综合利用技术，同时辅之各种有效措施以避免或抑制污染物的无组织排放。如：设置专用容器或其他设施，用以回收采样、溢流、事故、检修时排出的物料或废弃物；生产装置系统中设备、管道等必须采取有效的密封措施，防止物料跑、冒、滴、漏；在粉状或散装物料的储存、装卸、筛分、运输等过程中应设置抑制粉尘飞扬的设施。

废弃物的输送及排放装置宜设置计量、采样及分析设施，废弃物在处理或综合利用过程中，如有二次污染物产生，还应采取防止二次污染的措施。因此，凡在生产过程中产生有毒有害气体、粉尘、酸雾、恶臭、气溶胶等物质，宜设计成密闭的生产工艺和设备，尽可能避免敞开式操作。如需向外排放，还应设置除尘、吸收等净化设施。各种锅炉、炉窑、冶炼等装置排放的烟气，必须设有除尘、净化设施。含有易挥发物质的液体原料、成品、中间产品等储存设施，应有防止挥发物质逸出的措施。

废气中所含的气体、粉尘及余能等，其中有回收利用价值的，应尽可能地回收利用；无利用价值的，应采取妥善处理措施。

3．从头做好污染防治

对制药企业而言，实行清洁生产也是保证末端治理经济、有效的基础，是保护环境、实现经济可持续发展的必由之路，其实质是既追求经济效益，又重视环境效益和社会效益。目前我国已正式颁布《中华人民共和国清洁生产促进法》，从而使清洁生产走上法制化轨道。

根据质量守恒和能量守恒定律，水耗、物耗、能耗降低，可减少"三废"（废水、废渣、废气）产生量，提高清洁生产水平。现阶段评价清洁生产的指标主要有：

① 原料指标：从毒性、生态影响、可再生性、可回收利用性四个方面建立评价指标，优先选择毒性低、转化率高、可回收利用、易环境降解的原料。

② 工艺设备先进性：优先选择反应路线短、原料转化率和产品收率高、反应条件温和、易于控制、自动化水平较高的工艺路线和设备。

③ 资源指标：包括单位产品新鲜水耗、能耗、物耗指标。通过提高工艺水回用率、工业用水重复利用率、污水回用率等，降低水耗；通过能源梯级利用，改善设备传热性能、减少热损耗，降低能耗；通过提高原料转化率和产品收率，提高物料回收利用水平，降低物耗。

④ 污染物产生指标：包括生产单位产品废水及其污染物产生量指标、废气及其污染物产生量指标、固体废物产生量指标。

表征废水水质的指标很多，比较重要的有 pH、悬浮物、生化需氧量、氨氮（NH$_3$-N）、总磷等常规污染物，以及总氰化物、挥发酚、硝基苯类、苯胺类、重金属等特征污染物。

pH 是反映废水酸碱性强弱的重要指标。它的测定和控制，对维护废水处理设施的正常运行，防止废水处理及输送设备的腐蚀，保护水生生物和水体自净化功能都有重要的意义。处理后的废水应呈中性或接近中性。

悬浮物是指废水中呈悬浮状态的固体，是反映水中固体物质含量的一个常用指标，可用过滤法测定，单位为 mg/L。

生化需氧量是指在一定条件下，微生物氧化分解水中的有机物时所需的溶解氧的量，单位为 mg/L。微生物分解有机物的速度和程度与时间有直接关系。实际工作中，常在 20℃的条件下，将废水培养 5 天，然后测定单位体积废水中溶解氧的减少量，即 5 天生化需氧量作为生化需氧量的指标，以 BOD$_5$ 表示。BOD 反映了废水中可被微生物分解的有机物的总量，其值越大，表示水中的有机物越多，水体被污染的程度也就越高。

化学需氧量是指在一定条件下，用强氧化剂氧化废水中的有机物所需的氧的量，单位为 mg/L。我国的废水检验标准规定以重铬酸钾作氧化剂，标记为 COD$_{Cr}$。COD 与 BOD 均可表征水被污染的程度，但 COD 能够更精确地表示废水中的有机物含量，而且测定时间短，不受水质限制，因此常被用作废水的污染指标。

如果已知废水组成，那么就可以通过近似的化学计量方程式计算出理论需氧量。作为初步近似，可以假设理论需氧量等于 COD。处理生活废水的经验表明，COD 与 BOD 比值在 1.5～2.0。

【例 1-1】一药物制剂生产过程中产生含有 0.1%（摩尔分数）丙酮的废水，试计算该废水的 COD 和 BOD。

【解】根据代表丙酮完全氧化的化学计量方程式计算出理论需氧量。

$$(CH_3)_2CO+4O_2 \longrightarrow 3CO_2+3H_2O$$

假设废水的摩尔密度与纯水相同，即 56kmol/m^3，则有：

$$理论需氧量=0.1\% \times 56 \times 4 \text{ kmol } O_2/m^3$$
$$=0.1\% \times 56 \times (4 \times 32) \text{ kg } O_2/m^3$$
$$理论需氧量 \approx 7.2 \text{ kg } O_2/m^3$$
$$所以，\quad COD \approx 7.2 \text{ kg}/m^3$$
$$BOD \approx (7.2 \text{ kg}/m^3)/1.5=4.8 \text{ kg}/m^3$$

在实际工作中，常常用 COD 和 BOD 之差表示废水中没有被微生物分解的有机物含量。

由于清洁生产是全过程的污染控制，涉及生产各部门，因此，要按照分工负责原则，确定各职能部门的职责和责任人员，形成公司-部门-生产岗位三级清洁生产网络，制定《环境保护管理制度》《废水计量考核制度》和《一体化环保考核制度》等环保制度，以加强清洁生产管理。

二、末端治理技术

污染治理的技术包括：废水处理、废气处理、噪声治理、固体废物处理处置或综合利用。

1. 废水处理（包括废水收集和处理）

根据废水特点，进行分类收集、分质预处理，厂区铺设雨污分流、清污分流管网。废水处理根据废水水质和处理目标选择处理工艺，包括：一级预处理（格栅、隔油、沉淀、混凝气浮、催化氧化）、二级生化处理（厌氧、缺氧、好氧）、三级深度处理（超滤、膜过滤、活性炭吸附等），其中三级处理可实现中水回用。

2. 废气处理（包括废气收集和处理）

根据废气特点，一般包括酸性废气、碱性废气、挥发性有机废气，进行分类收集、分别处理。酸碱废气一般采用中和吸收或水吸收工艺，挥发性有机废气处理按照《挥发性有机物（VOCs）污染防治技术政策》要求，根据废气浓度不同，选用不同的处理工艺：

① 对于含高浓度 VOCs 的废气，宜优先采用冷凝回收、吸附回收技术进行回收利用，并辅助以其他治理技术实现达标排放。

② 对于含中等浓度 VOCs 的废气，可采用吸附技术回收有机溶剂，或采用催化燃烧和热力焚烧技术净化后达标排放。当采用催化燃烧和热力焚烧技术进行净化时，应进行余热回收利用。

③ 对于含低浓度 VOCs 的废气，有回收价值时可采用吸附技术、吸收技术对有机溶剂回收后达标排放；不宜回收时，可采用吸附浓缩燃烧技术、生物技术、吸收技术、等离子体技术或紫外线高级氧化技术等净化后达标排放。

④ 含有有机卤素成分 VOCs 的废气，宜采用非焚烧技术处理。对于恶臭气体污染源可采用生物技术、等离子体技术、吸附技术、吸收技术、紫外线高级氧化技术或组合技术等进行净化。净化后的恶臭气体除满足达标排放的要求外，还应采取高空排放等措施，避免产生扰民问题。

3. 噪声治理

可从噪声源、传播途径及噪声受体三个方面着手。优化平面布置，将高噪声设备远离噪声敏感目标，增加噪声传播距离和衰减量。选择低噪声设备，并加强维护保养，使设备处于良好运行状态。根据噪声源特点，选择消声、减振、隔声等相应降噪措施；增加绿化，安装隔声窗等，保护噪声敏感目标。

4. 固体废物处理处置或综合利用

根据《国家危险废物名录》和"危险废物鉴别标准"判别废物类别，并按废物形态和危险特性，进行分类收集包装。按照"资源化、减量化、无害化"原则，优先选择废物资源化利用，当厂内不能回收或再生利用时，寻找有资质的回收利用机构进行资源化处置。不能资源化利用的固体废物，根据废物类别，选择不同的有资质处置机构，进行减量化、无害化处置。

末端治理存在的问题是有些废物无法彻底消灭，只能被浓缩、稀释或改变其物理化学性质，直白地说就是"转移"。例如，含有重金属的水溶液能用化学沉淀法处理，沉淀下来的固体物只能是扔弃到垃圾坑中。因此，解决环境污染最好的办法就是生产一开始就不产生废物，或废物最小化。

三、环境保护工程设计

1. 项目选址与总图布置

凡排放有毒有害废水、废气、废渣（液）、恶臭、噪声、放射性元素等的建设项目，严禁在城市规划确定的生活居住区、文教区、水源保护区、名胜古迹、风景游览区、温泉、疗养区和自然保护区等界区内选址。排放有毒有害气体的建设项目应布置在生活居住区污染系数最小方位的上风侧；排放有毒有害废水的建设项目应布置在当地生活饮用水水源的下游；废渣堆置场地应与生活居住区及自然水体保持规定的距离。环境保护设施用地应与主体工程用地同时选定。产生有毒有害气体、粉尘、烟雾、恶臭、噪声等物质或因素的建设项目与生活居住区之间，应保持必要的卫生防护距离，并采取绿化措施。

建设项目的总图布置，在满足主体工程需要的前提下，宜将污染危害最大的设施布置在远离非污染设施的地段，然后合理地确定其余设施的相应位置，尽可能避免互相影响和污染。新建项目的行政管理和生活设施，应布置在靠近生活居住区的一侧，并作为建设项目的非扩建端。建设项目的主要烟囱（排气筒），火炬设施，有毒有害原料、成品的储存设施，装卸站等，宜布置在厂区常年主导风的下风侧。新建项目应有绿化设计，其绿化覆盖率可根据建设项目的种类不同而异。

就工业废水和生活污水（含医院污水）的处理设计，应根据废水的水质、水量及其变化幅度、处理后的水质要求及地区特点等，确定最佳处理方法和流程；并按清污分流的原则根据废水的水质、水量、处理方法等因素，设计废水输送系统。

2. "三废"处理工艺设计

"三废"处理工艺设计应遵循《中华人民共和国环境保护法》等法规进行。建设项目的设计应从污染物管理法规和条例等的要求出发，从源头设计做起，避免或减少使用及排放其中的限定物质，而不是靠末端控制污染解决。必须坚持节约用水的原则，生产装置排出的废水应合理回收、重复利用。拟定废水处理工艺时，应优先考虑利用废水、废气、废渣（液）等进行"以废治废"的综合治理。废水中所含的各种物质，如固体物质、重金属及其化合物、易挥发性物质、酸或碱类物质、油类物质以及余能等，凡有利用价值的应考虑回收或综合利用。另外，对于输送有毒有害或含有腐蚀性物质的废水的沟渠、地下管线检查井等的设计，必须考虑设置防渗漏和防腐蚀措施。

废渣（液）的处理设计应根据废渣（液）的数量、性质，并结合地区特点等，进行综合比较，确定其处理方法。对有利用价值的，应考虑采取回收或综合利用措施；对没有利用价值的，可采取无害化堆置或焚烧等处理措施。为了防止生产装置及辅助设施、作业场所、污水处理设施等排出的各种废渣（液）以任何方式排入自然水体或被任意抛弃，在工艺设计时必须设计收集与输送系统方式。例如，输送含水量大和高浓度的废渣时，应采取措施避免沿途滴洒；有毒有害废渣、易扬尘废渣的装卸和运输，应采取密闭和增湿等措施，防止污染和中毒事故。

"三废"治理工艺工程设计不仅仅由环境工程专业执行，而且须由工艺和其他各相关专业提供条件并共同参与设计才能完成。其中工艺专业应相应地提供有关主要污染物和主要污染源、噪声源及其强度，作为"三废"治理工艺工程设计的依据。

第五节　制药过程的安全与污染特点

原料药生产过程是通过化学反应或生物转化生成新物质的过程，因反应过程可能涉及易燃易爆和有毒有害原料、病毒或产物，以及高温高压、超低温和剧烈反应等工艺，势必有安全风险。而在净化密闭的厂房中进行的制剂过程则是物料混合分散成型加工，虽然制剂过程是物理加工过程，但因制剂过程的药物本身毒害性以及粉尘和有机溶剂燃爆性，存在有人身伤害的可能。可见，制药过程的安全风险主要是火灾、爆炸和有毒物质释放，需要防火、防爆安全技术，以及有毒物质释放的防止与控制安全技术和职业危害控制技术等安全技术，但不包括矿山安全技术和建筑施工安全技术。

理想的废物处理方法是废物能够再循环的工艺技术，而这在药物生产过程中常常是难以实现的。原料药生产过程因反应选择性、转化率和反应的副产物以及溶剂、催化剂或微生物以及酶等的使用，分离纯化是必需的，由此产生废物。同时，在物料的投加和移出过程存在"跑冒滴漏"的可能，会有一定量的废弃物产生；制剂过程的物料投加和移出操作过程，也存在"跑冒滴漏"的可能；另外，药品质量要求生产过程不得产生污染和交叉污染，生产结束后对设备的清洗是必需的，于是，也会有废弃物排出。由于生产过程及其工艺方法的不同，产生废物的量和组成不尽相同，相应的安全与污染风险也不同。

一、化学制药过程的安全与污染特点

化学制药过程大致分为合成反应部分和分离纯化部分，其中涉及危险工艺、易燃易爆和有毒有害危险化学品种类较多。

1. 典型合成反应过程安全与污染特点

由于药物合成反应及结晶过程多数在有机溶剂中进行，为了减少溶剂残留，大多数情况下选择低沸点有机溶剂，但其易燃存在火灾危险，且一旦发生火灾事故，药物随之燃烧并释放有毒烟气和固体颗粒，由此会增加对邻近人员的身体伤害并产生环境污染。

合成反应过程污染环节主要来自反应生成的酸碱废气（如 SO_2、HCl、NO_x、H_2S、NH_3 等）、回流过程的不凝气（挥发性有机废气）以及反应副产盐经过滤后形成的盐渣（因夹带大量有毒有害危险化学品，属于危险固体废物）。

为了实现清洁生产或提高生产效率，势必要通过加压或提高温度等外加能量的方式，以强化反应过程，但相应地抬高了反应体系的能量。一旦反应产生的热超过了反应器及系统可能的冷却能力，多余的能量势必导致液体蒸发，随之而来的是反应器及系统的超压操作，使得爆炸发生的风险增大。同时，也可能增加产物中的杂质数或杂质量，污染物排出量增多，势必增加环境保护的压力。爆炸造成的灾难性后果比火灾大。

有些药物合成涉及催化加氢还原、硝化、氯化等危险工艺，存在爆炸和有毒物释放等的多重危险以及带来废物的副反应。下面以氢化反应和硝化反应过程为例进行介绍。

（1）氢化反应过程　含有不饱和键的有机物分子，在催化剂的存在下，与氢分子反应，使不饱和键全部或部分加氢的反应。本例反应的特点：催化剂的参与、高温、高压。

$$2\ H_3CO-\text{（萘基）}-CH_2CN \quad + \quad 4H_2 \xrightarrow[\text{饱和氨乙醇溶液}]{Raney\ Ni} \quad H_3CO-\text{（萘基）}-CH_2CH_2-\overset{H}{N}-CH_2CH_2-\text{（萘基）}-OCH_3 \quad + \quad NH_3$$

$$\begin{array}{cccc} C_{13}H_{11}NO & & C_{26}H_{27}NO_2 & \\ 197.23 & 2.02 & 385.50 & 17.03 \end{array}$$

其中，有存在于密闭反应器内的 H_2 爆燃、高压爆炸、氨气泄漏致中毒、泄压操作过程乙醇蒸气燃烧产生的火灾以及快速泄压至乙醇在厂区上空发生蒸气云爆炸等的安全风险；有泄压过程产生含氨气（恶臭、碱性废气）、挥发性有机废气（溶剂）、废催化剂（固体）以及副反应形成的杂质（废物）等特征污染。

（2）硝化反应过程　硝化是向有机化合物分子中引入硝基（—NO₂）的反应过程，硝基是硝酸失去一个羟基形成的正一价的基团。本例反应的特点：混酸中的硝酸参与反应、硫酸作为脱水剂和反应用分散介质，过程热效应强烈。

$$\text{（氯代羟基苯乙酮）} \quad + \quad HNO_3 \xrightarrow{H_2SO_4} \quad \text{（硝基氯代羟基苯乙酮）} \quad + \quad H_2O$$

其中，有硝酸和硫酸的强腐蚀、硝酸分解副反应释放有毒气体 NO_x 致中毒等安全风险；有配酸及反应过程产生酸性废气 NO_x、副反应形成的杂质以及含有机物的废混酸等特征污染。

2．分离纯化过程的安全与污染特点

化学合成药物常常涉及固液分离、两相分离、均相分离、脱色、脱水、除杂质、溶剂回收等，主要单元操作有：蒸/精馏、水洗、脱色、脱水、酸碱中和成盐析出、萃取、结晶、离心过滤或压滤/抽滤、烘干。

在用于脱溶剂、溶剂回收、产品精制等的蒸/精馏过程中，溶剂等液体汽化形成可燃性气体，存在爆燃和挥发性有毒物质泄漏的危险；加压操作或高于溶剂等液体沸点操作，将增大危险程度，其污染物包括废气和釜残。其中，废气来自冷凝器不凝气，主要污染物为 VOCs（挥发性有机废气）；釜残主要成分为高沸点有机物，包括高温碳化物、副反应产物以及无机盐类，属于危险废物，须交有资质机构处置。

水洗主要用于去除水溶性的杂质、副产盐以及水溶性高沸点溶剂，或回收水溶性目标产物。危害安全的风险较小，但有高浓度、高盐分、高生物毒性的废水，须预处理尽可能多地去除有机物、盐分，方可排入生化处理系统。

通常在一定的温度下采取活性炭或硅藻土等吸附脱色去除杂质，然后需要固液分离，如过滤、离心等，滤除固体的活性炭或硅藻土等。在此加热吸附脱色和（离心）过滤过程易产生挥发性有机废气，存在爆燃和挥发性有毒物质泄漏的危险，其污染物为废渣、废气。废活性炭、废硅藻土属于危险废物，须交有资质机构处置；挥发性有机废气需经收集处理后，才能放空。

脱水操作包括蒸馏回流脱水和脱水剂脱水。蒸馏回流脱水环节的安全风险和污染特征同蒸馏。脱水剂脱水一般采用无机盐（硫酸钠、氯化镁等）、硅胶干燥剂以及分子筛等脱除体系内水分，经固液分离后产生废渣，属于危险废物的，须交有资质机构处置。

典型合成制药生产工艺流程及产污节点见图1-2。

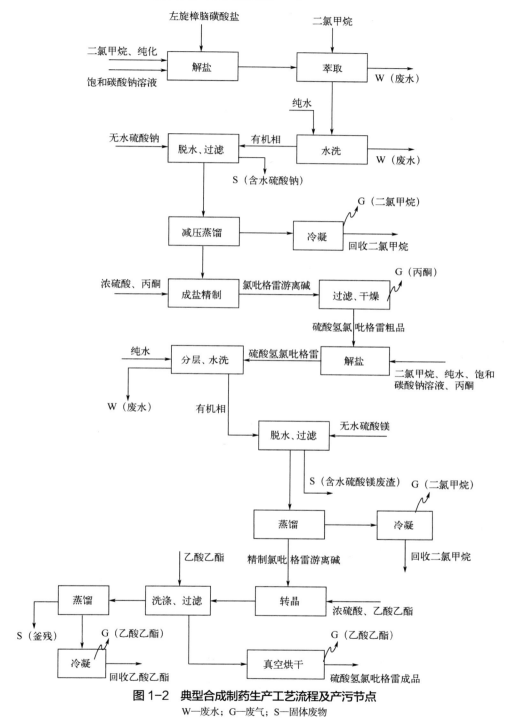

图1-2 典型合成制药生产工艺流程及产污节点

W—废水；G—废气；S—固体废物

药物及其中间体的结晶包括有机溶剂溶解、析晶、过滤、溶剂回收等操作。过滤环节会产生挥发性有机废气，存在爆燃危险和废气污染；溶剂回收一般采取蒸馏或精馏，会产生不凝气（挥发性有机废气）和釜残（危险废物），安全风险同蒸/精馏。至于酸溶碱沉或碱溶酸沉操作，安全和污染风险小，但仍有少量酸性或碱性废气释放，存在有害物质泄漏的危险。现有药物中 70%左右是晶体，通常要从溶液中结晶析出并在过滤中加水等进行洗涤，必须干燥，常用常压烘干和减压烘干。干燥设备包括烘箱、双锥干燥器、带式干燥器等，干燥过程中因溶剂或水的蒸发而产生废气，主要污染物是挥发性有机物，因此存在爆燃危险和废气污染。

二、生物制药过程的安全与污染特点

生物药物是指运用微生物学、生物学、医学、生物化学等的研究成果，从生物体、生物组织、细胞、体液等中，综合利用微生物学、化学、生物化学、生物技术、药学等科学的原理和方法制造的药物。生物制药又称生物技术制药，它是利用生物体和/或生物过程在人为条件下生产药物的一类技术，所生产的药物不仅包括抗生素、生化药品和包括基因工程药物在内的生物制品，还包括利用生物技术制备的常见化学合成药物。

药物生产用的生物转化技术主要有：生物反应技术（生物发酵）、酶催化反应技术以及酶法拆分技术。其中，生物反应技术是利用微生物或动植物细胞内的特定酶系经过系列复杂代谢反应将原料转化为产品的技术；与发酵过程相比，酶的专一性使得基于酶催化反应技术的药物合成过程几乎不产生副产物，在很多情况下能够用于传统有机化学合成方法难以进行的反应，并且它无需高压和极端条件，酶催化反应的制药技术是一项相对"绿色"的技术。生物制药工程通过生物发酵、生物酶转化等方式，依靠生物活性物质生成目标产物，再经浓缩、分离、纯化等操作，制得原料药。以发酵为例，包括设备清洗消毒、培养基及营养液配制、消毒、种子培养、发酵、分离、浓缩、纯化、干燥等工序。

生物制药过程涉及微生物、细胞以及动物组织脏器，其中有致病菌、携带病毒的细胞与动物组织等，存在生物安全问题。生物安全是国家安全的重要组成部分，2020 年 10 月 17 日第十三届全国人民代表大会常务委员会第二十二次会议通过《中华人民共和国生物安全法》，国家加强对病原微生物实验室生物安全的管理，制定统一的实验室生物安全标准。病原微生物实验室应当符合生物安全国家标准和要求。从事病原微生物实验活动应当在相应等级的实验室进行。低等级病原微生物实验室不得从事国家病原微生物目录规定应当在高等级病原微生物实验室进行的病原微生物实验活动。病原微生物实验室应当加强对实验活动废弃物的管理，依法对废水、废气以及其他废弃物进行处置，采取措施防止污染。同时，微生物耐药的安全问题也不容忽视。

生物发酵液的萃取、浓缩、结晶、干燥等后处理过程，与化学药物生产过程一样，存在溶剂蒸气爆燃的危险；有的药物具有致敏性，有的具有强的细胞毒性，存在有毒物质释放的危险。

典型生物制药工艺流程及产污节点图见图 1-3。

生物制药过程产生污染的特点有：发酵液浓缩过程产生高浓度有机废水，抗生素类发酵废水中含抑菌、抗菌成分，影响废水生化性；发酵液分离、浓缩、纯化工艺一般包括过滤（超滤、纳滤、膜过滤）、树脂吸附脱附、萃取、色谱、酶切、浓缩结晶、化学反应分离（污染特点同化学合成制药）等，产生废渣（废菌丝体、废树脂），一般含有药物活性成分，属于危险废物；发酵过程产生恶臭气体，干燥过程产生含粉尘废气。

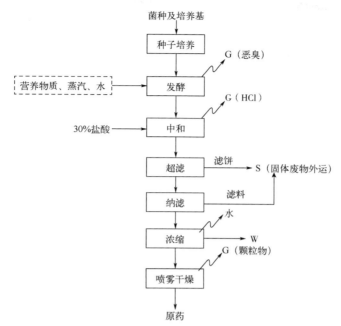

图 1-3 典型生物制药工艺流程及产污节点图

三、中药提取加工过程的安全与污染特点

中药提取是以中医药理论为指导，根据中药处方，运行现代工业化生产将中药材饮片进行加工获取中药制剂用膏状或粉状原料的过程。中药提取工艺包括四部分：前处理、有效成分提取、分离纯化、浓缩和干燥。

中药提取生产线工艺流程及产污节点图见图 1-4。

（1）前处理　包括破碎、清洗、切片等。产生的主要污染是清洗废水、破碎粉尘，粉尘有爆炸的危险和被吸入的风险。

（2）有效成分提取　根据提取方法不同，分为溶剂浸出法（水浸出法、水提醇沉法和醇提水沉法）、挥发油的水蒸气蒸馏法、压榨法。

在溶剂浸出或醇提、醇沉过程产生挥发性有机废气，蒸馏法产生少量不凝气（挥发性有机废气），这些废气既是废物也是产生爆燃的危险源；药渣为固体废物，药渣储存过程产生的渗滤液为废液，有的属于危险废物。

（3）分离纯化　通过各种提取方法所得到的有效成分的提取液还需要进一步纯化精制，除去杂质。主要有沉淀剂法、吸附剂法、改变杂质环境条件法、萃取法、透析法、过滤法。

① 沉淀剂法　常用的沉淀剂有乙醇、明胶溶液、石灰乳。利用 75%～85% 乙醇、明胶溶液可使提取液中的蛋白质、淀粉、黏液质、树胶和无机盐等杂质沉淀，而有效成分生物碱、苷类等仍保留在提取液中，再结合浓缩、吸附、萃取等工艺回收有效成分。石灰乳沉淀原理是利用钙离子与提取液中的有效成分结合成钙螯合物、钙盐等沉淀，沉淀物与稀硫酸反应，黄酮、蒽醌、酚类、皂苷类、部分生物碱与钙离子生成的钙盐被分解，有效成分又被重新释放出来，溶解于水中。而鞣质、蛋白质、有机酸、色素、多糖类和酸性树脂等仍为沉淀状态，达到有效成分与杂质分离的目的。沉淀工艺过程污染主要有：沉淀物经固液分离后形成废渣，

蒸/精馏回收乙醇过程产生不凝气（挥发性有机废气）。涉及乙醇沉淀操作的分离纯化过程，因乙醇及其蒸气而有爆燃危险。

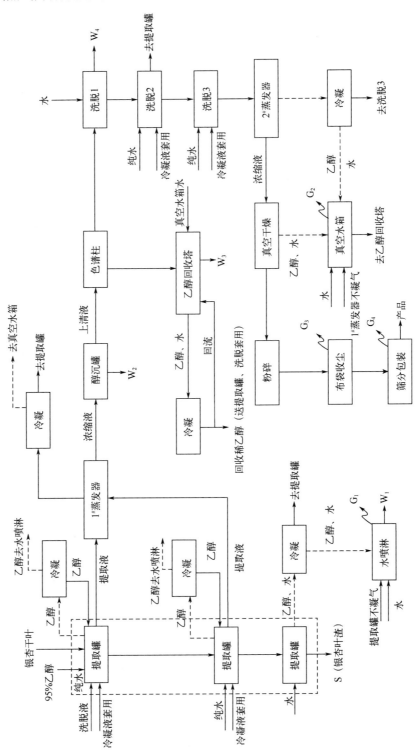

图 1-4　中药提取生产线工艺流程及产污节点图

② 吸附剂法　常用的吸附剂有活性炭、树脂、纸浆、滑石粉、熟石膏等。活性炭具有多孔、比表面积大等特性，对色素、细菌、热原等杂质具有很强的吸附能力，对于黏性太大及过滤困难的药液，加入活性炭有助于过滤作用。纸浆吸附利用其丰富的纤维素吸附色素、胶质颗粒和阻止黏胶质通过，不与有效成分发生化学反应。吸附过程安全风险小，但产生一定量的废吸附剂。

③ 改变杂质环境条件法　通过将提取液用冷藏和加热处理，调节酸碱度和离心沉淀等，改变杂质的环境条件，促进杂质从溶剂中沉淀出来。

④ 萃取法　利用中药的有效成分和杂质在两种互不相溶的溶剂中分配系数不同的原理，达到分离的目的。萃取工艺涉及溶剂的使用和回收，有挥发性有机废气产生，存在爆燃危险。

(4) 浓缩和干燥　浓缩工艺根据压力不同分为常压浓缩、减压浓缩；根据浓缩形式分为薄膜浓缩、多效浓缩等。浓缩过程将提取液中的水分蒸出，经冷凝后形成废水，具有有机物浓度高、色度高、易生化的特点。

干燥根据工艺不同分为箱式干燥、气流干燥、沸腾干燥、喷雾干燥等。箱式干燥过程如果物料夹带有机溶剂，产生挥发性有机废气。气流干燥、沸腾干燥、喷雾干燥除可能有挥发性有机废气产生外，均有颗粒物产生。颗粒物均为提取的有效成分，为提高提取效率，须配置高效除尘器回收物料。使用有机溶剂的操作过程有爆燃危险；气流干燥、沸腾干燥、喷雾干燥存在药物粉体释放和爆燃的危险。

制药工业除了有与化工过程相同或相近的火灾、爆炸和有毒物释放等三大安全风险外，还有自身独特的安全风险，药品本身的高毒性或病毒传染的生物危害性高于一般化学品，其在密闭车间危害性远高于非密闭车间。另外，生物制药过程有废的菌体、细胞和动物组织或尸体等留下，存在致敏和致病危险。为此，制药企业必须建立、健全职业病防治责任制，并对本单位产生的职业病危害承担责任，依法组织本单位的职业病防治工作。

制药企业从源头抓起，使用无毒、无害或低毒、低害的原辅材料，减少有毒、有害原辅材料的使用。比如，片剂包衣用包衣液改醇溶液为水分散体，以消除有机溶剂爆燃的危险。在药物合成过程中，发展 Pd/C 催化常压液相加氢替代雷尼镍催化高压加氢，以降低爆炸危险。发展酶催化和不对称手性高效合成在内的绿色制药技术，提高反应的选择性和转化率，减少废弃物产生量。同时加强精细化管理，采用先进、成熟的污染防治技术，提高废物综合利用水平，实现清洁生产，以降低末端处理负荷，减少污染处理成本。积极发展连续化以及基于自动化与互联网融合的现代制药过程技术，开启制药行业的智能制造。如何开启制药行业的智能制造，既是一个挑战，也是一个机遇。

第六节　制药工程师的角色和责任

制药工程技术的研究、设计与应用不仅是生产效率与成本以及技术创新发展的要求，而且是保证药品质量和人类社会可持续发展的要求。

在制药工程技术研究开发的基础上开展的制药过程工程设计是药品价值实现的关键。制药过程工程设计的主要目标是维护合规生产，并使有毒化学品、有害生物体和药物的意外排放、危害程度以及火灾和爆炸事故的发生最小化。因此，制药工程师的部分职责就是尽可能使过程和产品生产安全可靠。就制药过程安全性而言，传统的安全设计是先识别其危害性、评估其严重程度，然后，采用几个不同层面的保护措施降低发生事故的危险性。传统的环境管理方法则主要是设计处理废物的流程；在完成过程设计之后，需对生产过程中产生的废弃物采用废物处理技术处理，用这种序贯式的设计方法来满足环境要求。

新的内在更安全的设计要求工程师重新设计以减少过程中的危害源，通过工艺设计减小固有危害性，而不是对危害进行防护。同样，做到对环境影响最小化也是工程师的职责之一，设计的新过程不是通过处理废料来实现，而是从满足环境目标的角度进行基础设计，通过改进流程不产生废物来实现环境友好。即优选源头削减和循环/再利用，而不是控制污染。

通常，制药工程师在其职业生涯中可能担任多种角色，可能参与中药的提取、生物发酵、活性成分物质的合成和各中间产物的分离纯化以及各类药物制剂的加工生产。制药工程师的工作不仅涉及化学药品、生物药物和中药的生产，还包括精细化学产品、药用辅料和药品包装材料的生产，而且涉及科技研究、咨询与在监管服务机构以及高等学校从事相应的技术与管理工作。具体工作领域包括：过程工程、产品和工艺技术研究与设计、过程控制、技术销售和市场营销、公共关系和管理等。

制药工程师的核心任务之一是设计并操作制药过程以生产药品，满足消费者的需求，并且获得盈利；另一个重要任务就是使操作人员和在工厂附近的居民处在安全环境中。因此，制药过程设计应对环境和人类健康有保护性。作为制药工程师需要精心设计一个内在安全和废物排放量最小化的系统。其中，环境问题不仅在化学品生产的过程中要考虑，还要在化学品生命周期的其他阶段，如运输、消费者使用、利用和最后的处理过程等环节中考虑。

因此，制药工程师在从事设计、药厂生产运行与管理，以及新工艺技术和新产品研发工作的同时，要考虑社会、健康、安全、法律、文化以及环境等因素，具有社会责任感，能够在工程实践中理解并遵守工程职业道德和规范，履行责任，积极发展绿色制药和智能制药工程技术，实现最小代价获取最大减排量乃至零排放，为社会提供稳定、有效的高品质药品。

简而言之，制药工程师与其他工程领域的工程师一样，其责任不仅仅在于维护药品质量、生产效率以及生产过程的安全与环保，而且对其雇主、同事和所从事的职业也负有责任；做到职业使命至上，力争使企业做出正确的选择。

 习题 ....

1. 写出下列术语的定义：
① 安全、事故；
② 本质安全；
③ 系统安全工程；
④ 环境、环境容量；
⑤ 末端治理技术；
⑥ 环境保护。

2. 一利用高分子乙醇溶液包衣加工过程中，产生的乙醇废气经水洗涤吸收处理和回收处理后，产生含有 0.3%（摩尔分数）乙醇的废水，试计算该废水的 COD 和 BOD。

3. 试比较传统安全设计与先进安全设计的异同。

4. 请结合 2020 年 9 月 22 日我国在第 75 届联合国大会上正式提出 2030 年实现碳达峰、2060 年实现碳中和的目标，以及国际能源署发布的 2050 年净零排放的全球能源行业路线图，谈谈你在制药领域践行"绿水青山就是金山银山"发展理念的技术路线（提示：与绿色制造、智能制造和生物制造以及互联网技术结合或从经济社会系统性变革角度进行思考）。

5. 制药工程师的任务有哪些？如何去做？

第二章

药物生产中的危险品和危险工艺

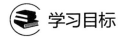 学习目标

熟悉：药物生产中的危险品和危险工艺的分类与分级；

了解：危险品与危险工艺的安全管理要求；

掌握：危险品重大危险源与危险工艺的分级计算与判定方法，能够对制药过程工艺安全及其成因进行分析判别。

医药产品除化学合成药物及其制剂外，还有生物药物和中药材及其制剂。其生产过程会使用或制造危险化学品，接触或制造致病菌及病毒等生物制品，并有相应的危险工艺，且药物生产过程的危险工艺不仅限于合成反应，还包括混合等预处理以及分离纯化等后处理操作工艺。

第一节 危险品及其安全管理

一、危险品的定义与分类

1. 危险化学品

危险化学品是指具有毒害、腐蚀、爆炸、燃烧、助燃等性质，对人体、设施、环境具有危害的剧毒化学品和其他化学品。根据《危险化学品目录》，可按物理危险、健康或环境危害的性质将危险化学品分为 3 大类。

① 按照物理危险性分为：爆炸物、易燃气体、气溶胶（又称气雾剂）、氧化性气体、加压气体、易燃液体、易燃固体、自反应物质和混合物、自燃液体、自燃固体、自热物质和混合物、遇水放出易燃气体的物质和混合物、氧化性液体、氧化性固体、有机过氧化物、金属腐蚀物。

② 按照健康危害分为：急性毒性、皮肤腐蚀/刺激、严重眼损伤/眼刺激、呼吸道或皮肤致敏、生殖细胞致突变性、致癌性、生殖毒性、特异性靶器官毒性-一次接触、特异性靶器官毒性-反复接触、吸入危害。这类危害源于生物危险-毒性危险、腐蚀性和刺激性危险以及致癌性和致突变性危险。

③ 按照环境危害分为：危害水生环境-急性危害、危害水生环境-长期危害、危害臭氧层。

2. 危险生物品

危险生物品指的是会对人类及动物有危害的生物或生物性物质。这些物质包括但不限于动物、植物、微生物、病毒及含有病原体的组织切片、体液、废弃物和呼出气等。

在生物药物和生物制品的研发和生产中，细菌和病毒等微生物、实验动物及其组织或细胞以及代谢产物和提取物是经常涉及的，其本身或因病原微生物的感染而具有强的生物危害性。尤其是利用病毒生产疫苗等生物制药的企业，均有使用实验动物的需要，存在病原体繁殖及被感染的可能以及向环境扩散的危险，并有可能造成生物安全问题的产生，甚至有可能导致人畜共患病的传播。

具有医药功能的生物制品不同于一般的医用药品，它是通过刺激机体免疫系统，产生免疫物质（如抗体）才发挥其功效，在人体内出现体液免疫、细胞免疫或细胞介导免疫。这对个别人体来说是有害的，甚至是致命的。一些微生物发酵代谢产物，如青霉素等抗生素，对有些人是强致敏性的。

除此之外，死菌体或死细胞及成分或代谢产物对人体和其他生物具有致毒性、致敏性和其他生物学反应，并导致环境效应。还有实验动物废弃物，生产和实验过程中所产生的垫料以及实验动物尸体、组织、排泄物等废弃物，其中有些对人、动物和环境具有生物或化学危害性。

生物制品是应用普通的或以基因工程、细胞工程、蛋白质工程、发酵工程等生物技术获得的微生物、细胞及各种动物和人类的组织和液体等生物材料制备的，用于人类疾病预防、治疗和诊断的药品。人用生物制品包括：细菌类疫苗（含类毒素）、病毒类疫苗、抗毒素及抗血清、血液制品、细胞因子、生长因子、酶等。

二、危险品安全管理

在药物生产过程中，常常涉及包括危险化学品和危险生物品在内的各种危险品的采购、运输、储存（仓库管理）、使用和处置，生产企业应将危险品安全管理深入落实到生产工艺的每一个步骤，每一个环节。

1. 危险品的采购

国家对危险经营（包括仓储经营）实行许可制度。未经许可，任何单位和个人不得经营危险品。

使用危险化学品的企业应在专业经销单位采购，采购的危险化学品必须具有安全标签，并索取最新版本的化学品安全技术说明书。生物制品的生产、销售、储备由国家卫生健康委员会统一管理，各省属血站的血液制剂生产、销售由省卫生健康委员会安排；进口生物制品由国家卫生健康委员会检定院所检验放行，血液制品由口岸药检所检验并严格控制进口。

2. 危险品的运输

运输危险化学品，应当根据危险化学品的危险特性采取相应的安全防护措施，并配备必要的防护用品和应急救援器材。

用于运输危险化学品的槽罐以及其他容器应当封口严密，能够防止危险化学品在运输过程中因温度、湿度或者压力的变化发生渗漏、洒漏；槽罐以及其他容器的溢流和泄压装置应当设置准确、启闭灵活。

疾病模型动物、细胞和疫菌等带病毒生物等采用快速冷链运输时，需要置于专门防护装置和系统中进行运输，且应符合中国现行法规中关于药品流通和运输的相关要求。

运输危险品的驾驶人员、船员、装卸管理人员、押运人员、申报人员、集装箱装箱现场检查员，应当了解所运输的危险化学品的危险特性及其包装物、容器的使用要求和出现危险情况时的应急处置方法。

危险品运输车辆应当符合国家标准要求的安全技术条件，并按照国家有关规定定期进行安全技术检验。危险品运输车辆应当悬挂或者喷涂符合国家标准要求的警示标志。

3. 危险品储存及仓库管理

无论是危险化学品还是危险的生物制品都应当储存在专用仓库、专用场地或者专用储存室（以下统称专用仓库）内，并由专人负责管理；剧毒化学品、病毒和高致病菌以及储存数量构成重大危险源的其他危险品，应当在专用仓库内单独存放，并实行双人收发、双人保管制度。

危险品的储存方式、方法以及储存数量应当符合国家标准或者国家有关规定。储存危险品的单位应当建立危险品出入库核查、登记制度。对剧毒化学品、病毒和高致病菌以及储存数量构成重大危险源的其他危险品，储存单位应当将其储存数量、储存地点以及管理人员的情况，报所在地县级人民政府安全生产监督管理部门（在港区内储存的，报港口行政管理部门）和公安机关备案。

4. 危险品的生产与使用

① 危险化学品生产单位，应当根据其生产的危险化学品的种类和危险特性，在作业场所设置相应的监测、监控、通风、防晒、调温、防火、灭火、防爆、泄压、防毒、中和、防潮、防雷、防静电、防腐、防泄漏以及防护围堤或者隔离操作等安全设施、设备，并按照国家标准、行业标准或者国家有关规定对安全设施、设备进行经常性维护、保养，保证安全设施、设备的正常使用。

② 生产和使用危险化学品的车间应符合相应的防火要求，并经消防部门验收合格。车间应根据生产需要，规定危险品的存放时间、地点和最高允许存放量。原料和成品的成分应经化验确认。生产备料性质相抵触的物料不得放在同一区域，必须分隔清楚。

③ 危险生物品生产单位应有合乎微生物操作的实验室，具备灭菌操作条件，有冷藏设施，应能对产品自检。生产应由主管技师以上职称者主持并做到文明生产；产品要符合国务院卫生行政部门制定的《中国生物制品规程》。应当根据其生产的危险生物品的种类（包括微生物和模型动物等）和危险特性，在作业场所设置相应的监测、监控、供热（或供暖）通气与空气调节（HVAC）、防火、灭火、灭活与消毒以及隔离操作等安全设施、设备，做好维护保养，确保正常使用。

④ 生产和使用危险生物品的车间及设备和设施应符合 GMP 规范和相应的防火要求，具有独立的空气净化系统和隔离装置，并经药监部门和消防部门验收合格；且生产企业应遵照有关生物安全管理法规，设置相应的生物安全管理体系，具有针对不同的病原微生物生产的个人防护，明确实验室及所使用的生产仪器设备风险控制与预防措施并做好相应的应急救援措施并加强从业人员生物安全培训等。

⑤ 生产和使用剧毒物品场所及其操作人员，严格执行企业制定的《剧毒危险化学品安全管理制度》《生物制品生产检定用菌毒种管理规程》和《实验室生物安全通用要求》，必须

加强安全技术措施和个人防护措施，尤其要加强对细胞培养和动物实验过程可能产生的潜在风险或现实危害的防范和控制。

5. 危险废物的处置

① 在生产和使用危险品的过程中，禁止将危险废弃物排入下水道或其他排水系统，禁止将危险材料和化学品废弃物在排水系统、大气及一般废弃物中直接排放或丢弃。

② 所有危险废弃物均应交给有相应资质的厂商处理。其中，生物制品生产过程所涉及的微生物、动植物组织和细胞以及有毒蛋白等必须经过灭活处理后再转交。

6. 个人防护和应急救援的用品

(1) 个人防护用具　配备专用的劳动防护用品和器具，如正压服、防化服、手套、口罩、帽、防护眼镜和防毒面具等，需专人保管，定期检修、保持完好。严禁直接接触物品，不准在生产、使用场所饮食。正确穿戴劳动防护用品，工作结束后必须更换工作服、清洗后方可离开作业场所，有毒物品场所应备有一定数量的应急解毒药品。

对无菌环境要求高的疫苗生产车间，在基因工程部内工作最少要穿两套防护服，在分包车间内的灌装区和质量控制部的无菌区里，一般需要穿戴三套防护服，其中两套是连体的。

(2) 应急救援用具　生产和使用危险品场所应当有适当的设备以处理危险品泄漏或处理与危险品相关的意外事故，应急设备包括：冲淋器、洗眼器、灭火器、消毒器械（如便携式喷雾器）和急救设备。对涉及危险化学品的场所，应急用品包括但不限于各类吸附用品（如沙子、吸附棉）；对涉及危险生物品的场所，应急用品包括但不限于各类消毒药品（如过氧乙酸、漂白粉）和手术采样器械以及采样样品储存包等；同时，配备一定量的警戒标志和隔离标志物品（如隔离带）。

第二节　危险品重大危险源及其辨识

一、危险与危险源

1. 危险

系统安全工程认为，危险是指系统中存在的导致发生不期望后果的可能性超过了人们的承受程度。危险的特征在于其危险可能性的大小与安全条件和概率有关，危险概率则是指危险发生（转变）事故的可能性即频度或单位时间危险发生的次数。危险的严重度或伤害、损失或危害的程度则是指每次危险发生导致的伤害程度或损失大小。

危险是人们对事物的具体认识，必须指明具体对象，如危险因素、危险环境、危险状态、危险条件、危险场所、危险物质、危险人员等。安全与危险都是相对的，是人们对生产、生活中是否遭受健康损害和人身伤亡的综合认识。

2. 危险源

危险源是指可能导致伤害或疾病、财产损失、工作环境破坏或这些情况组合的根源或状态。危险源由三个要素构成：潜在危险性、存在条件和触发因素。它的实质是具有潜在危险的源点或部位，是爆发事故的源头，是能量、危险物质集中的核心，是能量或力量从哪里传出来或爆发的地方。

危险源存在于确定的系统中，不同的系统范围，危险源的区域也不同。例如从全国范围来说，对于危险行业（如石油、化工等），具体的一个企业（如炼油厂）就是一个危险源；而从一个企业系统来说，可能是某个车间、仓库就是危险源；一个车间系统可能某台设备是危险源。因此，分析危险源应按系统的不同层次来进行。一般来说，危险源可能存在事故隐患，也可能不存在事故隐患，对于存在事故隐患的危险源一定要及时加以整改，否则随时都可能导致事故发生。

根据危险源在事故发生、发展中的作用，一般把危险源分为第一类危险源和第二类危险源。

第一类危险源是指在生产过程中存在的、可能发生意外释放的能量，以及生产过程中各种能量载体或危险物质。第一类危险源决定了事故后果的严重程度，它具有的能量越多，发生事故后果越严重。在企业安全管理工作中，第一类危险源是客观上已经存在的，为了防止第一类危险源导致事故，必须在设计、建设阶段采取措施约束、限制能量或危险物质，控制危险源。

第二类危险源是指导致能量或危险物质约束或限制措施破坏或失效的各种因素。正常情况下，生产过程中的能量或危险物质受到约束或限制，不会发生意外释放，即不会发生事故。但是，一旦这些约束或限制能量或危险物质的措施受到破坏或失效（故障），则将发生事故。导致能量或危险物质约束或限制措施破坏或失效的各种因素称作第二类危险源，第二类危险源决定了事故发生的可能性，它出现得越频繁，发生事故的可能性越大。

第二类危险源主要包括以下四种：

① 物的故障：物的故障是指机械设备、装置、元部件等由于性能低下而不能实现预定的功能的现象。从安全功能的角度，物的不安全状态也是物的故障。物的故障可能是固有的，由于设计、制造缺陷造成的；也可能是由于维修、使用不当，或磨损、腐蚀、老化等原因造成的。

② 人的失误：人的失误是指人的行为结果偏离了被要求的标准，即没有完成规定功能的现象；人的不安全行为也属于人的失误。人的失误会造成能量或危险物质控制系统故障，使屏蔽破坏或失效，从而导致事故发生。

③ 环境因素：人和物存在的环境，即生产作业环境中的温度、湿度、噪声、振动、照明或通风换气等方面的问题，会促使人的失误或物的故障发生，尤其是生产区外环境引起的设备腐蚀、损坏等不易觉察的故障。

④ 管理缺陷：主要表现为安全管理机构不健全、安全管理制度不完善、安全管理制度落实不到位、安全培训不到位、安全投入不足等。

一起工伤事故的发生往往是两类危险源共同作用的结果。第一类危险源是伤亡事故发生的能量主体，决定事故后果的严重程度；第二类危险源决定事故发生的可能性。两类危险源相互关联、相互依存。第一类危险源的存在是第二类危险源出现的前提，第二类危险源的出现是第一类危险源导致事故的必要条件。因此，危险源辨识的首要任务是辨识第一类危险源，在此基础上再辨识第二类危险源。

3. 危险品重大危险源

危险品（危险化学品和危险生物品）重大危险源指的是长期地或临时地生产、加工、搬运、使用或储存危险品，且危险化学品的数量等于或超过临界量的单元。这里的临界量（threshold quantity）是指某种或某类危险品构成重大危险源所规定的最小数量；而单元（unit）则是指涉及危险品的生产、储存装置、设施或场所，分为生产单元（production unit）和储存单元（storage unit）。其中，生产单元是指危险品的生产、加工及使用等的装置及设施之间有切断阀时，以切断阀作为分隔界限划分为独立的单元；储存单元是指用于储存危险品的储罐或仓库组成的相对独立的区域，储罐区以罐区防火堤为界限划分为独立的单元，仓库以独立库房（独立建筑物）为界限划分为独立的单元。

二、危险化学品重大危险源辨识

1. 辨识依据与方法

危险化学品重大危险源辨识的依据主要包括化学品的物理和化学性质、环境因素以及使用和存储条件。

（1）物化性质　包括危险化学品的挥发性、稳定性、腐蚀性、燃烧性、爆炸性和毒性等。例如，硝化甘油、叠氮化物等在一定条件下可能会发生剧烈的化学反应，产生大量的热量和压力，这类化学品就可能成为重大危险源。

（2）环境因素　包括温度、湿度、压力、光照等。比如，钠氢、叔丁基锂等化学品在空气中，尤其是在高湿环境中易分解，氧水等过氧化物在高温、高压或强光照射下可能会发生分解，一些含有不饱和双键的烯烃则会发生聚合反应，并由此产生危险。

（3）使用和储存条件　包括使用量与使用频率、储存方式与储存量等。例如，大量储存的乙醇、乙酸乙酯等化学品如果管理不当，可能会成为重大危险源。

因此，危险化学品应根据其危险特性及其数量进行重大危险源辨识。首先，进行单元划分与认定，然后，参考《危险化学品重大危险源辨识》（GB 18218—2018）等标准和规范对每个单元进行辨识。具体的辨识工作流程参见图2-1。

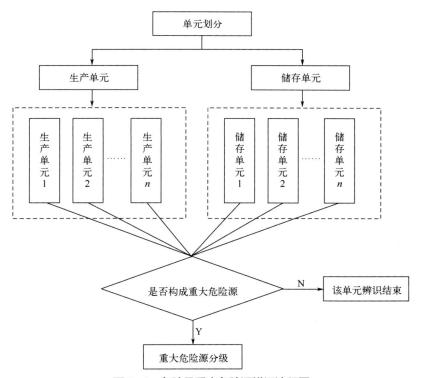

图2-1　危险品重大危险源辨识流程图

其中，对于危险化学品临界量的确定，标准 GB 30000.1 对常用的 85 个危险化学品的临界量给出了明确的限定值，其中制药工业常用危险化学品名称及其临界量见表 2-1。未在标准中列出的 85 个范围内的危险化学品，应依据其健康危害和物理危害的危险性，按表 2-2 确定其临界量。若一种危险化学品具有多种危险性，应按其中最低的临界量确定。

表 2-1　制药工业常用危险化学品名称及其临界量

序号	危险化学品名称和说明	CAS 号	临界量/t	序号	危险化学品名称和说明	CAS 号	临界量/t
1	氨（液氨、氨气）	7664-41-7	10	22	丙酮	67-64-1	500
2	二氧化硫	7446-09-5	20	23	2-丙烯腈	107-13-1	50
3	氟	7782-41-4	1	24	二硫化碳	75-15-0	50
4	碳酰氯（光气）	75-44-5	0.3	25	环己烷	110-82-7	500
5	环氧乙烷	75-21-8	10	26	1,2-环氧丙烷	75-56-9	10
6	甲醛（含量>90%）	50-00-0	5	27	甲醇	67-56-1	500
7	硫化氢	7783-06-4	5	28	乙醇	64-17-5	500
8	氯化氢（无水）	7647-01-0	20	29	乙醚	60-29-7	10
9	氯（液氯、氯气）	7782-50-5	5	30	乙酸乙酯	141-78-6	500
10	溴甲烷	74-83-9	10	31	正己烷	110-54-3	500
11	氟化氢	7664-39-3	1	32	过氧乙酸	79-21-0	10
12	1-氯-2,3-环氧丙烷	106-89-8	20	33	黄磷	12185-10-3	50
13	氰化氢	74-90-8	1	34	三烷基铝		1
14	三氧化硫	7446-11-9	75	35	戊硼烷	19624-22-7	1
15	溴	7726-95-6	20	36	过氧化钾	17014-71-0	20
16	氮丙烷	151-56-4	20	37	发烟硝酸	52583-42-3	20
17	异氰酸甲酯	624-83-9	0.75	38	硝酸（发红烟的除外，硝酸含量>79%）	7697-37-2	100
18	叠氮化钡	18810-58-7	0.5	39	硝酸胍	506-93-4	50
19	硝化甘油	55-63-0	1	40	钾	7440-09-7	1
20	氢	1333-74-0	5	41	钠	7440-23-5	10
21	一甲胺	74-89-5	5				

表 2-2　健康危害和物理危害的危险化学品类别及其临界量

类别	符号	危险性分类及说明	临界量/t
物理危险（W—物理危险性符号）			
爆炸物	W1.1	不稳定爆炸物 1.1 项爆炸物	1
	W1.2	1.2、1.3、1.5、1.6 项爆炸物	10
	W1.3	1.4 项爆炸物	50
易燃气体	W2	类别 1 和类别 2	10
气溶胶	W3	类别 1 和类别 2	150（净重）
氧化性气体	W4	类别 1	50

续表

类别	符号	危险性分类及说明	临界量/t
易燃液体	W5.1	类别1 类别2和类别3，工作温度高于沸点	10
	W5.2	类别2和类别3，具有引发重大事故的特殊工艺条件 包括危险化工工艺、爆炸极限范围或附近操作、操作压力大于1.6MPa等	50
	W5.3	不属于W5.1或W5.2的其他类别2	1000
	W5.4	不属于W5.1或W5.2的其他类别3	5000
自反应物质和混合物	W6.1	A型和B型自反应物质和混合物	10
	W6.2	C型、D型和E型自反应物质和混合物	50
有机过氧化物	W7.1	A型和B型有机过氧化物	10
	W7.2	C型、D型、E型和F型有机过氧化物	50
自燃液体和自燃固体	W8	类别1 自燃液体、类别1 自燃固体	50
氧化性固体和液体	W9.1	类别1	50
	W9.2	类别2、类别3	200
易燃固体	W10	类别1 易燃固体	200
遇水放出易燃气体的物质和混合物	W11	类别1和类别2	200
健康危害（J—健康危险性符号）			
急性毒性	J1	类别1，所有暴露途径，气体	5
	J2	类别1，所有暴露途径，固体、液体	50
	J3	类别2、类别3，所有暴露途径，气体	50
	J4	类别2、类别3，吸入途径，液体（沸点≤35℃）	50
	J5	类别2，所有暴露途径，液体（J4外）、固体	500

注：以上危险化学品危险类别及包装类别依据GB 12268确定，急性毒性类别依据GB 30000.18确定。

对于危险化学品的纯物质及其混合物的分类应按GB 30000.2～5，GB 30000.7～16和GB 30000.18的规定进行，具体见表2-3。

表2-3 重大危险源所涉危险化学品的分类标准

GB 30000.2（爆炸物）	GB 30000.3（易燃气体）
GB 30000.4（气溶胶）	GB 30000.5（氧化性气体）
GB 30000.7（易燃液体）	GB 30000.8（易燃固体）
GB 30000.9（自反应物质和混合物）	GB 30000.10（自燃液体）
GB 30000.11（自燃固体）	GB 30000.12（自热物质和混合物）
GB 30000.13（遇水放出易燃气体的物质和混合物）	GB 30000.14（氧化性液体）
GB 30000.15（氧化性固体）	GB 30000.16（有机过氧化物）
GB 30000.18（急性毒性，包括：经口/经皮/吸入）	

2. 危险化学品重大危险源的辨识指标

生产、储存单元内存在的危险化学品的数量等于或超过表 2-2、表 2-3 规定的临界量，即被定为重大危险源。单元内存在的危险化学品数量根据危险化学品种类的多少区分以下两种情况：

① 生产单元、储存单元内存在的危险化学品为单一品种时，该危险化学品的数量即为单元内危险化学品的总量，若等于或超过相应的临界量，则定为重大危险源。

② 生产单元、储存单元内存在的危险化学品为多品种时，辨识指标按式（2-1）计算，若满足式（2-1），则定为重大危险源：

$$S = q_1 / Q_1 + q_2 / Q_2 + \cdots + q_n / Q_n \geqslant 1 \tag{2-1}$$

式中，S 为辨识指标；$q_1, q_2, \cdots, q_n$ 为每种危险化学品实际存在量，t；$Q_1, Q_2, \cdots, Q_n$ 为与每种危险化学品相对应的临界量，t。

危险化学品储罐以及其他容器、设备或仓储区的危险化学品的实际存在量按设计最大量确定。

对于危险化学品混合物，如果混合物与其纯物质属于相同危险类别，则视混合物为纯物质，按混合物整体进行计算；如果混合物与其纯物质不属于相同危险类别，则应按新危险类别考虑其临界量。

3. 危险化学品重大危险源的分级

（1）分级指标　采用单元内各种危险化学品实际存在量与其相对应的临界量比值，经校正系数校正后的比值之和 R 作为分级指标，具体校正系数见表 2-4 分析指标。

表 2-4　分析指标

类别	符号	校正系数（β）	类别	符号	校正系数（β）
急性毒性	J1	4	易燃液体	W5.2	1
	J2	1		W5.3	1
	J3	2		W5.4	1
	J4	2	自反应物质和混合物	W6.1	1.5
	J5	1		W6.2	1
爆炸物	W1.1	2	有机过氧化物	W7.1	1.5
	W1.2	2		W7.2	1
	W1.3	2	自燃液体和自燃固体	W8	1
易燃气体	W2	1.5	氧化性固体和液体	W9.1	1
气溶胶	W3	1.5		W9.2	1
氧化性气体	W4	1	易燃固体	W10	1
易燃液体	W5.1	1.5	遇水放出易燃气体的物质和混合物	W11	1

（2）R 的计算方法

$$R = \alpha \left(\beta_1 \frac{q_1}{Q_1} + \beta_2 \frac{q_2}{Q_2} + \cdots + \beta_n \frac{q_n}{Q_n} \right) \tag{2-2}$$

式中，R 为重大危险源分级指标；α 为该危险化学品重大危险源厂区外暴露人员的校正系数。$\beta_1, \beta_2, \cdots, \beta_n$ 为与每种危险化学品相对应的校正系数；$q_1, q_2, \cdots, q_n$ 为每种危险化学品实际存在量，t；$Q_1, Q_2, \cdots, Q_n$ 为与每种危险化学品相对应的临界量，t。

（3）校正系数 β 的取值　见表 2-5。

表 2-5　校正系数 β 取值表

危险化学品类别	毒性气体	爆炸品	易燃气体	其他类危险化学品
β	见表 2-6	2	1.5	1

注：危险化学品类别依据《危险货物品名表》中分类标准确定。

表 2-6　常见毒性气体校正系数 β 取值表

毒性气体名称	CO	SO_2	NH_3	C_2H_4O	HCl	CH_3Br	Cl_2
β	2	2	2	2	3	3	4
毒性气体名称	H_2S	HF	NO_2	HCN	$COCl_2$	PH_3	CH_3NCO
β	5	5	10	10	20	20	20

注：未在表中列出的有毒气体可按 $\beta=2$ 取值，剧毒气体可按 $\beta=4$ 取值。

（4）校正系数 α 的取值　根据危险化学品重大危险源的厂区边界向外扩展 500m 范围内常住人口数量，按照表 2-7 设定暴露人员校正系数 α 值。

表 2-7　暴露人员校正系数 α 取值表

厂外可能暴露人员数量	校正系数 α
100 人及以上	2.0
50～99 人	1.5
30～49 人	1.2
1～29 人	1.0
0 人	0.5

（5）危险化学品重大危险源分级标准　根据计算出来的 R 值，按表 2-8 确定危险化学品重大危险源的级别。

表 2-8　危险化学品重大危险源级别和 R 值的对应关系

危险化学品重大危险源级别	R 值
一级	$R \geqslant 100$
二级	$100 > R \geqslant 50$
三级	$50 > R \geqslant 10$
四级	$R < 10$

三、危险生物品重大危险源的辨识

1. 辨识依据与方法

尽管我国尚未出台与《危险化学品重大危险源辨识》相当的危险生物品重大危险源辨识的标准，但必须遵照《中华人民共和国安全生产法》《中华人民共和国生物安全法》，以国家卫健委组织修订的《人间传染的病原微生物目录》和世界卫生组织发布的《实验室生物安全手册》（第四版）病原微生物分类为存在危险生物品及危害程度的识别依据，参照《危险化学品重大危险源辨识》（GB 18218—2018）基本原则进行识别。

具体地，以《人间传染的病原微生物目录》为基础，根据病原微生物的传染性、感染后对个体或者群体的危害程度，将生物制品生产用菌毒种分为四类。

① 第一类病原微生物，是指在通常情况下不会引起人类或者动物疾病的微生物。

② 第二类病原微生物，是指能够引起人类或者动物疾病，但一般情况下对人、动物或者环境不构成严重危害，传播风险有限，实验室感染后很少引起严重疾病，并且具备有效治疗和预防措施的微生物。

③ 第三类病原微生物，是指能够引起人类或者动物严重疾病，比较容易直接或者间接在人与人、动物与人、动物与动物间传播的微生物。

④ 第四类病原微生物，是指能够引起人类或者动物非常严重疾病的微生物，以及我国尚未发现或者已经宣布消灭的微生物。

由上述分类可见，构成危险源的生物品包括：检测用的实验室标本与临床标本、应用或贮存的菌毒种标本以及实验动物。于是，使用和储存其的工作单元相应地就成了危险源。

常用生物制品生产用菌毒种生物安全分类，见表 2-9～表 2-14。

表 2-9 细菌活疫苗生产用菌种

疫苗品种	生产用菌种	分类
皮内注射用卡介苗	卡介苗 BCGPB302 菌株	四类
皮上划痕用鼠疫活疫苗	鼠疫杆菌弱毒 EV 菌株	四类
皮上划痕人用布鲁氏菌活疫苗	布氏杆菌牛型 104M 菌株	四类
皮上划痕人用炭疽活疫苗	炭疽杆菌 A16R 菌株	三类

表 2-10 微生态活菌制品生产用菌种

生产用菌种	分类	生产用菌种	分类
青春型双歧杆菌	四类	屎肠球菌 R-026	四类
长型双歧杆菌	四类	凝结芽孢杆菌 TBC 169	四类
嗜热链球菌	四类	枯草芽孢杆菌 BS-3, R-179	四类
婴儿型双歧杆菌	四类	酪酸梭状芽孢杆菌 CGMCC No. 0313-1, RH-2	四类
保加利亚乳杆菌	四类	地衣芽孢杆菌 63516	四类
嗜酸乳杆菌	四类	蜡样芽孢杆菌 CGMCC No. 04060.4, CMCC 63305	四类
粪肠球菌 CGMCC No. 04060.3 YIT 0072 株	四类		

表 2-11 细菌灭活疫苗、纯化疫苗及治疗用细菌制品生产用菌种

疫苗品种	生产用菌种	分类
伤寒疫苗	伤寒菌	三类
伤寒甲型副伤寒联合疫苗	伤寒菌，甲型副伤寒菌	三类
伤寒甲型乙型副伤寒联合疫苗	伤寒菌，甲型及乙型副伤寒菌	三类
伤寒 Vi 多糖疫苗	伤寒菌	三类
霍乱疫苗	霍乱弧菌 O1 群，EL-Tor 型菌	三类
A 群脑膜炎球菌多糖疫苗及其相关联合疫苗	A 群脑膜炎球菌，C 群脑膜炎球菌	三类
吸附百日咳疫苗及其相关联合疫苗	百日咳杆菌，破伤风杆菌，白喉杆菌	三类

续表

疫苗品种	生产用菌种	分类
钩端螺旋体疫苗	钩端螺旋体	三类
b 型流感嗜血杆菌结合疫苗	b 型流感嗜血杆菌	三类
注射用母牛分枝杆菌	母牛分枝杆菌	三类
短棒杆菌注射液	短棒杆菌	三类
注射用 A 群链球菌	A 群链球菌	三类
注射用红色诺卡氏菌细胞壁骨架	红色诺卡氏菌	三类
铜绿假单胞菌注射液	铜绿假单胞菌	三类
卡介苗多糖核酸注射液	卡介苗 BCGPB 302 菌株	四类

表 2-12　体内诊断制品生产用菌种

制品品种	生产用菌种	分类
结核菌素纯蛋白衍生物	结核分枝杆菌	二类
锡克试验毒素	白喉杆菌 PW8 菌株	三类
布鲁氏菌纯蛋白衍生物	猪布氏杆菌 I 型（S2）菌株	四类
卡介菌纯蛋白衍生物	卡介菌 BCGPB 302 菌株	四类

表 2-13　病毒活疫苗生产用毒种

疫苗品种	生产用毒种	分类
麻疹减毒活疫苗	沪-191、长-47 减毒株	四类
风疹减毒活疫苗	BRD II 减毒株，松叶减毒株	四类
腮腺炎减毒活疫苗	S_{79}, Wm_{84} 减毒株	四类
水痘减毒活疫苗	OKA 株	四类
乙型脑炎减毒活疫苗	SA14-14-2 减毒株	四类
甲型肝炎减毒活疫苗	H_2, L-A-1 减毒株	四类
脊髓灰质炎减毒活疫苗	Sabin 减毒株，中 III_2 株	四类
口服轮状病毒疫苗	LLR 弱毒株	四类
黄热疫苗	17D 减毒株	四类
天花疫苗	天坛减毒株	四类

表 2-14　病毒灭活疫苗生产用毒种

疫苗品种	生产用毒种	分类
乙型脑炎灭活疫苗	P3 实验室传代株	三类
双价肾综合征出血热灭活疫苗	啮齿类动物分离株（未证明毒性）	二类
人用狂犬病疫苗	狂犬病病毒（固定毒）	三类
甲型肝炎灭活疫苗	减毒株	三类
流感全病毒灭活疫苗	鸡胚适应株	三类
流感病毒裂解疫苗	鸡胚适应株	三类
森林脑炎灭活疫苗	森张株（未证明减毒）	二类

2. 标识与分级

（1）标识 1966 年美国陶氏化学公司发展形成了现在国际统一的危险生物品的标识，该标识主要用来警示物质潜在的生物危险性，从而提高大家的警惕性。例如，该标识用来标签一些病毒样品和血液针头等。

在联合国危险货物编号中，危险生物制品列在分类 A 和分类 B 中：

① 分类 A（UN 2814）：可感染人类的物质；当健康的人和动物接触该类物质后，会造成永久性的损伤、致病或致死的威胁。

② 分类 A（UN 2900）：仅感染动物的物质；当健康的人和动物暴露给该类物质后，不能普遍造成永久性的损伤、致病或致死的威胁。

③ 分类 B（UN 3373）：诊断或研究用的生物制品。

④ 管控医学废弃物（UN 3291）：来源于医学治疗动物、人所产生的废弃物或再利用材料，或者是生物医学研究的产品和测试品。

（2）生物制品危害的等级 世界卫生组织通用的生物制品危害的等级大多以美国疾病控制与预防中心（CDC）所规范的四等级为主：

第一级：对于人及动物的危害较轻，主要措施是接触时戴上手套和注意面部防护，接触后洗手以及清洗接触过的桌面及器皿等。列于此等级的有大肠杆菌和葡萄球菌的非致病性菌株，枯草芽孢杆菌，酿酒酵母和其他怀疑不会导致人类疾病的生物。

第二级：对于人及动物的危害为中等或传染能力一般。列于此等级的有甲型，乙型和丙型肝炎病毒，人类免疫缺陷病毒，大肠杆菌和葡萄球菌的致病株，沙门氏菌，恶性疟原虫和弓形虫。

第三级：对于人及动物的危害为高度，但是抑制的方法尚有。列于此等级的有土拉弗朗西斯菌，结核分枝杆菌，鹦鹉热衣原体，委内瑞拉马脑炎病毒，东部马脑炎病毒，SARS 冠状病毒，MERS 冠状病毒，裂谷热病毒，立克次氏体，布鲁氏菌，黄热病毒，几种西尼罗河病毒等。

第四级：对于人及动物的危害为最高的，尚未发现任何有效疫苗或治疗方法。被证实列于此等级的有马尔堡病毒，埃博拉病毒，拉沙病毒等。

要处理第四级的生物性危害物质，需要有间合乎第四级标准的实验室（BSL4 或 P4）来进行，这类实验室要有极严格的门禁管制，且必须为负压隔离，以避免破损时危害物质外漏。工作人员与待处理物品必须要做到隔离（如将物品放在负压的手套箱内或工作人员穿着完整且独立供气的隔离衣）。

因此，依危害程度应将上述达到第二级、第三级和第四级危害等级的生物品（菌毒种）列为重大危险源。

对于使用和贮存生物品危害等级为第二级、第三级和第四级的工作（实验室和生产车间）单元与贮存单元，则为重大危险源。虽然危害等级为第一级的生物品本身不属于重大危险源，但其在单元中使用和贮存的量过大或与之密切接触的人员数量过大，则该单元有可能成为重大危险源。

第三节　危险品重大危险源的安全管理

生产、储运与使用危险化学品、危险生物品的部门（以下简称危险品单位）是本单位重大危险源安全管理的责任主体，其主要负责人对本单位的重大危险源安全管理工作负责，并保证重大危险源安全生产所必需的安全投入。危险品单位应当建立完善重大危险源安全管理规章制度和安全操作规程，并采取有效措施保证其得到执行。通过强化化学品管理、实施风险评估和增强应急能力等措施，以有效降低危险化学品重大危险源的风险水平，实现安全生产。

一、危险化学品重大危险源的安全管理

危险化学品单位应当根据构成重大危险源的危险化学品种类、数量、生产、使用工艺（方式）或者相关设备、设施等实际情况，按照下列要求建立健全安全监测监控体系，完善控制措施：

① 重大危险源配备温度、压力、液位、流量、组分等信息的不间断采集和监测系统以及可燃气体和有毒有害气体泄漏检测报警装置，并具备信息远传、连续记录、事故预警、信息存储等功能；一级或二级重大危险源，具备紧急停车功能。记录的电子数据的保存时间不少于30d。

② 重大危险源的化工生产装置，装备满足安全生产要求的自动化控制系统；一级或者二级重大危险源，装备紧急停车系统。

③ 对重大危险源中的毒性气体、剧毒液体和易燃气体等重点设施，设置紧急切断装置；毒性气体的设施，设置泄漏物紧急处置装置。涉及毒性气体、液化气体、剧毒液体的一级或二级重大危险源，配备独立的安全仪表系统（SIS）。

④ 重大危险源中储存剧毒物质的场所或者设施，设置视频监控系统。

⑤ 安全监测监控系统符合国家标准或者行业标准的规定。

⑥ 危险化学品单位应当按照国家有关规定，定期对重大危险源的安全设施和安全监测监控系统进行检测、检验，并进行经常性维护、保养，保证重大危险源的安全设施和安全监测监控系统有效、可靠运行。维护、保养、检测应当做好记录，并由有关人员签字。

⑦ 危险化学品单位应当对重大危险源的管理和操作岗位人员进行安全操作技能培训，使其了解重大危险源的危险特性，熟悉重大危险源安全管理规章制度和安全操作规程，掌握本岗位的安全操作技能和应急措施。

⑧ 危险化学品单位应当在重大危险源所在场所设置明显的安全警示标志，写明紧急情况下的应急处置办法。

⑨ 危险化学品单位应当对辨识确认的重大危险源及时、逐项进行登记建档，重大危险源档案应当包括下列文件、资料：

a. 辨识、分级记录；b. 重大危险源基本特征表；c. 涉及的所有化学品安全技术说明书；d. 区域位置图、平面布置图、工艺流程图和主要设备一览表；e. 重大危险源安全管理规章制度及安全操作规程；f. 安全监测监控系统，措施说明，检测、检验结果；g. 重大危险源事故应急预案、评审意见、演练计划和评估报告；h. 安全评估报告或者安全评价报告；i. 重大危险源关键装置、重点部位的责任人、责任机构名称；j. 重大危险源场所安全警示标志的设置情况；k. 其他文件、资料。

⑩ 危险化学品单位在完成重大危险源安全评估报告或者安全评价报告后15日内，应当填写重大危险源备案申请表，连同《危险化学品重大危险源监督管理暂行规定》（国家安监

总局令第 40 号发布，国家安监总局令第 79 号修改）第二十二条规定的重大危险源档案材料（其中第二款第五项规定的文件资料只需提供清单），报送所在地县级人民政府应急管理部门备案。

二、危险生物品重大危险源的安全管理

生物制药过程在人为构建的条件下利用生物技术生产各种生物药物的过程，其中常常因使用菌毒种、细胞和荷载病原微生物等危险生物品而具有生物安全风险。就像危险化学品单位那样，危险生物品单位应当根据构成重大危险源的危险生物品种类、数量、生产、使用工艺（方式）或者相关设备、设施（尤其是采取的生物安全防护措施）等实际情况，在遵照《中华人民共和国生物安全法》、遵守国家统一制定的生物安全标准的前提下建立健全安全管理制度和监测监控体系，完善控制措施。

（1）企业应设立生物安全委员会，明确生物安全风险管理目标；将风险管理纳入企业文化建设和日常工作中；确保风险应对措施落实在安全管理体系文件中。风险评估应由对所涉及的病原微生物、设施设备及生产检验流程熟悉的专业人员进行。

（2）建立统一的危险源清单与档案管理系统，对菌毒种的登记程序、检定、保存，菌毒种的销毁，菌毒种的索取、分发与运输等环节均作出明确规定。加强生物制品生产、检定用菌毒种管理规程，并与《人间传染的病原微生物目录》《可感染人类的高致病性病原微生物菌（毒）种或样本运输管理规定》等共同为安全使用菌毒种提供有效保证。

（3）建设具有有效防护的生物安全实验室和生产单元，主要措施有：将感染性物质局限在一个尽可能小的空间（例如生物安全柜和/生物安全室）内进行围场操作，使之不与人体直接接触，并与开放空气隔离，避免人的暴露；利用生物安全实验室围护结构及其缓冲室或通道作为屏障实施隔离，以防止气溶胶进一步扩散，保护环境和公众健康；对生物安全三级以上实验室采用定向气流组织控制，并对生物安全的各个环节应用有效的消毒灭菌技术，消毒主要包括空气、表面、仪器、废物、废水等的消毒灭菌；还要利用高效过滤器等装置技术对生物安全实验室或危险单元内的空气在排入大气之前进行有效拦截或消毒净化。同时，在存放生物危险废弃物、血液和其他有潜在传染性的物品容器及进行生物危险物质操作的二级以上生物防护安全实验室和生产作业单元的入口处等标贴生物危险标识，以标志指示区域或物品中的生物物质（致病性微生物、细菌等）对人类及环境的危害。

（4）在涉及重大危险源的单元应装备自动操作和包括视频监控在内的监测控制与安全联锁系统，以及紧急停车和紧急淬灭消毒装置；且安全监测控制系统符合国家法规（标准）或国际组织相关标准（指南）。

（5）遵循生物危害的三级预防原则，要突出一级预防，加强二级预防，做好三级预防。其中，一级预防：生产中选用无害或危害性小的生物因子，从根本上使劳动者尽可能不接触有害因素，或采取预防措施控制作业场所中有害因素水平侵害人体或溢入环境；二级预防：对作业人员实施健康监护，早期发现职业损害，及时处理、有效治疗、防止病情进一步发展；三级预防：对受到生物危害的患者积极治疗，避免危害扩散，促进患者恢复健康。

就生物制药企业而言，应致力于使用经 SFDA 批准的减毒或弱毒株、非自然界人间传染的病原微生物、无致病性的基因工程生物体做菌毒种，尽量降低菌毒种本身对人群的危害；

避免作业人员直接与有害因素接触是控制危害最彻底、最有效的措施，采用有效的隔离以降低或避免工作人员和外面环境暴露于危险之中；作业环境中存在重大危险的生物因子时，生物制药人员必须使用适宜的个体防护用品避免或减轻危害程度。保证个体防护用品的完整性和使用的正确性，以有效阻止有害物进入人体。有效的手段是接种生产用菌毒种的相关疫苗，以避免工作人员感染；并要求工作人员在作业期间应严格遵守操作规程，认真执行各项防护措施；企业应定期对从事有害作业的劳动者进行健康检查，以便能对受害者早期发现、早期治疗。

(6) 拟定应急方案，进行应急处理训练，以应对生产过程中可能发生的各项事故和意外，避免突发事件直接或间接造成生物危害。生物制药企业需制定的应急方案主要包括特种设备事故应急救援预案、急性化学品中毒事件处理应急预案、消防安全预案和生物安全事故应急处置预案等。

第四节　危险工艺及其管理

一、化工危险工艺

为了提高化工生产装置和危险化学品储存设施本质安全水平，国家安监总局相继出台了首批重点监管的危险化工工艺目录和第二批重点监管危险化工工艺目录，对重点监管的危险化工工艺安全控制要求、重点监控参数及推荐的控制方案进行了规定。各化工生产企业对照本企业采用的危险化工工艺及其特点，确定重点监控的工艺参数，装备和完善自动控制系统，大型和高度危险化工装置要按照推荐的控制方案装备紧急停车系统。

列入国家安监总局首批重点监管的危险化工工艺目录为：①光气及光气化工艺；②电解工艺（氯碱）；③氯化工艺；④硝化工艺；⑤合成氨工艺；⑥裂解（裂化）工艺；⑦氟化工艺；⑧加氢工艺；⑨重氮化工艺；⑩氧化工艺；⑪过氧化工艺；⑫胺基化工艺；⑬磺化工艺；⑭聚合工艺；⑮烷基化工艺。

列入国家安监总局第二批重点监管的危险化工工艺目录为：①新型煤化工工艺：煤制油（甲醇制汽油、费-托合成油）、煤制烯烃（甲醇制烯烃）、煤制二甲醚、煤制乙二醇（合成气制乙二醇）、煤制甲烷气（煤气甲烷化）、煤制甲醇、甲醇制醋酸等工艺；②电石生产工艺；③偶氮化工艺。

国家安监总局针对各危险化工工艺的危险特点，制定了相应的安全管理措施，包括重点监控工艺参数、安全控制的基本要求、宜采用的控制方式等，从而控制因化学物质处置不当或化学反应失控而导致的工艺安全事故的发生。

二、制药危险工艺

1. 药物的化学合成工艺

化学制药涉及光气化工艺、氯化工艺、硝化工艺、裂解（裂化）工艺、氟化工艺、加氢工艺、重氮化工艺、氧化工艺、过氧化工艺、胺基化工艺、磺化工艺和烷基化工艺等国家安监总局重点监管的危险工艺，其设计、装置建设与生产运行必须按照规定执行。

对于精神类成瘾性药物、激素类药物和细胞毒性小分子药物等的生产过程中的最后一步合成工艺而言，其化学合成反应工艺虽然不属于重点监管的危险化工工艺，但是此步操作及其后续的分离、结晶和干燥操作均因涉及毒性物质的暴露释放而具有危险性。相应的工艺均系危险工艺，除了需要严格工艺参数外，更重要的是做好隔离防护操作，重点监控生产车间环境中和经吸收等处理后的尾气中药物粉尘或其气溶胶等的浓度。

对于药物的一般合成反应工艺及后续的分离、结晶和干燥工艺来说，通常会使用有机溶剂，应根据危险级别，配置防火防爆及消除静电的设施或装置。其中，离心过滤应尽可能避免间歇操作工艺。另外，对于沸点低的易燃易爆和有毒液体的输送，尽可能不用真空吸料方式。

2. 危险生物制药工艺

生物制药工艺是利用生物体或生物过程在人为设定的条件下生产各种天然生物活性物质及其类似物的制药技术。生产用生物体包括动物、植物、微生物和各种海洋生物以及工程菌、工程细胞和转基因动植物等，其中，霉菌孢子以及细菌菌株、病毒细胞和病毒培养生物都是生物危险源。因此，在对生物体及其产物的利用过程中存在生物安全危险，对应的有生物转化的危险工艺和生物体加工的危险工艺。而由灭活微生物、微生物的提取物或灭活病毒制成的疫苗的生产过程，其先需要进行生物培养、减活或灭活操作，再分离纯化，这类疫苗的生产既有生物转化的危险工艺又有生物体加工的危险工艺。前者需要发酵装置在负压环境下运行，发酵装置的排气管内置过滤除菌和灭活装置，生产过程密闭操作。后者在生物体加工时，在和同其他无菌药品一样的条件下进行制备、灌装，但在生产前必须对生物失活的完全性（杀死或除去获得生物）进行确认。在灌装活的或减活的疫苗以及来源于活生物体的提取物时需要隔离措施。

3. 固体制剂工艺

一般地，粉体的外表面积与一样分量的块状物质相比要大得多，故易燃。它在空气中悬浮，并达到一定的浓度时，便构成爆破性混合物。根据科学试验测定，粉尘爆破的条件有三个。一是可燃材料，干燥的微细粉尘、浮游粉尘的浓度达到：煤粉 $30\sim40g/m^3$、铝粉 $40g/m^3$、铁粉 $100g/m^3$、木粉 $12.6\sim25g/m^3$、小麦粉 $9.7g/m^3$、糖 $10.3g/m^3$。二是氧气，空气中的氧气含量达到 21%。三是热能，即 40mJ 以上的火源。面粉或饲料等粉尘的起爆温度相当于一张易燃纸的点燃温度。一旦遇到火星，就能够导致敏捷焚烧——爆破。爆破时，气压和气压上升率越高，其爆破率也就越大。而粉尘的焚烧率又是与粉尘粒子的粗细、易燃性和焚烧时所释放出的热量以及粉尘在空气中的浓度等因素有关。但是，这类爆破还是完全能够防止的。如选用有效的通风和除尘办法，严禁吸烟及明火作业。在设备外壳设泄压活门或其他设备，选用爆破遏制体系等。对有粉尘爆破风险的厂房，必须严格按照防爆技术等级进行设计建造，并设置独自通风、排尘体系。要经常湿式打扫车间地面和设备，防止粉尘飞扬和聚集。保证体系有很好的密闭性，必要时对密闭容器或管道中的可燃性粉尘充入氮气、二氧化碳等气体，以削减氧气含量，抑制粉尘爆破。

固体制剂涉及粉体输送（风力输送）、气流粉碎、机械研磨与粉碎、粉体混合、液固混合（浆料配制、制粒）以及气液混合（包衣）等有一定危险的加工工艺。其中，药物活性成分多为有机小分子、辅料多为多糖等有机高分子，它们均是可燃的，其在机械搅拌的旋转下会产生剪切和摩擦发热或产生静电，因而具有爆炸燃烧的危险；还有挤压、撞击和断切等机械危险。对于颗粒及片剂包衣因有机溶剂配制的液体在气体中分散的气液包衣过程，则会形成毒性和易燃性悬浮微粒，这种喷雾包衣工艺就成了危险工艺。类似的还有喷雾造粒工艺。

三、危险工艺管理

制药过程少不了药物合成反应，药物合成反应根据其反应物质本身的性质，反应的温度、压力，反应的速率等特点，而呈现出不同的特征。常常涉及的危险工艺有硝化反应、氧化反应、磺化反应、氯化反应、氟化反应、重氮化反应、加氢反应等危险工艺。

建立系统安全分析评估体系是做好危险工艺管理的基础，通过监测生产系统状态参数，及时发现固有的和潜在的各类危险和危害，并自动控制或智能调控系统运行，以确保生产安全。

依据制药工艺危险程度，在药物合成反应过程中应配置相应的自动化控制系统，对主要反应参数进行集中监控及自动调节（DCS 或 PLC），并设置偏离正常值的报警和联锁控制；对于在非正常条件下有可能超压的反应系统，应设置爆破片和安全阀等泄放设施、紧急切断、紧急终止反应、紧急冷却降温等控制措施。在生产过程中，经常会采用防止能量意外释放的屏蔽措施或能量缓冲装置，以避免人身伤亡。比如，限制能量、防止能量蓄积、设置屏蔽措施、在时间或空间上把能量与人隔离，以及信息形式的屏蔽或利用泄爆结构装置缓慢释放能量。其中，降低事故发生概率和降低事故严重程度的有效措施是基于物出发的，包括：提高设备的可靠性，选用可靠的工艺技术（以降低危险因素的感度），提高系统的抗灾能力和自我检测与调控能力（以减少人为失误）。当然，加强监督检查也是必要的。

生物制药车间要检查操作人员的身体情况，不能有疾病和感染性创伤，也不能有开放性损伤等等，不然可能对接触过的食物和药品造成污染。在生产过程中会出现潜在的生物危害，主要是感染危险。比如，甲流疫苗的生产车间，相对密闭的生产车间里，整个生产车间处于"负压"状态，空气供给通过初效、中效、高效过滤，层流环境保证疫苗生产不受外界因素污染，排放的空气经高效过滤阻止甲流病毒等向车间外扩散。同时，采用隔离装置，并通过手套或袖套进入隔离的内部空间进行操作，防止有害物质对工作人员的伤害。

危险工艺管理工作重点在于事故预防。通常事故预防要遵循技术原则和组织管理原则。其中，技术原则包括：消除潜在危险原则、降低潜在危险严重度原则、闭锁原则、能量屏蔽原则、距离保护原则、个体保护原则、警告和禁止信息原则。组织管理原则包括：系统整体性原则、计划性原则、效果性原则、党政工团协调安全工作原则和责任制原则。

在做好预防和过程管控的同时，要重视包括外单位相关或同类产品生产在内的事故调查与分析。可借助系统安全分析方法总结事件、事故发生的规律，做出定性、定量的评价，为有关危险工艺的管理指出方向并提供工程技术和管控措施支持，从而通过设计、施工、运行、管理等安全技术设计手段，使生产设备或生产系统本身具有安全性和即使在误操作或发生故障的情况下也不会造成事故的功能，以达到本质安全的目的。

只要我们谨记"安全第一，预防为主"的安全生产方针，掌握各种危害产生的原因和对人体侵害的途径，并采取有效的预防和应急措施，就能避免制药过程中产生化学危害、生物危害和物理危害，从而能够保证人类和环境的安全，实现可持续发展。

第五节　典型事故案例及分析

在药品生产过程中，主要存在因剧烈反应和燃烧带来的爆炸事故，因病原体或病毒带来的感染事故，因静电、共振和设备结构缺陷导致机电直接伤害以及次生爆炸或感染事故，等等。

一、工艺缺陷

采用原料或反应过程中生成物为剧毒物的、易燃易爆物的工艺，以及反应过程需要在高温高压下进行的工艺，本身就存在安全风险。

1. 工艺与事故概况

抗艾滋病药物依氟瑞恩中间体环丙基乙炔的原生产工艺是乙酰环丙烷在吡啶存在下与五氯化磷进行氯化合成环丙基二氯乙烷，再经过脱氯反应得环丙基乙炔，副产物磷酸盐污染大、难处理。其合成反应方程式如下：

某大学受企业委托开发了利用三光气（六氯代碳酸二甲酯，熔点 81～83℃）替代五氯化磷进行乙酰环丙烷的氯化反应技术，其中，三光气配制成丙酮溶液。具体地，向乙酰环丙烷和加有缚酸剂吡啶的搅拌反应釜中滴加三光气的丙酮溶液，进行氯化反应。后处理简单、产品收率高且具有清洁生产的特点。

但该项目技术到企业第一次试车时，在丙酮（150L）溶解三光气（75kg）的过程中，发生了伴有三光气分解的剧烈反应，导致冲料、爆炸，造成现场操作员工中毒。所幸试车期间车间操作人员少，并且是在下暴雨的时候，但周边仍有 100 多名居民有不同程度的光气中毒症状。

2. 事故原因分析

① 为什么在溶液配制过程会发生三光气分解的剧烈反应呢？事实上，丙酮与乙酰环丙烷一样，可以重排成烯醇式结构，烯醇可以与三光气反应生成碳酸酯并产生氯甲酸三氯甲基酯和光气，同时放热，热使此反应速度加快。因此，在溶液配制过程中发生三光气分解的剧烈反应是正常的。

② 为什么实验室研究过程中没有发现？第一方面的原因是研究人员缺少相应的化学知识，致使其错误地选择丙酮作为三光气的溶剂。第二方面的原因是实验室配制的溶液量少，且在通风橱内，用烧杯配制（散热快），再转移到滴液漏斗进行滴加反应操作，研究人员不易发现。第三方面的原因可能是研究人员没有工程放大经验，未能意识到尺度效应导致的安全危害，且事先未开展过渡试验。

二、工程缺陷

因设备和设施以及管道和控制系统等工程缺陷，使得工艺操作不能正常进行，也是经常会遇到的事故。

1. 工艺与事故概况

间二氯苯生产采用的是间二硝基苯（熔点 89℃、沸点 301℃、相对密度 1.57）在高温（180～230℃）和（高压汞灯）紫外线作用下通氯气进行脱硝基氯化反应技术，首先间二硝基苯与氯气反应生成间氯硝基苯（熔点 46℃、沸点 236℃），再进一步氯化反应生成间二氯苯（沸点 171℃）；产物的沸点低于中间产物和原料，在反应过程中通过蒸馏塔不断移出。其合成反应方程式如下：

$$\text{（间二硝基苯）} \xrightarrow{Cl_2} \text{（间氯硝基苯）} \xrightarrow{Cl_2} \text{（间二氯苯）} + NO_2Cl \uparrow$$

生产所用氯化工艺为国家重点监控的危险工艺，工艺涉及的危险化学品有氯气和间二硝基苯和副产物硝酰氯（NO_2Cl）气。其中，间二硝基苯剧毒，遇明火、高热易燃，经摩擦、振动或撞击可引起燃烧或爆炸。

连云港市灌南县堆沟港镇化工园区某生物科技有限公司"12·9"爆炸事故：2017 年 12 月 9 日凌晨 2 时，3000t/a 间二氯苯的四号车间发生爆炸，并导致四号车间和与其东侧相邻的 3-硝基苯甲酸装置整体坍塌，事故致 10 人死亡、1 人受伤。

2. 事故原因分析

事故通报此次爆炸相当于 7t TNT，并推测为系统内聚集有高爆炸活性的"二硝基苯酚钠"。而 3000 t/a 间二氯苯生产装置，若用 3000L 反应釜作为氯化反应器，则该公司四号车间有 10～12 台 3000L 氯化釜同时运行；每台釜装料 3t 左右，其产生爆炸能量远高于 7t TNT 的。由于"二硝基苯酚钠"是不可能在此反应体系中生成的，只有可能来自原料间二硝基苯，并由此累积而会"定期"发生爆炸；但该公司是 2009 年投资建设的，间二氯苯车间已运行 8 年左右，可见事实并非如此。也就是说，本次爆炸不是合成反应造成的。

因此，可能的原因之一是：操作人员在夜间补料时，熔融的间二硝基苯流经冷的物料管道会凝固结晶，氯化反应釜停止通入氯气，釜上未保温的蒸馏塔内或升气管内温度因夜间环境气温低而降低；当夜间重新通氯反应时，无论是间二硝基苯还是间氯硝基苯都可能在"冷的"塔内或升气管内凝固结晶并造成堵塞，生成的硝酰氯将不能及时排出而积聚在釜的上部，内压增大，于是，塔内或升气管内结晶的间二硝基苯受高热或光照作用而燃烧、爆炸。

如果物料管道、蒸馏塔和升气管均是带有加热夹套或缠有电热带的结构，由间二硝基苯和间氯硝基苯结晶堵塞产生的燃烧爆炸事故是可避免的。

三、运行管理缺陷

生产过程中，因违反操作规程或人员操作失误等因素造成的事故应该是可以避免的。但也有因安全意识缺失，致使运行管理不到位而产生人为事故。

1. 事故一

（1）事故概况　2010年12月30日9时51分，某生物制药有限公司四楼片剂生产车间发生一起爆炸并引发大火，造成5人死亡、8人受伤的事故。

（2）事故原因分析　事故调查组经过调查判定，该公司在生产复方丹参片过程中，车间洁净区段当班职工按工艺要求在制粒一房间进行混合、制软剂、制粒、干燥等操作。而与此同时，空调操作人员为给空调更换初效过滤器，违反操作规程，断电停止了空调工作，致使净化后的空气无法进入洁净区。

制剂车间的烘箱内循环热气流使粒料中的水分和乙醇蒸发，排湿口排出水分和乙醇蒸气的效果明显降低，越来越多的乙醇蒸气不能从排湿口及时排走，烘箱内蓄积了达到爆炸极限的乙醇气体。加之洁净区使用烘箱的配套电气设备不防爆，烘箱工作过程中开关烘箱送风机或轴流风机运转过程中产生电器火花，引爆浓度处于爆炸极限范围内的混合性气体，引发安全事故。烘箱爆炸所产生的冲击波将综合楼四层生产车间的有关设施毁坏，辐射热瞬间引燃整个洁净区其他可燃物，导致过火面积遍及综合楼四层生产车间，加之综合楼四层生产车间安全通道不符合《建筑设计防火规范》，致使部分现场工作人员不能及时逃生。

（3）责任追究　通过直接和间接原因分析，此次爆炸事故属于安全生产责任事故。经报政府相关部门批复同意，决定对该公司罚款29万元，公司总经理移送司法机关处理，鉴于公司空调操作员已在事故中死亡不再追究责任，对公司法定代表人罚款10万元，对公司分管副总经理罚款4万元，公司工程部经理、前工段车间主任等人由公司按内部制度处理。

（4）事故汲取教训

① 制药公司空调通风设备的正常运行是车间安全生产的前提，空调操作人员必须遵守操作规程，空调通风设备检修需停车时，所涉岗位一定要停止生产，岗位不能有生产人员，物流停止，趋于静态。待空调通风设备正常运行后再组织生产。

② 电气设备的安全性是车间安全生产的一个重要环节。专业的电气工作人员应对车间所有的用电设备及线路定期进行认真细致的安全巡检，特别是要对防爆岗位设备的防爆性能有无缺陷进行检查，发现问题及时处理。

③ 消除静电，不能让静电成为引火源。

a. 控制和减少静电荷的产生，用不容易起电的铜制工具、控制接料和出料的流速来减少静电荷。

b. 减少静电荷的积累，采用有效的静电接地。

c. 穿着不产生静电的工作服、规范操作，回避危险动作（如不敲打和撞击设备等）。

d. 严格控制工作现场存料的数量。

④ 车间特别是防爆岗位的动火和非常规用电一定要慎重，事前要进行合理性分析。动火要报公司安全部门批准取得动火证后方可进行。

⑤ 安全出口、消防通道要畅通，每日要检查。

⑥ 安全疏散指示标志、应急照明要完好。

⑦ 消防设施、器材要在位、完整、完好，每日要检查。

⑧ 常闭式防火门要处于关闭状态。

⑨ 消防安全重点岗位人员上岗的思想情绪一定要正常。

⑩ 认真起草车间灭火、应急疏散处置预案，组织员工进行逃生演练。

2. 事故二

（1）事故概况 某研究所于 2019 年发生的人员布鲁氏菌感染事件，截至 2020 年 11 月，当地已对 5.5 万人进行了检测，检测人数已达到事发区域的 97.5%，省级复核确认阳性人员 6620 人，无死亡病例。

（2）事故原因分析 经调查认定，2019 年 7 月 24 日至 8 月 20 日，ZM 生物药厂在兽用布鲁氏菌病疫苗生产过程中使用过期消毒剂，致使生产发酵罐废气排放灭菌不彻底，携带含菌发酵液的废气形成含菌气溶胶，生产时段该区域主风向为东南风，某研究所处在 ZM 生物药厂的下风向，人体吸入或黏膜接触产生抗体阳性，造成该研究所发生布鲁氏菌抗体阳性事件。此次事件是一次意外的偶发事件，是短时间内出现的一次暴露。2019 年 12 月 7 日，ZM 生物药厂关停了布鲁氏菌疫苗生产车间，2020 年 10 月 8 日，拆除了该生产车间，并完成了环境消杀和抽样检测，经国家和省级疾控机构对 ZM 生物药厂周边环境持续抽样检测，未检出布鲁氏菌。

（3）责任追究 市农业农村局在发布会上表示，ZM 生物药厂已对 8 名责任人作出严肃处理：给予 ZM 生物药厂厂长党内警告处分和行政警告处分；给予分管生产的副厂长党内严重警告处分和撤销副厂长职务处分；给予负责质量保证的厂长助理和布鲁氏菌病疫苗生产车间两名负责人党纪处分和行政撤职处分；给予负责生产技术的厂长助理和物流中心负责人党纪政纪处分；给予库管员调离工作岗位处分。

（4）事故汲取教训

① 生物制药企业的管理与工作人员严格遵守《生物安全法》，并严格执行生物制药过程安全操作规程是避免造成生物安全事故发生的关键。企业要积极宣传生物安全预防知识、定期开展相关人员的健康检查，并建立应急救援预案等在内的安全管理体系。

② 生物制药企业在疫苗等的生产过程中，对产生于系统装置或操作环境中的废气及废弃物的灭活消毒是车间安全生产的一个极其重要的环节。所有用于灭活消毒的介质以及装置系统都必须经过检测与验证确认后方可投入使用，并通过在线监测和离线检测证明它们在使用过程中发挥的作用是充分有效的。

因此，对于可能成为重大危险源的危险品，需要通过危险品的危险性评价和工艺过程分析进行风险评估。①化学品危险性评价指的是对危险化学品进行危险性分析和评价，确定其危险性质和危险程度，以及导致的危害和后果。在进行危险性评价时，需要参考国家标准和相关法律法规，确定化学品的危险性等级和应对措施。②工艺过程分析是指对危险化学品生产、储存、使用等环节的工艺过程进行分析，确定其中可能存在的危险因素和危险源。在进行工艺过程分析时，需要考虑化学品的性质、工艺条件、操作流程等因素，以及存在的操作失误、设备故障、环境因素等。然后，根据评估结果，制定相应的风险控制措施。

综上所述，危险不仅与物料以及产品工艺有关、与危险品的量以及暴露时间有关，还与运行管理有关。典型案例告诉我们安全受到设备、车间布置、厂房结构以及人等要素的影响。当我们对这些危险有充分的认知，设计构建安全的装置与系统，采用正确的操作并辅之包括设备可靠性在内的安全管理，使药物生产过程的危险受控，转危为安是完全能够做到的。事实上，也只有安全有保障的药物生产才能回归到制药人的初衷。

 习题

1. 危险化学品如何分类？人间传染的病原微生物分为哪几类？

2. 在药物生产过程的危险源和重大危险源如何界定（提示：危害性与法规/标准结合）？

3. 乙醇可作为特殊食品，可视为一般危险化学品。在中药提取等药物生产过程中，乙醇常常作为溶剂使用，但因其具有易燃性和可挥发性，会构成重大危险源。请思考你在工程设计或生产管理中，如何避免其成为重大危险源？

4. 氯甲酸甲酯是剧毒化学品，如何避免其成为重大危险源？如何安全操作？

5. 动物实验或组织培养的安全防护级别，在工程设计和生产管理上要如何做？

6. 合成生物学的发展促进了大肠杆菌在生物合成研究和生物制造业的广泛应用，某生物制药厂利用大肠杆菌进行某药物生产，请判别实验室和生产车间单元与贮存单元危险等级，并进行安全防护方案的设计（提示：参见重大危险源识别流程图进行判别，安全防护方案涉及设备、系统控制、设施和个人防护用品等）。

7. 依你现有的知识和工程实践经验来看，药物制剂过程有哪些工艺是存在危险的？请你给出相应的预防措施。

8. 2016 年某制药公司将 5165 份人类遗传资源（人血清）作为犬血浆出境，除了存在违规和伦理问题外，其存在的生物品危害及危害等级如何？

第三章

药品生产过程的安全与防控技术

 学习目标

熟悉：制药过程常用特种设备的安全使用技术；

了解：药品生产过程安全的自动控制技术；

掌握：火灾与爆炸的一般成因和爆炸极限的计算方法及其防控技术，能够结合制药工艺特征进行过程安全防控用设备的选择和/或自动控制方案设计。

药品是关系人的健康与生命的特殊产品，不仅要保证生产的产品对用药者是安全有效的，而且要做到生产过程对操作者来说是安全的。制药过程的安全与工艺自身、设备、设施以及过程操控等有关，因涉及有机物和粉体，且多数工序要在密闭车间内进行，故而对防火防爆等有非常高的要求。

第一节　火灾与爆炸及其防控技术

一、火灾与爆炸的定义与分类

1. 火灾

在时间或空间上失去控制的燃烧所造成的灾害即为火灾。燃烧多数属于链式反应，通常会剧烈放热同时出现火焰或可见光。

根据我国建筑设计防火规范等的规定，生产的火灾危险性分为五大类，见表 3-1。

表 3-1　生产的火灾危险性分类

生产类别	火灾危险性特征
甲	使用或产生下列物质的生产： 丙酮、丁酮、环己酮、甲醇、乙醇等闪点＜28℃的液体； 爆炸下限＜10%的气体； 常温下能自行分解或在空气中氧化即能导致迅速自燃或爆炸的物质； 常温下受到水或空气中水蒸气的作用，能产生可燃气体并引起燃烧或爆炸的物质；

生产类别	火灾危险性特征
甲	遇酸、受热、撞击、摩擦、催化以及遇有机物或硫黄等易燃的无机物，极易引起燃烧或爆炸的强氧化剂； 受撞击、摩擦或与氧化剂、有机物接触时能引起燃烧或爆炸的物质； 在密闭设备内操作温度等于或超过物质本身自燃点的生产
乙	使用或产生下列物质的生产： 闪点≥28℃、<60℃的液体； 爆炸下限≥10%的气体； 不属于甲类的氧化剂； 不属于甲类的易燃固体； 助燃气体； 能与空气形成爆炸性混合物的浮游状态的粉尘、纤维，闪点≥60℃的液体雾滴
丙	使用或产生下列物质的生产： 闪点≥60℃的液体； 可燃固体
丁	具有下列情况的生产： 对非燃烧物质进行加工，并在高热或熔化状态下经常产生强辐射热、火花或火焰的生产； 利用气体、液体、固体作为燃料或将气体、液体进行燃烧作其他用的各种生产； 常温下使用或加工难燃烧物质的生产
戊	常温下使用或加工不燃烧物质的生产

2. 爆炸

爆炸是物质系统的一种极为迅速的物理或化学的能量释放或转化过程，是系统蕴藏的或瞬间形成的大量能量在有限的体积和极短的时间内，骤然释放或转化的现象。在这种释放和转化的过程中，系统的能量将转化为机械能及光和热的辐射等。

爆炸可以由不同的原因引起，但不管是何种原因引起的爆炸，必须有一定的能量，按能量来源可分为物理爆炸、化学爆炸和核爆炸。其中，常见的是化学爆炸。化学爆炸是由物质在瞬间的化学变化引起的爆炸。爆炸性物质或混合物发生爆炸，有链式反应和热反应两种不同的历程。

（1）链式反应　链式反应历程大致分为3个阶段：链引发、链传递、链终止。在链引发阶段，游离基生成；在链传递阶段，游离基作用于其他参与反应的化合物，产生新的游离基；在链终止阶段，游离基逐渐消耗，反应终止。

爆炸性混合物（如可燃气体和氧气）与火源接触后，活化分子吸收能量离解为游离基，并与其他分子相互作用形成一系列链式反应，释放热量。链式反应有直链式反应和支链式反应两种，直链式反应是指每一个游离基都进行自己的连锁反应，如氯和氢的反应；支链式反应是指在反应中一个游离基能生成一个以上的新游离基，如氢和氧的反应。

（2）热反应　热反应历程是指危险物品受热发生化学反应。反应在某一空间内进行时，如果散热不良，会使反应温度不断提高，反应速度加快，热累积大于热散失，最终导致爆炸发生。

二、火灾与爆炸的产生

1. 火灾发生的条件

任何物质发生燃烧，都有一个由未燃烧状态转向燃烧状态的过程。燃烧过程的发生和发展，必须具备三个必要条件，即可燃物、氧化剂和点火源。这三个必要条件缺少任何一个，燃烧都不能发生和维持。但有些时候同时具备上述三个条件燃烧也不一定发生，比如温度、压力、浓度等等也会影响或限制燃烧的发生。对正在进行的燃烧，如果使其缺少燃烧三要素中的任何一项，燃烧便会熄灭。这就是灭火的基本原理。

点火源是指能够使可燃物与助燃物发生燃烧反应的能量来源。这种能量包括热能、光能、化学能和机械能。根据点火能的不同来源，制药企业存在的点火源有火焰、火星、高热物体、电火花、静电火花、机械撞击或摩擦、化学反应热等。

（1）明火、火星　引起火灾的明火（火星）主要有生产性明火（火星）、检维修明火（火星）以及燃着的香烟等非生产性明火（火星）。

① 生产性明火（火星）：锅炉、加热炉及维修车间等明火（火星）场所，与其他建（构）筑物的防火间距应满足相关标准规范的要求。

② 检维修明火（火星）：对于电焊、气焊、切割、打磨等检维修动火作业必须开具动火证，动火前明确动火设备位置、设备内使用物料的理化性质，物料放净清洗干净，分析设备内残留气体（可燃、易爆）含量，人员进入设备内需要监测含氧量，动火设备连接的可燃、易爆、有毒物质的输送管道拆除，盲板堵死，清理动火设备周边可燃物，做好防止火花飞溅的应对措施，配备相关应急救援器材，现场监护人员到位，氧气、乙炔钢瓶分开设置，动火作业人员应持有效证件上岗操作。必要时应将动火设备移至安全地带进行动火作业。动火作业结束后熄灭余火，关闭氧气、乙炔阀门，清理高温残渣、灰烬或切断动火电源，动火现场不遗留任何火种，相关人员撤离、设备转移。

③ 非生产性明火（火星）：厂区非生产性明火（火星）应严禁或严格控制，做好宣传教育工作，人性化管理设置的吸烟室在满足防火间距的前提下远离危险场所。

（2）化学点火源　化学点火源引起的火灾主要有化学自热着火和蓄热自热着火两种。

① 化学自热着火　常温常压下，可燃物在特定情况下自身反应放出热量引起的着火。特定条件包括与水作用、与空气作用、性质相抵触物质相互作用等。

a. 与水作用：遇水反应发生自热着火的物质主要有活泼金属、金属氢化物、金属磷化物、金属碳化物、金属粉末等，反应特点是遇水反应产生反应热，放出氢气、磷化氢、甲烷、乙炔等可燃气体，可燃气体在局部高温环境里与空气混合引起燃烧。与水作用自热物质储存容器应密闭，条件允许时充入惰性气体保护；储存场所保持干燥，设置湿度计。

b. 与空气作用：黄磷、烷基铝、有机过氧化物等物质与空气中的氧发生化学反应着火。与空气作用自热物质应考虑其理化特性，例如黄磷不溶于水，熔点44.1℃，在空气中34℃即可自燃，容器内可覆水隔绝空气储存在阴凉场所，使用时在水中加热至熔化成液体状态与水自然分层使用；烷基铝应储存于充有惰性气体的密闭容器中，储存区域应在消防水覆盖区域外；有机过氧化物应单库储存，对温度有要求的设置降温系统，降温系统至少要满足二级供电负荷需求，设置温度检测报警设施，储存量较大的库房内应设置应急排放地沟，室外设应急排放池，做好相应稀释准备工作。

c．性质相抵触物质相互作用：主要是强氧化剂和强还原剂混合发生强烈的氧化还原自热着火等。例如乙炔与氯气混合、甘油遇高锰酸钾、甲醇遇氧化钠、松节油遇浓硫酸等。性质相抵触物质分离储存，受场地限制时至少应隔开储存。

② 蓄热自热着火　煤、植物、涂油等可燃物质都有蓄热自热的特点，长期堆积在一起，在一定条件下，能与氧发生缓慢氧化反应，同时放出热量，散热条件不好，通风不良，氧化放出的热量散不出去；堆积内积热不散，促使温度上升，反应加快，当温度达到可燃物的自燃点时，可燃物就会着火。蓄热自热着火是一个缓慢过程，一般需要相当长时间进行热量积蓄，才会引起着火。蓄热自热物质与热源应可靠隔离，储存场所保持通风顺畅。

（3）电火花　防爆场所设置防爆电器，电器设备可靠接地并定期检测合格，严禁超负荷运转，选用适宜的耐火耐热电线并定期检查绝缘性能，电气线路规范安装，不乱接乱拉电线，电工持证上岗，严禁违章操作。

（4）静电（含雷电）火花　静电的起电方式有两种，一是摩擦起电，即不同的物体相互摩擦、接触、分离起电；二是感应起电，即静电带电体使附近的非带电体感应起电。静电累积到足够高的静电电位后，将周围的介质击穿放电，产生静电火花。静电火花的能量大于或者等于周围空间存在的可燃物、爆炸性混合物的最小点火能时，就可能发生火灾或者爆炸事故。

在包括中药提取和化学药物合成等生产原料药的过程中，常常涉及液体流体。其在高速流动、过滤、搅拌、喷雾、喷射、冲刷、飞溅、灌注乃至沉淀等时，均可能产生危险的静电积聚。尤其是液体中夹带有杂质或可燃液体蒸气和可燃气体中混有固体微粒时，当它们从缝隙或阀门高速喷出时或在管道内高速流动时也会产生静电积聚。

在制药过程尤其是在药物制剂过程中，涉及粉体物料过滤、筛分、气力输送、搅拌、喷射、转运以及粉碎和研磨等操作，在压力作用下固体物料表面摩擦、相互接触而后分离，同时粉体颗粒因挤压流动而与管道壁、过滤器壁之间发生摩擦，均可能导致静电积聚。另外，在生产车间穿着合成化学纤维服装的人员进行生产等活动，也会产生静电积聚。静电能够使生产中的粉体流动性下降，阻碍管道、筛孔通顺，致使输送不畅发生系统憋压，超压可以使得设备损坏。静电放电有造成计算机、生产调节仪表、安全调节系统中的硅元件报废的可能，导致误操作而酿成事故。

静电火花的防控措施主要有以下三种：

① 减少静电电荷的产生：静电的起电取决于带电材料和摩擦、感应等因素，防止静电火花的产生应从源头上采取措施，比如通过改善工艺条件、容器充装改进灌注方式、添加抗静电添加剂，操作人员穿戴防静电工作服、手套、鞋、帽等，控制或减少静电电荷的产生。

② 控制静电电荷的积聚：静电电荷的不断积聚是带电体形成放电以致达到最小点火能的过程。通过采取控制流体的输送速度、搅拌速度、静置时间、静电接地、人体静电导出以及防雷中的拦截、接地、均压、分流和屏蔽等措施，控制静电电荷的积聚。

③ 减少或者排除现场可燃物、易燃物、爆炸性混合物。

（5）机械点火源　由机械撞击或摩擦等作用形成的点火源。一般来说，在撞击和摩擦过程中机械能转变成热能。生产中控制机械点火源的措施主要包括减少不必要的冲击及摩擦、采用惰性气体保护或真空操作、机械的转动部位及时添加润滑剂、避免异物进入设备、使用防爆工具、设置不发火地面以及鞋跟不带铁钉等。

（6）高热物体 在一定的环境中，能够向可燃物传递热量导致可燃物燃烧的叫高热物体点火源。高热物体点火源的控制措施主要有绝热保护、隔离、保持足够安全防火间距、冷却等。

2．爆炸极限及其影响因素

（1）爆炸极限 爆炸极限是表征可燃性气体、蒸气和可燃粉尘危险性的主要参数之一。可燃性气体、蒸气或可燃粉尘与空气（或氧）在一定浓度范围内均匀混合，遇到火源发生爆炸的浓度范围称为爆炸浓度极限，简称爆炸极限。

可燃性气体、蒸气的爆炸极限一般用可燃性气体、蒸气在混合气体中所占的体积分数来表示；可燃性粉尘的爆炸极限用混合物的质量浓度（g/m^3）来表示。

可燃性气体、蒸气的体积分数及质量浓度在 20℃ 的换算公式如下：

$$Y = \frac{V}{100} \times \frac{1000M}{22.4} \times \frac{273}{273+20} = V \times \frac{M}{2.4} \tag{3-1}$$

式中，Y 为质量浓度，g/m^3；V 为体积分数；M 为可燃性气体或蒸气的分子量；22.4 为标准状态下[0℃，1atm（1atm=101325Pa，下同）]1mol 物质气（汽）化时的体积，L。

能够爆炸的可燃性气体最低浓度称为爆炸下限，能够爆炸的最高浓度称为爆炸上限。部分可燃性气体在空气和氧气中的爆炸极限见表 3-2。

表 3-2 部分可燃性气体在空气和氧气中的爆炸极限对照表

序号	物质名称	在空气中的爆炸极限/%	在氧气中的爆炸极限/%
1	甲烷	4.9～15	5～61
2	乙烷	3～15	3～66
3	丙烷	2.1～9.5	2.3～55
4	丁烷	1.5～8.5	1.8～49
5	乙炔	2.55～80	4.9～15
6	氢	4～75	4～95
7	氨	15～28	13.5～79
8	一氧化碳	12～74.5	15.5～94
9	乙醚	1.9～36	2.1～82

用爆炸上限（$L_上$）和爆炸下限（$L_下$）之差与爆炸下限的比值表示危险度 H，即：

$$H = \frac{L_上 - L_下}{L_下} \quad 或 \quad H = \frac{Y_上 - Y_下}{Y_下} \tag{3-2}$$

一般情况下，H 值越大，表示可燃性混合物的爆炸极限越宽，其爆炸危险性越大。部分可燃气体在 N_2O、Cl_2、O_2 和空气中的爆炸危险度对比情况见表 3-3。

表 3-3 部分可燃气体爆炸危险度对比表

序号	物质名称	空气中爆炸极限/%	危险度（H）	O_2 中爆炸极限/%	危险度（H）	N_2O 中爆炸极限/%	危险度（H）	Cl_2 中爆炸极限/%	危险度（H）
1	甲烷	4.9～15	2.06	5～61	11.2	2.2～36	15.36	5.6～70	11.5
2	乙烷	3～15	4	3～66	21	2.7～29.7	10	6.1～58	8.51

序号	物质名称	空气中爆炸极限/%	危险度（H）	O₂中爆炸极限/%	危险度（H）	N₂O中爆炸极限/%	危险度（H）	Cl₂中爆炸极限/%	危险度（H）
3	丙烷	2.1～9.5	3.5	2.3～55	22.9	2.1～25	10.9	6.1～59	8.67
4	丁烷	1.5～8.5	4.67	1.8～49	26.22	1.8～21	10.67	—	—
5	氢	4～75	17.75	4～95	22.75	5.8～86	13.83	8.0～86	9.75
6	氨	15～28	0.87	13.5～79	4.85	2.2～72	31.73	—	—
7	一氧化碳	12～74.5	5.21	15.5～94	5.06	10～85	7.5	—	—

（2）爆炸极限的影响因素

① 温度　混合爆炸气体的初始温度越高，爆炸极限范围越宽，表现为爆炸极限下限降低、上限升高，爆炸危险性增加。例如，丙酮的爆炸极限受初始温度的影响情况见表3-4。

表3-4　丙酮的爆炸极限受初始温度的影响情况表

混合物温度/℃	爆炸下限/%	爆炸上限/%
0	4.2	8.0
50	4.0	9.8
100	3.2	10.0

② 压力　混合气体的初始压力对爆炸极限的影响较复杂。0.1～2MPa时，爆炸下限受影响不大，爆炸上限受影响较大；当压力大于2MPa时，爆炸下限变小，爆炸上限变大，爆炸极限范围扩大，爆炸危险性增加。例如，甲烷的爆炸极限受初始压力的影响情况，见表3-5。

表3-5　甲烷的爆炸极限受初始压力的影响情况表

初始压力/MPa	爆炸下限/%	爆炸上限/%
0.1	5.6	14.3
1	5.9	17.2
5	5.4	29.4
12.5	5.7	45.7

值得注意的是，当混合物的初始压力减小时，爆炸范围缩小；当压力降到某一数值时，会出现爆炸下限和爆炸上限重合，这就意味着初始压力再降低时，不会使混合气体爆炸。把爆炸极限缩小为零的压力称为爆炸的临界压力。

③ 惰性介质　若在混合气体中加入惰性气体（如氮、氩、氦等），随着惰性气体含量的增加，爆炸极限范围缩小，当惰性气体的浓度达到某一数值时，爆炸上限和爆炸下限趋于一致，使混合气体不发生爆炸。

④ 爆炸容器　爆炸容器的材料和尺寸对爆炸极限有影响，如容器的传热性越好、管径越细，火焰在其中越难传播。当容器直径或火焰通道小到某一数值时，火焰就不能传播，这一直径称为临界或最大灭火间距。如甲烷的临界容器直径0.4～0.5mm，氢和乙炔的临界容器直径0.1～0.2mm。

⑤ 点火源　点火源的活化能量越大，加热面积越大，作用时间越长，爆炸极限范围也越大。

⑥ 扩散空间　在制药过程中，反应器或混合加工容器构成的是密闭或半封闭空间，容

器内的挥发性物质多为可燃性物质，易与其中的空气混合达到临界爆燃点；类似地，处于密闭或半封闭的净化车间的安全防爆要求高于敞开式车间。

3. 可燃性气体爆炸极限的计算

① 根据碳氢化合物完全燃烧反应所需氧原子数，可以估算碳氢化合物的爆炸上限和爆炸下限，公式如下：

$$L_{上} = \frac{4}{4.76N + 4} \tag{3-3}$$

$$L_{下} = \frac{1}{4.76(N-1)+1} \tag{3-4}$$

式中，$L_{下}$ 为碳氢化合物的爆炸下限；$L_{上}$ 为碳氢化合物的爆炸上限；N 为每摩尔可燃气体完全燃烧所需原子数。

【例 3-1】试求乙烷的爆炸上限和爆炸下限。

【解】写出乙烷完全燃烧方程式，求出 N 值：

$$C_2H_6 + 3.5O_2 =\!=\!= 2CO_2 + 3H_2O$$

则 $N=7$，将 N 值分别代入式（3-3）和式（3-4），得：

$$L_{上} = \frac{4}{4.76N + 4} = \frac{4}{4.76 \times 7 + 4} = \frac{4}{37.32} = 10.7\%$$

$$L_{下} = \frac{1}{4.76(N-1)+1} = \frac{1}{4.76 \times (7-1)+1} = \frac{1}{29.56} = 3.38\%$$

即乙烷在空气中的爆炸下限为 3.38%，爆炸上限为 10.7%。

② 根据爆炸性混合气体完全燃烧时的化学当量浓度，可以估算有机物的爆炸上限和爆炸下限，计算公式如下：

$$L_{下} = 0.55X_0 \tag{3-5}$$

$$L_{上} = 4.8\sqrt{X_0} \tag{3-6}$$

式中，X_0 为可燃气体的化学当量浓度，在空气中混合时

$$X_0 = \frac{20.9\%}{0.209 + n} \tag{3-7}$$

在氧气中混合时

$$X_0 = \frac{100\%}{1 + n} \tag{3-8}$$

式中，n 为可燃气体完全燃烧时所需要的氧分子数。

【例 3-2】试求甲烷和空气混合时的爆炸下限。

【解】写出甲烷完全燃烧方程式，求出 n 值：

$$CH_4 + 2O_2 =\!=\!= CO_2 + 2H_2O$$

则 $n=2$，与空气混合，将 n 值代入式（3-7），得

$$X_0 = \frac{20.9\%}{0.209 + n} = \frac{20.9\%}{0.209 + 2} = \frac{20.9\%}{2.209} \approx 9.46\%$$

将 X_0 值代入式（3-5），得：

$$L_{下} = 0.55X_0 = 0.55 \times 9.46\% \approx 5.20\%$$

即甲烷与空气混合的爆炸下限为 5.20%。

③ 多种可燃气体组成的混合物的爆炸极限，可根据各组分的爆炸极限计算，计算公式如下：

$$L_m = \frac{1}{\dfrac{V_1}{L_1} + \dfrac{V_2}{L_2} + \dfrac{V_3}{L_3} + \cdots + \dfrac{V_n}{L_n}} \tag{3-9}$$

式中，L_m 为爆炸性混合气体的爆炸极限，%；$L_1, L_2, L_3, \cdots, L_n$ 为组成混合气体各组分爆炸极限，%；$V_1, V_2, V_3, \cdots, V_n$ 为各组分在混合气体中的浓度，%，$V_1 + V_2 + V_3 + \cdots + V_n = 100\%$。

【例 3-3】某种天然气的组成为：甲烷 80%，乙烷 15%，丙烷 4%，丁烷 1%，各组分相应的爆炸下限为 5%，3.22%，2.37% 和 1.86%，试求该天然气的爆炸下限。

【解】将各组分的浓度和爆炸下限代入式（3-9），得：

$$L_下 = \frac{1}{\dfrac{V_1}{L_1} + \dfrac{V_2}{L_2} + \dfrac{V_3}{L_3} + \cdots + \dfrac{V_n}{L_n}} = \frac{1}{\dfrac{80}{5} + \dfrac{15}{3.22} + \dfrac{4}{2.37} + \dfrac{1}{1.86}} \approx 4.37\%$$

即该天然气的爆炸下限为 4.37%。

4. 粉尘爆炸

（1）粉尘爆炸的原理与特点　当可燃性固体呈粉体状态，粒度足够细，飞扬悬浮于空气中达到一定的浓度时，在相对密闭的空间内遇点火源，就有发生粉尘爆炸的可能。具有粉尘爆炸性的物质比较多，在《爆炸危险环境电力装置设计规范》中列举了部分粉尘，常见的有金属粉尘（如镁粉、铝粉等）、煤粉、棉麻粉尘、木粉、面粉、火（炸）药粉尘和大多数含有 C、H 元素及与空气中氧反应能放热的有机合成材料粉尘等。

① 粉尘爆炸的原理　粉尘爆炸是一个瞬间的连锁反应，属于不定的气固二相流反应，其爆炸过程比较复杂，受许多因素的制约。

有关粉尘爆炸的原理至今尚在不断研究和完善之中，日本安全工学协会编写的《爆炸》一书中阐述了粉尘爆炸的一种比较典型的原理：从最初的粉尘粒子形成到发生爆炸的过程，粉尘粒子表面通过热传导和热辐射，从火源获得能量，使表面温度急剧升高，达到粉尘粒子加速分解的温度和蒸发温度，形成粉尘蒸气或分解气体，这种气体与空气混合后就容易引起点火（气相点火）。

另外，粉尘粒子本身相继发生熔化汽（气）化，迸发出微小火花，成为周围粉尘的点火源，使之着火，从而扩大爆炸范围。这一过程与气体爆炸相比就复杂得多。

② 粉尘爆炸的特点　从粉尘爆炸的过程可以看出，粉尘爆炸有如下特点：

a. 粉尘爆炸速度或爆炸压力上升速度比气体爆炸小，但燃烧时间长，产生的能量大，破坏程度大。

b. 爆炸感应期较长。粉尘爆炸过程比气体爆炸过程复杂，要经过尘粒表面分解或蒸发阶段及由表面向中心燃烧的过程。

c. 存在二次爆炸的可能。因为粉尘初次爆炸产生的冲击波会将堆积的粉尘扬起，悬浮在空气中，在新的空间形成达到爆炸极限浓度范围内的混合物，而飞散的火花和辐射热成为点火源，引起二次爆炸。这种连续爆炸会造成严重的破坏。

d. 存在不完全燃烧的状况。在药物以及制剂用辅料燃烧后的气体中含有大量一氧化碳及粉尘自身分解的有毒气体，可能导致中毒死亡事故的发生。

（2）粉尘爆炸的影响因素　粉尘爆炸危险性的主要特征参数是爆炸极限、最小点火能量、最低着火温度、粉尘爆炸压力及压力上升速率。

粉尘爆炸极限不是固定不变的，影响因素主要有粉尘粒度、分散度、湿度、点火源的性质、可燃气含量、氧含量、惰性粉尘和灰分温度等，一般来说，粉尘粒度越细，分散度越高，可燃气体和氧含量越大，火源强度、初始温度越高，湿度越低，惰性粉尘及灰分越少，则爆炸极限范围越大，粉尘爆炸危险性也就越大。

粉尘爆炸压力及压力上升速率（dP/dt）主要受粉尘粒度、初始压力、粉尘爆炸容器、湍流度等因素的影响。粒度对粉尘爆炸压力上升速率的影响比粉尘爆炸压力大得多。粉尘粒度越细，比表面积越大，反应速度越快，爆炸压力上升速率就越大。随初始压力的增大，密闭容器的粉尘爆炸压力和压力上升速率也增大，当初始压力低于压力极限时（如数十毫巴），则粉尘不再可能发生爆炸。

粉尘爆炸与可燃气体爆炸一样，容器尺寸会对粉尘爆炸压力及压力上升速率有很大的影响。大量粉尘爆炸的试验研究证明，单容器容积≥0.04m³时，粉尘爆炸强度遵循如下规律：

$$K_{st} = (dP/dt)_{max} \sqrt[3]{V} \tag{3-10}$$

式中，K_{st} 为粉尘爆炸强度，10^5Pa·m/s；$(dP/dt)_{max}$ 为最大压力上升速率，10^5Pa/s；V 为容器体积，m³。

粉尘爆炸在管道中传播碰到障碍时，因湍流的影响，粉尘呈漩涡状态，使爆炸波阵面不断加强。当管道长度足够长时，甚至会转化为爆轰。

粉尘爆炸很难达到爆炸上限，有实际参考价值的是粉尘的爆炸下限。表 3-6 所列是常见可燃性粉尘的爆炸下限值。

表 3-6　常见可燃性粉尘的爆炸下限表　　　　　　　　　　　　　　　单位：g/m³

序号	粉体	爆炸下限	序号	粉体	爆炸下限	序号	粉体	爆炸下限
1	Zr	40	11	苯酚	35	21	木粉	40
2	Mg	26	12	聚乙烯	25	22	纸浆	60
3	Al	35	13	乙酸纤维	25	23	淀粉	45
4	Ti	45	14	木素	40	24	大豆	40
5	Si	160	15	尿素	70	25	小麦	60
6	Fe	120	16	乙烯树脂	40	26	砂糖	19
7	Mn	216	17	合成橡胶	30	27	硬质橡胶	25
8	Zn	500	18	环六亚甲基四胺	15	28	肥皂	45
9	天然树脂	15	19	无氮钛酸	15	29	硫黄	35
10	丙烯醛乙醇	35	20	烟草粉末	68	30	煤粉	35

三、火灾与爆炸的防控技术

1. 火灾的探测

火灾探测报警系统本身并不具有影响火灾自然发展进程功能，其主要作用是及时将火灾迹象通知有关人员准备疏散或组织灭火。在火灾的早期阶段，准确地探测到火情并迅速报警，对于及时组织人员有序、快速疏散，积极有效地控制火灾的蔓延、快速灭火以及减少火灾损失具有重要的意义。

（1）火灾探测的基本原理　火灾在孕育阶段和初期阶段，通常会出现特殊现象或征兆，如发热、发光、发声以及散发出烟尘、可燃气体、特殊气味等。这些现象或征兆为早期发现火灾、进行火灾探测提供了依据。火灾探测分为接触式和非接触式两种基本类型。

① 接触式探测　在火灾的初期阶段，烟气是反映火灾的主要特征。接触式探测器是利用某种装置直接接触烟气实现火灾探测的。烟气的浓度、温度、特殊产物的含量等都是探测火灾的常用参数，只有当烟气到达该装置且达到相应设定危险阈值时，感烟元件才发生响应。

② 非接触式探测　非接触式火灾探测器主要是根据火焰或烟气的光学效应进行探测的，由于探测元件不必触及烟气，可以在离起火点较远的位置进行探测，探测速度较快。非接触式探测器主要有光束对射式、感光（火焰）式和图像式。其中光束对射式探测器是将发光元件和受光元件分成两部分，分别安装在建（构）筑物空间的两个位置，当有烟气从两者之间通过时，一旦烟气浓度致使光路之间的减光量达到报警阈值就会发出火灾报警信号；感光（火焰）探测器是利用光电效应探测火灾，探测到火焰发出的紫外线或红外线后发出火灾报警信号；图像式探测器是利用摄像原理发现火灾，目前主要采取红外摄像与日光盲热释电预警器件配合进行，一旦发生火灾，火源及相关区域会发出一定的红外辐射，摄像机发现红外信号输入计算机综合分析，确定火灾信号立即报警。

（2）火灾自动报警系统　火灾自动报警系统是火灾探测报警与消防联动控制系统的简称，是以实现火灾早期探测和报警、向各类消防设备发出控制信号并接收设备反馈信号，进而实现预定消防功能为基本任务的一种自动消防设施。

火灾自动报警系统一般由火灾探测报警系统、消防联动控制系统、可燃气体探测报警系统及电气火灾监控系统组成。

① 火灾探测报警系统　由火灾报警控制器、触发器件和火灾警报装置等组成，可以探测到被保护对象的初起火灾并做出报警响应，提醒人员在火灾尚未发展蔓延到危害生命安全的程度时及时疏散到安全地带。

② 消防联动控制系统　由消防联动控制器、消防控制室图形显示装置、消防电气控制装置（防火卷帘控制器、气体灭火控制器等）、消防电动装置、消防联动模块、消火栓按钮、消防应急广播设施、消防电话等设备和组件组成。在火灾发生时，联动控制器按设定的控制逻辑发出控制信号给消防泵、喷淋泵、防火门、防火阀、防排烟阀和通风等消防设备，完成对灭火系统、疏散指示系统、防排烟系统及防火卷帘等其他消防有关设备的控制功能，消防设备动作后由联动控制器将动作信号反馈给消防控制室并显示，实现对消防状态的监视功能。

2. 灭火技术

（1）灭火方法　灭火就是破坏燃烧的必要条件，使燃烧反应终止的过程。常用的灭火方法可以归纳为4种，即冷却、窒息、隔离和化学抑制。冷却、窒息和隔离灭火主要是物理过程，化学抑制属于化学过程。

① 冷却法　常见的喷水吸收大量热量，使燃烧物的温度迅速降低，使燃烧终止。

② 窒息法　如用二氧化碳、氮气等降低氧浓度，使燃烧不能持续。

③ 隔离法　如用泡沫灭火剂灭火，通过产生的泡沫覆盖于燃烧体表面，在冷却作用的同时，把可燃物和空气隔离开来，使燃烧终止。

④ 化学抑制法　如用干粉灭火剂通过化学作用，破坏燃烧的链式反应，使燃烧终止；

用磷酸铵盐为基料的干粉被喷射到灼热的燃烧物表面时，会发生一系列的化学反应，在燃烧物表面生成一层玻璃状覆盖物，将燃烧物与空气隔开，使燃烧终止。

（2）灭火系统装置　灭火系统分为室内外消防给水系统、自动喷水灭火系统、水喷雾灭火系统、细水雾灭火系统、气体灭火系统、泡沫灭火系统和干粉灭火系统等。有些火灾不适宜用水直接扑灭，例如金属钾、钠等遇水燃烧物质的火灾，电器火灾等，应选用适宜的灭火剂系统进行灭火。

① 室内外消防给水系统　室内外消防给水系统的设备和设施主要包括：消防水泵、消防水泵接合器、增（稳）压设备（稳压泵、气压罐）、消防水池和消防水箱等。通常可在厂区设立环状给水管网，并结合各车间条件在厂区内设立一定量的室外消火栓、屋面水箱，以提供消防水保护整个厂区。洁净厂房必须设置消防给水系统，生产层及上下技术夹层应设室内消火栓，消火栓的用水量不小于 10L/s。消防水源通常用市政管网的水源，一般地，火灾时 10min 内室内消防用水由厂区屋面水箱提供，10min 后消防用水由市政管网水源提供，如图 3-1 所示。

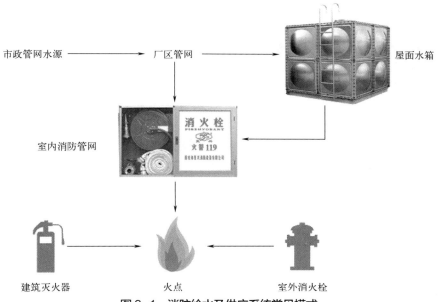

图3-1　消防给水及供应系统常见模式

对于制药企业因存在易燃易爆物，需要在市政水压偏低或断供状态以及外部断电或火点（区）灭火需要断电等状态下的消防给水保证，应在厂区内设消防水池并配备发电机。

② 自动喷水灭火系统　自动喷水灭火系统由洒水喷头、报警阀组、水流报警装置（水流指示器或压力开关）等组件以及供水管道和供水设施组成。自动喷水系统可分为湿式自动喷水灭火系统、干式自动喷水灭火系统、预作用自动喷水灭火系统、雨淋系统和水幕系统等。

a. 湿式自动喷水灭火系统：由闭式喷头、湿式报警阀组、水流指示器或压力开关以及供水管道和供水设施组成，在准工作状态下，管道内充满用于启动系统的有压水，适合在温度 4～70℃的环境中使用。

b．干式自动喷水灭火系统：由闭式喷头、干式报警阀组、水流指示器或压力开关、供水与配水管道、充气设备以及供水设施组成，在准工作状态下，配水管道内充满用于启动系统的有压气体，适合在温度低于4℃或高于70℃的环境中使用。干式自动喷水灭火系统由于准工作状态下配水管道内没有水，有一个排气过程，会出现喷水滞后现象。

c．预作用自动喷水灭火系统：由闭式喷头、雨淋阀组、水流报警装置、供水与配水管道、充气设备以及供水设施组成，在准工作状态时配水管道不充水，由火灾报警系统信号自动开启雨淋阀，转换为湿式自动喷水灭火系统模式。预作用自动喷水灭火系统需要配套设置火灾自动报警系统，可消除干式自动喷水灭火系统喷水滞后的问题，在低温或高温环境中可替代干式自动喷水灭火系统，特别适用于准工作状态时严禁管道漏水、系统误喷的忌水场所。

d．雨淋系统：由开式喷头、雨淋阀组、水流报警装置、供水与配水管道以及供水设施组成，雨淋系统的喷水范围由雨淋阀控制，系统启动大面积喷水。雨淋系统适用于需大面积喷水、快速扑灭火灾的特别危险场所。

e．水幕系统：利用喷洒形成的水墙或多层水帘封堵防火分区的孔洞，阻挡火灾和烟气的蔓延，或喷在物体表面形成水膜，控制分隔物的温度、保护分隔物。水幕系统不具备直接灭火的能力，主要用于挡烟阻火和冷却保护分隔物。

③ 水喷雾灭火系统　水喷雾灭火系统由水源、供水设备、过滤器、雨淋阀组、管道及水雾喷头等组成，需配套设置火灾探测报警及联动控制系统或传动管系统。通过改变水的物理状态，利用水雾喷头使水从连续的洒水状态变化成不连续的细小水雾滴喷射出来灭火。水喷雾灭火系统具有较高的电绝缘性能和良好的灭火性能。

水喷雾灭火系统按启动方式分为电动启动水喷雾灭火系统和传动管启动水喷雾灭火系统，传动管启动水喷雾灭火系统一般比较适用于防爆场所。

④ 细水雾灭火系统　由供水装置、过滤装置、控制阀、细水雾喷头、供水管道组成。具有节能环保（用水量小）、电气绝缘性能比较好、消除烟雾等特性。

⑤ 气体灭火系统　气体灭火系统主要分为卤代烷气体灭火系统、二氧化碳气体灭火系统和惰性气体灭火系统。卤代烷灭火的原理是通过溴和氟等卤素碳氢化物的化学催化作用和化学净化作用大量捕捉、消耗火焰中的自由基，抑制燃烧的链式反应灭火。二氧化碳灭火的原理是冷却以及通过稀释氧浓度窒息燃烧。惰性气体灭火系统灭火属于物理灭火方式，混合气体释放后把氧气浓度降低到不能支持燃烧来扑灭火灾。卤代烷气体灭火系统和二氧化碳气体灭火系统都适用于扑救A类火灾、B类火灾、C类火灾和E类火灾。

⑥ 泡沫灭火系统　泡沫灭火系统是通过机械作用将泡沫灭火剂、水与空气充分混合实施灭火的灭火系统，泡沫灭火的原理是冷却、窒息和辐射热阻隔作用，分为高、中、低倍数泡沫灭火系统，主要适用于B类火灾的灭火。

⑦ 干粉灭火系统　干粉灭火系统是由干粉供应源通过输送管道连接到固定喷嘴上，通过喷嘴喷放干粉的灭火系统。干粉灭火剂的类型有普通型干粉灭火剂、多用途干粉灭火剂和专用干粉灭火剂。

a．普通型干粉灭火剂：可扑救B类、C类、E类火灾，又被称为BC干粉灭火剂，灭火原理是化学抑制作用，当大量普通型干粉以雾状形式喷向火焰时，可以大量吸收火焰中的活性基团，中断燃烧的连锁反应使火焰熄灭。

b．多用途干粉灭火剂：可扑救A类、B类、C类、E类火灾，又被称为ABC干粉灭火剂，多用途干粉喷射到灼热的燃烧物表面时，会发生一系列化学反应，在燃烧物表面生成一层玻璃状覆盖物，将燃烧物和空气隔开，使燃烧窒息灭火。

c．专用干粉灭火剂：可扑救 D 类火灾，又称 D 类专用灭火剂，主要有石墨类、氯化钠类和碳酸氢钠类。石墨类和氯化钠类干粉灭火剂的灭火原理是喷射到金属燃烧物表面组成严密的空气隔绝层，窒息灭火；以碳酸氢钠为主要原料，添加某些结壳物料制作的 D 类干粉灭火剂的灭火原理为喷射到燃烧金属表面时会发生有限的化学反应，钝化金属表面灭火。

⑧ 灭火器　目前，常用的灭火器类型有水基型灭火器、干粉灭火器、二氧化碳灭火器和洁净气体灭火器，制药企业可能发生的火灾类型主要有 A 类、B 类、C 类、D 类。

其中，A 类火灾场所可配置水基型（水雾、泡沫）灭火器、ABC 干粉灭火器；B 类火灾场所可配置水基型（水雾、泡沫）灭火器、BC 干粉灭火器或 ABC 干粉灭火器、洁净气体灭火器；C 类火灾场所可配置干粉灭火器、水基型（水雾）灭火器、洁净气体灭火器、二氧化碳灭火器；D 类火灾场所可用 7150（俗称液体三甲氧基硼氧六环）灭火器灭火，也可用干沙、土或铸铁屑粉末代替灭火。

⑨ 防、排烟系统　建筑中设置防、排烟系统的作用是将火灾产生的烟气和热量及时排出，减弱火势的蔓延，防止和延缓烟气扩散，保证疏散通道不受烟气侵害，确保人员顺利疏散、安全避难。

火灾烟气控制分防烟和排烟两个方面，防烟方面采取的措施有自然通风和机械加压送风；排烟方面采取的措施有自然排烟和机械排烟。

3．火灾的防控

一切防火措施都是为了防止燃烧的三个必要条件同时存在，防止火灾发生的基本措施是控制可燃物、隔绝助燃物和消除点火源。

控制可燃物就是尽量不使用或少使用可燃物，通过改进生产工艺或者改进技术，以不燃物或难燃物代替可燃物或者易燃物，使用的可燃物储存量以满足正常生产周转期为宜。

隔绝助燃物就是生产设备或系统及可燃物包装容器等尽量密闭或加入惰性气体保护，常压或正压状况要防止泄漏接触助燃物，负压设备及系统要防止泄漏进入空气以及安全泄压。

消除点火源就是利用各种措施将引发火灾的能量条件削弱或消除，避免火灾事故的发生。

建设项目在工程可行性研究阶段就需要考虑火灾的发生情况，进行安全预评价并指导初步设计，设计阶段进行细化，建设项目建设及安装阶段按照设计内容落实；对已建项目可以进行安全现状评价，确定人员和财产的火灾安全性能，针对存在的问题积极落实整改，降低火灾发生概率和发生的速率。

4．爆炸的防控

① 防止可爆燃系统的形成　防止可燃物、助燃物、点火源同时存在；防止可燃物、助燃物混合形成爆炸性混合物（在爆炸极限内）和点火源同时存在。

a．取代或控制用量　在工艺可行的情况下，在生产过程中不用或少用可燃、可爆物质，使用不燃、难燃或高闪点溶剂替代低闪点溶剂等。对于自由基反应因引发剂投放量过大，催化加氢还原反应因催化剂加入量过量等，都易导致反应速度增大，造成反应失控而爆炸。比如，自由基引发有机氯化反应，采用分批或连续流加方式控制反应，同时，在反应刚刚开始时，氯气不可通入过快，否则会因热效应和高浓度导致急剧反应爆炸。需要提醒的是，许多事故不是发生在反应中期，多出现在开、停车操作阶段。

b．加强密闭　为防止易燃气体、蒸气和可燃性粉尘与空气形成爆炸性混合物，采取包括冗余等在内的技术措施，并设法使生产设备和容器尽可能密闭操作，以减少或避免危险物泄漏、扩散。

c．通风排气　为保证易燃、易爆、有毒物质在厂房生产环境中的浓度不超过危险浓度，必须采取有效的通风排气措施。尤其是在净化车间，释放至室内的可燃性物质易累积而达到临界点浓度，需要增加送风量以稀释。

d．惰性化　在可燃气体或蒸气与空气的混合物中充入惰性气体，降低氧气、可燃物的百分比，从而消除爆炸危险和阻止火焰的传播。

② 消除、控制点火源　为预防火灾及爆炸危害，对点火源进行控制是消除燃烧三要素同时存在的一个重要措施。引起火灾、爆炸事故的能源主要有明火、高温表面、摩擦和撞击、绝热压缩、化学反应热、电气火花、静电火花、雷击和光热射线等。在有火灾、爆炸危险的生产场所，对这些点火源应引起充分的注意，并采取严格的控制措施。

③ 有效监控、及时处理　在可燃气体、蒸气可能泄漏的区域设置监测报警仪是监测空气中易燃易爆物质含量的重要措施。当可燃气体或液体发生泄漏而操作人员尚未发现时，检测报警仪可在设定的安全浓度范围内发出警报，便于及时处理泄漏点，从而避免发生重大事故。早发现、早排除、早控制，防止事故发生和蔓延扩大。

④ 粉尘爆炸的防控　控制粉尘爆炸的主要技术措施是缩小粉尘扩散范围、消除粉尘、控制火源和适当增湿等。对于产生可燃粉尘的生产装置，可以在生产装置中通入惰性气体进行防护，使实际含氧量比临界含氧量低20%，也可以采用抑爆装置等技术措施。

由于车间内机械设备的轴承或皮带摩擦过热，即可达到引爆的能量；另外，易产生静电的设备未能妥善接地或电气及其配线连接处产生火花；尤其是粉碎机的进料未经挑选，致使铁物混入，产生碰撞性火星；以上皆可引发粉尘爆炸。这些事故不仅发生在药品的生产过程，而且会出现在药品的研发过程、制药设备装置停开与检修保养过程。

第二节　特种设备及其使用安全技术

一、特种设备的基本概念

特种设备是指涉及生命安全、危险性较大的锅炉、压力容器（含气瓶）、生物安全柜、压力管道、电梯、起重机械、客运索道、大型游乐设施和场（厂）内专用机动车辆。制药企业涉及的特种设备主要有锅炉、压力容器（含气瓶）、生物安全柜、压力管道、电梯、起重机械和场（厂）内专用机动车辆等。

① 锅炉　指利用各种燃料、电或者其他能源，将所盛装的液体加热到一定的参数，并通过对外输出介质的形式提供热能的设备，其范围规定为设计正常水位容积大于或者等于30L，且额定蒸汽压力大于或者等于0.1MPa（表压）的承压蒸汽锅炉；出口水压大于或者等于 0.1MPa（表压），且额定功率大于或者等于 0.1MW 的承压热水锅炉；额定功率大于或者等于 0.1MW 的有机热载体锅炉。制药企业涉及的锅炉通常有燃煤锅炉（城市建成区、工业

园区禁止新建 20t/h 以下燃煤锅炉；其他地区禁止新建 10t/h 以下燃煤锅炉）、热水锅炉和有机热载体锅炉等。

锅炉具有爆炸性，锅炉在使用中若发生破裂，内部压力瞬时降至等于外界大气压，可能发生物理爆炸事故。锅炉一般均带有安全附件：安全阀、压力表、水位计、温度测量装置、防爆门以及自动化控制装置（含超温和超压报警与联锁、高低水位报警和低水位联锁、锅炉熄火保护）等。

② 压力容器　指盛装气体或者液体、承载一定压力的密闭设备，其范围规定为最高工作压力大于或者等于 0.1MPa（表压）的气体、液化气体和最高工作温度高于或者等于标准沸点的液体，容积大于或者等于 30L 且内直径（非圆形截面指截面内边界最大几何尺寸）大于或者等于 150mm 的固定式容器和移动式容器；盛装公称工作压力大于或者等于 0.2MPa（表压）且压力与容积的乘积大于或者等于 1.0MPa·L 的气体、液化气体和标准沸点等于或者低于 60℃液体的气瓶以及氧舱。

压力容器的分类方法较多，按照压力等级划分为：低压容器（代号 L，0.1MPa≤压力 < 1.6MPa），中压容器（代号 M，1.6MPa≤压力 < 10.0MPa），高压容器（代号 H，10.0MPa≤压力 < 100.0MPa）和超高压容器（代号 U，压力≥100MPa）。

压力容器具有爆炸性，压力容器在使用中若发生破裂，内部压力瞬时降至等于外界大气压，发生物理爆炸。有些压力容器物理爆炸后，有引发火灾、化学爆炸、灼烫、中毒、感染、窒息等次生灾害的危险。通常压力容器配有必要的安全附件：安全阀、爆破片、爆破帽、易熔塞、紧急切断阀、减压阀、压力表、温度计、液位计等。需要注意的是，用于易燃或有毒气体的气瓶不安设爆破片和易熔塞等泄压装置，否则会扩大灾情。

③ 生物安全柜　指的是能防止实验操作处理过程中某些含有危险性或未知性生物微粒发生气溶胶散逸的箱型空气净化负压安全装置，具体地，通过外排风箱壳体、风机和排风管道组成的外排风箱系统将柜内的空气抽出，使柜内保持负压状态，防止工作区空气外逸，起到保护操作者的作用；外界空气经高效空气过滤器过滤后进入安全柜内工作区，下沉气流（垂直气流）流速不小于 0.3m/s，保证工作区内的洁净度达到 A 级，以避免处理样品被污染；排出的空气经过高效空气过滤器过滤后再排放到大气中，以保护环境。生物安全柜分为Ⅰ、Ⅱ、Ⅲ级，用于不同生物安全等级媒质的操作。实验室级别为四级时，应使用Ⅲ级全排风生物安全柜，且要求生物安全柜内对实验室的负压应不小于 120 Pa。

生物安全柜可能因高效空气过滤器的过滤材料失效、结构破坏以及箱体破损、密封失效等而发生泄漏，由此产生环境污染或产品污染以及对操作者的感染和外溢传染。通常生物安全柜会有报警装置（包括前窗错误位置的报警、低风速报警、紫外联锁装置，B2 全排机型还需要有外风机联锁装置）和负压保护（包括顶部负压、背部负压和侧壁负压）。

④ 压力管道　指利用一定的压力，用于输送气体或者液体的管状设备，其范围规定为最高工作压力大于或者等于 0.1MPa（表压），介质为气体、液化气体、蒸汽或者可燃、易爆、有毒、有腐蚀性、最高工作温度高于或者等于标准沸点的液体，且公称直径大于或者等于 50mm 的管道。公称直径小于 150mm，且其最高工作压力小于 1.6MPa（表压）的输送无毒、不可燃、无腐蚀性气体的管道和设备本体所属管道除外。

⑤ 电梯　指动力驱动、沿刚性轨道运行的箱体或者沿固定线路运行的梯级（踏步），进行升降或平行运送人、货物的机电设备。主要包括载人电梯、载货电梯、自动扶梯等。

电梯可能发生的危险有：人员被挤压、撞击和发生坠落，触电，轿厢超越极限行程发生撞击，轿厢超速或因断绳造成坠落，材料失效造成结构破坏等。

电梯设置的安全保护装置主要有：防超越行程的保护装置、防电梯超速和断绳的保护装置、防人员剪切和坠落的保护装置、缓冲装置、报警和救援装置、停止开关和检修运行装置、机械伤害防护装置以及电气安全防护装置等。

⑥ 起重机械　指垂直升降并水平移动重物的机电设备，其范围规定为额定起重量大于或等于 0.5t 的升降机，额定起重量大于或者等于 3t（或额定起重力矩大于或者等于 40t·m 的塔式起重机，或生产率大于或者等于 300t/h 的装卸桥），且提升高度大于或者等于 2m 的起重机；层数大于或者等于 2 层的机械式停车设备。

起重机械的主要危险因素包括：倾倒、超载、碰撞、基础损坏、操作失误、负荷脱落等。

起重机械设置的安全防护装置有位置限制与调整装置、防风防爬装置、安全钩、防后倾装置、回转锁定装置、载荷保护装置、防碰装置和危险电压报警器等。

⑦ 场（厂）内专用机动车辆　对生产企业来说，场（厂）内专用机动车辆指的是叉车。

二、制药企业特种设备使用安全

1. 锅炉压力容器使用安全管理

《特种设备安全监察条例》（国务院令第 373 号颁布，国务院令第 549 号修改）要求特种设备在投入使用前或者投入使用后 30 日内，特种设备使用单位应当向直辖市或者设区的市的特种设备安全监督管理部门登记。登记标志应当置于或者附着于该特种设备的显著位置。

特种设备使用单位应当在安全检验合格有效期届满前 1 个月向特种设备检验检测机构提出定期检验要求。特种设备的作业人员及其相关管理人员（以下统称特种设备作业人员），应当按照国家有关规定经特种设备安全监督管理部门考核合格，取得国家统一格式的特种作业人员证书，方可从事相应的作业或者管理工作。其中，对于锅炉压力容器使用的安全管理有以下要求：

① 使用有锅炉压力容器制造许可资质厂家的合格产品　在我国境内制造、使用的锅炉压力容器，国家实行制造资格许可制度和产品安全性能强制监督检验制度。确保锅炉制造厂家必须具备保证产品质量的加工设备、技术力量、检验手段和管理水平。

② 登记建档　在锅炉压力容器正式使用前，使用单位一方面必须登记取得使用证后方可使用；另一方面，还应建立锅炉压力容器的设备档案，保存设备的设计、制造、安装、使用、维修、改造和检验等过程的技术资料。注意，对于锅炉压力容器的安装、维修、改造和检验等工作均应委托有相应资质的单位进行。

③ 专责管理　锅炉压力容器使用单位应对设备进行专责管理，设置专门机构，配备专门管理人员和技术人员负责管理设备。

④ 照章运行　锅炉压力容器必须严格依照操作规程及其他法规操作运行，任何人在任何情况下不得违章作业。

⑤ 监控水质　水中杂质使锅炉结垢、腐蚀及产生汽水共沸等，会降低锅炉效率、使用寿命及供汽质量，应严格监督、控制锅炉给水及锅炉水质。

⑥ 事故上报　锅炉压力容器在运行中如发生事故，使用单位除紧急妥善处理外，还应及时、如实上报主管部门及当地特种设备安全监察部门。

与之相似的药物合成用的高压反应釜、生物制药过程用的高压灭菌柜以及制药过程使用的气瓶等压力容器的使用安全管理，其设计、制造、安装、维修、改造和检验等工作的单位机构也应具备相应资质。

2. 电梯与起重机械使用安全管理

制药企业常用电梯在多层车间进行货物搬运，需要建立电梯值班记录制度，电梯检查、保养和维护制度，应急救援预案等管理制度，可建立远程管理监视系统进行全天候监控，确保电梯运行安全。

起重机械在制药企业主要用于设备安装和检修的起吊移动，也用于生物发酵或中药提取等原料药生产车间的吨装料投加。大型起重作业是由指挥人员、起重机械操作人员和司索工等群体配合的集体作业，起重机械使用过程需要有专门的安全管理。一般须建有以下四项管理制度：

① 安全管理制度　包括司机守则，起重机械安全操作规程以及起重机械维护、保养、检查和检验制度，起重机械作业和维修人员安全培训、考核制度等。

② 起重机械安全技术档案　包括设备出厂文件，安装、验收资料和修理记录，使用、维护、保养、检查和试验记录，安全技术监督检验报告、事故记录，以及设备的问题分析和评价记录等。

③ 作业人员的培训管理　起重机械操作人员应持证上岗、指挥人员和司索工也应经过专业技术培训和安全技能训练，了解所从事工作的危险和风险、具备自我保护和保护他人的工作经验和能力。

④ 定期检查　起重机械使用单位对起重机械应进行每日、每月、每年的自我检查。

a. 每日检查　每天起重机械作业前，工作人员应对安全装置、制动器、操纵控制装置、紧急报警装置、轨道、钢丝绳的安全状况进行检查，发现异常及时处理，严禁"带病运行"。

b. 每月检查　主要检查安全装置、制动器、离合器等有无异常，其可靠性和精度是否符合要求；重要零部件（如吊具、钢丝绳滑轮组、制动器、吊索及辅具等）的状态是否正常；电气、液压系统及其部件的工作状况；动力系统及控制器的状况等。

c. 每年检查　起重设备应每年至少进行一次全面检查。

对于起重作业，作业人员做好吊运前的准备是确保安全操作必不可少的程序。具体要求如下：

a. 正确穿戴个人防护用品，包括安全帽、工作服、工作鞋、手套等。

b. 高处作业应佩戴安全绳和工具包。

c. 运输作业检查并清理作业场地，确定搬运路线，清除障碍物。

d. 对使用的起重机和吊装工具、辅件进行安全检查，不使用需报废的元件。

e. 对于大型吊装或重要物品的吊装或由多台起重机共同作业的吊装，应在相关人员组织下，会同指挥、操作人员、司索工等共同讨论，编制作业方案，预测可能发生的事故，采取有效的预防措施，选择安全通道，制定应急对策措施，必要时报请有关部门审查批准。需要注意的是：有主、副两套起升机构的，不允许同时利用主、副钩工作（设计允许的专用起重机除外）。

f. 用两台或多台起重机吊运同一重物时，每台起重机都不得超载。

g. 当风力大于 6 级时，露天作业的轨道起重机应停止作业。作业结束应锚定起重机。

3．生物安全柜使用安全管理

生物安全柜过去几乎是生物实验室专用设备，如今不仅进入医药研究实验室而且进入了医药企业的生产过程，对它的安全使用应根据《特种设备安全监察条例》的要求到相关监管部门进行（备案）登记，并遵照《中华人民共和国生物安全法》以及《实验室　生物安全通用要求》（GB 19489—2008）和《病原微生物实验室生物安全通用准则》（WS 233—2017）等技术标准，建立生物安全柜使用记录制度，检查、保养和维护制度，应急救援预案等管理制度，可建立远程管理监视系统进行全天候监控，确保生物安全柜（实验室、生产单元）的运行安全。

首先，要做好安全级别判定和生物安全柜正确选用与安装。一般地，当实验室级别为一级时一般无须使用生物安全柜，或使用Ⅰ级生物安全柜。实验室级别为二级时，当可能产生微生物气溶胶或出现溅出的操作时，可使用Ⅰ级生物安全柜；当处理感染性材料时，应使用部分或全部排风的Ⅱ级生物安全柜；若涉及处理化学致癌剂、放射性物质和挥发性溶媒，则只能使用Ⅱ-B级全排风（B2型）生物安全柜。实验室级别为三级时，应使用Ⅱ级或Ⅲ级生物安全柜；所有涉及感染材料的操作，应使用全排风型Ⅱ-B级（B2型）或Ⅲ级生物安全柜。实验室级别为四级时，应使用Ⅲ级全排风生物安全柜。

为了避免安全柜内气流的干扰，要求不得将设备安装在人员往来的通道中，并且不得使生物安全柜滑动前窗操作口正对实验室的门窗或靠门窗太近，应远离人员活动、物品流动及可能会扰乱气流的地方。注意在高海拔地区使用时，安装后必须重新校正风速。

再者，要严格按照技术规范和标准进行使用与维护。在每次使用生物安全柜前，需要按操作规程完成消毒，待设备完成自净过程并运行稳定后方可使用。注意安全柜内不能使用明火，防止燃烧过程中产生的高温细小颗粒杂质带入滤膜而损伤滤膜。需要定期进行安全柜的箱体漏泄检测：给安全柜密封并增压到500Pa，30min后在测试区连接压力计或压力传感器系统用压力衰减法进行检测，或用肥皂泡法检测。

对于生物安全柜使用安全管理要求，可参照上海市医学装备协会起草发布的《临床实验室Ⅱ级生物安全柜管理要求》（T/SAME 001—2022）建立安全管理制度，包含安装与使用和维修记录在内的技术档案管理制度、操作和管理人员培训管理制度、定期检查验证以及设备报废管理制度。

4．其他特种设备使用安全管理

所有特种设备的安全操作除了要有安全管理制度外，还要有安全使用技术。一般地，每类、每台特种设备都有专门的作业流程及操作参数，操作者必须熟悉设备的结构性能（可查阅技术手册和产品说明书）并严格遵循操作规程进行操作。

制药车间和厂区内因原辅料和产成品出入仓库或在车间暂转运，常会使用专用机动车辆装卸搬运，故需对装运和通行安全加强管理。

① 建立、健全场（厂）内专用机动车辆安全管理规章制度，确保员工认真执行，加强安全管理，保证安全运行。

② 逐台建立特种设备安全技术档案，内容应包括设计文件、制造单位、产品合格证明、使用维护说明等文件以及相关技术文件和资料；定期检验和自行检查记录、日常使用状况、日常维护保养记录、运行故障和事故记录等。

③ 场（厂）内专用机动车辆遇有过户、改装、报废等情况，企业应及时到当地特种设

备监督管理部门办理登记手续。

车间（厂区）内专用机动车辆不得载人，且女驾驶员的发辫必须卷在帽内。行驶中除紧急情况外，一般不使用紧急制动，以防止装运的物料倒塌，发生事故。

压力管道在运行前，企业应对装置（单元）设计、采购及施工完成之后的最终图样及文件资料进行检查，包括设计竣工文件、采购竣工文件和施工竣工文件三大部分。另外，还应进行压力管道的建档、标识及数据的采集等工作。具体有：

① 做好现场检查，包括设计与施工漏项、未完工程、施工质量3个方面的检查。

② 应当针对各个压力管道的特点，有选择地对压力管道的一些薄弱点、危险点、在热状态下可能失稳（如蠕变、疲劳等）的典型点、重点腐蚀检测点、重点无损伤探测点及其他重点检查点做特殊标志。在影响压力管道安全的地方设置监测点并予以标志，运行中加强观测。

③ 确定监测点之后，应登记造册并采集初始数据。

运行过程中，要加强压力管道运行中的检查和监测，包括运行初期检查、巡线检查、在线监测、末期检查及寿命评价，以便及时发现事故隐患，采取相应对策措施，避免发生事故。

第三节 过程安全自动化控制

制药工业涉及化学合成制药过程、生物代谢制药过程、天然药物分离纯化过程以及各种药物制剂配制加工等过程，具有工艺复杂、设备种类繁多、高温、高压、腐蚀、易燃、易爆、有毒有害等特性，为了保证生产人员、生产设备、生产环境以及生产原料和产品的安全，更为了用药人的权益和安全，必须有可靠有效的检测与控制手段来确保所需的过程安全。

一、制药过程自动化控制技术

任何一个制药过程都离不开自动化检测与控制技术。制药过程控制分为质量控制和生产操作控制，质量控制主要控制原料质量与制药配方工艺，同时与生产操作控制密切相关。现代分析技术的出现与生产自动化控制系统的有机结合，极大地促进了制药过程控制技术的发展，如通过光纤探头将 Raman 光谱或近红外光谱（NIR）等用于在线监控药剂用原料及配方和制剂质量。自动化控制系统一般是由检测和分析仪表、调节器、变送器以及执行机构等构成，见图3-2。

扫码看视频

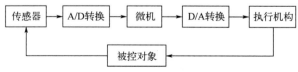

图3-2 自动化控制系统示意图

生产过程自动化的实现，不仅要有正确的测量和控制方案，而且还需正确选择和使用自动化控制仪表。自动化控制仪表有气动仪表和电动仪表等，电动仪表具有信号便于远距离传送、便于同计算机配合、可靠性较高等特点。气动仪表具有防爆性能好、结构简单、可靠性高以及便于维修等特点。图3-3是以反应温度作为控制对象的自动化控制示意图。

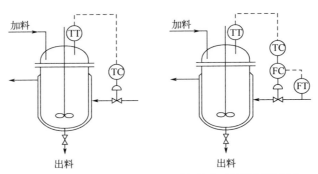

图 3-3　以反应温度作为控制对象的自动化控制示意图

在有火灾、爆炸危险的场合，应根据有关规程的规定选用安全火花型、隔爆型等仪表，或采用其他防爆措施。除此以外，在条件系统中应对那些可能引起事故的关键参数采用自动选择调节、自动联锁和报警措施。自动选择调节系统是把由工艺生产过程的限制条件所构成的逻辑关系，叠加到通常的自动调节系统中去。如重点监管的危险化工工艺氯气氯化反应常见的自动化控制方案。

（1）氯气氯化工艺过程简介　氯化反应过程一般采用氯气作为氯化剂，由于氯气不宜储存和控制，一般将其进行液化储存在钢瓶内。氯化反应过程一般先将液氯钢瓶内的液氯加热汽化，氯气汽化后先进入缓冲罐稳定气压，然后由缓冲罐进入氯化反应器与其他物质进行反应，得到产品或中间品，整个生产过程中的尾气要进行回收处理。氯气氯化工艺流程见图 3-4（a）。

（2）液氯钢瓶称重装置安全控制方案　为了防止液氯钢瓶液氯用尽，需要对液氯钢瓶进行称重，并进行自动报警和控制。常见的液氯称重衡器一般分为上吊式和地面式。

为避免气态氯气或物料倒流进入液氯钢瓶发生事故，在钢瓶和汽化器之间设置自动调节阀门 V_2，当液氯钢瓶的重量低于设定值时，重量报警装置 WIA（L）或 WICA（L）进行报警并对 V_2 发出指令，V_2 自动切断。在液氯输送管线上设置排放阀，事故状态下接至氯气事故吸收处理装置。在液氯钢瓶放置地点设置氯气泄漏检测报警仪，报警信号与 V_2 联锁控制，一旦主机报警，V_2 自动切断。液氯钢瓶称重装置安全控制方案见图 3-4（b）。

（3）液氯汽化装置安全控制方案　盘管式汽化器在蒸汽输入端设自动调节阀门 V_3，热水侧设温度显示报警装置 TICA（D），水温报警信号联锁 V_3 控制。在汽化装置附近设置氯气泄漏检测报警探头，一旦氯气泄漏浓度超标，报警主机报警。液氯汽化装置安全控制方案见图 3-4（c）。

（4）氯气缓冲装置安全控制方案　在氯气缓冲装置设置压力表 PI，设置压力超高报警PICA（H）与自动调节阀 V_2 联锁控制，当缓冲装置压力高于设定值时报警并联锁关闭 V_2，停止液氯进入汽化器。在氯气缓冲装置上端设置安全阀，一旦缓冲装置氯气压力超过安全阀设置的极限压力，开启安全阀将氯气导入事故氯气吸收处理装置处理。

在氯气缓冲装置底端设置排污阀，定期排污。氯气缓冲装置安全控制方案见图 3-4（d）。

（5）氯气氯化反应装置安全控制方案　在氯化反应器与缓冲装置之间工艺管道上设置自动控制阀 V_4、止回阀 V_7、球阀等，在反应器上端设置压力表 PI、温度计 TI 等，搅拌器设置电流报警器 IIA，反应器夹套设置压力报警器 PIA，反应器设温度报警器 TICA 和压力报警器PICA 等。

当氯气流量偏离设定值时，通过流量控制器 FIC 联锁 V_4 进行自动调节；当氯气缓冲装置压力过低或反应器压力过高时，可通过止回阀防止物料倒流进入缓冲装置；当反应器内压力或温度超过设定值时报警，通过 PICA 或 TICA 联锁控制关闭 V_4，停止氯气进入反应器；当搅拌器故障或停电时，IIA 报警进行紧急处置；当反应器夹套压力过高时，PIA 报警进行处置。氯气氯化反应装置安全控制方案见图 3-4 (e)。

（6）事故氯气吸收处理装置安全控制方案　发生事故或故障情况下排放的氯气，包括液氯输送管道、缓冲装置安全阀释放的氯气、缓冲装置底部排放的物质等统一导入事故氯气吸收处理装置，对吸收液温度设置超温报警装置 TIA，控制吸收液温度和 pH 值，防止吸收液失效。事故氯气吸收装置安全控制方案见图 3-4 (f)。

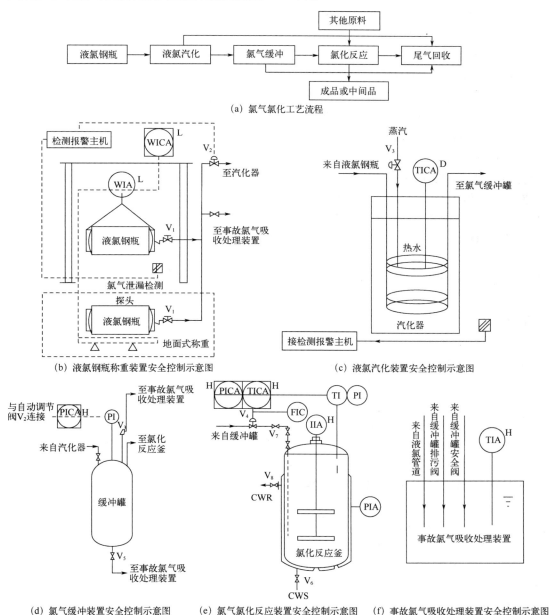

(a) 氯气氯化工艺流程

(b) 液氯钢瓶称重装置安全控制示意图　　(c) 液氯汽化装置安全控制示意图

(d) 氯气缓冲装置安全控制示意图　　(e) 氯气氯化反应装置安全控制示意图　　(f) 事故氯气吸收处理装置安全控制示意图

CWR—冷却水回水；CWS—冷却水上水

图 3-4　危险工艺氯化反应过程自动控制示意图

二、过程安全自动化控制系统

扫码看视频

《安全监管总局关于加强化工过程安全管理的指导意见》（安监总管三〔2013〕88 号）第四条装置运行安全管理中明确要求企业要装备自动化控制系统；《国家安全监管总局关于加强化工安全仪表系统管理的指导意见》（安监总管三〔2014〕116 号）明确要求：从 2016 年 1 月 1 日起，大型和外商独资合资等具备条件的化工企业新建涉及"两重点一重大"的化工装置和危险化学品储存设施，要按照本指导意见的要求设计符合相关标准规定的安全仪表系统。从 2018 年 1 月 1 日起，所有新建涉及"两重点一重大"的化工装置和危险化学品储存设施要设计符合要求的安全仪表系统。其他新建化工装置、危险化学品储存设施安全仪表系统，从 2020 年 1 月 1 日起，应执行功能安全相关标准要求，设计符合要求的安全仪表系统。

（1）集散控制系统　集散控制系统（distributed control system，DCS）也叫分布式控制系统，其核心思想是分散控制、集中监控。它是集计算机（computer）技术、控制（control）技术、通信（communication）技术和显示（如阴极射线管 CRT）技术为一体的综合性高技术产品。

DCS 通过操作站对整个工艺过程进行集中监视、操作、管理，通过控制站对工艺过程各部分进行分散控制，既不同于常规的仪表控制系统，也不同于集中式的计算机控制系统，而是集中了两者的优点，克服了它们各自的不足。DCS 以其可靠性、灵活性，人机界面的友好性以及通信的方便性等特点日益被广泛应用。最早是美国霍尼韦尔（HONEYWELL）公司推出的 TDC-2000。

DCS 是将控制回路集中在控制机柜内，在操作站上进行集中的控制和管理。测量信号通过信号电缆接至 DCS 输入卡件，经过 DCS 卡件转换为数字信号送至控制器，在控制器中与给定值进行比较（如果是仅显示，在控制器中进行量程转换、与报警值比较等运算后直接显示在操作站上），根据设定的正反作用、PID 参数计算出输出信号，然后此输出信号送给输出卡件，经过输出卡件转换为模拟信号，通过信号电缆送至调节阀进行调节。也可以输出开关量信号，用于控制两位式阀门或其他工艺设备。

（2）紧急停车系统　紧急停车系统（emergency shutdown device，ESD）按照安全独立原则要求，独立于集散控制系统，其安全级别高于 DCS。在正常情况下，ESD 是处于静态的，不需要人为干预。

ESD 作为安全保护系统，凌驾于生产过程控制之上，实时在线监测装置的安全性。只有当生产装置出现紧急情况时，不需要经过 DCS，而直接由 ESD 发出保护联锁信号，对现场设备进行安全保护，避免危险扩散造成巨大损失。

（3）安全仪表系统　安全仪表系统（safety instrumented system，SIS）又称为安全联锁系统（safety interlocking system），ESD 属于 SIS 的一部分。

安全仪表系统独立于过程控制系统（例如集散控制系统等），生产正常时处于休眠或静止状态，一旦生产装置或设施出现可能导致安全事故的情况时，能够瞬间准确动作，使生产过程安全停止运行或自动导入预定的安全状态，必须有很高的可靠性（即功能安全）和规范的维护管理，如果安全仪表系统失效，往往会导致严重的安全事故，近年来发达国家发生的重大化工（危险化学品）事故大都与安全仪表失效或设置不当有关。根据安全仪表功能失效产生的后果及风险，将安全仪表功能划分为不同的安全完整性等级（SIL1～4，最高为 4 级）。

不同等级安全仪表回路在设计、制造、安装调试和操作维护方面技术要求不同。

（4）智能制造与安全技术　智能制造指的是在整个制造过程中贯穿智能活动，并将这种智能活动与智能机器有机融合。整个制造过程从订货、产品设计、生产到销售等各个环节以柔性方式集成，具备信息深度感知、精准控制、智慧决策、协同运营等能力特征，有着智能化、柔性化以及集成化等特点。同时，能提升行业安全管理水平，让制药行业从根本上改善健康、安全、环境（HSE）状况。究其具体应用而言，当前有两类安全管理技术模式。

① 全生命周期的安全管理　图3-5 展示了化学原料药开发流程全生命周期内的主要过程安全技术，安全信息在各项安全技术之间传递和共享，工业大数据和高性能计算技术为之提供了强大的效率保证。在产品研发阶段，设计人员可利用已有的海量化学品数据库和深度学习技术对化学原料药的安全风险进行预测分析。一方面，设计安全并智能的化学原料药；另一方面，化学原料药的安全风险信息为过程安全设计提供依据，帮助设计人员使用更加稳定、可控、有柔性的方案。

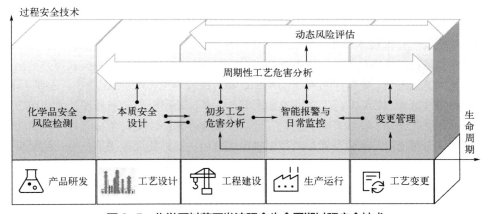

图 3-5　化学原料药开发流程全生命周期过程安全技术

安全设计信息还进一步被应用于各类工艺危害分析（process hazard analysis，PHA），解决动态风险评估，提升智能报警与异常诊断的实时性和准确性。

在化学原料药开发流程的全生命周期中，原料、设备、工艺等都不可避免地会发生变更，而每一次变更都伴随着安全信息的变化。因此，完善的变更管理机制是实现安全水平持续提升的重要保障。

② 多尺度耦合互锁机制下的动态安全监控与决策模式　图3-6 所展示的是多尺度耦合互锁机制下的动态安全监控与决策模式。这是一种在安全、环保、质量、交期、效益等多准则、多目标下的安全评价与控制决策融合的一体化模型，与传统的只强调单元变量是否超阈值的化工过程安全评价方法有着本质差别。

智能制造模式下，化学原料药的安全与环保边界由分子尺度的化学品特性、单元尺度的设备运行状态、过程尺度的生产工艺条件，以及工厂尺度的安全体系与过程管理协同耦合决定。有弱中心化、联锁互动、安全自适应的特点。当安全与环境风险逼近乃至可能越过边界时，决策机制将从分子到产业链角度提供多尺度的决策控制方案，实现安全管理与控制优化的一体化，降低安全与环境风险。因此，在此模式下可以充分考虑各种安全要素（包括工艺控制的鲁棒性、机电设备的稳定可靠、员工的安全意识、规范操作以及必要的安全防护），广泛应用物联网技术和各类感知技术，全面提升过程监测能力和风险评价能力，对复杂装置的异常状况进行超早期预警，从而提高过程的本质安全水平。

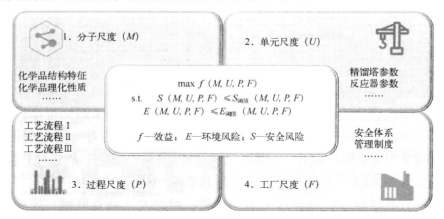

图3-6 多尺度耦合互锁机制下的动态安全监控与决策模式

在这两类安全管理技术模式中一般以各类传感器、物联网、工业互联网、工业大数据和人工智能技术为依托，从物料性质、设备性能、过程控制、生产组织、业务模式等方面出发，综合工业现场的感知系统、集散控制系统（DCS）、安全仪表系统（SIS）、制造执行系统（MES）、危险与可操作性分析（HAZOP）、实验室信息管理系统（LIMS）、企业资源计划（ERP）等，形成一个具有泛在感知、在线安全评价、安全事件应急处理，以及安全知识共享等功能的综合性安全管理，实现企业乃至全行业相关数据资源的整合、知识获取和决策支持，从源头上消除危险源，从根本上提升安全管理能力，达成本质安全的目的。如图3-7～图3-10所示。

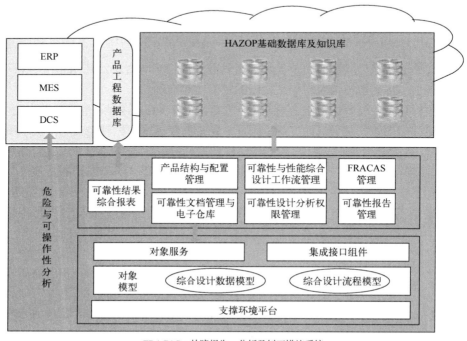

FRACAS—故障报告、分析及纠正措施系统

图3-7 健康安全环境系统架构

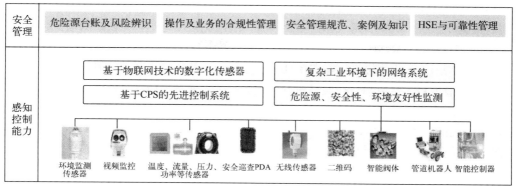

CPS—信息物理系统；PDA—个人数字助理

图3-8　基于工业互联网的安全管理系统

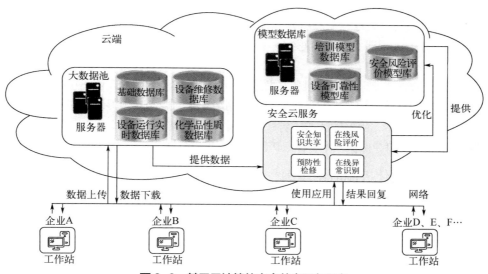

图3-9　基于云计算的安全共享服务平台

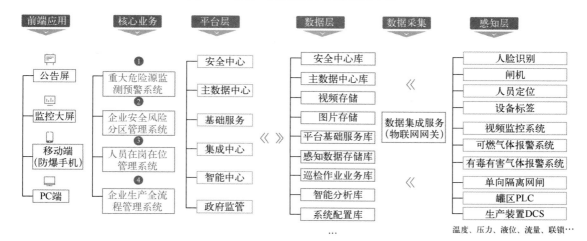

图3-10　基于工业互联网的安全管理平台

在这些系统与平台中，一般有用于监测企业构成重大危险源的危险化学品储存及生产装置实时数据和预警、可燃有毒气体数据及预警、危险化工工艺安全参数监测预警、监控视频等信息的数据库（系统）。有用于安全风险分区的平台或系统，可实现通过生产过程危险和有害因素的辨识，运用定性或定量的统计分析方法确定其风险程度，一般分为重大风险、较大风险、一般风险、低风险，在信息系统中企业厂区平面图上用红、橙、黄、蓝"四色图"进行标绘，形成"两单三卡"。有人员在岗在位管理系统，用于管理化工企业作业人员定时、定人、定岗履职的信息系统，可通过生物识别、智能门禁、实时定位等技术，能够有效识别、跟踪作业人员及车辆的位置和行为。结合电子围栏等功能，能有效对离岗、串岗、超员提供实时报警的功能。还有适应安全生产全流程管理的系统或平台，主要包括安全生产目标责任管理、安全制度管理、教育培训、现场管理、安全风险管控及隐患排查治理、应急管理、事故管理等为一体的信息管理系统。

当然不管是哪类安全管理平台或系统，均可分为软件应用层和硬件底层。其中的各类硬件底层就包括前述的各类过程监测与分析技术、设备、装置，以及无线射频识别技术（RFID）、红外感应器、各类传感器（识别与感知、智能）、二维码和路由器等各类底层数据采集与处理硬件。

由各类先进技术带来了化学原料药开发过程中安全本质上的提升，但不可忽视的是在另一个方面安全风险的显著增加，那就是数据安全和网络安全问题，必须得到重视，这部分安全技术可采用虚拟网络技术、防火墙技术、病毒防护技术、入侵检测技术、安全扫描技术、VPN技术、用户身份验证、口令保护技术、存取访问控制技术、数据加密技术和审计踪迹等加以防护。

三、危险工艺自动化控制应用示例

基于计算机信息技术的多功能一体化现场仪表在线分析测试技术的发展，极大地推进了自控技术在危险工艺的应用。以邻氯硝基苯加氢还原合成邻氯苯胺（4000t/a）的工艺为例，进行重点监控的危险工艺分析与自动化及安全控制方案设计。

（1）邻氯苯胺生产工艺简介 邻氯苯胺生产过程包含：甲醇制氢工序、加氢还原工序、溶剂回收及邻氯苯胺产品精制工序，其工艺流程示意图见图3-11。生产设备和管道设计为密闭系统，防止氢气泄漏。

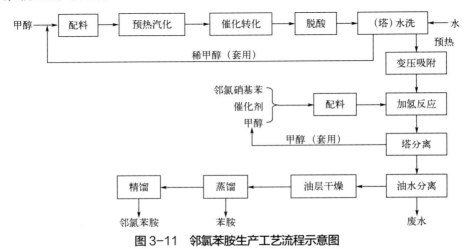

图 3-11 邻氯苯胺生产工艺流程示意图

① 甲醇制氢工序 甲醇和水蒸气通过专用催化剂作用，直接转化生成二氧化碳和氢气；采用转化反应自身加压操作，产生的转化气不需要进一步加压，即可直接送入变压吸附分离装置。

② 加氢还原工序 邻氯硝基苯和氢气于60℃、0.8MPa下，在催化剂的作用下反应生成邻氯苯胺和水，过程无需高温高压，符合清洁生产要求。反应结束后，静置让大量的催化剂沉降套用。

（2）自动化控制方案设计

① 工艺装置危险特性、危险区域划分、关键控制要素 邻氯苯胺车间为甲类火灾危险区域、具有爆炸危险。产品生产控制以压力、温度、流量、液位等参数集中显示和记录为主，同时通过手动、自动远程控制气动薄膜调阀开度，以实现对工艺指标的控制。

② 仪表类型、关键仪表选择，检测、控制、报警、联锁、紧急停车系统

a．仪表选型 根据本项目易燃易爆的生产特点，在防爆区域，仪表全部选用隔爆型仪表。对生产过程中不太重要的过程参数实行就地检测为主，重要的参数如温度、压力、液位、流量等引入操作室集中显示、记录、调节报警。对可能发生氢气可燃气体泄漏的装置分别配置氢气和甲醇可燃气体检测器，与可燃气体检测报警仪构成可燃气体监测报警系统，探头报警系统的报警信号送至控制室，以便及时监控现场状况。对安装在现场的部分仪表为防日晒雨淋及冬天防冻，均加装保护箱。

自动控制仪表有气动仪表和电动仪表等，电动仪表由于其信号便于远距离传送，便于同计算机配合以及本身可靠性的提高，发展得比气动仪表快。但气动仪表防爆性能好，且结构简单、可靠性高并便于维修。

b．控制系统参数设置 邻氯苯胺生产装置采用DCS，控制室设控制柜和操作柜。对生产过程涉及安全及产品质量的重要工艺参数均设置了高低限报警，其报警、联锁停车由DCS实现，DCS报警和联锁控制参数，见表3-7和表3-8。

表3-7 邻氯硝基苯加氢工序DCS报警和联锁控制参数表

序号	模拟点	控制参数	控制方式	控制点
1	FI204A	200～300m³/h	调节、报警	FV204A
2	PI204A	0.6～1.0MPa	报警、联锁	PSV204A
3	TI204A	60～80℃	调节、报警、联锁	TV204A、PSV204A
4	FI204B	200～300m³/h	调节、报警	FV204B
5	PI204B	0.6～1.0MPa	报警、联锁	PSV204B
6	TI204B	60～80℃	调节、报警、联锁	TV204B、PSV204B
7	FI204C	200～300m³/h	调节、报警	FV204C
8	PI204C	0.6～1.0MPa	报警、联锁	PSV204C
9	TI204C	60～80℃	调节、报警、联锁	TV204C、PSV204C
10	FI204D	200～300m³/h	调节、报警	FV204D
11	PI204D	0.6～1.0MPa	报警、联锁	PSV204D
12	TI204D	60～80℃	调节、报警、联锁	TV204D、PSV204D

序号	模拟点	控制参数	控制方式	控制点
13	FI204E	200～300m³/h	调节、报警	FV204E
14	PI204E	0.6～1.0MPa	报警、联锁	PSV204E
15	TI204E	60～80℃	调节、报警、联锁	TV204E、PSV204E

表 3-8　邻氯硝基苯加氢工序 DCS 报警和联锁设定值表

序号	模拟点	报警、联锁设定值				类型
		LL	L	H	HH	
1	FI204A			250m³/h		高位报警
2	PI204A			0.9 MPa	1.0 MPa	高位报警、高高位联锁关闭 PSV204A
3	TI204A			80℃	100℃	高位报警、高高位联锁关闭 PSV204A
4	FI204B			250 m³/h		高位报警
5	PI204B			0.9 MPa	1.0 MPa	高位报警、高高位联锁关闭 PSV204B
6	TI204B			80℃	100℃	高位报警、高高位联锁关闭 PSV204B
7	FI204C			250 m³/h		高位报警
8	PI204C			0.9 MPa	1.0 MPa	高位报警、高高位联锁关闭 PSV204C
9	TI204C			80℃	100℃	高位报警、高高位联锁关闭 PSV204C
10	FI204D			250m³/h		高位报警
11	PI204D			0.9 MPa	1.0 MPa	高位报警、高高位联锁关闭 PSV204D
12	TI204D			80℃	100℃	高位报警、高高位联锁关闭 PSV204D
13	FI204E			250m³/h		高位报警
14	PI204E			0.9 MPa	1.0 MPa	高位报警、高高位联锁关闭 PSV204E
15	TI204E			80℃	100℃	高位报警、高高位联锁关闭 PSV204E

　　c. 控制系统操作配置　采用控制室集中控制技术，实现遥控式隔离操作，见图3-12。生产装置各主要操作点设置必要的事故停车开关，以保证安全操作。

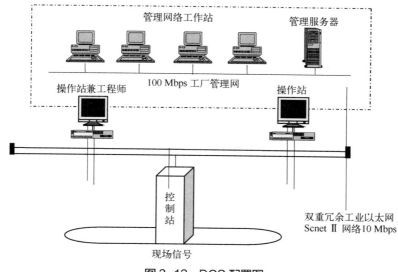

图 3-12 DCS 配置图

③ 系统可靠性保障措施

a．项目使用的生产设备均由有资质的单位设计、制造，安全性能可靠，采用 DCS 拟对温度、压力、流量、液位等工艺参数进行集中测量、显示；并根据工艺操作要求，对有关的工艺参数分别进行上下限位报警、联锁，手动遥控和自动控制等。

b．控制系统电源采用不间断电源系统（UPS）供电。

c．生产装置采用 DCS。氢气压缩机等主要危险设备设置超温超压及液位高低报警装置、氮气系统。本项目生产控制以压力、温度、流量、液位等参数集中显示和记录为主，同时通过手动、自动远程控制气动薄膜调阀开度，以实现对工艺指标的控制。

d．报警、联锁、紧急停车系统可靠性保障措施：变送器开关量及冗余配置，联锁阀与手动、自动远程控制气动薄膜调阀设置，故障安全型设计，气动阀门气开气闭设置。

e．DCS 的可靠性保障措施：冗余、容错、输出安全、自诊断、软件可靠。

邻氯苯胺生产过程 DCS 规模见表 3-9。

表 3-9 邻氯苯胺生产过程 DCS 规模

序号	信号类型		I/O 点数	冗余	实配点数	I/O 卡类型	卡件数
1	模拟量输入（AI）	4～20mA	82	13	108	XP313	18
2	RTD 输入		35	6	48	XP316	12
3	TC 输入		0	0		0	0
4	4～20mA 输出		36	10	52	XP322	13
5	开关量输入（DI）		47	6	64	XP363（B）	8
6	开关量输出（DO）		17	3	32	XP362（B）	4

④ 仪表电缆选型、控制室布置、控制室内防火防爆措施

a．控制电缆选用计算机专用对绞屏蔽控制电缆。

b．控制室布置应符合相关标准规范要求。

c. 控制室内防火防爆措施：设置感温感烟报警、灭火器、应急灯，装修装饰材料选用阻燃材料，控制室仪表、现场仪表线槽、穿管等接地。

⑤ 安全自动化控制设计符合性　针对加氢反应的重点监控参数反应温度与反应压力，加氢反应釜 R222 上设置了温度检测器 TI204、压力检测器 PI204、现场压力表 PG209；加氢釜的搅拌采用变频调速；氢气流量以流量计 FI204 监控；反应物质的配比以高位槽 V214 计量；冷却水流量以调节阀 TV204 控制调节；氢气为装置自制，无需氢气压缩机。

在 DCS 上分别设置了反应温度 TI204 与压力 PI204 的高低位报警，并将温度 TI204 与压力 PI204 的高高报警均与氢气进管切断阀 PSV204 联锁，釜面配一只安全阀 PSV222 以在紧急状态下安全泄放系统压力；反应物料的配比与投料量通过高位槽 V214 与配料槽 R221 的两级控制，杜绝可能的误操作；加氢过程配备专用的冷却系统，冷却水泵两用两备，冷却水流量根据釜温由调节阀 TV204 自动调节；带变频调节的搅拌由 DCS 控制并实时反馈至操作界面。项目涉及加氢还原工艺，属于危险化工工艺，其自动化控制设计符合性，见表 3-10。

表 3-10　邻氯苯胺生产过程自动化控制设计符合性判定

项目	控制要求	设计	比较判断
重点监控工艺参数	加氢反应釜温度、压力；反应釜内搅拌速率；氢气流量；反应物质的配料比；系统氧含量；冷却水流量；加氢反应尾气组成等	加氢反应釜温度、压力；反应釜内搅拌采用变频控制；氢气流量；反应物质配料采用计量加料，不会出现配比变化；系统氧含量每次置换时检测；冷却水流量控制	符合安全设计要求
安全控制基本要求	温度和压力的报警和联锁；反应物料的比例控制和联锁系统；紧急冷却系统；搅拌的稳定控制系统；氢气紧急切断系统；加装安全阀、爆破片等安全设施；循环氢气压缩机停机报警和联锁；氢气检测报警装置等	温度和压力的报警和联锁氢气进料；反应物料的配比与投料量通过高位槽控制，杜绝可能的误操作；搅拌采用 DCS 控制；氢气紧急切断系统；加装安全阀安全设施；循环氢气压缩机采用回路和变频调节、安全阀三级防超压防护；安装多组氢气检测报警装置	符合安全设计要求
宜采用的控制方法	将加氢反应釜内温度、压力与釜内搅拌器电流、氢气流量、加氢反应釜夹套冷却水进水阀形成联锁关系，设立紧急停车系统。加入急冷氮气或氢气的系统。当加氢反应釜内温度或压力超标或搅拌系统发生故障时自动停止加氢，泄压，并进入紧急状态。安全泄放系统	加氢反应釜内温度、压力与釜内搅拌器电流、氢气流量、加氢反应釜夹套冷却水进水阀形成联锁关系，设立紧急停车系统。当加氢反应釜内温度或压力超标或搅拌系统发生故障时，自动停止加氢，泄压，并进入紧急泄放状态	符合安全设计要求

近年来，以工业互联网驱动的流程工业智能优化制造模式在世界各国不断推进，互联网经济发展潮流驱使我国制造业朝向垂直专业化发展，不同的垂直行业具有各自特有的生产流程与检测标准。通过建立完善的生态系统与有效的协作模式，打造覆盖端、边、云三个层面的制药行业工业互联网应用解决方案，对助力制药生产企业实现数字化转型至关重要。为提高产品的质量检测效率，帮助企业实现智能化管理，提出了一种基于工业互联网和人工智能技术的制药工业智能体解决方案（图 3-13）。

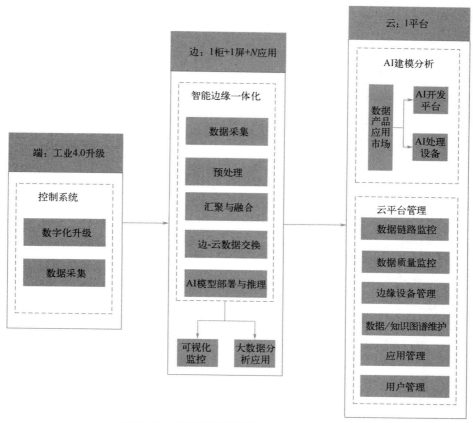

图 3-13 制药工业智能体解决方案总体架构

1) 端侧 端侧主要是产线的工业 4.0 升级，主要包含控制系统数字化升级与智能物联增强感知两个部分。a. 控制系统数字化升级：对传统控制系统的软件进行升级，保持硬件不变，在产线不停车的情况下在线增加数据采集程序，实现控制系统在线数据实时采集并传输至信息系统。b. 数据采集：智能物联增强感知。通过引入智能机器人设备，实现产线人工环节的智能化操作，并将"离线数据"转变为"在线数据"，从而扩大数据采集范围。

2) 边侧 边侧主要面向现场实时生产管理与智能决策应用，主要包括智能边缘一体化、可视化监控与大数据分析应用三个部分。a. 智能边缘一体化：通过物联网（IoT）智能网关实现一站式产线数据采集，配备搭载自主可控 AI 芯片的边缘计算设备与中心节点服务器，能够以稳定、高效、便捷的方式在产线边侧快速部署数据预处理、汇聚与融合、边-云数据交换、AI 模型部署与推理等功能，覆盖数据生命周期的各个阶段。此外，该机柜配备了防火墙以及一系列安全措施，在实现"端-边-云"协同计算架构的同时，保障产线数据与各设备的安全可靠。b. 可视化监控：在可视化监控方面，基于标准化组态设计，为企业搭建产线运行状态可视化监控大屏，将智能边缘一体机柜汇聚的产线数据按"对象分解结构/分析主题"进行分类汇总，根据客户个性化需求进行灵活、实时、联动展示，快速实现"透明工厂/透明车间"的基础数字化功能。c. 大数据分析应用：在数字化能力基础上，面向不同角色与不同主题进一步开发有针对性的数据分析应用，形成边侧部署的各类数据产品 APP，充分挖掘产线数据的价值，实现"智慧工厂/智慧车间"的高级智能化功能。

3）云侧 云侧作为边侧功能的扩展、增强与集中管控，主要包括基于工业互联网平台实现云平台管理和 AI 建模分析两部分。未来可进一步根据客户需求提供面向业务数据托管的专有云数据镜像服务，从而实现产线运行状态可视化及大数据分析应用功能不受时空限制的远程使用。a. AI 建模分析：在 AI 建模分析方面，以高性能计算与强大 AI 能力为依托，在云侧进行模型训练，迭代开发适用于制药行业数字化及智能制造的工业互联网和工业大数据应用，并在边侧进行数据产品 APP 的部署；数据产品 APP 在云平台进行统一维护与升级，并随着客户使用过程中积累的数据不断进行更新迭代，进而更好地服务于客户，实现绿色节能、成本降低、工业优化和质量提升的目标，构成可持续发展的良性循环。b. 云平台管理：在云平台管理方面，通过向云侧接入边缘计算设备，提供统一的应用管理与运维，实现数据链路监控、数据质量监控、边缘设备管理、数据/知识图谱维护、用户管理和应用管理等功能。

需要提醒大家：在任何一项工程设计中，许多由工艺条件引起的问题需要工艺和自控专业人员紧密合作加以解决，同时，为了便于自动化仪表专业进行工程的同步设计，工艺专业有必要也有义务向自动化仪表专业提供自动控制设计条件。工艺专业必须根据工艺的具体情况，向自动控制设计专业提供集中操作的程度、是否与计算机联接、响应速度的要求、安全方面（防爆性、停电时间、气源故障等）要求；原料药以及药物制剂生产用设备配置的液位计、温度计套管、取压管接头和其他探测口管接头的尺寸和位置，以确保仪表的正确连接；工艺操作过程的关键参数、确保安全生产的重要参数、为改进工艺过程所研究的参数、需考虑经济管理的参数（记录或计算）。

 习题

1. 火灾发生的必要条件有哪些？
2. 简述爆炸性物质或混合物发生爆炸的反应历程（机制）。
3. 如何防止发生火灾、爆炸事故？
4. 制药企业生产过程中可能发生的火灾种类有哪些？分别应该配置哪些型号的灭火器材？
5. 试述粉尘爆炸的原理，结合某一固体制剂分析其粉尘爆炸的影响因素。
6. 环氧乙烷常用于制药车间和系统管道的灭菌，试计算其在空气中的爆炸下限。
7. 经检测分析发现，某混合气组成 x_i 如下表：

序号	物质名称	x_i
1	丙酮	0.025
2	环己烷	0.015
3	乙醇	0.04
4	空气	0.92

试计算混合气体在 25℃、40℃和 85℃下的爆炸极限。
8. 试从结构与其工作原理和作用功能出发，分析在制药车间能够用 RABS（限制进入屏障系统）或 isolater（隔离器）替代生物安全柜的可能性，并给出能够实现的场景或解决方案。

第四章

安全评价与安全生产管理

 学习目标

熟悉：安全评价的分类、依据与安全生产的相关要素及其影响因素；

了解：安全生产管理基本内涵与相关政策法规；

掌握：安全评价方法、工作流程与内容要求，理解生产安全的管理责任，能够进行制药工艺安全评价报告的编制。

《中华人民共和国安全生产法》第三十二条明确规定："矿山、金属冶炼建设项目和用于生产、储存、装卸危险物品的建设项目，应当按照国家有关规定进行安全评价"。安全评价通过危险性识别及危险度评价，客观地描述系统的危险程度，指导预先采取相应措施，降低系统的危险性。

安全评价是一个运用安全系统工程原理和方法，辨识和评价系统、工程中存在的风险的过程。这一过程包括危险有害因素辨识及危险、危害程度评价两部分。危险有害因素辨识的目的是辨识危险来源，危险、危害程度评价的目的是确定和衡量来自危险源的危险性、危险程度和应采取的控制措施，以及采取控制措施后仍然存在的危险性是否可以被接受。

第一节　安全评价概述

一、安全评价的定义与分类

1. 安全评价的定义

安全评价是以实现安全为目的，应用系统安全工程原理和方法，辨识与分析工程、系统、生产经营活动中的危险有害因素，预测发生事故造成职业危害的可能性及其严重程度，提出科学、合理、可行的安全对策措施建议，做出评价结论的活动。

对系统而言，系统构成包括人员、物质、设备、资金、任务指标和信息六个要素。它是由若干个相互联系、为了达到一定目的而具有独立功能的要素所构成的有机整体。而系统安全则是指在系统寿命周期内应用系统安全工程和管理方法，识别系统中的危险源，定性或定量其危

险性，采取控制措施使其危险性最小化，从而使系统在规定的性能、时间和成本范围内达到最佳的可接受程度。因此，在生产中为了确保系统安全，需要按系统工程的方法，对系统进行深入分析和评价，及时发现固有的和潜在的各类危险和危害，提出应采取的解决方案和途径。

事实上，安全评价是安全生产管理的必要组成部分。通过安全评价可确认生产经营单位是否具备了安全生产条件，不仅有助于政府安全监督管理部门对生产经营单位的安全生产实行宏观控制，而且有助于安全投资的合理选择，有助于提高生产经营单位的安全管理水平，有助于生产经营单位提高经济效益。

通过查找、分析和预测工程、系统存在的危险有害因素及其可能导致的危险、危害后果和程度，提出合理可行的安全对策措施，指导危险源监控和事故预防，以达到最低事故率、最少损失和最优的安全投资效益。也就是说，安全评价的目的在于：

① 促进实现本质安全化生产。

② 实现全过程安全控制。

③ 建立系统安全的最优方案，为决策者提供依据。

④ 为实现安全技术、安全管理的标准化和科学化创造条件。

2. 安全评价的分类

安全评价按照实施阶段的不同分为三类：安全预评价、安全验收评价和安全现状评价。

（1）安全预评价　安全预评价是在建设项目可行性研究阶段，评价单位根据相关基础资料，辨识和分析建设项目潜在的危险有害因素，确定其与安全生产相关法律、法规、规章、标准、规范的符合性，预测发生事故的可能性及其严重程度，提出科学、合理、可行的安全对策措施和建议，做出安全评价结论。

制药企业的安全预评价实际上就是在项目建设前应用系统安全工程的原理和方法对拟建项目的危险性、危害性进行预测性评价。

（2）安全验收评价　安全验收评价是在建设项目竣工、试生产运行正常、正式生产运行前，通过检查建设项目安全设施与主体工程同时设计、同时施工、同时投入生产使用情况，检查安全管理措施到位情况，安全生产规章制度健全情况，事故应急救援预案建立情况以及建设项目是否满足相关安全生产法律、法规、规章、标准、规范的要求等，从整体上确定建设项目的运行情况和安全管理情况，做出安全验收评价结论。

安全验收评价是应用系统安全工程的原理和方法对建设项目进行的一种检查性安全评价，是为安全验收进行的技术准备，最终形成的安全验收评价报告将作为建设单位向政府安全生产监督管理机构申请建设项目安全验收审批的依据。

（3）安全现状评价　安全现状评价是针对企业在生产经营活动中的事故风险、安全管理等情况，辨识和分析其存在的危险有害因素，检查确定其与相关安全生产法律、法规、规章、标准、规范要求的符合性，预测发生事故或造成职业危害的可能性及其严重程度，提出科学、合理、可行的安全对策措施和建议，做出安全现状评价结论。

安全现状评价既适用于建设项目整体，也适用于某一特定的生产方式、生产工艺、生产装置或作业场所的评价。这种对在用生产装置、设备、设施、储存、运输等安全管理状态进行的安全评价，是根据政府有关法规的规定或企业安全生产管理的要求进行的。

安全现状评价还包括专项安全评价。专项安全评价属于政府在特定的时期内进行专项整治时开展的评价。

二、安全评价的依据

安全评价是一项政策性很强的工作，必须依据我国现行的法律、法规、标准、规范等进行。安全评价的依据众多，制药企业安全评价常用的法律、法规、规章、标准、规范如下。

(1) 法律　《中华人民共和国安全生产法》《中华人民共和国生物安全法》《中华人民共和国刑法》《中华人民共和国劳动法》《中华人民共和国劳动合同法》《中华人民共和国职业病防治法》《中华人民共和国消防法》《中华人民共和国环境保护法》《中华人民共和国水污染防治法》和《中华人民共和国特种设备安全法》等。

(2) 行政法规　《危险化学品管理条例》《安全生产许可证条例》《工伤保险条例》《特种设备安全监察条例》《易制毒化学品管理条例》《中华人民共和国监控化学品管理条例》《生产安全事故报告和调查处理条例》和《使用有毒物品作业场所劳动保护条例》等。

(3) 部门规章　《建设项目安全设施"三同时"监督管理办法》《危险化学品建设项目安全监督管理办法》《危险化学品生产企业安全生产许可证实施办法》《危险化学品重大危险源监督管理暂行规定》《生产安全事故应急预案管理办法》《特种作业人员安全技术培训考核管理办法》《特种设备作业人员监督管理办法》和《防雷减灾管理办法》等。

(4) 标准、规范　《工业企业总平面设计规范》《化工企业总图运输设计规范》《医药工业总图运输设计规范》《石油化工企业设计防火规范》《建筑设计防火规范》《危险化学品重大危险源辨识》《精细化工反应安全风险评估规范》《供配电系统设计规范》《低压配电设计规范》《消防给水及消火栓系统技术规范》《爆炸危险环境电力装置设计规范》《石油化工可燃气体和有毒气体检测报警设计标准》《控制室设计规范》《危险化学品企业特殊作业安全规范》《生产过程安全卫生要求总则》和《化工企业安全卫生设计规范》等。

(5) 风险判别指标　风险判别指标（以下简称指标）或判别准则的目标值，是用来衡量系统风险大小以及危险、危害性是否可接受的尺度。无论是定性还是定量评价，若没有指标，则无法判定系统的危险和危害性是高还是低、是否达到了可接受程度以及改善到什么程度的系统安全水平才可以接受，定性、定量评价也就失去了意义。常用的指标有安全系数、可接受指标、安全指标（包括事故频率、财产损失率和死亡概率等）和失效概率等。

风险是危险事故发生的可能性与危险事故严重程度的综合度量。衡量风险大小的指标是风险率（R），风险率等于事故发生的概率（P）与事故损失程度（S）的乘积，见式（4-1）。

$$R = PS \tag{4-1}$$

由于事故发生的概率值难以取得，所以常用频率代替，式（4-1）可表示为：

$$风险率 = \frac{事故次数}{单位时间} \times \frac{事故损失}{事故次数} = \frac{事故损失}{单位时间} \tag{4-2}$$

式中，单位时间可以是系统的运行周期，也可以是 1 年或几年；事故损失可以表示为死亡人数、事故次数、损失工作日数或经济损失等。风险率是二者之商，可以定量表示为百万工时死亡事故率、百万工时总事故率等，对财产损失可表示为千人经济损失率等。

在风险判别指标中，需要特别说明的是风险的可接受指标。世界上没有绝对的安全，所谓安全就是事故风险达到了合理可行并尽可能低的程度。减少风险是要付出代价的，无论减小风险发生的概率还是采取防范措施使可能造成的损失降到最小，都要投入资金、技术和劳务。通常的做法是将风险定在一个合理的、可接受的水平上。因此，在安全评价中，不是以零风险作为可接受标准，而是以一个合理的、可接受的指标作为可接受标准。

三、安全评价质量的影响因素

安全评价的结果已经成为生产经营单位安全生产管理以及安全生产监督管理部门进行监督检查的重要参考。安全评价作为一项社会性工作，其质量好坏受多种因素的影响，既有评价自身的因素，也有外部环境因素。

（1）法规和标准　与工业发达国家相比，我国在安全立法方面还不够完善，虽然自新中国成立以来我国颁布了一系列安全生产、劳动保护方面的法律法规，但由于起步晚，且有一些颁布的法规存在重复、交叉现象，有些行业无国家标准或者标准陈旧，不适合当前的安全生产要求。这些都给安全评价带来困难。近年来，我国安全方面的法律、法规、技术规范和标准的制定、修订、完善工作加快了脚步。

（2）安全评价主体　安全评价的主体是指承担安全评价工作的专家与技术人员。安全评价工作要求出具公正性的评价结论、数据。为保证其客观性、公正性，此工作由独立于政府监督管理部门和被评价单位的第三方中介机构进行。组成这些中介机构的人员素质直接关系到评价工作的质量。

（3）安全评价客体　安全评价的客体是安全评价的对象。由于我国是发展中国家，多种经济形式并存，地域之间发展也不平衡，造成同行业各单位水平不一，既有现代化的大型企业，也有作坊式的手工企业，给国家、行业制定统一的评价标准带来困难；同时部分企业以前安全投入不足，安全设施老化，如果按目前的标准来衡量，难以做到安全生产，只能在改进中继续生产，这也影响了安全评价的权威性。

（4）安全评价方法　目前，我国采用的很多评价方法来源于国外，一些指标参数不是很符合我国实际；在评价的过程中，如何选取合适的评价方法、评价方法本身是否合理等也对安全评价工作有一定的影响。

第二节　安全评价及报告编制

一、安全评价的原则

安全评价是落实《中华人民共和国安全生产法》"安全第一，预防为主，综合治理"方针的重要技术保障，是安全生产监督的重要手段。安全评价机构在安全评价工作中必须自始至终遵循合法性、科学性、公正性和针对性原则。

（1）合法性　安全评价是国家以法律、法规形式确定下来的一种行政许可制度，安全评价机构必须由国家应急管理部门予以资质许可，取得安全评价机构资质证书方可开展工作，安全评价从业人员必须按照国家规定程序取得相应资格证书后方可依法从事安全评价工作。

（2）科学性　安全评价涉及的学科范围广，影响因素复杂多变。安全预评价在实现项目的本质安全上有预测性、预防性；安全验收评价在项目的可行性上具有较强的客观性；安全现状评价具有全面的现实性。为保证安全评价能准确地反映被评价项目的客观实际且保证结论的正确，在安全评价过程中必须依据科学的方法、程序，以严谨的科学态度，全面、准确、客观地进行安全评价工作，提出科学的对策措施，做出科学的结论。

（3）公正性　安全评价结论是评价项目的决策依据、设计依据、能否安全运行的依据，也是国家安全生产监督管理部门进行安全生产监督管理的执法依据。因此，安全评价的每一项工作都要做到客观和公正。既要防止评价人员主观因素的影响，又要排除外界因素的干扰，避免出现不合理、不公正情况。

（4）针对性　安全评价工作应针对被评价项目的实际情况和特征，收集有关资料，对系统进行分析；要对众多的危险有害因素及单元进行筛选，针对主要的危险有害因素及重要单元进行重点评价，并辅以重大事故后果、典型案例等进行分析、评价；由于各种评价方法都有特定的适用范围和使用条件，要有针对性地选择评价方法；要从被评价项目的经济、技术条件出发，提出有针对性的、操作性强的对策措施，对评价项目做出客观、公正的评价。

二、安全评价工作流程

安全评价工作程序主要按照《安全评价通则》（AQ 8001—2007）、《安全预评价导则》（AQ 8002—2007）、《安全验收评价导则》（AQ 8003—2007）、《危险化学品建设项目安全评价细则（试行）》（安监总危化〔2007〕255号）等相关要求执行。

安全评价的基本程序主要有前期准备，危险有害因素辨识与分析，划分评价单元，定性、定量评价，提出安全对策措施建议，做出评价结论，编制安全评价报告等，安全评价的基本程序见图4-1。

（1）前期准备　明确评价对象，准备有关安全评价所需的设备、工具，收集相关的法律、法规、标准、规则、规范以及被评价项目的技术资料等。

（2）危险有害因素辨识与分析　根据评价对象的具体情况，辨识和分析危险有害因素，确定其存在部位、方式以及事故可能发生的途径和变化规律。

（3）划分评价单元　按照相对独立且具有明显的特征界线的原则，科学、合理地划分评价单元，便于实施评价。就原料药生产过程来说，可将其分为：合成反应、分离、精烘包和储存等单元；而对整个厂区，可分为生产、能源动力、"三废"处理、仓库、质检与科研、行政管理等单元。

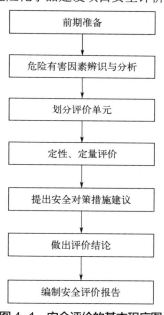

图4-1　安全评价的基本程序图

（4）定性、定量评价　根据评价单元的特性，选择合适的评价方法，对评价单元发生事故的可能性及其严重程度进行定性、定量评价。

（5）提出安全对策措施建议　依据危险有害因素辨识与分析结果及定性、定量评价结果，遵循针对性、技术可行性、经济合理性的原则，提出消除或减弱危险有害因素的技术和管理对策措施建议。

（6）做出评价结论　根据客观、公正、真实的原则，严谨、明确地做出安全评价结论。安全评价的结论应包括：高度概括评价结果，从风险管理角度给出评价对象在评价时与国家有关安全生产的法律、法规、标准、规章、规范的符合性结论，给出事故发生的可能性和严重程度的预测性结论，以及采取安全对策措施建议后的安全状态等。

（7）编制安全评价报告　安全评价报告是安全评价过程的具体体现和概括性总结，是评价对象实现安全运行的技术性指导文件，对完善自身安全管理、应用安全技术等方面具有重要作用。

三、安全评价内容与方法

1. 危险有害因素辨识

（1）前期准备

前期准备是安全评价项目进行"危险有害因素辨识""危险与危害程度评价""风险控制"的基础，是在安全评价项目启动前需要完成的一系列工作。

前期准备的主要工作包括：明确评价对象，收集安全评价所需的法律、法规信息；采集与安全评价对象相关的事故案例信息；采集安全评价涉及的人、机、物、法、环等基础技术资料。

（2）现场勘查与调查

安全评价需要现场勘查及调查的内容主要包括前置条件检查、工况检查、现场勘查和检测检验四部分。

① 前置条件检查　前置条件检查是指在签订合同前，评价对象是否能提供建设项目的关键批文或证书，安全预评价要注意项目的选址、水文地质、周边环境等是否适宜项目建设；安全验收评价或安全现状评价要注意是否存在难以整改的先天不足，提供的信息资料是否齐全，是否存在违规现象等。

② 工况检查　主要了解建设项目的基本情况、项目规模、建立联系和记录企业自述等。

③ 现场勘查　安全评价过程中，对评价项目涉及的问题需要进行核实查证。

a. 核实危险有害因素　从建设项目的设计文件、原辅料、产品、平面布置、工艺流程等方面获得危险有害因素的间接信息，需要评价人员到评价项目现场进行核实。核实的内容主要是危险有害因素存在的位置、场合或状态，存在的数量、浓度、强度和形式等，必要时提出进行检测检验的要求。

b. 发现新的危险有害因素　对照相关标准规范，在评价项目现场查找是否有信息中没有提到的危险有害因素。比如安全预评价时可以采用预先危险性分析方法，对某些现象假设其触发故障或事故的条件，得到可能发生事故的后果，然后根据后果伤害等级（严重性）和触发条件（可能性），确定这种现象是否属于危险有害因素；安全验收评价或安全现状评价可以采用安全检查表法，对照相关规范和标准要求，不符合要求的归入危险有害因素等。

c. 安全设施检查　列出所有危险有害因素，逐项查找对应的安全设施。安全预评价时要提出安全设施和主体工程应同时设计，安全验收评价或安全现状评价时要检查安全设施是否与主体工程同时设计、同时施工、同时投入生产和使用。

④ 检测检验　检测检验就是定量的现场检查。法定检测检验内容包括特种设备检测检验、避雷设施检测、安全附件检测与校准、防爆电器安装检测、职业卫生检测、现场检测报警变送器检定、消防检查和检测等。被评价单位应提供由被委托有法定资质的单位出具的检测检验报告，评价机构对检测检验报告在安全评价报告中的适用性（数据是否在有效期内、检测目的与评价要求是否一致、数据的权威性等）进行确定。

2. 危害因素辨析与评价单元划分

（1）危险有害因素辨识 根据评价对象的具体情况，进行危险有害因素的辨识，确定其存在部位、方式。危险有害因素是指可对人造成伤亡、影响人的身体健康甚至导致疾病的因素。事故的发生、发展过程中，必然是两种危险源同时存在，相辅相成的结果，也就是内因通过外因的触发导致事故。《生产过程危险和有害因素分类与代码》（GB/T 13861—2022）按照导致事故的直接原因，将生产过程的危险有害因素分为"人的因素""物的因素""环境因素""管理因素"四类。

① 人的因素 在生产活动中，来自人员自身或人为性质的危险有害因素称为人的因素，主要包括：心理、生理性危险有害因素和行为性危险有害因素。人的因素实质就是 "人的不安全行为"，主要是指人的失误所产生的不良后果的行为。

② 物的因素 指机械、设备、设施、材料等方面存在的危险有害因素，主要包括物理性危险有害因素、化学性危险有害因素和生物性危险有害因素。物的因素实质上就是 "物"的不安全状态，主要是指设备各种原因导致的故障。

③ 环境因素 指生产作业环境的危险有害因素，主要包括室内作业环境不良、室外场地环境不良、其他作业环境不良等。环境因素将室内、室外、地上、地下、水上、水下等作业都包含在内。

④ 管理因素 指管理和管理责任缺失所导致的危险有害因素，主要从安全健康的组织机构、责任制、管理规章制度、安全操作规程、安全投入等方面考虑。安全管理是为保证及时、有效地实现既定的安全生产目标，在预测、分析的基础上进行的计划、组织、协调、检查等工作，是预防事故和人员失误的有效手段，管理缺陷是影响失控现象发生的重要因素。

危险有害因素的存在，最终可能导致事故。《企业职工伤亡事故分类》（GB 6441）将事故分为 20 类，制药企业可能发生的事故类型主要有物体打击、车辆伤害、机械伤害、起重伤害、触电、淹溺、灼烫、火灾、高处坠落、坍塌、锅炉爆炸、容器爆炸、其他爆炸、中毒和窒息、药物过敏、病毒和微生物感染、其他伤害等。

（2）危险有害因素产生的原因 在进行危险有害因素的辨识的基础上，根据评价对象的具体情况，分析事故可能发生的途径和变化规律，以确保生产安全措施是有效的。

① 有害物质和能量的存在 危险有害因素有各种各样的表现形式，但从本质上讲，能造成危险和有害后果的，都可归结为客观存在的有害物质或超过临界值的能量。

有害物质或能量的存在是发生事故的根本原因。如果消除了某种物质，则由该物质导致的事故就无从发生；如果消除了某种能量，则由该种能量导致的事故也无法出现。但要完全消除有害物质或能量是不可能的，人类生活、社会进步离不开生产，生产过程避不开有害物质或能量。

当然，随着社会发展、科技进步，人们有能力在"人-机-环境"中，实现"人-机"分隔，降低人体接触有害物质或能量的频度，采用技术手段使"机-环境"保障人的安全，采用管理措施（如安全操作规程等）在"人-机"必须接触时保障"人"不受"机"的伤害。

② 人、物、环境和管理方面的缺陷 有害物质和能量的存在是发生事故的先决条件，但并不是存在有害物质和能量就一定会发生事故，因为通常见到的有害物质和能量都有防护措施，事故是被屏蔽的。人、物、环境和管理的缺陷是有害物质和能量释放的触发条件，有害物质（或能量）和触发条件同时存在，共同作用，使有害物质或能量失去控制，出现事故

隐患，处理不当则引发事故。

（3）评价单元划分　按照相对独立且具有明显特征界线的原则，科学、合理地划分评价单元，便于实施评价。就原料药生产过程来说，可将其分为：合成反应、分离、精烘包和贮存等单元；药物制剂过程主要有：称配、粉碎过筛、混配、成型（灌装）、检验和包装以及清洗灭菌等单元。而对整个厂区，可分为生产、能源动力、"三废"处理、仓库、质检与科研、行政管理等单元。

3．评价方法的分类

根据评价单元的特性，选择合适的评价方法，对评价单元发生事故的可能性及其严重程度进行定性、定量评价。在系统安全中，基于系统的现实状况，可以有不同的方法用于安全评价。一般来说，可分为以下几类：

（1）按评价结果的量化程度分类

① 定性安全评价法　主要是根据经验和直观判断能力对生产系统的工艺、设备、设施、环境、人员和管理等方面的状况进行定性分析，安全评价的结果是一些定性的指标，如是否达到了某项安全指标、事故类别和导致事故发生的因素等。典型定性安全评价方法包括安全检查表、专家现场询问观察法、作业条件危险性评价法（LEC 法）、故障类型和影响分析、危险和可操作性研究等。定性安全评价方法的优点主要在于容易理解、便于掌握，评价过程简单。而缺点在于过于依靠经验，具有一定的局限性；安全评价结果因参评人员的经验和经历有差异；不同类型对象之间安全评价结果缺乏可比性。

② 定性定量安全评价法　它是运用基于大量的实验结果和广泛的事故资料统计分析获得的指标或规律（数学模型），对生产系统的工艺、设备、设施、环境、人员和管理等方面的状况进行定量的计算，安全评价的结果是一些定量的指标，如事故发生的概率、事故的伤害（或破坏）范围、定量的危险性、事故致因因素的事故关联度或重要度等。典型的定量安全评价方法包含概率风险评价法，如故障类型及影响分析、故障树（事故树）分析等；伤害（或破坏）范围评价法，如事故后果计算模型；危险指数评价法，如 DoW 化学公司火灾爆炸危险指数评价法，蒙德火灾爆炸毒性指数评价法，易燃、易爆、有毒重大危险源评价法。

（2）按评价的逻辑推理过程分类

① 归纳推理评价法　它是从事故原因推论结果的评价方法，即从最基本危险、有害因素开始，逐渐分析导致事故发生的直接因素，最终分析到可能的事故。

② 演绎推理评价法　它是从结果推论原因的评价方法，即从事故开始，推论导致事故发生的直接因素，再分析与直接因素相关的因素，最终分析和查找出致使事故发生的最基本危险、有害因素。

（3）按安全评价要达到的目的分类

① 事故致因因素安全评价方法　采用的是逻辑推理的方法，由事故推论最基本危险、有害因素或由最基本危险、有害因素推论事故的评价法。

② 危险性分级安全评价方法，采用的是通过定性或定量分析给出系统危险性的安全评价方法。事故后果安全评价方法则是可以直接给出定量的事故后果，给出的事故后果可以是系统事故发生的概率、事故的伤害（或破坏）范围、事故的损失或定量的系统危险性等。

（4）按针对的系统性质（评价对象）分类　一般地，有设备（设施或工艺）故障率评价法、人员失误率评价法、物质系数评价法、系统危险性评价法等方法。

4. 定性定量评价

定性定量评价的常用方法主要有安全检查表分析（SCA）、预先危险分析（PHA）、故障类型及影响分析（FMEA）、危险与可操作性研究（HAZOP）、事件树分析（ETA）、事故树分析（FTA）、作业条件危险性评价法（LEC）和危险指数评价方法（RR）这几种，以下逐一做简要介绍。

（1）安全检查表分析　安全检查表分析（safety check list analysis，SCA），是一种最基础、最简便、最广泛使用的危险性评价方法，目前常用安全检查表是定性检查表。通常利用检查条款按照相关的标准、规范等对已知的危险类别、设计缺陷以及与一般工艺设备、操作、管理有关的潜在危险性和有害性进行判别检查。

定性检查表是根据现场实际情况或设计内容，依据国家相关法律、法规和技术标准，列出检查要点逐项检查，检查结果以"符合""不符合"表示，也可以采用赋分制进行简单的定量评价。示例格式见表 4-1 和表 4-2。

表 4-1　安全检查表一般格式

序号	检查内容	检查标准	检查情况	结果

表 4-2　气柜安全评价检查表

序号	评价内容标准	评价标准	应得分	实得分
1	气柜各节及柜顶无泄漏	一处泄漏扣 2 分	10	
2	各节水封槽保持满水	一节不符合扣 5 分	20	
3	导轮、导轨运行正常，油盖有油	达不到要求不得分	20	
4	各节之间防静电连接完好、可靠	不符合要求不得分	10	
5	气柜接地线完好无损，电阻不大于 10Ω	达不到要求不得分	10	
6	配备可燃性气体检测器，定期校验，保证完好	一个不好不得分	10	
7	高低液位报警准确完好	一个不准确不得分	20	
合计			100	

安全检查表对每一个检查条款进行赋值时，可转化为半定量安全检查表。从类型上来看，它可以划分为定性、半定量和否决型检查表。

进行安全评价时，可运用半定量安全检查表逐项检查、赋分，从而确定评价系统的安全等级。当对设计、维修、环境、管理等方面查找缺陷或隐患时，可利用定性安全检查表。

安全检查表可用于对物质、设备、工艺、作业场所或操作规程的分析。主要编制依据有：有关标准、规程、规范及规定，国内外事故案例和企业以往的事故情况，系统分析确定的危险部位及防范措施，分析个人的经验和可靠的参考资料，以及有关研究成果、同行业或类似行业检查表等。

在危险、有害因素用安全检查表进行分析时，既要分析设备设施表面看得见的危险、有害因素，又要对设备设施内部隐蔽的内部构件和工艺的危险、有害因素进行分析。超压排放、自保阀等安装方向和安全阀额定压力，以及温度、压力、黏度等工艺参数的过度波动；防火涂层的状态，以及管线腐蚀、框架腐蚀、炉膛超温、炉管爆裂和水冷壁破裂；仪表误报，以及泵、阀、管、法兰泄漏、盘管内漏，反应停留时间的变化；防火、安全间距、消防器材数量；仪表误差、安全设施状况和作业环境等等，在识别危险、有害因素时都应考虑到。

用安全检查表对设备设施进行危险、有害因素识别时，应有一定的顺序。大范围可以先识别厂址，考虑地形、地貌、地质、周围环境、气象条件等，然后再识别厂区。厂区内可以先识别平面布局、安全距离、功能分区、危险设施布置等方面的危险、有害因素，再识别具体的建筑物、构筑物和工艺流程等。对于具体的设备设施，可以按系统一个一个地检查，从上到下，从左往右或从前往后都可以。

安全检查表的分析对象是设备设施、作业场所和工艺流程等，检查项目是静态的物，而非活动。因此，项目检查时不应有人的活动，不应有操作。

有了项目之后，还应列出与项目对应的标准。标准可以是法律法规的规定，也可以是行业规范或国家标准或该企业有关操作规程、工艺规程的规定。有些项目是没有具体规定的，可以由熟悉这个检查项目的有关人员确定。检查项目应该全面，检查内容应该细致。应该知道达不到标准就是一种潜在危险、有害因素。

列出标准后，还应列出达不到标准可能导致的后果。对相邻系统的影响是一种更加重要的后果，系统之间的影响应一并列出，同时考虑相应的控制措施，防止、消除或减小设备之间或系统之间的影响。对装置内部的部件也应列出检查项目的控制措施。控制措施不仅要列报警、消防、检查检验等常见控制措施，还应列出工艺设备本身带有的控制措施，如联锁、安全阀、液位指示、压力指示等。

对设备设施的分析不必单列仪表，而是以主体设备为分析对象，其他附属仪表、附件（如机泵、压力表、液体计、安全阀等）可以放在同一张表中分析。小型设备可以按区域或功能放在同一张表中分析，每一项设备为一个检查项目，每一项设备列出多项标准。

此方法的目的在于检查系统是否符合标准要求，其适用范围为从项目设计、建设一直到生产各个阶段，应用最广泛。使用方法为有经验和专业知识人员协同编制，经常使用的。其资料准备涉及有关规范、标准，所耗人力与时间是最经济实用的。所以从其应用效果来看，主要是进行定性评价，但辨识危险性并使系统保持与标准规定一致时，如采用检查项目赋值法可用于定量评价。

（2）预先危险分析　预先危险性分析（preliminary hazard analysis，PHA），也称初始危险分析。该法是在每项工作开始之前，特别是在设计的开始阶段，对危险物质和重要装置的主要区域等进行分析，包括设计、施工和生产前对系统中存在的危险性类别、出现条件和导致事故的后果进行概略分析，尽可能评价出潜在的危险性。

其目的是识别系统中的潜在危险，确定其危险等级，防止危险发展成事故。防止操作人员直接接触对人体有害的原材料、半成品、成品和生产废弃物，防止使用危险性工艺、装置、工具和采用不安全的技术路线。如果必须使用，也应从工艺上或设备上采取安全措施，以保证这些危险因素不致发展成为事故。

预先危险性分析可以达到的目的有：大体识别与系统有关的主要危险，分析产生危险的原因，分析事故发生对人员和系统的影响，判别已识别的危险等级，提出消除或控制危险的对策措施。

预先危险性分析常用于对潜在危险了解较少和无法凭经验觉察的工艺项目的初期阶段，如初步设计或工艺装置的研究和开发阶段。分析一个庞大的现有装置或无法使用更为系统的评价方法时，常优先考虑 PHA 法。也就是把分析工作做在行动之前，避免由于考虑不周造成损失。

常用的预先危险性分析法表格示例格式见表 4-3 和表 4-4。

表 4-3　预先危险性分析表

单元：		编制人员：		日期：
危险	原因	后果	危险等级	改进措施/预防方法

其中，风险等级分为 4 个级别，Ⅰ级表示安全的，不会造成人员伤亡及系统损坏。Ⅱ级表示处于临界的，处于事故的边缘状态，暂时还不至于造成人员伤亡、系统损坏或降低系统性能，但应予以排除或采取控制措施。Ⅲ级表示危险的，会造成人员伤亡和系统损坏，要立即采取防范对策措施。Ⅳ级表示灾难性的，会造成人员重大伤亡及系统严重破坏的灾难性事故，必须予以果断排除并进行重点防范。

表 4-4　氯气干燥岗位危险性分析表

危险危害因素	触发事件	现象	原因事件	事故情况	结果	危险等级	措施
硫酸泄漏	1. 设备、阀门、管道等处密封不良； 2. 密封件损坏； 3. 管道破裂	硫酸溢出	1. 地坪及周围设备不防腐； 2. 现场人员无个体防护设备； 3. 设备周围有易燃物	1. 地坪及周围设备被腐蚀； 2. 人员可能受灼伤； 3. 可能引起火灾	人员伤害及财产损失	Ⅲ	1. 干燥塔及硫酸储槽周围设置防护堤且应是防腐的； 2. 配备个体防护设备； 3. ……
氯气中水分含量超标	干燥塔硫酸浓度和温度不正常	在线分析仪显示出数据超标	压缩机及各级冷却器被腐蚀	氯气泄漏控制浓度超标，设备损坏，生产停止	人员中毒、财产损失	Ⅱ～Ⅲ	严格控制干燥塔的温度；氯气出口安装在线水分分析仪
氯气中含氢	…	…	…	…	…	…	…

此方法的目的在于应用于开发阶段，早期辨识出危险，避免以后走弯路。适用范围为开发时分析原料、主要装置以及能量失控时出现的危险（主要用于预评价）。使用方法在于分析原料、装置等发生危险的可能性及后果，按规定表格填入相应内容。其资料准备涉及物料的理化特性数据，危险性表以及设备说明书，所耗人力一般需要 1～2 个技术人员，所耗时间需要依熟练程度而定。所以从其应用效果来看，可分析得出供设计考虑的危险性一览表。

(3) 故障类型及影响分析　故障类型及影响分析 (failure mode effects analysis, FMEA)，是对系统各组成部分或元件进行分析的方法，按实际需要将系统划分为子系统、设备和元件，然后分析各自可能发生的故障类型及其产生的影响，采取相应的措施，提高系统的安全可靠性。

由故障类型和影响分析可直接导出事故或对事故有重要影响的故障模式。可辨识单一设备和系统的故障模式及每种故障模式对系统或装置造成的影响。评价人员通常依据此分析提出增加设备可靠性的建议，进而提出工艺安全对策。

在故障类型和影响分析中，不直接确定人的影响因素，但人的失误操作影响通常作为某一设备的故障模式表示出来。一个 FMEA 不能有效地分析引起事故的详尽的设备故障组合。

常用的故障类型及影响分析表格见表 4-5。

表 4-5　故障类型及影响分析表

系　统_____ 子系统_____ 组　件_____	故障类型影响分析							日　期_____制　表_____ 主　管_____审　核_____			
分析项目				功能	故障类型及造成原因	任务阶段	故障影响			故障检测方法	改正处理所需时间	故障等级	修改
名称	项目号	图纸号	框图号				组件	子系统	系统（任务）				

此方法的目的在于辨识单个故障类型造成的事故后果，适用于设备和机器故障的分析，也可用于连续生产工艺故障的分析（主要用于硬件和系统分析）。使用方法在于将系统分解，求出零部件发生各种故障类型时对系统或子系统产生的影响。其资料准备涉及系统、装置、设备表和设备说明书，所耗人力与时间一般需要熟悉设备故障类型者 2~3 人，每人每小时可分析 2~4 项。因此，从其应用效果来看，可定性分析并可进一步定量评价，多用于找出故障类型对系统的影响。

(4) 危险与可操作性研究　危险与可操作性研究（hazard and operability study，HAZOP）是一种以系统工程为基础，针对生产装置而开发的一种定性的安全评价方法。

基本过程是以关键词（引导词）为引导，找出过程中工艺过程状态的变化（即偏差），然后再继续分析造成偏差的原因、后果及可以采取的对策。

危险和可操作性研究可以用于整个工程或系统项目生命周期的各个阶段。危险和可操作性研究是让背景各异的专家们在一起工作，在创造性、系统性和风格上互相影响和启发，发现和鉴别更多的问题，比他们独立工作并分别提供结果更为有效。

危险和可操作性研究是通过各种专业人员按照规定的方法，经过系列会议对工艺流程图和操作规程进行分析讨论，对偏离设计的工艺条件进行过程危险和可操作性研究。

① HAZOP 术语

a. 分析节点，也称工艺单元，指具有确定边界的设备（如两容器之间的管线）单元。

b. 操作步骤，单元过程的不连续动作，可能是手动、自动或计算机自动控制的操作，间歇过程每一步使用的偏差都可能与连续过程不同。

c. 引导词，用于定性或定量设计工艺指标的简单词语，引导识别工艺过程的危险。

d. 工艺参数，与过程有关的物理和化学特性，包括概念性的项目如反应、混合、浓度、

pH值，及具体项目如温度、压力、相数及流量等。

e．工艺指标，确定装置如何按照希望的操作而不发生偏差，即工艺过程的正常操作条件。

f．偏差，分析组使用引导词系统地对每个节点的工艺参数（如流量、压力等）进行分析，发现的系列偏离工艺指标的情况。偏差的形式通常是"引导词+工艺参数"。

g．原因，发生偏差的原因。这些原因可能是设备故障、人为失误、不可预料的工艺状态（如组成改变）、外界干扰（如电源故障）等。

h．后果，偏差所造成的后果，后果分析时假定发生偏差时已有安全保护系统失效；不考虑那些细小的与安全无关的后果。

i．安全措施，指设计的工程系统或调节控制系统，用来避免或减轻偏差发生时所造成的后果（如报警、联锁、操作规程等）。

j．补充措施，修改设计、操作规程，或者进一步进行分析研究（如增加温度报警、改变操作步骤的顺序）的建议。

② HAZOP分析程序 危险与可操作性研究分析法全面考查分析对象，对每一个细节都提出问题，在工艺过程的生产运行中，要了解工艺参数（温度、压力、流量、浓度等）与设计要求不一致的地方（即发生偏差），进一步分析偏差出现的原因及其产生的后果，并提出相应的对策措施。

HAZOP分析的基本程序见图4-2。

分析工作通常由项目负责人启动。项目负责人确定开展分析的时间，指派HAZOP分析组长，并提供开展分析必需的资源。在HAZOP分析组长的协助下，项目负责人明确分析的范围和目标。分析开始前，项目负责人应指派具有适当权限的人负责确保分析得出的建议或措施得以执行。

a．确定分析范围和目标 分析范围取决于多种因素，主要包括：系统的物理边界、可用的设计描述及其详细程度、系统已开展过的任何分析的范围、适用于该系统的法规规定。确定分析目标时应考虑的因素有分析结果的应用目的、分析处于系统生命周期的哪个阶段、可能处于风险中的人或财产（如员工、公众、环境、系统）、可操作性问题（包括影响产品质量的问题）、系统所要求的标准（包括系统安全和操作性能两个方面的标准）。

b．分工和职责 HAZOP分析需要每个成员均有明确的分工，要求小组成员具有分析所需的相关技术、操作技能以及经验。通常一个分析小组至少有4人，建议成员的分工如下。

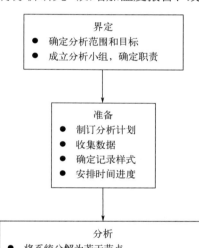

界定
● 确定分析范围和目标
● 成立分析小组，确定职责

准备
● 制订分析计划
● 收集数据
● 确定记录样式
● 安排时间进度

分析
● 将系统分解为若干节点
● 选择某一节点并明确设计目的
● 对每一个要素使用引导词确定偏差
● 识别原因和后果
● 确定是否存在重大问题
● 识别保护、检测和显示装置
● 确定可能的补救/减缓措施（可选）
● 对建议措施达成一致意见
● 依次对每一个要素重复以上步骤
● 对系统中每个部分重复以上步骤

文档和跟踪
● 记录分析
● 完成分析报告
● 跟踪措施的执行情况
● 需要时重新分析系统某些部分
● 完成最终报告

图4-2 危险与可操作性研究分析基本程序

分析组长：与设计小组和该项目没有紧密关系，在组织 HAZOP 分析方面受过专业培训，富有经验；负责 HAZOP 小组和项目管理人员之间的交流；制订分析计划；确保有足够的设计描述和资料提供给分析小组；确定使用的引导词，并解释引导词-要素/特性；引导分析；确保分析结果的记录。

记录员：进行会议记录，记录识别出的危险问题、提出的建议，用于后续跟踪的行动；协助分析组长编制计划，履行管理职责；分析组长可兼任记录员。

设计人员：解释设计及其描述。解释各种偏差产生的原因以及相应的系统响应。

使用者：说明分析要素的操作环境、偏差后果、偏差的危险程度。

专家：提供与系统和分析相关的专业知识。可邀请专家协助分析小组进行部分分析。

维护人员：维护人员代表。

HAZOP 分析需要考虑设计者和使用者的观点。但在系统的生命周期不同阶段，适合 HAZOP 分析的小组成员可能是不同的。对小组人员进行 HAZOP 培训，使 HAZOP 小组所有成员具备开展 HAZOP 分析的基本知识，以便有效地参与 HAZOP 分析。

③ 准备工作　首先，分析组长应负责制订 HAZOP 分析计划，包括以下内容：a. 分析目标和范围；b. 分析小组成员名单；c. 详细的技术资料。

其次，技术资料，包括一些设计描述如：a. 对于所有系统，有设计要求和描述、流程图、功能块图、控制和电路图表、工程数据表、布置图、公用工程说明、操作和维护要求；b. 对于过程流动系统，有管道和仪表流程图（PID）、材料规格和标准设备、管道和系统的平面布置图；c. 对于可编程的电子系统，有数据流程图、面向对象的设计图、状态转移图、时序图、逻辑框图。

此外，还需提供一些信息，如：a. 分析对象的边界以及各个边界的分界面；b. 系统运行的环境条件；c. 操作和维护人员的资质、技能和经验；d. 程序和（或）操作规程；e. 操作和维护经验、类似系统存在的已知危害等。

④ 引导词和偏差　为了保证分析详尽且不发生遗漏，分析应按引导词表逐一进行，引导词可以根据研究的对象和环境确定。表 4-6 为引导词定义表。

在 HAZOP 分析的计划阶段，HAZOP 分析组长针对系统所提出的引导词进行验证并确认其适宜性，仔细考虑引导词的选择，引导词太具体可能会影响审查思路或讨论，引导词太笼统可能无法有效地集中到 HAZOP 分析中，不同类型的偏差和引导词及其示例见表 4-7。

在不同系统的分析中、在系统生命周期的不同阶段以及用于不同的设计描述时，引导词-要素/特性组合可能会有不同的解释。不考虑有些在既定系统的分析中可能没有意义的组合。应明确并记录所有引导词-要素/特性组合的解释，并应列出所有组合在设计中的解释。

表 4-6　基本引导词及其含义

引导词	含义	说明	举例
无，空白 （NO 或者 NOT）	设计目的的完全否定	设计或操作要求的指标或事件完全不发生	没有物料输入，流量为零
多，过量（MORE）	量的增加	同标准比较，数量偏大	流量或压力过大
少，减量（LESS）	量的减少	同标准比较，数量偏小	流量或压力过小
伴随 （AS WELL AS）	性质的变化/增加	在完成既定功能的同时，伴随多余事件发生	物料输送中发生相的变化

续表

引导词	含义	说明	举例
部分（PART OF）	性质的变化/减少	只完成既定功能的一部分	物料输送中没有某成分或输送一部分
相反，相逆（REVERSE）	设计目的的逻辑相反	出现和设计要求完全相反的事或物	输送方向反向
异常（OTHER THAN）	完全替代	出现和设计要求不相同的事或物	异常事件发生

表 4-7　偏差及其相关引导词的示例

偏差类型	引导词	过程工业实例	可编程电子系统实例（PES）
否定	无，空白（NO）	没有达到任何目的，如无流量	无数据或控制信号通过
量的改变	多，过量（MORE）	量的增多，如 pH 值高	数据传输比期望的快
量的改变	少，减量（LESS）	量的减小，如 pH 值低	数据传输比期望的慢
性质改变	伴随（AS WELL AS）	出现杂质 同时执行了其他的操作或步骤	出现一些附加或虚假信号
性质改变	部分（PART OF）	只达到一部分目的，如只输送了部分流体	数据或控制信号不完整
替换	相反（REVERSE）	管道中的物料反向流动以及化学逆反应	通常不相关
替换	异常（OTHER THAN）	最初目的没有实现，出现了完全不同的结果。如输送了错误的物料	数据或控制信号不正确
时间	早（EARLY）	某事件的发生较给定时间早，如升温过早	信号与给定时间相比来得太早
时间	晚（LATE）	某事件的发生较给定时间晚，如升温过晚	信号与给定时间相比来得太晚
顺序或序列	先（BEFORE）	某事件在序列中过早地发生，如冷却或混合	信号在序列中比期望来得早
顺序或序列	后（AFTER）	某事件在序列中过晚地发生，如冷却或混合	信号在序列中比期望来得晚

⑤ 分析节点划分　当工艺操作过程是连续的时，HAZOP 分析节点为工艺单元；而对于间歇的工艺操作过程，HAZOP 分析节点应该是一个操作步骤。

工艺单元是指具有确定边界的设备（如两容器之间的管线）单元；操作步骤是指间歇过程的不连续动作，或者是由 HAZOP 分析组分析的操作步骤。

为了有效地、有逻辑地进行 HAZOP 分析，首先要将工艺流程图或操作程序划分为分析节点或操作步骤。分析节点分得太小，会加大工作负荷，导致大量重复工作；分析节点分得太大，会使 HAZOP 的结果产生重大的偏差，甚至会遗漏部分结果，故对于分析节点的划分分析小组应慎重。

对于连续工艺过程，分析节点划分的基本原则如下：一般按照工艺流程进行，从进入的 PID 管线开始，直至设计意图发生改变为止，或者直至工艺条件发生改变为止，或者直至下一个设备为止。

上述状况的改变可作为一个节点的结束，另一节点的开始。

制药企业中常见节点类型见表 4-8。

在选择分析节点以后，分析组组长应确认该分析节点的关键参数。如设备的设计能力、温度和压力、结构规格等，并确保小组中的每一个成员都知道设计意图。如果有可能，最好由工艺专家作一次讲解与解释。

表 4-8　常见节点类型表

序号	节点类型	序号	节点类型
1	管线	10	冷凝器
2	泵	11	离心机
3	发酵罐	12	干燥箱
4	压滤机	13	步骤（三引导词法）
5	罐/槽/容器	14	步骤（八引导词法）
6	溶剂蒸馏塔	15	作业详细分析
7	压缩机	16	公用工程和服务设施
8	鼓风机	17	其他
9	锅炉	18	以上基本节点的合理组合

⑥ 偏差确定方法　偏差确定方法通常用引导词法，即偏差=引导词+工艺参数。

常用的 HAZOP 分析工艺参数包括：pH 值、液位、黏度、组成、助剂（催化剂）、频率、电压、流量、温度、时间、混合、分离、压力、速度、信号、反应、转化等。

工艺参数分为两类，概念性的参数（如反应、转化）、具体（专业）参数（如温度、压力）。

当用引导词与概念性的工艺参数组合成偏差时，常发生歧义，如"过量+转化"可能是指转化速度快，或者说是指生成了大量的产物。当具体的工艺参数与一些引导词组合时，有必要对引导词进行修改，有些引导词与工艺参数组合后无意义或不能称为"偏差"，如"伴随+温度"，或者有些偏差的物理意义不确切，应拓展引导词的外延和内涵，如：

　　a．对"黏度+异常"，引导词"异常"就是指"高"或"低"；

　　b．对"来源+异常"，引导词"异常"就是指"另一个"；

　　c．对"液位+过量"，引导词"过量"就是指"高"。

当工艺参数包括一系列的相互联系的工艺参数（如温度、压力、流量、pH 值等）时，最好是对每一个工艺参数顺序使用所有的引导词，即"（引导词）+工艺参数"的方式，而不是每个引导词用于工艺参数组，即"引导词+（工艺参数）"。而且，当将引导词用于对操作规程进行分析时也应按照这种规则。

为了确保 HAZOP 方法的统一性，我们用引导词来描述要分析的问题，同时能够将要分析的问题系统化，应用一套完整的引导词，可以导出每个不被遗漏具有实际意义的偏差。

⑦ HAZOP 分析　按照 HAZOP 分析计划，组织分析会议，会议开始时小组成员应进行以下工作。

　　a．说明 HAZOP 分析计划，让 HAZOP 分析成员熟悉系统以及分析目标和范围；

　　b．说明系统设计描述，并需解释分析中要使用的分析要素和引导词；

c. 审查已知的危险和操作性问题及潜在的关注区域。

应沿着与分析主题相关的流程或顺序，按逻辑顺序从输入到输出进行分析。HAZOP 等危险识别技术的优势来自规范化的逐步分析过程，分析顺序一般有两种："要素优先"和"引导词优先"。

分析组长及其小组成员在进行某一分析时，应决定选择"要素优先"还是"引导词优先"。HAZOP 分析的习惯会影响分析顺序的选择。此外，影响这一决定的其他因素还包括：所涉及技术的性质、分析过程需要的灵活性以及小组成员接受过的培训。

⑧ 分析文档　HAZOP 的主要优势在于它是一种系统、规范且文档化的方法。为从HAZOP 分析中得到最大收益，应做好分析结果记录、形成文档并做好后续管理跟踪。HAZOP分析组长负责确保每次会议均有适当的记录并形成文件。记录员应了解与 HAZOP 分析主题相关的技术知识，具备语言才能、良好的听力与关注细节的能力。

HAZOP 记录有两种基本样式："完整记录"和"问题记录"。"完整记录"指将每个引导词-要素/特性组合应用于设计描述每个部分或要素，对得到的所有结果进行记录。这种方法虽然烦琐，但可证明该分析非常彻底，能够符合最严格的审查要求。"问题记录"只记录识别出的危险与可操作性问题以及后续行动，会使记录文件更容易管理。但是，这种记录方法不能彻底地记录分析过程，因此在审核时作用较小。此外，在以后的研究中，还会再次进行相同的分析。因此，"问题记录"法是 HAZOP 记录的最低要求。

⑨ 分析报告　经过一系列分析后，应有详尽的分析报告以体现分析结论，分析报告通常包括以下内容。

a. 识别出的危险与可操作性问题的情况；

b. 对需要采取不同技术进行深入研究的设计问题提出建议；

c. 对分析期间所发现的不确定情况的处理；

d. 对发现的问题提出整改措施建议；

e. 对操作和维护程序中需要阐述的关键点的提示性记录；

f. 参加会议的小组成员名单；

g. 系统中已做 HAZOP 分析的内容说明及未做部分的原因；

h. 分析小组使用的所有图纸、说明书、数据表和报告等的清单。

使用"问题记录"法时，上述 HAZOP 报告非常简明地包含于 HAZOP 工作表中，使用"完整记录"法时，HAZOP 报告的内容需要从整个 HAZOP 分析工作表中"提取"。

HAZOP 分析结束时，应生成 HAZOP 分析报告，并经小组成员一致同意。若不能达成一致意见，应记录原因。根据 HAZOP 分析小组提出的危害辨识结果，项目经理应在完成系统的重大设计变更文件后，在执行设计变更前，考虑再召集 HAZOP 小组对重大的设计变更进行分析，以确保不会出现新的危险与可操作性问题或维护问题。

HAZOP 分析的程序和分析结果可接受业主内部或法律规定的审查。须审查的标准和事项应在业主的程序文件中列明，包括：人员、程序、准备工作、记录文档和跟踪情况。审查还应包括对技术方面的全面检查。

⑩ 常见设备 HAZOP 分析结果举例，通过大量的 HAZOP 分析，对罐/槽/容器类设备HAZOP 分析的偏差、原因、后果和安全措施进行了汇总，表4-9 为常见罐/槽/容器类设备节点类型的 HAZOP 分析表。

表 4-9　罐/槽/容器类设备节点类型的 HAZOP 分析表

偏差	原因	后果	安全措施
液位高	1．控制阀失效 2．上游流速大 3．下游流速小 4．公用系统的物料泄漏进容器 5．前一批物料遗留在容器中 6．操作人员加入物料太多	压力高	1．高液位报警器 2．液位指示器
液位低	1．控制阀失效 2．下游流速大 3．上游流速小 4．物料泄漏入公用系统 5．在需要加料时由于操作人员的失误未加料	向下游设备提供的物料可能停止	1．液位指示器 2．低液位报警器
界面液位高	1．由上游设备界面液位而致 2．界面液位控制阀关闭 3．下游流速小	重组分物质过量	1．高界面液位报警器 2．界面液位指示器
界面液位低	1．下游流速大 2．界面液位控制阀打开	1．烃类物质污染 2．轻组分下溢	1．界面液位指示器 2．低界面液位报警器
温度高	1．环境温度高 2．上游温度高 3．冷却失效 4．蒸汽流控制阀打开 5．温度控制器	高压	1．高温报警器 2．温度指示器
温度低	1．环境温度低 2．蒸汽流控制阀关闭	1．水冻结 2．压力低	1．低温报警器 2．温度指示器
压力高	1．液位高 2．温度高 3．由上游设备承接而来 4．被渗入介质堵塞 5．上游设备压力高 6．压力控制阀失效	1．可能通过释放阀释放 2．泄漏（如果压力超过了设备的压力等级）	1．高压报警 2．压力指示器
压力低	1．过分冷却 2．惰性保护失效 3．压力控制阀失效 4．泵抽气时通气孔关闭 5．温度低	容器损坏	1．压力指示器 2．真空断路器 3．低压报警器
污染物浓度高	1．上游污染物浓度太高 2．由其他系统泄漏而入 3．操作者错误——阀未对齐 4．操作者在切换物料时发生错误 5．上游操作程序颠倒 6．原材料错误		1．有指定阀对应的检查程序 2．确保物料的交付过程正确 3．物料在卸货/使用前进行检验

续表

偏差	原因	后果	安全措施
内部盘管泄漏或破裂	1. 腐蚀/浸蚀 2. 温度高 3. 不适宜的维护程序 4. 不适宜的停止操作的程序（闪蒸物料使水冻结） 5. 材料缺陷 6. 内部混合时的机械磨损 7. 盘管塞子的热膨胀	1. 会污染压力低的一侧 2. 位置低的一侧如果是封闭的将会产生超压现象	1. 有冷凝系统分析器 2. 冷凝罐有排气孔 3. 有传导监控器 4. 腐蚀检测器 5. 冷却塔中有烃类物质监测器 6. 冷却塔中有烃类物质排气孔 7. 操作/维护及必须隔离时应按要求进行 8. pH 值监控器 9. 释放阀 10. 防爆膜
失去密封	1. 设备塞子热膨胀 2. 真空 3. 排放或排污阀泄漏 4. 高压（如果压力超过设备的额定压力等级） 5. 腐蚀/侵蚀 6. 外部火灾 7. 外部撞击 8. 积聚的液体在低点冻结 9. 垫片、填料、密封阀失效 10. 不适宜的维护程序 11. 设备或设备衬里损坏 12. 材料缺陷 13. 取样点阀泄漏 14. 观察容器损坏	小/大泄漏	1. 具备遥控或手动隔离该容器的能力 2. 止逆阀 3. 腐蚀检测器 4. 无损检测 5. 操作/维护及必须隔离时应按要求进行 6. 释放阀 7. 防爆膜

对某一放热反应釜的冷却水系统开展 HAZOP 分析，可得如下结果。图 4-3 为放热反应釜的温度控制示意图，表 4-10 为该放热反应釜冷却水系统危险与可操作性研究表。

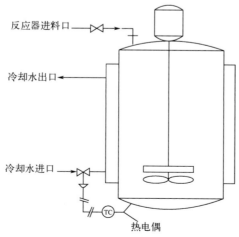

图 4-3　放热反应釜的温度控制示意图

表4-10　放热反应釜冷却水系统危险与可操作性研究表

引导词	偏差	可能原因	后果	对策措施
空白	无冷却水	1. 冷却水控制阀门失效使阀门关闭 2. 冷却水管线堵塞 3. 冷却水源断水 4. 控制器失效使阀门关闭 5. 气压使阀门关闭	1. 放热反应罐内温度升高 2. 反应失控，放热量太多，反应器爆炸	1. 安装备用控制阀或手动旁路阀 2. 安装冷却水过滤器，防止杂质进入管线 3. 设置备用冷却水源 4. 安装备用控制器 5. 安装高温报警器 6. 安装高温紧急关闭系统 7. 安装冷却水流量计和低流量报警器
多	冷却水流量偏高	控制阀失效使阀门开度过大	1. 放热反应罐温度降低 2. 反应速度减慢，保温失控	1. 安装备用控制阀 2. 安装低温报警器
少	冷却水流量偏低	1. 控制阀失效使阀门关小 2. 冷却水管部分堵塞 3. 水源供水不足	1. 放热反应罐内温度升高 2. 反应失控，放热量太多，反应器爆炸	1. 安装备用控制阀或手动旁路阀 2. 安装过滤器，防止杂质进入管线 3. 设置备用冷却水源 4. 安装备用控制器 5. 安装高温报警器 6. 安装高温紧急关闭系统 7. 安装冷却水流量计和低流量报警器
伴随	冷却水进入放热反应罐	放热反应罐壁破损，冷却水压力高于反应器压力	1. 放热反应罐内物质被稀释 2. 产品报废 3. 放热反应罐过满	1. 安装高位和（或）压力报警器 2. 安装溢流装置 3. 定期检查维修设备
伴随	产品进入夹套	放热反应罐壁破损，反应器压力高于冷却水压力	1. 产品进入夹套 2. 生产能力降低 3. 冷却能力下降 4. 水源可能被污染	1. 定期检查维修设备 2. 在冷却水管上安装止逆阀，防止逆流
部分	只有一部分冷却水	1. 控制阀失效使阀门关小 2. 冷却水管部分堵塞 3. 水源供水不足	1. 放热反应罐内温度升高 2. 反应失控，放热量太多，反应器爆炸	1. 安装备用控制阀或手动旁路阀 2. 安装过滤器，防止杂质进入管线 3. 设置备用冷却水源 4. 安装备用控制器 5. 安装高温报警器 6. 安装高温紧急关闭系统 7. 安装冷却水流量计和低流量报警器
相反	冷却水反向流动	1. 水泵失效导致反向流动 2. 由于负压而倒流	冷却不正常，可能引起反应失控	1. 在冷却水管上安装止逆阀 2. 安装高温报警器
其他	除冷却水外的其他物质进入	1. 水源被污染 2. 污水倒流	冷却水的冷却能力下降，可能引起反应失控	1. 隔离冷却水源 2. 安装止逆阀 3. 安装高温报警器

根据上述危险与可操作性研究分析（图4-3、表4-10），对此反应系统应增加如下安全措施：

① 安装温度报警系统，当反应温度超过规定温度时，发出报警信号，提醒操作人员；

② 安装高温紧急关闭系统，当反应温度达到规定温度时，自动停止整个过程；

③ 在冷却水进水管和出水管上分别安装止逆阀，防止物料漏入夹套内污染水源；

④ 确保冷却水水源，防止污染和供应中断；

⑤ 安装冷却水流量计和低流量报警器，当冷却水流量小于规定流量时及时发出报警。

另外，应加强管理，制定全面的维护、检查制度，并严格执行；定期进行设备检查和维修，保持系统各部件的完好，没有渗漏；对操作人员加强教育，并制定完整的操作规程，必须认真遵守、严格执行操作规程，杜绝违章作业。

此方法的目的在于辨识偏差及其原因、后果、对系统的影响。主要适用于系统性安全分析，通过讨论，分析系统可能出现的偏差、偏差的原因和后果及对整个系统的影响。使用时要求分析评价人员熟悉系统，有丰富的知识和实践经验。其资料准备涉及工艺参数、工艺流程图（PID）、系统、装置、设备一览表等。该方法简便易行，但易受分析评价人员主观因素影响。

（5）事件树分析　事件树分析（event tree analysis，ETA）是用来分析普通设备故障或初始事件导致事故发生的可能性的方法。从一个初始事件开始，按照事故发展过程中事件出现与不出现，交替考虑成功与失败两种可能性，然后再把这两种可能性分别作为新的初始事件进行分析，直到分析最后结果为止。其与故障树分析不同，事件树分析使用的是归纳法，而不是演绎法。

事件树分析适合被用来分析那些产生不同后果的初始事件。事件树强调的是事故可能发生的初始原因以及初始原因对后果的影响，事件树的每一个分支都表示一个独立的事故序列，对一个初始事件而言，每一个独立事故序列都清楚地界定了安全功能之间的关系。如图4-4所示的原料输送系统，对其进行事件树分析，可建立原料输送系统事件树（图4-5），显示在原料输送中可能发生的后果。

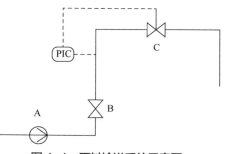

图4-4　原料输送系统示意图

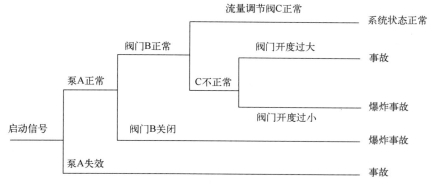

图4-5　原料输送系统事件树

此方法的目的在于能够判断出事故发生与否，以便采取直观的安全方式；能够指出消除事故的根本措施，改进系统的安全状况；从宏观角度分析系统可能发生的事故，掌握系统中事故发生的规律；可以找出最严重的事故后果，为确定顶上事件提供依据。主要适用于设计时找出适用的安全装置，操作时发现设备故障及误操作将导致的事故。使用时由于各事件发展阶段均有成功和失败的两种可能，可由初始事件经过各事件、阶段一直分析出事件、发展的最后各种结果。需准备有关初始事件和各种安全措施的知识等相关资料，所耗人力与时间一般需要 2～4 人组成小组，分析小型单元几个初始事件需 3～6 天，大型复杂单元需 2～4 周。所以从其应用效果来看，可定性分析并可进一步定量评价，多用于找出初始事件发展的各种结果，分析其严重性，可在各发展阶段采取措施使之朝成功方向发展。

（6）事故树分析　事故树分析（fault tree analysis，FTA）又称故障树分析，是安全系统工程中重要的分析方法之一，是一种演绎的推理方法，描述事故因果关系的具有方向的"树"，能对各种系统的危险性进行识别评价，可用于定性分析，也能进行定量分析，具有简明、形象化的特点，是以系统工程方法分析安全问题的系统性、准确性和预测性。

它是从要分析的特定事故或故障开始（顶上事件），层层分析其发生原因，直到找出事故的基本原因，即故障树的底事件为止。

FTA 不仅能分析出事故的直接原因，而且能深入揭示事故的潜在原因，因此在工程或设备的设计阶段、事故查询或编制新的操作方法时，都可以使用 FTA 对它们的安全性做出评价。FTA 作为安全分析、评价和事故预测的一种先进的科学方法，已得到国内外的认可，并被广泛采用。

事故树分析一般分为以下阶段：①选择合理的顶上事件；②资料收集准备（事故案例及统计）；③建造事故树；④定性分析（最小割集、最小径集及结构重要度）；⑤定量分析（顶上事件发生概率）。

此方法的目的在于找出事故发生的基本原因和基本原因组合。主要适用于分析事故或设想事故。使用时一般由顶上事件用逻辑推导逐步推出基本原因事件。需准备有关生产工艺及设备性能资料，故障率数据等相关资料，一般需要专业人员组成小组，一个小型单元需用时一天。所以从其应用效果来看，可定性与定量评价，多用于发现事先未估计到的原因事件。常与事件树分析法结合使用，相互印证补充。

（7）作业条件危险性分析　作业条件危险性分析法（job risk analysis）是评价人们在具有潜在危险性环境中作业时的危险性半定量评价方法。

通过研究人们在具有潜在危险性环境中作业的危险性，提出以所评价的环境与某些作为参考环境的对比为基础，将作业条件的危险性当作因变量（D），事故或危险事件发生的可能性（L）、暴露于危险环境中的频率（E）及危险严重程度（C）为自变量，确定了它们之间的函数式。根据实际经验，给出 3 个自变量在各种不同情况的分数值，采取对所评价的对象根据情况进行"打分"的办法，根据公式计算出其危险性分数值，再在危险性分数值划分的危险程度等级表或图上查出其危险程度。

（8）危险指数评价法　危险指数评价法（risk rank，RR）为美国 DoW 化学公司首创。它以物质系数为基础，再考虑工艺过程中其他因素如操作方式、工艺条件、设备状况、物料处理、安全装置情况等的影响，来计算每个单元的危险度数值，然后按数值大小划分危险度级别，是对化工生产过程中固有危险的度量。

需准备资料有：工艺图纸、物料的最大存量、装置工艺的条件、物料储存区的平面布置方面的资料等；操作规程及有关法律、法规等资料；设计和操作数据资料及所选用的指数法的方法说明书。

目前使用的危险指数评价法主要有：危险度评价法，美国 DoW 化学公司的火灾、爆炸危险指数评价法，帝国化学公司（ICI）蒙德法，化工厂危险等级指数法，其他的危险等级评价方法。

在这些常用的安全评价方法中，其具体方法的选择一般遵从以下原则。

① 首先可进行初步的、定性的综合分析，如使用 PHA、安全检查表等，得出定性的概念，然后根据危险性大小，进行详细的分析。

② 根据分析对象和要求的不同，选用相应的分析方法。如分析对象是硬件（如设备等），可选用 FMEA、FTA 等方法；如是工艺流程中的工艺状态参数变化，则选用 HAZOP。

③ 如果对系统需要精确评价，则可选用定量分析方法，如 FTA、ETA 等。

④ 应该注意，在做安全评价时，使用单一方法往往不能得到满意的结果，需要用其他方法弥补其不足。

5. 安全对策措施建议

依据危险有害因素辨识与分析结果及定性、定量评价结果，遵循针对性、技术可行性、经济合理性的原则，提出消除或减弱危险有害因素的技术和管理对策措施建议。

安全对策措施是建设项目在设计、生产经营、管理中采取的消除或减弱危险有害因素的技术措施和管理措施，是预防事故和保障整个生产、经营过程安全的对策措施，是通过优先选用无危险或危险性较小的工艺和物料，广泛采用综合机械化、自动化生产装置和自动化监测、报警、排除故障和安全联锁等装置实现自动化控制、遥控或隔离操作，尽可能防止操作人员在生产过程中直接接触可能发生危险因素的设备、设施和物料，使系统在人员误操作或生产装置（系统）发生故障的情况下也不会造成事故的综合措施。

（1）安全对策措施的基本要求和遵循的原则

① 安全对策措施的基本要求

a. 可以消除或减弱生产过程产生的危险、危害；

b. 处置危险和有害物，并降低到国家规定的限值内；

c. 预防生产装置失灵或操作失误产生的危险、危害；

d. 可以有效预防重大事故或职业危害的发生；

e. 发生事故时，能为遇险人员提供自救或互救条件。

② 制定安全对策措施应遵循的原则

a. 安全技术措施等级顺序

● 直接安全技术措施。生产设备本身具有的本质安全性能，不会出现任何事故和危害。

● 间接安全技术措施。若不能或不完全能实现直接安全技术措施时，应为设备设计出一种或多种安全防护装置，最大限度地预防、控制事故或危害的发生。

● 指示性安全措施。间接安全技术措施也无法实现或实施时，须采用检测报警装置、警示标志等措施。

● 若间接、指示性安全技术措施仍然不能避免事故、危害发生，则应采用安全操作规程、安全教育、培训和个人防护用品等措施来预防、减弱系统的危险、危害程度。

b．根据安全技术措施等级顺序，设计、实施安全技术措施的具体原则依次为：消除、预防、减弱、隔离、联锁、警告。

c．安全对策措施应具有针对性、可操作性和经济合理性。

d．应符合有关的国家标准和行业安全设计规定的要求。

（2）厂址及厂区平面布置的对策措施

① 项目选址　建设项目选址除考虑经济性和技术合理性满足工业布局和城市规划等要求外，在安全方面应重点考虑地质、地形、水文、气象等自然条件对企业安全生产的影响以及企业与周边区域的相互影响。

② 厂区平面布置　在满足生产工艺流程、操作要求、使用功能需要以及消防、环保等要求的同时，平面布置主要从功能分区、厂内运输和装卸、危险设施/处理有害物质设施的布置、强噪声源和振动源的布置、建筑物的自然通风和采光等方面采取对策措施，制药企业的平面布置应满足《工业企业总平面设计规范》、相关行业规范（机械、化工、石化、医药等）和有关单体、单项（氧气站、压缩空气站、锅炉房、冷库、辐射源、管路布置）等规范的要求。

（3）工艺防火、防爆对策措施

有爆炸危险的生产过程，应尽可能选择物质危险性较小、工艺条件温和、工艺成熟的工艺路线；生产装置、设备具有承受超压性能和完善的生产工艺控制手段，设置可靠的温度、压力、流量、液位等工艺参数的控制仪表和控制系统，对工艺参数控制要求严格的，应设置双系列控制仪表和控制系统；还应设置必要的超温、超压的报警、监视、泄压、抑制爆炸装置和防止高、低压窜气（液）、紧急安全排放装置等。

制药企业生产工艺可能涉及重点监管的危险工艺。使用重点监管的危险化学品，具有一定的危险性，生产中如遇突发停电，有可能导致反应过程或储存的物质失控从而引发火灾、爆炸、中毒、灼烫等事故，或致病菌和病毒等生物危险品外逸而引发感染、中毒事故。制药企业的供配电系统应按照现行《供配电系统设计规范》相关要求划分用电负荷等级，如果属于一级负荷，除了由双重电源供电外，尚应增设应急电源，且不得将其他负荷接入应急供电系统；如果属于二级负荷，条件允许设置双重电源供电，否则采用双回路供电，如果是单回路供电，应设置应急电源，应急电源的功率应能满足二级供电需求，供电电源的切换时间应满足工艺、设备允许中断供电的要求。

（4）仪表及自控防火、防爆对策措施

尽可能提高系统自动化程度，采用自动控制技术、遥控技术，自动（遥控）控制工艺操作程序和物料配比、温度、压力等工艺参数；在设备发生故障、人员误操作形成危险状态时，通过自动报警、自动切换备用设备、启动联锁保护装置和安全装置，实现事故性安全排放直至安全顺序停机等一系列的自动操作，保证系统的安全。

（5）设备防火、防爆

制药企业设备、机器种类繁多，生产过程接触的部分物料具有易燃、易爆、有毒、有腐蚀性等特点，且有的生产工艺复杂、工艺条件较苛刻，对设备、机器的质量、材料要求高，材料的正确选择是设备和机器优化设计的关键，设备、机器的选型、结构、技术参数等方面必须准确无误，对于易燃、易爆、有毒介质的储运设备，应符合相关标准、规范的要求。

（6）工艺管线的防火、防爆

① 工艺管线必须安全可靠，便于操作。

② 工艺管线的设计应考虑抗震和管线振动、脆性破裂、温度应力、失稳、高温蠕变、腐蚀破裂及密封泄漏等因素，并采取相应的安全措施加以控制。

③ 工艺管线上安装的安全阀、防爆膜、泄压设施、振动控制检测仪表、报警系统、安全联锁装置等应设计合理、安全可靠。

④ 工艺管线的防雷电、防静电等安全措施应符合相关法规、标准、规范的要求。

⑤ 工艺管线的取样、排放等应安全可靠，并设置有效的安全措施。

⑥ 工艺管线的绝热、保冷设计应符合相关规范的要求。

（7）安全防护防火、防爆

非敞开式的甲、乙类生产厂房应有良好的通风设施，以减少厂房内部可燃气体、可燃液体蒸气或可燃粉尘的积聚，使之达不到爆炸极限。

厂房通风有自然通风、机械通风、正压通风、惰性气体保护等方式。

（8）建（构）筑物防火、防爆场所

《建筑设计防火规范》《石油化工企业设计防火标准》（2018 年版）等规范和标准中对生产或储存的物质的危险性均进行了火灾危险性分类。根据火灾危险性的不同，可从防火间距、建筑耐火等级、容许层数、建筑面积、防火分区面积、安全疏散、消防灭火设施等方面提出防止和限制火灾、爆炸的要求和措施。

（9）电气及电气防火、防爆安全对策措施

① 电气安全对策措施

a．安全认证　电气设备必须具有国家指定机构的安全认证标志。我国实行的是"3C"认证，属于最基础的安全认证。当前"3C"认证标志分为四类，分别为安全认证标志 CCC+S、电磁兼容类认证标志 CCC+EMC、安全与电磁兼容认证标志 CCC+S&E；消防认证标志 CCC+F，标志图例见图 4-6。

(a) 国家3C认证标志　　(b) 安全认证标志　(c) 电磁兼容类认证标志　(d) 安全与电磁兼容认证标志　　(e) 消防认证标志

图 4-6　3C 认证标志图

b．备用电源　停电可能造成重大危险后果的场所，必须按相关规定配备自动切换的双电源或者备用发电机组、保安电源。

c．防触电　防止人体直接、间接或跨步电压触电（电击、电伤），应采取接零接地保护系统、漏电保护、绝缘、电气隔离、联锁保护或者安全电压、屏护和安全距离等安全对策措施。

② 电气防火、防爆安全对策措施　制药企业的生产过程涉及大量的易燃易爆物质，电气设备、设施的发热、电弧、电火花等都可能成为点火源，易燃易爆物质一旦泄漏遇点火源就可能引发火灾、爆炸、中毒、灼烫等事故。

电气防火防爆是综合性措施，主要包括正确选用电气设备、保持必要的防火间距、通风良好、采用耐火设施及完善继电保护等技术措施。

a. 正确选用电气设备　根据生产场所的特点，选择适当型式的电气设备，防爆电气设备的类型及防爆标志见表 4-11。

表 4-11　常见防爆电气设备的防爆基本类型

序号	防爆型式	防爆型式标志	序号	防爆型式	防爆型式标志
1	隔爆型	EX d	8	充砂型	EX q
2	增安型	EX e	9	浇封型	EX m
3	正压型	EX p	10	无火花型	EX n
4	本安型	EX ia	11	粉尘防爆型	DIP A
5		EX ib	12		DIP B
6		EX ic	13	特殊性	EX s
7	油浸型	EX o			

按照现行《爆炸危险环境电力装置设计规范》（GB 50058）的相关要求，正确划分爆炸场所危险区域范围。其中，旋转电动机防爆结构的选型见表 4-12，低压变压器类防爆结构的选型见表 4-13，低压开关和控制器类防爆结构的选型见表 4-14，灯具类防爆结构的选型见表 4-15，信号、报警装置等电气设备防爆结构的选型见表 4-16。

表 4-12　旋转电动机防爆结构的选型

电器设备	1 区			2 区			
	隔爆型	正压型	增安型	隔爆型	正压型	增安型	无火花型
鼠笼型感应电动机	○	○	△	○	○	○	○
绕线型感应电动机	△	△	○	○	○	○	×
同步电动机	○	○	×	○	○	○	
直流电动机	△	△		○	○	○	
电磁滑差离合器（无电刷）	○	△	×	○	○	○	△

注：1. ○为适用，△为慎用，×为不使用。

2. 绕线型感应电动机及同步电动机采用增安型，其主体是增安型防爆结构，发生电火花的部分是隔爆或正压型防爆结构。

3. 无火花型电动机在通风不良及建（构）筑物内具有比空气重的易燃易爆物质的区域内慎用。

表 4-13　低压变压器类防爆结构的选型

电器设备	1 区			2 区			
	隔爆型	正压型	增安型	隔爆型	正压型	增安型	无火花型
变压器（含启动）	△	△	×	○	○	○	○
电抗线圈（含启动）	△	△	×	○	○	○	○
仪表用互感器	△	△	×	○	○	○	○

注：○为适用，△为慎用，×为不使用。

表 4-14 低压开关和控制器类防爆结构的选型

电器设备	0区	1区					2区				
	本质安全型	本质安全型	隔爆型	正压型	油浸型	增安型	本质安全型	隔爆型	正压型	油浸型	增安型
刀开关、断路器			○					○			
熔断器			△					○			
控制开关及按钮	○	○	○		○		○	○		○	
电抗启动器和启动补偿器			△				○				○
启动用金属电阻器			△	△		×		○		○	○
电磁阀用电磁铁			○			×		○		○	○
电磁摩擦制动器			△			×		○		○	△
操作箱、柱			○	○				○	○		
控制盘			△	△				○	○		
配电盘			△					○			

注：1. ○为适用，△为慎用，×为不使用。

2. 电抗启动器和启动补偿器采用增安型时，是指将隔爆结构的启动运转开关操作部位与增安型防爆结构的电抗线圈或单绕组变压器组成一体的结构。

3. 电磁摩擦制动器采用隔爆型时，是指将制动片、滚筒等机械部分也装入防爆壳体内。

4. 在 2 区内电气设备采用隔爆型时，是指除隔爆型外，也包括主要有火花部分为隔爆结构而其外壳为增安型的混合结构。

表 4-15 灯具类防爆结构的选型

电器设备	1区		2区	
	隔爆型	增安型	隔爆型	增安型
固定式灯	○	×	○	○
移动式灯	△		○	
携带式电池灯	○		○	
指示类灯	○	×	○	○
镇流器	○	△	○	○

注：○为适用，△为慎用，×为不使用。

表 4-16 信号、报警装置等电气设备防爆结构的选型

电器设备	0区	1区				2区			
	本质安全型	本质安全型	隔爆型	正压型	增安型	本质安全型	隔爆型	正压型	增安型
信号、报警装置	○	○	○	○	×	○	○	○	○
插接装置			○				○		
接线箱（盒）			○		△		○		○
电气测量仪表			○	○	×		○	○	

注：○为适用，△为慎用，×为不使用。

　　b．防火间距　变配电设备、设施及其建（构）筑物与生产厂房、仓库、罐区等的防火间距要按照现行的《建筑设计防火规范》或《石油化工企业设计防火标准》（2018 年版）等确定，架空电力线与具有火灾、爆炸危险性场所的水平距离不应小于杆高的 1.5 倍。

　　c．电气设备的正常运行　电气设备的正常运行主要包括保持电气设备的电压、电流、温升等参数不超过允许值，保持良好绝缘性，连接、接地等应规范，运行环境通风良好，隔离助燃物等。

　　③ 防静电对策措施　为预防静电妨碍生产引起静电电击或火灾、爆炸事故，从消除、减弱静电的产生和累积方面采取对策措施，主要有工艺控制法、泄漏导走法、中和电荷法、封闭削尖法和防止人体带静电等五种方法。

　　a．工艺控制法　工艺控制法即从工艺、材料选择、设备结构和操作管理等方面采取措施，控制静电的产生，使其达不到足够的能量。

　　改善工艺操作条件，尽量避免产生大量静电荷：利用静电序列表，优选原料配方和使用材料，使摩擦或接触的物质在序列表中的位置接近；通过调整物料接触顺序，使多种物质摩擦或接触产生的静电相互取消。例如某作业需要加入汽油、氧化锌、氧化铁、石棉等进行搅拌，如果先加入其他物料，最后加入汽油，浆料表面静电电压可能高达 11～13kV；如果改为先加入部分汽油，再加入氧化锌、氧化铁等固体物料，最后加入石棉等填料和剩余的汽油，则浆料的表面静电电压降至 400V。

　　• 控制物料输送速度　流体流动中流速越快，产生的静电量越多，控制流体流动速度可以减少静电。例如甲苯在管道内输送，流速不得超过 3m/s，丙酮在管道内输送的流速不得超过 1m/s。

　　• 足够的静置时间　向容器内灌注易燃液体时会产生静电，停止灌注后，液体趋于静置，静电可慢慢消失。

　　• 改进灌注方式　向容器内灌注易燃液体时，减轻液体注入时的冲击和飞溅，可减少静电。具体方式有改变灌注管头的形状，如用 T 形或 Y 形等，也可以改变管头的位置，如将管头延伸至近容器的底部等。

　　• 增加松弛容器　液体与管道壁的摩擦会产生静电，在管道末端加装一个直径较大的"松弛容器"，可消散、消除液体在管道中积累的静电荷。

　　• 尽量避免高能量静电放电的条件　在工艺装置设计或制作设备时，避免存在高能量静电放电的条件。

　　b．泄漏导走法　泄漏导走法是指在工艺过程中，采用空气增湿、加抗静电添加剂、静电接地和规定静置时间的方法，将带电体的电荷向大地扩散。

　　• 空气增湿　湿空气在物体表面覆盖一层导电的薄膜，提高静电电荷经物体表面泄放的能力，可以降低静电非导体的绝缘性，工艺许可的情况下，空气增湿取相对湿度为 70%比较合适。

　　• 加抗静电添加剂　抗静电添加剂可以使绝缘材料的电阻率降低到 $10^6 \sim 10^8 \, \Omega \cdot cm$。抗静电添加剂种类较多，如无机盐表面活性剂、无机半导体、有机半导体、高聚物、电解质高分子成膜物等。抗静电添加剂应根据使用对象、目的、物料工艺状况以及成本、毒性、腐蚀性和使用场合等具体情况进行选择。

　　• 静电接地连接　静电接地是消除静电最简单、最基本的方法。将能够产生静电的管道、设备，如各种储罐、混合器、物料输送设备、过滤器、反应器、粉碎机等金属设备与管线连成一个导电的整体，利用连接线接地导出静电。静电接地连接对非导体静电荷的导出是无效的。

- 静置时间　容器灌装结束后，液面静电电位的峰值出现在停泵后 5～10s 以内，静电消散时间一般为 70～80s。

c. 中和电荷法　利用极性相反的电荷中和来减少带电体的静电量，即中和电荷法。主要有静电消除器消电、物质匹配消电等方法。

- 静电消除器消电　静电消除器有自感应式、外接电源式、放射线式和离子流式四种。
- 物质匹配消电　利用静电摩擦序列表中的带电规律，匹配相互接触的物质，使生产过程中产生极性相反的电荷并互相中和，即匹配消电。

d. 封闭削尖法　封闭削尖法是利用静电的屏蔽、尖端放电和电位随容变化的特性使带电体不致造成危害的方法。

e. 人体防静电

- 人体接地措施　可以通过穿防静电鞋、穿防静电工作服等具体措施，减少静电在人体上的积累。在人体必须接地的场所，应设金属接地棒，赤手接触即可导出人体静电。
- 地面导电化　工作场所地面采用电阻率 $10^6 \Omega \cdot cm$ 以下的材料制成。
- 安全操作　在工作中，尽量不做与人体带电有关的事情，如在工作场所穿、脱工作服或接近、接触带电体等。在有静电危险场所操作、检查、巡视时，不得携带与工作无关的金属物品，如钥匙、硬币、手表、戒指等。

④ 防雷对策措施　防雷的保护对象是人体、设备和建筑物。

a. 防雷基本措施　雷电防护系统包括外部雷电防护系统和内部雷电防护系统。外部雷电防护系统是建筑物外部或本体的雷电防护部分，用以防直击雷，通常由接闪器、引下线和接地装置组成；内部雷电防护系统是建筑物内部的雷电防护部分，用于减小和防止雷电流在防护空间内产生的电磁效应，通常由等电位连接系统、共用接地系统、屏蔽系统、合理的布线、电涌防护器等组成。

现代防雷技术主要采取拦截、接地、均压、分流和屏蔽五项措施，这五项措施是一个有机整体，经综合考虑、全面实施才能达到最佳的防雷效果。

- 拦截　防直击雷的避雷装置通常由接闪器、引下线和接地装置组成，接闪器由避雷针、避雷线、避雷带和避雷网四种中的一种或多种组成，引下线为连接接闪器和接地装置的金属导体，接地装置是埋入土壤或混凝土基础中作散流的导体。任何被雷击中的物体都有可能放电击坏邻近的低电位物体，所以接闪器、引下线、接地装置附近不应布置金属管道、电气线路等。
- 接地　所有防雷系统都需要通过良好的接地系统把雷电流导入大地。把防雷接地、过电压保护接地、防静电接地、屏蔽接地等通过地下或者地上的金属导体连接起来，成为共用接地。共用接地是目前常用的接地方式。
- 均压　又称等电位连接或电位均衡连接，感应雷的防护通常是对整个系统做等电位连接接地。
- 分流与电涌保护器　电涌保护器也叫防雷器，是用于限制瞬态过电压和分泄电涌电流的器件。

● 屏蔽　用金属网、箱、壳、管等导体将需要保护的对象包围起来，其作用是把雷电的脉冲电磁场从空间入侵的通道阻隔开，防止任何形式的电磁干扰。

b．人体防雷　雷电情况下，为了防止直击雷伤人，应减少在户外活动的时间，尽量避免在野外逗留；为了防止二次放电和跨步电压伤人，要远离建筑物的接闪杆及其引下线，远离各种天线、电线杆、高塔、烟囱、旗杆、单株的树木和没有防雷设施的建筑物等；雷电情况下，室内人体应注意最好离开可能传来雷电侵入波的各种线路1m外，如照明线、动力线、电话线、广播线以及各类电源线及其开关、插座等。

c．工业建筑与装置的防雷　建筑物的防雷应按照《建筑物防雷设计规范》的相关要求进行分类并安装相应防雷设施，建筑物所有外露金属构件都应与防雷网（带、线）良好连接。制药企业有火灾、爆炸危险的生产装置、露天设备、储罐、电气设施等应安装防直击雷设施并定期检测，防雷接地装置的电阻值要符合《建筑物防雷设计规范》的相关要求。

⑤ 防感染对策措施　生物制药过程涉及病毒以及细菌等一些病原体需要的传播载体，这些载体因为自身就具有很危险的感染性致病因子，所以不论这些致病因子是直接地对人体进行感染，还是间接地来散播到环境中，通过环境再对人类和动物及植物都存在潜在的危险。

a．增强安全管理　加强对病原体的管理，严格合成生物学研究与应用的监督和管理，建立健全相对完善的安全规范体系，逐步达到将生物安全管理和监督覆盖到生物技术的开发工作涉及的每一个领域和环节。从源头抓起，杜绝生物技术滥用、误用和不道德使用，确保生物安全。

b．建立生物安全防护　存在生物安全隐患的制药车间可参照相关标准进行设计、建设与运行，具体参见《实验室　生物安全通用要求》（GB 19489—2008）和《生物安全实验室建筑技术规范》（GB 50346—2011）。需要配置有能够密闭消毒的操作间、独立空调系统、HEPA过滤排风和带淋浴设施的气锁等相应的保护设施，防化服、防护服和防护眼镜等防护用品以及消毒器械和消毒药品等，并按照病原微生物的危险度等级进行操作与运行。

6．评价结论

根据客观、公正、真实的原则，严谨、明确地做出安全评价结论。安全评价的结论应包括：高度概括评价结果，从风险管理角度给出评价对象在评价时与国家有关安全生产的法律、法规、标准、规章、规范的符合性结论，给出事故发生的可能性和严重程度的预测性结论，以及采取安全对策措施建议后的安全状态等。

四、安全评价报告的编制

（1）安全预评价

《建设项目安全设施"三同时"监督管理办法》（国家安全生产监督管理总局令第36号，第77号修订）中规定下列建设项目在进行可行性研究时，生产经营单位应当按照国家规定，进行安全预评价：

① 非煤矿矿山建设项目。

② 生产、储存危险化学品（包括使用长输管道输送危险化学品，下同）的建设项目。

③ 生产、储存烟花爆竹的建设项目。

④ 金属冶炼建设项目。

⑤ 使用危险化学品从事生产并且使用量达到规定数量的化工建设项目（属于危险化学品生产的除外，以下简称化工建设项目）。

⑥ 法律、行政法规和国务院规定的其他建设项目。

安全预评价报告主要依据国家安全生产监督管理总局 2007 年发布的《安全预评价导则》（AQ 8002—2007）相关要求进行编制，制药企业经常涉及危险化学品溶剂的回收利用，按照相关规定属于危险化学品生产企业，其预评价报告应按照《危险化学品建设项目安全评价细则（试行）》（安监总危化〔2007〕255 号）相关要求进行编制。

（2）安全验收评价

《建设项目安全设施"三同时"监督管理办法》（国家安全生产监督管理总局令第 36 号，第 77 号令修订）中规定："建设项目安全设施竣工或者试运行完成后，生产经营单位应当委托具有相应资质的安全评价机构对安全设施进行验收评价，并编制建设项目安全验收评价报告"。

建设项目安全预评价报告主要按照《安全预评价导则》（AQ 8002—2007）编制的，其安全验收报告主要按照《安全验收评价导则》（AQ 8003—2007）的相关要求进行编制；建设项目安全预评价报告主要按照《危险化学品建设项目安全评价细则（试行）》（安监总危化〔2007〕255 号）编制的，其安全验收评价报告也应该按照《危险化学品建设项目安全评价细则（试行）》（安监总危化〔2007〕255 号）的相关要求进行编制。

（3）安全现状评价

《危险化学品生产企业安全生产许可证实施办法》（国家安全生产监督管理总局令第 41 号，第 89 号令修订）第三条规定："（危险化学品）企业应当依照本办法的规定取得危险化学品安全生产许可证（以下简称安全生产许可证）。未取得安全生产许可证的企业，不得从事危险化学品的生产活动"。

《危险化学品生产企业安全生产许可证实施办法》（国家安全生产监督管理总局令第 41 号，第 89 号令修订）第三十三条规定："安全生产许可证有效期为 3 年。企业安全生产许可证有效期届满后继续生产危险化学品的，应当在安全生产许可证有效期届满前 3 个月提出延期申请，并提交延期申请书和本办法第二十五条规定的申请文件、资料"。第二十五条规定需要提交的申请文件和资料中第 10 项为："具备资质的中介机构出具的安全评价报告"；此项安全评价报告一般为安全现状评价报告。

在贯彻落实《危险化学品生产企业安全生产许可证实施办法》工作中，各省执行方式不尽相同，比如安徽省安全生产监督管理局下发了《关于贯彻实施〈危险化学品生产企业安全生产许可证实施办法〉的意见》，以附件的形式明确规定了危险化学品生产企业安全现状评价要点，安徽省内的危险化学品建设项目安全现状评价报告主要依据此要点要求进行编制。

第三节　安全生产与管理

一、基本概念

（1）安全生产

安全生产是为了使生产过程在符合物质条件和工作秩序下进行的、防止发生人身伤亡和财产损失等生产事故、消除或控制危险有害因素、保障人身安全与健康以及设备和设施免受损坏、环境免遭破坏的活动的总称。

(2) 安全生产管理

安全生产管理是管理的重要组成部分，属于安全科学的一个分支。安全生产管理就是针对人们在生产过程中的安全问题，运用有效的资源，发挥人们的智慧，通过进行有关决策、计划、组织和控制等活动，实现生产过程中人与机器、物料、环境的和谐，达到安全生产的目的。

① 安全生产管理的目标是减少和控制危害及事故，尽量避免生产过程中由于事故所造成的人身伤害、财产损失、环境污染和其他损失。

② 安全生产管理类别包括：安全生产法制管理、行政管理、监督检查、工艺技术管理、设备设施管理、作业环境和条件管理等。

③ 安全生产的基本对象涉及企业的所有人员、设备设施、物料、环境、财务、信息等各个方面。

④ 安全生产管理的基本内容包括：安全生产管理机构的设置、安全管理人员的配置以及安全生产责任制、安全生产管理规章制度、安全生产策划、安全培训教育、安全生产档案等。

二、安全生产"五要素"及其关系

1. 安全生产"五要素"

安全生产的"五要素"是指安全文化、安全法制、安全责任、安全科技和安全投入。

(1) 安全文化

安全文化即安全意识、安全理念，是存在于人们头脑中，支配人们行为是否安全的思想。企业应树立"以人为本"的安全文化理念，切实落实"安全第一、预防为主、综合治理"的安全生产方针，加强宣传教育工作，普及安全常识，强化员工安全意识和自我保护意识，企业应确立具有本身特色的安全管理原则，员工应确立不伤害自己、不伤害他人、不被他人伤害的安全生产理念。

(2) 安全法制

安全法制是指安全生产法律、法规和安全生产执法。对企业、员工的安全行为做到有章可循、有章必循、违章必究，使"安全第一"的思想观念落实到日常安全生产管理中。

(3) 安全责任

① 责任主体和第一责任人　企业是安全管理的责任主体，企业的法定代表人、"一把手"是安全生产的第一责任人。第一责任人要切实负责，制定和完善企业的安全生产方针和相关规章制度，安全生产责任制的落实要纵向到底，横向到边，不留死角；新建项目要确保安全设施"三同时"（即安全设施与主体工程同时设计、同时施工、同时投入生产和使用）。

② 监督管理主体　各级政府是安全生产的监督管理主体。切实落实地方政府、行业主管部门及出资人机构的监管责任，科学界定各级安全生产监督管理部门的综合监管职能，建立严格且科学、合理的安全生产问责制，严格执行安全生产责任追究制度，深刻吸取事故教训。

（4）安全科技

安全科技是指安全生产科学与技术。主要内容包括：企业要采用先进实用的生产技术，组织安全生产技术开发；国家要积极组织重大安全技术攻关，研究制定各行业的安全技术标准、规范；积极开展国际安全技术交流，努力提高我国安全生产技术水平。

（5）安全投入

安全投入是指保证安全生产必需的经费。建立企业、地方、国家多渠道安全投资机制；企业是安全投资主体，要按相关规定从成本中列支安全生产专项资金，加强财务审计，确保专款专用；国家和地方要支持企业的设备更新和技术改造，要制定源头治本的经济政策并严格依法执行。

2. 安全生产"五要素"之间的关系

安全文化是安全生产的灵魂和统帅，是安全生产工作基础中的基础，是安全生产的根本，是安全生产工作的精神指向，其他各个要素都应该在安全文化的指导下展开。安全文化又是其他各个要素的目的和结晶，只有在其他要素健全成熟的前提下，才能培育出深入人心的"以人为本"的安全文化。安全文化的最基本内涵就是人的安全意识，建设安全生产领域的安全文化，前提是加强安全宣传教育工作，普及安全常识，强化安全意识，强化自我保护意识。安全要真正做到警钟长鸣、居安思危、言危思进、常抓不懈。

安全法制是安全生产工作进入规范化和制度化的必要条件，是开展其他各项工作的保障和约束，是保障安全生产的有力武器。因此，保障安全生产需要建立和完善安全生产法制体系建设，需要加强安全生产法制建设。将健全的安全生产法律、法规、标准、规范落实到位，是企业安全生产的基本要求和前提条件。

安全责任是安全法制进一步落实的手段，是安全生产法律、法规的具体化。安全生产责任制是安全生产制度体系中最基础、最重要的制度。安全生产的实质是"安全生产，人人有责"，建立和完善安全生产责任制体系，不仅要强化行政责任问责制，严格执行安全生产行政责任追究制度，还要依法追究安全事故罪的刑事责任，并随着市场经济体制的完善，强化和提高民事责任和经济责任的追究力度。

安全技术是实现安全生产的手段，是保证安全生产工作现代化的工具。"科技兴安"是工业现代化生产的要求，是实现安全生产的最基本出路。安全是企业管理、科技进步的综合反映，安全需要科技的支撑，实现"科技兴安"是每个决策者和企业家应有的认识。安全科技水平决定安全生产的保障能力。因此，安全技术是事故预防的重要力量，只有充分依靠科学技术手段，生产过程的安全才能得到根本保障。

安全投入是安全生产的基本保障，安全也是生产力。安全生产的实现要靠安全投入作为保障和基础，企业提高安全生产的能力，需要为安全付出成本，安全的成本既是代价，更是效益。

可见，安全生产"五要素"既相对独立，又是一个有机统一的整体，相辅相成，甚至互为条件。

三、安全生产管理的基本内容

安全生产管理是针对人们在安全生产过程中的安全问题，运用有效的资源，发挥人们的智慧，通过人们的努力，进行有关决策、计划、组织和控制等活动，实现生产过程中人与机器设备、物料、环境的和谐，达到安全生产的目标。

1. 建设项目"三同时"

（1）实施建设项目"三同时"的法律依据

《中华人民共和国安全生产法》第三十一条规定：生产经营单位新建、改建、扩建工程项目的安全设施，必须与主体工程同时设计、同时施工、同时投入生产和使用。安全设施投资应当纳入建设项目概算。

《中华人民共和国职业病防治法》第十八条：建设项目的职业病防护设施所需费用应当纳入建设项目工程预算，并与主体工程同时设计，同时施工，同时投入生产和使用。

（2）建设项目"三同时"的含义

建设项目"三同时"是指生产性基本建设项目中的安全设施必须符合国家规定的标准，必须与主体工程同时设计、同时施工、同时投入生产和使用，以确保建设项目竣工投产后，符合国家规定的安全生产标准，保障从业人员在生产过程的安全与健康。

对我国境内的新建、改建、扩建的基本建设项目、技术改造项目和引进的建设项目，包括在我国境内建设的中外合资、中外合作和外商独资的建设项目，都必须执行建设项目"三同时"的要求。

建设项目"三同时"是生产经营单位安全生产的重要保障措施，是一种事前保障措施，对贯彻"安全第一、预防为主、综合治理"的安全生产方针、改善从业人员的职业安全健康条件、防止发生事故、促进经济发展等具有重要意义。

建设项目"三同时"是各级政府安全生产监督管理机构实施安全生产职业健康监督管理的主要内容，也是有效消除和控制建设项目危险有害因素的根本措施。

随着国家经济建设的迅速发展，建设项目"三同时"作为"事前预防"的途径，将不断深化并不断提出更高的要求。

（3）建设项目"三同时"的主要内容

实施建设项目"三同时"制度，要求与建设项目配套的安全设施，从建设项目的可行性研究、初步设计、施工、试生产、竣工验收到投产使用均应同步进行。

① 可行性研究　建设单位或可行性研究承担单位在进行可行性研究时，应同时进行安全设施论证，并将其作为专门章节编入建设项目可行性研究报告中，同时，将安全设施所需资金纳入投资计划。

按《建设项目安全设施"三同时"安全监督管理办法》（国家安监总局令第36号，国家安监总局令第77号修订）第七条规定进行安全预评价。

《建设项目安全设施"三同时"安全监督管理办法》（国家安监总局令第36号，国家安监总局令第77号修订）第九条规定：本办法第七条规定以外的其他建设项目，生产经营单位应当对其安全生产条件和设施进行综合分析，形成书面报告备查。

制药企业建设项目生产过程一般都涉及储存、使用危险化学品以及危险化学品有机溶剂的回收套用，需要做安全预评价；《建设项目安全设施"三同时"安全监督管理办法》第七条规定以外的建设项目需要做安全条件和设施综合分析报告，有条件和能力的生产经营单位可以自己组织相关人员编制，也可以委托评价单位编制。

安全预评价报告的编制工作，生产经营单位应自主选择具有相应资质的安全评价机构按有关规定进行安全评价，安全评价机构及其联系人、联系方式均可在当地安全生产监督管理部门网站查询。生产经营单位应为安全评价机构创造必要的工作条件，如实提供所需的材料。任何单位和个人不得干预安全评价机构的正常活动，不得指定生产经营企业接受指定安全评价机构开展安全评价工作，不得以任何理由限制安全评价机构开展业务活动。

建设项目安全预评价报告应当符合国家标准或者行业标准的规定。生产、储存危险化学品或使用危险化学品从事生产并且使用量达到规定数量的制药企业建设项目安全预评价报告编制完成后，应向相应的安全生产监督管理部门申请建设项目安全条件审查，建设单位申请安全条件审查的文件、资料齐全，符合法定形式的，安全生产监督管理部门出具建设项目安全条件审查意见书。

② 初步设计　初步设计是说明建设项目的技术经济指标、总图运输、工艺、建筑、采暖通风、给排水、供电、仪表、设备、环境保护、职业安全健康、投资概算等设计意图的技术文件（含图样）。我国对初步设计的深度有详细规定。

设计单位在编制初步设计文件时，应严格遵守我国有关职业安全健康的法律、法规和标准，并应依据安全预评价报告中提出的措施建议，编制《安全设施设计专篇》，完善初步设计。

建设单位在初步会审前，应向安全生产监督管理部门报送初步设计文件及图样资料，安全生产监督管理部门根据国家有关法规和标准，审查并批复建设项目初步设计文件中的《安全设施设计专篇》。初步设计经安全生产监督管理部门审查批复同意后，建设单位应及时办理《建设项目安全设施初步设计审批表》；未经审查同意的，不得开工建设。《建设项目安全设施"三同时"安全监督管理办法》（国家安监总局令第 36 号，国家安监总局令第 77 号修订）第七条第一项、第二项、第三项和第四项规定以外的建设项目安全设施设计，由生产经营单位组织审查，形成书面报告备查。

③ 施工　建设项目安全设施的施工应当由取得相应资质的施工单位进行，并与建设项目主体工程同时施工。施工单位应当严格按照安全设施设计和相关施工技术标准、规范施工，并对安全设施的工程质量负责。

④ 试生产与安全验收评价　建设项目安全设施建成后，生产经营单位应当对安全设施进行检查，对发现的问题及时整改。建设项目竣工后，根据规定建设项目需要试运行的，应当在正式投入生产或者使用前进行试运行；生产、储存危险化学品或使用危险化学品从事生产并且使用量达到规定数量的建设项目应当在建设项目试运行前将试运行方案报负责建设项目安全许可的安全生产监督管理部门备案。

建设单位在试生产之前，应制定出完整的安全生产方面的规章制度及事故预防和应急救援预案，并按照有关法规要求，对相关人员进行安全生产教育培训和考核发证（安全管理合格证、特种设备作业证、特种作业操作证等）。

建设单位在建设项目试生产运行正常后、竣工验收之前，应自主选择、委托安全监督管理部门认可的机构对其进行劳动条件、有关设备设施进行检测、检验，凡符合需要进行安全预评价的建设项目，应委托具有相应资质的安全评价机构对安全设施进行验收评价，并编制建设项目安全验收评价报告，建设单位组织评审，出具评审意见。危险化学品建设项目的安全验收评价不得委托在可行性研究阶段进行安全评价的同一安全评价机构。建设项目安全验收评价报告应当符合国家标准或者行业标准的规定。安全验收评价的主要内容包括：

a. 初步设计中安全设施已按设计要求与主体工程同时建成、投入使用的情况。

b．建设项目的特种设备、防雷防静电设施以及由具有法定资格的单位检验、检测合格，取得安全使用证（或检验、检测合格证书）的情况，消防验收意见书（或备案）情况。

c．工作环境、劳动条件经测试符合国家有关规定的情况。

d．建设项目安全设施经现场检查符合国家有关安全生产规定和标准的情况。

e．安全生产管理机构的设立情况，专（兼）职安全员的配置情况，必要的检测仪器、设备配备情况，安全生产规章制度和安全操作规程的建立情况，安全生产培训教育情况，特种作业人员的培训、考核及取得的安全操作证情况，应急救援预案的备案及演练情况等。

⑤ 安全竣工验收　建设单位将建设项目安全验收报告和评审意见等材料按相关规定报送相应级别的安全生产监督管理部门审批。建设项目安全设施竣工验收通过后，建设单位应及时办理《建设项目安全设施验收审批表》，需要取证的建设项目应及时办理《危险化学品安全生产许可证》或《危险化学品安全使用许可证》。

⑥ 投产使用　建设项目正式投产后，建设单位必须同时将安全设施投产使用。不得擅自将安全设施闲置不用或拆除，并需对安全设施进行日常维护和保养，确保其效果。

2. 安全生产责任制

《中华人民共和国安全生产法》第二十一条、第二十二条明确规定，企业应建立、健全安全生产责任制，安全生产责任制应当明确各岗位的责任人员、责任范围和考核标准等内容，应当建立相应的机制，加强对安全生产责任制落实情况的监督考核，保证安全生产责任制的落实。

(1) 建立安全生产责任制的目的和意义

安全生产责任制是按照"安全第一、预防为主、综合治理"的安全生产方针和"管生产必须管安全"的原则，将各级负责人员、各职能部门及其工作人员和各岗位生产人员在安全生产方面应做的事情和应负的责任加以明确规定的一种制度，是各项安全生产规章制度的核心，也是最基本的安全管理制度。企业是安全生产的责任主体，必须建立安全生产责任制，把"安全生产，人人有责"从制度上固定下来。

建立安全生产责任制的目的一方面是增强各级负责人员、各职能部门及其工作人员和各岗位生产人员对安全生产的责任感；另一方面是明确企业各级负责人员、各职能部门及其工作人员和各岗位生产人员在安全生产中应履行的职责和应承担的责任，充分调动各级人员和各部门在安全生产方面的积极性和主观能动性，确保安全生产。

建立安全生产责任制的重要意义主要体现在两个方面：一是落实我国安全生产方针及有关安全生产法规、政策的具体要求；二是通过明确责任使各级、各类人员真正重视安全生产，对预防事故和减少损失、进行事故调查和处理、建立和谐社会等均具有重要作用。

(2) 建立安全生产责任制的要求

① 企业建立安全生产责任制的总要求是：横向到边、纵向到底，由生产经营单位主要负责人负责建立。

② 符合国家安全生产法律、法规、政策、方针的要求。

③ 与生产经营单位管理体制协调一致。

④ 根据单位、部门、班组、岗位等的实际情况制定，既明确、具体又要有可操作性，防止形式主义。

⑤ 有专门的人员和机构负责制定和落实，并应适时修订。

⑥ 建立配套的监督、检查等制度，保证安全生产责任制真正落实。

（3）安全生产责任制的主要内容

① 横向方面，即各职能部门的安全生产职责。在建立安全生产责任制时，按照各职能部门的设置（如安全、设备、生产、技术、人事、财务等部门），分别定出各个部门在安全生产中应承担的职责。

② 纵向方面，即从上到下所有类型人员的安全生产职责。在建立安全生产责任制时，从主要负责人到岗位工人分成相应的层级，然后结合实际工作，确定不同层级人员在安全生产中应承担的职责。纵向方面至少要包括以下几类人员：

a．生产经营单位主要负责人是其第一责任者，对安全生产工作全面负责。

b．生产经营单位其他负责人职责是协助主要负责人搞好安全生产工作。不同的负责人分管的工作不同，应根据其具体分管工作，确定其在安全生产方面应承担的具体职责。

c．各职能部门负责人的职责是按照本部门的安全生产职责，组织有关人员落实本部门的安全生产责任制，并对本部门职责范围内的安全生产工作负责；各职能部门的工作人员在本人工作职责范围内做好有关安全生产工作，对自己职责范围内的安全生产工作负责。

d．班组长全面负责本班组的安全生产工作，是安全生产法律、法规和规章制度的直接执行者。班组是搞好生产经营单位安全生产工作的关键。班组长的主要职责是贯彻执行本单位对安全生产的规定和要求，督促本班组的工人遵守有关安全生产规章制度和安全操作规程，切实做到不违章指挥，不违章作业，遵守劳动纪律。

e．岗位工人的主要职责是接受安全生产教育和培训，遵守有关安全生产规章制度和安全操作规程，遵守劳动纪律，不违章作业。特种作业人员必须接受专门的培训，经考试合格取得操作资格证书，方可上岗作业。岗位工人对本岗位的安全生产负直接责任。

3. 安全生产管理组织保障

生产经营单位的安全生产管理必须有组织上的保障，否则安全生产管理工作就无从谈起。所谓组织保障包括两个方面：安全生产管理机构的保障和安全生产管理人员的保障。

《中华人民共和国安全生产法》第二十四条规定："矿山、金属冶炼、建筑施工、道路运输单位和危险物品的生产、经营、储存单位，应当设置安全生产管理机构或者配备专职安全生产管理人员。前款规定以外的其他生产经营单位，从业人员超过一百人的，应当设置安全生产管理机构或者配备专职安全生产管理人员；从业人员一百人以下的，应当配备专职或兼职安全生产管理人员。"

《中华人民共和国安全生产法》第二十七条规定："生产经营单位的主要负责人和安全生产管理人员必须具备与本单位所从事的生产经营活动相应的安全生产知识和管理能力。危险物品的生产、储存单位以及矿山、金属冶炼单位应当有注册安全工程师从事安全生产管理工作。鼓励其他生产经营单位聘用注册安全工程师从事安全生产管理工作。"

安全生产管理机构是指生产经营单位专门负责安全生产监督管理的内设机构。安全生产管理人员是指在生产经营单位中从事安全生产管理工作的专职或兼职人员。在生产经营单位中专门从事安全生产管理工作的人员是专职安全生产管理人员；在生产经营单位中既承担安全生产管理职责又承担其他工作职责的人员为兼职安全生产管理人员。

安全生产管理机构和安全生产管理人员的作用是落实国家有关安全生产的法律、法规，组织生产经营单位内部各项安全检查活动，负责日常安全检查，及时整改各项安全隐患，监督安全生产责任制的落实等。

　　所有工业生产的目的都是为人的生活服务，因此要始终把安全工作放在第一位，最大程度地发挥安全投入的作用，合理利用人力和物力，力争使有限的人力和物力发挥最大的效能，尽力实现安全生产与经济效益的同步提高。

 习题 ···

　　1. 简述如下概念：安全评价、安全预评价、安全验收评价、专项安全评价、PHA、HAZOP、ETA、FTA、LEC、安全对策措施

　　2. 安全评价通常分哪几类？

　　3. 要成为一名合格的安全评价工程师，需要具备哪些知识、能力与品质？（提示：从安全评价质量影响因素和安全评价的原则中提取要素进行思考）

　　4. 若你被指派到原料药生产企业进行安全评价，你如何开展工作？

　　5. 常用的安全评价方法有哪几种？简述其应用范围。

　　6. 原料药生产过程中的主要风险有：危险品的挥发（或扩散）、静电、人员工作状态、设备设施异常工况和检修维修（动火等）特殊作业等，请问它们分别属于哪一类危险有害因素？

　　7. 使用 HAZOP 方法开展任一制药单元过程一个参数的安全评价。

　　8. 使用事故树分析法，对近几年制药及相关企业生产过程或生产单元事故进行安全评价。

　　9. 如何选择安全评价方法？

　　10. 安全生产五要素指的是什么？它们之间的关系是什么？

　　11. 建设项目"三同时"的主要内容有哪些？"三同时"的要求出自哪部法律？

　　12. 安全生产管理的主要内容有哪些？

　　13. 对于吸湿性极强的化学药片剂或中药颗粒剂的生产，通常采用的是降低制粒工序的湿度并采用有机溶剂溶解的高分子辅料进行分散、黏合制粒。请从设计、工艺操作和人员管理等环节给出保证生产安全的设计/解决方案，并进行初步的安全评价。

第五章

职业病危害与卫生防护

 学习目标

熟悉: 职业卫生与职业病、职业中毒相关知识;

了解: 职业病相关预防措施;

掌握: 作业人员接触危害程度的计算与职业病危害控制的工程技术,能够识别作业人员接触的危害因素,针对制药过程存在的职业危害风险设计工程控制方案。

企业要重视劳动环境对劳动者健康的影响,建立应急救援组织和职业健康保证体系,配全工作场所需要的急救设备和防护用品,严格执行职业卫生标准并加强职业卫生管理,以确保从业者的健康在职业活动过程中不受损害,使所有从事劳动的人员在体格、精神、社会适应等方面都保持健康。同时,也只有防止职业病和与职业有关的疾病,才能降低病伤缺勤,提高劳动生产率。

制药行业分类较广,包括化学原料药制造业、化学制剂制造业、生物制剂制造业、中成药制造业、中药饮片制造业。因此,药品生产过程像化工和食品等的生产过程一样,也会因为能量和有害物质的存在及其失控而产生危险和有害的后果。作为制药工程师不仅需要清楚所生产药品的功能及其生产工艺技术,还要清楚生产劳动过程存在的危害因素以及应对危害的预防和管理措施。

第一节　职业病危害因素

一、职业危害的定义与分类

1. 职业危害的定义

职业危害指在生产劳动过程及其环境中产生或存在的、可能对职业人群健康、安全和作业能力造成不良影响的因素或条件。

职业危害因素是危险因素和有害因素的总称。其中,危险因素是指能对人造成伤亡或对物造成突发性损坏的因素;有害因素是指能影响人的身体健康、导致疾病或造成慢性损坏的因素。前者是突发性和瞬间作用,后者是一定时间范围内的积累作用。危险因素是安全措施的主要对象，有害因素是卫生措施的主要对象。

2. 职业危害的分类

制药过程中职业危害因素按照来源来分，可分为三大类：生产工艺过程中的职业危害因素、生产环境中的职业危害因素、劳动过程中的职业危害因素。危害性较大的为生产工艺过程中的职业危害因素，涉及生产性粉尘、化学因素、噪声和湿热等物理因素、放射性因素、生物因素和其他因素等多种职业危害因素。另外，制药过程产生的废水、废气也会对周围环境和人群健康造成潜在危害。

制药行业生产性粉尘为药物性粉尘，目前我国尚未制定相应的卫生限值，但需要考虑长期接触的工人可能会对同类药物产生耐药性，严重的情况可能出现过敏现象。比如，在生物发酵制药过程，其原料中的霉菌、发酵产生的孢子和原料药粉尘产生的职业危害主要是以急性、亚急性变态反应损害为主的及慢性蓄积引起的内分泌失调等损害。

在制药工业生产中，化学因素对人员职业危害影响最大，引起中毒事故前十位的化学毒物为：氯、苯胺、氮氧化物、一氧化碳、硝基苯、氨、氯磺酸、细胞毒性药物、硫酸二甲酯和硫化氢。毒物可通过呼吸道、皮肤和消化道侵入人体：具有挥发性的毒物均可通过呼吸道侵入人体；因工艺限制需人工投料卸料的毒物可能经皮肤侵入人体；人员不误服，通常不会经消化道侵入人体。毒物侵入人体后，会通过血液循环扩散到全身各组织或器官，从而破坏人体正常生理机能。

作业人员接触粉尘、放射性物质和其他有毒、有害因素等，可能引发急性、慢性毒性作用，即对人身健康产生危害，从而导致职业病。根据《职业病分类和目录》（国卫疾控发〔2013〕48 号），可能导致的职业病有：职业性尘肺病（尘肺病规范名称为肺尘埃沉着病）及其他呼吸系统疾病（尘肺病、过敏性肺炎、棉尘病、哮喘、金属及其化合物粉尘肺沉着病、刺激性化学物所致慢性阻塞性肺疾病、硬金属肺病）、职业性皮肤病（接触性皮炎、光接触性皮炎、电光性皮炎、黑变病、痤疮、溃疡、化学性皮肤灼伤、白斑）、职业性眼病（化学性眼部灼伤、电光性眼炎、白内障）、职业性耳鼻喉口腔疾病（噪声聋、铬鼻病、牙酸蚀病、爆震聋）、职业性化学中毒、物理因素所致职业病（中暑、手臂振动病、激光所致眼损伤、冻伤）、职业性放射性疾病、职业性传染病、职业性肿瘤、金属烟热等。

二、职业病危害因素识别

1. 职业病危害因素识别原则

在进行职业病危害因素识别时，应当遵循科学性、系统性、全面性和预测性的原则。

① 科学性　职业病危害因素的识别是分析建设项目职业病危害的存在状态及发生途径的一种手段，这就要求我们进行职业病危害因素识别与分析时，必须以科学的职业卫生理论作指导，正确揭示建设项目职业病危害因素存在的部位、方式，职业病危害发生的途径及其变化规律，并予以准确描述，以定性、定量的方式清楚地表示出来，用严密的合乎逻辑的理论予以解释。

② 系统性　职业病危害因素存在于生产活动的各个方面，因此要对建设项目进行系统、全面、详细的剖析，对辨识的职业病危害因素要分清主次，重点分析建设项目职业病危害因素关键控制岗位及关键控制点。

③ 全面性　识别职业病危害因素时要全面，不要发生遗漏，不仅要分析正常生产过程

中存在的职业病危害因素，还要对检维修、异常状态等情况下的职业病危害因素进行辨识。

④ 预测性　辨识职业病危害因素时，应分析其事故模式，即在何种状态下该职业病危害因素可对人员造成危害。

2. 制药过程中职业病危害因素辨识

制药过程中职业病危害因素主要有：生产工艺过程中的职业病危害因素、生产环境中的职业病危害因素、劳动过程中的职业病危害因素。

（1）生产工艺过程中的职业病危害因素　依据《职业病危害因素分类目录》（国卫疾控发〔2015〕92号），生产工艺过程中的职业病危害因素可分为粉尘（滑石尘、药物性粉尘等）、化学因素（乙醇、甲醛、氨、盐酸等）、物理因素（噪声、高温、紫外线、红外线、工频电磁场等）、放射性因素（密封放射源产生的电离辐射、X射线等）、生物因素（布鲁氏菌、伯氏疏螺旋体、炭疽芽孢杆菌、冠状病毒等）和其他因素（金属烟等）。

以某企业干浸膏生产工艺为例，进行生产工艺过程中职业病危害因素的辨识。

① 提取：将外购的钩藤、野菊花、川木通饮片三味药称量后投入提取罐中（三味药饮片均为段材，称量时不产生粉尘），通过管道加饮用水煎煮。第一次煎煮2h，煎煮后的提取液抽进药液储罐内储存，药渣留在提取罐内；第二次对药渣再次加水煎煮1.5h，煎煮后的提取液抽进上述药液储罐内储存，药渣留存在提取罐内；第三次对药渣再次加水煎煮1h，将提取液抽进上述药液储罐内储存，三次提取液合并。提取操作条件：温度为110℃，采用蒸汽夹套间接加热。

此工序中，所加原辅物料均不是职业病危害因素，提取操作温度110℃，存在高温危害。故该单元职业病危害因素为高温。

② 固液分离：上述提取工序每次加温提取结束后，打开提取罐底部阀门，将提取罐内的提取液抽至药液储罐的过程，在储罐进口处提取液经筛网过滤，分离提取液中细颗粒药渣，产生的固体即为药渣，筛网定期清理。

固液分离是常温分离操作，含有以纤维素为主的药渣和含有活性成分的水溶液，对人体几乎无伤害；该单元操作仅因真空抽滤和加压板框压滤等分离机械设备运行产生的噪声是职业病危害因素。

③ 浓缩：提取液经过药液泵打入双效浓缩器中，打开蒸汽阀、真空阀进行浓缩，温度为60～90℃。

本单元操作因泵工作时存在噪声危害，需要比料液温度（60～90℃）高出20℃以上的热介质加热料液蒸发浓缩。故该浓缩单元职业病危害因素有高温、噪声。

④ 收膏真空干燥：浓缩后的药液经管道输送至D级洁净区收膏间进行收膏、装桶、准确称量、密封、装上物料状态卡，待浸膏自然冷却；将冷却后的浸膏人工转移至真空干燥间，在80℃下真空干燥。

收膏工序采用的是真空干燥操作，干燥需要高温加热。因此，本单元职业病危害因素为高温。

⑤ 粉碎：将干浸膏人工转移至粉碎间，在高效粉碎机中粉碎，粉碎设备密闭。粉碎结束后，粉料从粉碎机下方通过布袋出料口装入桶内。

采用高效粉碎机进行粉碎，粉碎过程存在噪声危害，投料和出料存在粉尘危害。该单元职业病危害因素显然是粉尘和噪声。

⑥ 过筛：将装桶的粉料人工转移至过筛机中，采用振荡式过筛机过 100 目筛，过筛不合格物料进入下一批次生产，重新粉碎。

过筛过程存在粉尘逸散，采用振荡式过筛机过筛时存在噪声危害。故本单元职业病危害因素主要也是粉尘和噪声。

⑦ 混合：将过筛后满足粒径要求的粉料混合均匀，装桶转移至原料综合仓库，供制剂生产车间使用。

混合工序因装料和出料都存在粉尘外逸的可能，因此，此单元职业病危害因素为粉尘。

综上分析可见，该企业干浸膏生产工艺过程中的职业病危害因素有粉尘、噪声和高温。

（2）生产环境中的职业病危害因素　制药过程除在车间在线操作外，还存在室外巡检作业，为露天作业，因此巡检人员夏季可能受到太阳辐射产生的高温影响；冬季巡检时易受到环境低温等不良环境条件的影响。

生产环境中的有害因素主要包括高温、太阳辐射、环境低温。

（3）劳动过程中的职业病危害因素　劳动过程中的职业病危害因素主要源于不合理的劳动制度和作息制度，劳动强度过大或生产定额不当，职业心理紧张，个别器官或系统紧张，长时间处于不良体位、姿势或使用不合理的工具等。

制药生产过程中多存在夜班作业、单调作业等有害因素。

夜班作业是指利用一天中通常用于睡眠的这段时间进行的职业活动，一般对安排劳动而言，夜班起于 23:00 左右，止于次日清晨 7:00。经研究表明，交替上白班和夜班容易破坏人体生理节律，甚至比一直通宵夜班对人体危害更大。若生产需求，夜班不可避免，建议尽量减少白班、夜班轮换，尽量不使生物钟紊乱，从而减少轮班作业危害。

单调作业是指那种千篇一律、平淡无奇、重复、刻板的劳动（工作）过程。如在生产过程中被分配在需要密切注视感觉信息极其有限的自动化或半自动化生产控制台（室）前，从事观察、监视仪表的工作。任务只是在发现某一或某些数值异常时及时加以调整，通常即使生产一直正常，亦需注意观察，以防万一。

长期从事单调作业可产生疲劳、身心健康水平下降、劳动能力与生产能力下降、工伤事故增多、因病缺勤率增高、工人的创造精神受到抑制，下班后不想参加社会活动等影响危害。

第二节　作业人员接触危害程度分析

一、接触危害程度分析方法

对制药过程职业病危害因素辨识后，需对作业人员接触危害程度进行分析，对从事职业活动的劳动者接触某种或多种职业病危害因素的浓度（强度）和接触时间进行调查分析。

对于作业人员接触危害程度分析，通常通过风险评估法、类比法、现场调查法等评价方法进行综合分析、定性和定量评价。

① 风险评估法　依据工作场所的职业病危害因素的种类、理化性质、浓度（强度）、暴露方式、接触人数、接触时间、接触频率、防护措施、毒理学、流行病学等相关资料，按一定准则，对建设项目发生职业病危害的可能性和危害程度进行评估，并按照危害程度考虑有

关消除或减轻这些风险所需的防护措施，使其降低到可承受水平。

② 类比法 通过对与拟评价项目相同或相似工程（项目）的职业卫生调查、工作场所职业病危害因素浓度（强度）检测以及对拟评价项目有关的文件、技术资料的分析，类推拟评价项目的职业病危害因素的种类和危害程度，对职业病危害进行风险评估，预测拟采取的职业病危害防护措施的防护效果。

③ 现场调查法 通过调查项目生产制度及定员、设备名称与数量及其自动化与密闭化情况、岗位设置、作业人数、作业方式、作业时间等。分析各生产单元内主要职业病危害因素种类及岗位接触程度。进行分析描述时，宜附图片增加描述清晰度，宜用表格归类整理增加描述简洁性。

设备状况通常分为全密闭、设备局部开口有负压或无负压、设备敞开。接触方式通常分为自动化巡检、机械设备结合手工作业、手工作业。

二、接触危害程度

一般地，采用风险评估法对作业人员在生产过程的有毒物质职业接触进行风险分级。可通过有毒物质吸入风险做定性及半定量评价。

1. 有毒物质危害等级（HR）

根据《职业性接触毒物危害程度分级》（GBZ/T 230—2010）对项目所涉及毒物的危害程度进行分级，职业性接触毒物危害程度分为极度危害、高度危害、中度危害和轻度危害四级。以常见有机溶剂为例，溶剂苯为职业性接触毒物 I 级（极度危害）；二硫化碳、甲醛、四氯化碳为 II 级（高度危害）；甲醇、甲苯、二甲苯、三氯乙烯、二甲基甲酰胺为 III 级（中度危害）；溶剂汽油、丙酮为 IV 级（轻度危害）。表 5-1 所列是职业性接触毒物危害程度分级依据和评分依据。

表 5-1 职业性接触毒物危害程度分级依据和评分依据

分项指标		极度危害	高度危害	中度危害	轻度危害	轻微危害	权重系数
积分值		4	3	2	1	0	
急性吸入 LC_{50}	气体/ (cm^3/m^3)	<100	100（包含）～500	500（包含）～2500	2500（包含）～20000	≥20000	5
	蒸气/ (mg/m^3)	<500	500（包含）～2000	2000（包含）～10000	10000（包含）～20000	≥20000	
	粉尘和烟雾/ (mg/m^3)	<50	50（包含）～500	500（包含）～1000	1000（包含）～5000	≥5000	
急性经口 LD_{50}/ (mg/kg)		<5	5（包含）～50	50（包含）～300	300（包含）～2000	≥2000	1
急性经皮 LD_{50}/ (mg/kg)		<50	50（包含）～200	200（包含）～1000	1000（包含）～2000	≥2000	
刺激性与腐蚀性		pH≤2 或 pH≥11.5；腐蚀作用或不可逆损伤作用	强刺激作用	中等刺激作用	轻微刺激作用	无刺激作用	2

续表

分项指标	极度危害	高度危害	中度危害	轻度危害	轻微危害	权重系数
积分值	4	3	2	1	0	
致敏性	有证据表明该物质能引起人类特定的呼吸系统致敏或重要脏器的变态反应损伤	有证据表明该物质能导致人类皮肤过敏	动物实验证据充分，但无人类相关证据	现有动物实验证据不能对该物质的致敏性作出结论	无致敏性	3
生殖毒性	明确的人类生殖毒性；以确定对人类的生殖能力、生育或发育造成有害效应的毒物，人类母体接触后可引起子代先天性缺陷	推定人类生殖毒性；动物实验生殖毒性明确，但对人类生殖毒性作用尚未确定因果关系，推定对人类生殖能力或发育产生有害影响	可疑的人类生殖毒性；动物实验生殖毒性明确，但无人类生殖毒性资料	人类生殖毒性未定论，现有证据或资料不足以对毒物的生殖毒性作出结论	无人类生殖毒性；动物实验阴性，人群调查结果未发现生殖毒性	3
致癌性	I 组，人类致癌物	II A 组，近似人类致癌物	II B 组，可能人类致癌物	III 组，未归入人类致癌物	IV 组，非人类致癌物	4
实际危害后果与预后	职业中毒病死率≥10%	职业中毒病死率<10%或致残（不可逆损害）	器质性损害（可逆性重要脏器损害），脱离接触后可治愈	仅有接触反应	无危害后果	5
扩散性（常温或工业使用状态）	气态	液态，挥发性高（沸点<50℃）；固态，扩散性极高（使用时形成烟或烟尘）	液态，挥发性中（50℃≤沸点<150℃）；固态，扩散性高（细微而轻的粉末，使用时可见尘雾产生，并在空气中停留数分钟以上）	液态，挥发性低（沸点≥150℃）；固态，晶体、粒状，扩散性中，使用时能见到粉尘但很快落下，使用后粉尘留在表面	固态，扩散性低[不会碎的固体小球（块），使用时几乎不产生粉尘]	3
蓄积性（或生物半减期）	蓄积系数（动物实验，下同）<1；生物半减期≥4000h	蓄积系数 1（包含）～3；生物半减期 400（包含）～4000h	蓄积系数 3（包含）～5；生物半减期 40（包含）～400h	蓄积系数>5；生物半减期 4（包含）～40h	生物半减期<4h	1

注：本表引自《职业性接触毒物危害程度分级》（GBZ/T 230—2010）。

生产过程中毒物的危害程度可用式（5-1）做半定量计算：

$$\text{THI} = \sum_{i=1}^{n} k_i F_i \tag{5-1}$$

式中，THI 为毒物危害指数；k 为分项指标权重系数；F 为分项指标积分值。

职业接触危害程度分为：轻度危害（IV级）、THI<35，中度危害（III级）、35≤THI<50，高度危害（II级）、50≤THI<65，极度危害（I级）、THI≥65；共 4 个等级。

2．有毒物质的接触等级（ER）

根据有毒物质理化性质、接触方式、潜在危险性、接触人数、接触时间、使用量、职业病危害防护措施等资料进行接触等级（ER）的评价。接触等级（ER）按式（5-2）确定：

$$ER = (EI1 \times EI2 \times EI3 \times EI4 \times EI5 \times EI6)^{1/6} \quad (5-2)$$

式中，EI 是接触指数，EI1～EI6 是六类常见的接触因素，具体见表 5-2。

根据有毒物质蒸气压力或颗粒的空气动力学直径、嗅阈（OT）与我国职业接触限值 PC-TWA 比值（OT/PC-TWA）、采取的卫生工程防护措施、每周累计接触时间、接触人数、暴露量等因素确定接触指数（EI），接触因素的指数划分见表 5-2。

表 5-2　接触因素的指数划分表

接触因素	接触指数（EI）				
	1	2	3	4	5
EI1 蒸气压力或颗粒的空气动力学直径	<0.1mmHg（1mmHg=133.322Pa，下同），粗糙的、块状或潮湿的物料	0.1～1mmHg，粗糙并且干燥的物料	1～10mmHg，干燥并且颗粒直径>100μm	10～100mmHg，颗粒直径介于10～100μm	>100mmHg，干燥且精细的粉状物料直径<10μm
EI2 OT/PC-TWA 值	<0.1	0.1～0.5	0.5～1	1～2	>2
EI3 职业病危害控制措施	设备密闭或合理的局部排风措施	全面通风，控制效果较好	适当的控制，生产工艺布局等建筑适应性较差，预计有害物质浓度一般	控制不当或无控制措施，预计有害物质浓度一般	控制不当或无控制措施，预计有害物质浓度较高
EI4 每周使用（产生）量/kg 或 L	几乎可以忽略的使用量（<1）	小用量（1～10）	中等用量（10～100）	大用量（100～1000）	大用量（>1000）
EI5 每周累计接触时间/h	≤8	8～16	16～24	24～32	32～40
EI6 每班操作人数	≤5	6～9	10～49	50～99	≥100

注：如没有 TWA 接触限值，则以最高容许浓度 MAC 计。

3．有毒物质风险级别

根据公式

$$Risk = (HR \times ER)^{1/2} \quad (5-3)$$

计算有毒物质风险级别，以四舍五入将风险等级取为整数，可将风险级别划分为可忽略风险、低风险、中等风险、高风险、极高风险 5 个等级。

皮肤接触风险的评价考虑健康危害和暴露水平两个因素。健康危害是指物质被皮肤接触或吸收后产生的危害，而暴露水平是指实际发生重大暴露的可能性。可根据式（5-4）计算有毒物质皮肤接触/吸收风险水平 Risk(Skin)。

$$Risk(Skin)=HR(Skin)\times ER(Skin) \quad (5-4)$$

参考化学品物料安全数据表的健康影响部分，有毒物质的皮肤接触/吸收危害分级原则见表 5-3，皮肤接触/吸收潜在暴露分级原则见表 5-4；皮肤接触/吸收风险分级见表 5-5，在分级时不考虑个人防护用品的使用

表 5-3 皮肤接触/吸收危害分级表

皮肤接触/吸收的危害分级 HR（Skin）	危害特性
1	无皮肤危害，小的短暂的影响，可能引起皮肤干燥
2	可能对皮肤有刺激，可能造成皮炎
3	原料会引起皮肤发炎、致敏、腐蚀（酸、碱、镍）；包括 ACGIH 和 GBZ 2.1—2019 上标有"敏""SEN"标志的物质；包括任何标有 EU 风险标志 R21、R34、R35、R38 或 R43 的物质
4	原料有毒能被皮肤吸收（汞、氟化氢、四氯化碳）；包括 ACGIH 和 GBZ 2.1—2019 上标有"皮"标志的物质；包括任何标有 EU 风险标志 R24 或 R27 标志的物质

表 5-4 皮肤接触/吸收潜在暴露分级表

皮肤接触/吸收的潜在暴露分级 ER（Skin）	暴露特性
1	无皮肤接触
2	可能有短时的皮肤接触
3	有皮肤接触可能性，并且可能有重复和长时间的接触
4	确定有皮肤接触，或本身就是作业的一部分

表 5-5 皮肤接触/吸收风险分级表

接触/吸收风险水平 Risk（Skin）	风险等级
<4	低风险：无需佩戴个人防护用品
4~9	中等风险：建议使用防渗透手套，但不是必需的；一般情况下无需采取工程控制或化学品替代等措施
≥9	高风险：使用 PPE 作为临时的控制措施，但长期依赖 PPE 是不被推荐的，除非工程控制或管理控制措施不可行。通常这种 PPE 是防渗透手套，但要视材料和使用情况而定，也有可能需要面罩、围裙和靴子

4. 危害程度分析示例

以下是某企业 2-乙氧基丙烯（克拉霉素等医药中间体）生产过程中作业人员接触危害程度分析。

（1）某企业 2-乙氧基丙烯生产项目概况

① 生产制度　生产车间实行四班三运转的工作制，管理人员为白班制，每班 8h，年生产天数 300d，计 7200h。生产工人每周工作 42h，管理人员每周工作 40h。

② 岗位设置及定员　2-乙氧基丙烯生产线分为投料、裂解、包装、巡检 4 个岗位，每个岗位每班各 1 人，总计 16 人。

③ 生产工艺流程　将原甲酸三乙酯、丙酮按一定比例从原料桶中分别泵入反应釜内，人工投入定量催化剂三氟化硼乙醚，通过蒸汽、循环水阀门控制在 25~30℃进行反应，反应

微放热生成缩酮和甲酸乙酯；反应结束后人工加碳酸氢钠（粉状）调 pH 值至 7；物料抽滤，少量滤渣（主要成分为碳酸氢钠）收集定期交有资质厂家处理，滤液转入精馏釜内精馏，将产品中间体缩酮和副产品甲酸乙酯分离，收集缩酮转入裂解釜内，升温 110～120℃进行常压裂解，裂解结束后将产生的 2-乙氧基丙烯粗品和乙醇混合物水洗，将水洗分层后油相转到精馏釜精馏，收集不同温度的馏分得成品 2-乙氧基丙烯和副产品乙醇。水相蒸馏回收部分低含量乙醇装桶入库，废水排入污水收集池处理，精馏釜内的残液和下批一起精馏，套用一定批次后排入废液罐，交给有资质的厂家处理。

（2）有毒物质吸入风险定性及半定量评价

2-乙氧基丙烯的生产制备，涉及的原辅材料有原甲酸三乙酯、丙酮、三氟化硼乙醚、碳酸氢钠，主要经过缩合、调节 pH、抽滤、蒸馏、裂解、精馏、冷却得产品 2-乙氧基丙烯，中间产物为缩酮，副产物有乙醇和甲酸乙酯。原甲酸三乙酯、丙酮、三氟化硼乙醚均为桶装物料，通过管道抽料；碳酸氢钠为白色粉末状物料，人工投料过程有粉尘危害。

根据《职业病危害因素分类目录》（国卫疾控发〔2015〕92 号）判别，该生产单元存在的化学有害因素有：乙醇、丙酮、三氟化硼乙醚、甲酸乙酯、碳酸氢钠粉尘。

该项目生产岗位为四班三运转制，每班每天工作 8h。根据该项目生产工艺情况及作业方式等，各岗位化学有害因素存在及接触情况见表 5-6。

表 5-6 化学有害因素存在岗位及接触情况一览表

职业病危害因素	存在岗位	作业方式	每班累计接触时间/h
乙醇	投料、裂解、巡检（生产线）	人工操作和巡检相结合	6
丙酮	投料、巡检	人工操作和巡检相结合	2
三氟化硼乙醚	投料、巡检	人工操作和巡检相结合	2
碳酸氢钠（粉状）	投料	人工操作	1
甲酸乙酯	投料、巡检	人工操作和巡检相结合	4

根据职业性接触毒物危害程度分级标准（见表 5-1），对项目主要职业病危害因素的危害程度进行分级：项目涉及的乙醇、丙酮、碳酸氢钠（粉状）、甲酸乙酯均属于轻度危害物质，三氟化硼乙醚为高度危害物质，见表 5-7。

表 5-7 化学有害因素职业性接触危害程度分级汇总

序号	化学有害因素	危害程度	危害等级（HR）
1	乙醇	轻度危害（Ⅳ级）	2
2	丙酮	轻度危害（Ⅳ级）	2
3	三氟化硼乙醚	高度危害（Ⅱ级）	4
4	碳酸氢钠（粉状）	轻度危害（Ⅳ级）	2
5	甲酸乙酯	轻度危害（Ⅳ级）	2

注：计算取值中，有毒物质半数致死浓度 LC_{50}、急性经皮半数致死量 LD_{50}、刺激与腐蚀性、致敏性、生殖毒性、扩散性、实际危害后果与预后、蓄积性（或生物半减期）等来源于《危险化学品安全技术全书》（化学工业出版社）和安全管理网，致癌性判别来源于《致癌物分类列表》（国际癌症研究机构专题论文集，第 1～101 卷，2011 年 4 月）。

拟建项目涉及的有毒物质接触等级取值情况见表 5-8。

表 5-8 拟建项目有毒物质接触等级一览表

序号	接触因素	接触指数（EI）						接触等级（ER）
		EI1	EI2	EI3	EI4	EI5	EI6	
1	乙醇	4	—	3	5	4	1	2.99
2	丙酮	1	2	3	5	2	1	1.98
3	三氟化硼乙醚	1	—	3	3	2	1	1.78
4	碳酸氢钠（粉状）	3	—	3	3	1	1	1.93
5	甲酸乙酯	1	—	3	5	3	1	2.14

注：其中每周累计接触时间按年工作 300d，每周 5d 计。

项目有毒物质可导致职业危害的风险等级情况汇总见表 5-9。

表 5-9 项目有毒物质风险分级表

序号	有毒物质名称	HR	ER	Risk	风险等级
1	乙醇	2	2.99	2（2.4）	低风险
2	丙酮	2	1.98	2（2.0）	低风险
3	三氟化硼乙醚	4	1.78	3（2.7）	中等风险
4	碳酸氢钠粉尘	2	1.93	2（2.0）	低风险
5	甲酸乙酯	2	2.14	2（2.1）	低风险

项目涉及的有毒物质皮肤接触/吸收风险分级情况见表 5-10。

表 5-10 项目有毒物质皮肤接触/吸收风险分级一览表

序号	有毒物质名称	HR	ER	Risk	风险等级
1	乙醇	2	2	4	中等风险
2	丙酮	2	2	4	中等风险
3	三氟化硼乙醚	3	2	6	中等风险
4	碳酸氢钠（粉状）	1	2	2	低风险
5	甲酸乙酯	2	2	4	中等风险

（3）项目风险控制对策　根据以上风险分析结果，项目乙醇、丙酮、碳酸氢钠粉尘、甲酸乙酯发生职业危害的风险均为低风险水平，三氟化硼乙醚发生职业危害的风险均为中等风险水平。三氟化硼乙醚作业场所为项目重点防护单元。

通过皮肤接触/吸收风险等级评价结果可见，项目碳酸氢钠（粉状）皮肤接触/吸收风险均为低风险水平，乙醇、丙酮、三氟化硼乙醚、甲酸乙酯皮肤接触/吸收风险均为中等风险水平，建议操作时佩戴防渗透手套。

第三节　职业卫生与职业病

一、职业卫生与健康

1. 职业卫生

卫生指个人和集体的生活卫生和生产卫生的总称。一般指为增进人体健康，预防疾病，改善和创造合乎生理、心理需求的生产环境、生活条件所采取的个人的和社会的卫生措施。WHO 对"卫生"（hygiene）所下的定义是"身体、精神与社会处于完全良好的状态"。

职业卫生是包括有害工作场所内的设备、环境、作业人员、产品、工艺、技术等全面职业性危害预防防治工作的统称。为了从业者在职业活动过程中免受有害因素侵害，《工作场所职业卫生监督管理规定》（国家安全生产监督管理总局令第 47 号）对工作场所条件的卫生要求做出了技术规定，并已成为卫生监督和管理的法定依据。

由于行业以及工作岗位的差异，影响职工健康的因素不尽相同。因此，在遵循法规和有关技术标准的同时，还需要结合具体工作，开展职业卫生研究，以明确并评估包括劳动环境对劳动者健康的影响，并由此提出防止职业性危害的对策，促进企业创造合理的劳动工作条件，以保证所有从事劳动的人员在体格、精神、社会适应等方面都"处于完全良好的状态"。

2. 职业健康

1950 年由国际劳工组织和世界卫生组织联合设立的职业委员会给出的职业健康定义为：职业健康（occupational health）应以促进并维持各行业职工的生理、心理及社交处在最好状态为目的，并防止职工的健康受工作环境影响；保护职工不受健康危害因素伤害，并将职工安排在适合他们的生理和心理的工作环境中。即职业健康是仅对有害工作场所内的作业人员的健康而言的。

因此，为了预防和保护劳动者免受职业性有害因素所致的健康影响和危险，使工作适应劳动者，保障劳动者在职业活动中的身心健康，作为制药工程师，需要对工作场所内产生或存在的职业性有害因素及其健康损害进行识别、评估、预测和控制，并有责任和义务向职工和雇主提供咨询，从整体上维护职工健康。只有防止职业病和与职业有关的疾病，才能降低病伤缺勤，提高劳动生产率。

二、职业病与职业健康监护

1. 职业病及其成因分析

（1）职业病 企业、事业单位和个体经济组织等用人单位的劳动者在职业活动中，因接触粉尘、放射性物质和其他有毒、有害因素而引起的疾病，即为职业病。

制药过程中，作业人员接触药物粉尘、放射性物质和其他有毒、有害因素等，可能引发急性、慢性毒性作用，即对职业健康产生危害，从而导致职业病。

制药过程作业人员接触的职业病危害因素可能导致的职业病情况，具体可依据《职业健康监护技术规范》（GBZ 188—2014）辨识。

（2）职业病成因分析 依《职业病危害因素分类目录》（国卫疾控发〔2015〕92 号）可见职业病危害因素主要有：粉尘、化学因素、物理因素、放射性因素、生物因素以及金属焊接产生的金属烟等其他因素。事实上，工业企业中的职业病危害通常是多因素造成的，制药过程的职业危害也是如此。以下结合具体情况进行职业病成因分析。

1）某中药制药厂职业危害因素对人体的健康影响和可引起的职业病分析

该企业的中成药原料有岗梅、淡竹叶、仙草、菊花、金沙藤、蛋花、金银花、夏枯草、甘草、水、白砂糖。工艺流程主要为原料磨碎、配料、混合、制粒、沸腾干燥（微波干燥）、筛选、分装、入袋、装箱得成品。

由上可见，该项目主要职业病危害因素为粉尘、噪声、高温和微波，其对人体健康影响情况见表 5-11。

表 5-11 某中药制药厂职业病危害因素对人体健康影响情况一览表

序号	项目存在的职业病危害因素	对人体健康影响情况	可引起的职业病
1	药物性粉尘	生产性粉尘进入人体后，主要可引起职业性呼吸系统疾患，危害程度与粉尘的理化特性、吸入量有关，接触时间越长，对人体的危害越严重。生产工人长期吸入大量粉尘可使机体防御功能失去平衡，粉尘在呼吸道沉积，损伤呼吸道形成粉尘性支气管炎，粉尘沉积在肺部可致肺组织弥漫性纤维化的尘肺病	尘肺病
2	噪声	如果人长时间遭受强烈噪声作用，听力就会减弱，进而导致听觉器官的器质性损伤，造成听力下降，直至耳聋。同时还对人的心血管系统、神经系统、内分泌系统产生不利影响	职业性噪声聋
3	高温	高温作业时，排汗显著增加，可导致机体损失水分、无机盐、维生素等，长时间高温作业，可导致神经系统、消化系统、内分泌系统、心血管系统、泌尿系统等功能紊乱	中暑
4	微波	微波辐射可引起脑结构的改变，可致神经变性疾病	职业性白内障

2）某企业 2-乙氧基丙烯（克拉霉素等医药生产原料）生产过程中职业病危害因素对人体的健康影响和可引起的职业病分析

具体工艺情况详见本章第二节，其职业病危害因素对人体的职业健康和可引起的职业病情况见表 5-12。

表 5-12 某企业 2-乙氧基丙烯生产项目职业病危害因素对人体健康影响情况一览表

序号	项目存在的职业病危害因素	对人体健康影响情况	可引起的职业病
1	丙酮	急性中毒主要表现为对中枢神经系统的麻醉作用，出现乏力、恶心、头痛、头晕、易激动。重者发生呕吐、气急、痉挛甚至昏迷。对眼、鼻、喉有刺激性。口服后，先出现口唇、咽喉有烧灼感，后出现口干、呕吐、昏迷、酸中毒和酮症。长期接触该品出现眩晕、灼烧感、咽炎、支气管炎、乏力、易激动等。皮肤长期反复接触可致皮炎	职业中毒、职业性皮肤病（接触性皮炎）
2	三氟化硼乙醚	有毒，具腐蚀性。在质量浓度超过 3mg/m^3 时，皮肤暴露部位瘙痒，牙齿变脆，刺激呼吸道，又使皮肤灼伤。在空气中遇湿水解可产生剧毒的氟化氢气体	职业中毒（氟及其无机物中毒）、职业性皮肤病（化学性皮肤灼伤）
3	氟化氢	极强的腐蚀剂，有剧毒。吸入后刺激鼻、咽、眼睛及呼吸道；高浓度蒸气会严重地灼伤唇、口、咽及肺；可能造成液体蓄积于肺中及死亡；122μL/L 浓度下暴露 1min 会严重刺激鼻、咽及呼吸道；50μL/L 浓度下暴露数分钟可能致死（吸入过量的 HF 会造成气管和咽喉水肿引起窒息死亡）。皮肤接触后其气体或无水液体会造成疼痛难忍的深度皮肤灼伤；过量地溅到皮肤会造成死亡。眼睛接触后其蒸气会溶解于眼球表面的水分上而造成刺激。长期处于弱氟化氢环境，也会产生腐蚀和氧化现象，从而伤害人体组织。主要症状：刺激感、皮肤灼伤、骨质软弱及变化（骨质疏松症）	职业中毒（氟及其无机化合物中毒）、职业性皮肤病（化学性皮肤灼伤）

续表

序号	项目存在的职业病危害因素	对人体健康影响情况	可引起的职业病
4	甲酸乙酯	具有麻醉和刺激作用。吸入后，引起上呼吸道刺激、头痛、头晕、恶心、呕吐、嗜睡、神志丧失。对眼和皮肤有刺激性。口服刺激口腔和胃，引起中枢神经系统抑制	职业中毒
5	乙醇	本品为中枢神经系统抑制剂。首先引起兴奋，随后抑制。急性中毒：急性中毒多发生于口服，一般可分为兴奋、催眠、麻醉、窒息四阶段。患者进入第三或第四阶段，出现意识丧失、瞳孔扩大、呼吸不规律、休克、心力循环衰竭及呼吸停止。慢性影响：在生产中长期接触高浓度本品可引起鼻、眼、黏膜刺激症状，以及头痛、头晕、疲乏、易激动、震颤、恶心等。长期酗酒可引起多发性神经病、慢性胃炎、脂肪肝、肝硬化、心肌损害及器质性精神病等。皮肤长期接触可引起干燥、脱屑、皲裂和皮炎	职业中毒、职业性皮肤病（接触性皮炎）
6	碳酸氢钠粉尘	呈微碱性，对皮肤和眼睛弱刺激性，低毒，急性毒性：大鼠经口 LD_{50} 4220mg/kg；小鼠经口 LD_{50} 3360mg/kg；大鼠吸入 LD_5 >900mg/m^3	—
7	噪声	如果人长时间遭受强烈噪声作用，听力就会减弱，进而导致听觉器官的器质性损伤，造成听力下降，直至耳聋。同时还对人的心血管系统、神经系统、内分泌系统产生不利影响	职业性耳鼻喉口腔疾病（噪声聋）
8	高温	高温作业时，排汗显著增加，可导致机体损失水分、无机盐、维生素等，长时间高温作业，可导致神经系统、消化系统、内分泌系统、心血管系统、泌尿系统等功能紊乱。	物理因素所致职业病（中暑）

2．职业健康监护

为了预防职业病的发生，根据劳动者的职业接触史，可以通过定期或不定期的医学健康检查和健康相关资料的收集，连续性地监测劳动者的健康状况，分析劳动者健康变化与所接触的职业病危害因素的关系，并及时地将健康检查和资料分析结果报告给用人单位和劳动者本人，以便及时采取干预措施，保护劳动者健康。

职业健康监护主要包括职业健康检查、离岗后健康检查、应急健康检查和职业健康监护档案管理等。

（1）职业健康检查　此检查是通过医学手段和方法，针对劳动者所接触的职业病危害因素可能产生的健康影响和健康损害进行临床医学检查，了解受检者健康状况，早期发现职业病、职业禁忌证和可能的其他疾病和健康损害的医疗行为。职业健康检查是职业健康监护的重要内容和主要的资料来源。职业健康检查包括上岗前、在岗期间、离岗时健康检查。

1）上岗前健康检查　此类检查是为了发现有无职业禁忌证，建立接触职业病危害因素人员的基础健康档案，此项检查为强制性职业健康检查。下列人员应进行上岗前健康检查：

① 拟从事接触职业病危害因素作业的新录用人员，包括转岗到该种作业岗位的人员。

② 拟从事有特殊健康要求作业的人员，如高处作业、电工作业、职业机动车驾驶作业等。

2）在岗期间定期健康检查　定期检查是为了早期发现职业病病人或疑似职业病病人或劳动者的其他健康异常改变；及时发现有职业禁忌的劳动者；通过动态观察劳动者群体健康变化，评价工作场所职业病危害因素的控制效果。长期从事规定的需要开展健康监护的职业病危害因素作业的劳动者，应进行在岗期间的定期健康检查。定期健康检查的周期与职业病危害因素的性质、工作场所有害因素的浓度或强度、目标疾病的潜伏期和防护措施等因素均有关，具体周期可参见《职业健康监护技术规范》（GBZ 188—2014）。

3）离岗时健康检查　此检查是为了确定其在停止接触职业病危害因素时的健康状况，安排在劳动者准备调离或脱离所从事的职业病危害作业或岗位前进行。如最后一次在岗期间的健康检查是在离岗前的 90d 内，可视为离岗时检查。

（2）离岗后健康检查　此检查是劳动者脱离所从事的职业病危害作业或岗位后，因有害因素对人体造成的健康影响，所进行的健康检查。下列情况劳动者需进行离岗后的健康检查：

① 劳动者接触的职业病危害因素具有慢性健康影响，所致职业病或职业肿瘤常有较长的潜伏期，故脱离接触后仍有可能发生职业病。

② 离岗后健康检查时间的长短应根据有害因素致病的流行病学及临床特点、劳动者从事该作业的时间长短、工作场所有害因素的浓度等因素综合考虑确定。

（3）应急健康检查

① 当发生急性职业病危害事故时，根据事故处理的要求，对遭受或者可能遭受急性职业病危害的劳动者，应及时组织健康检查。依据检查结果和现场劳动卫生学调查，确定危害因素，为急救和治疗提供依据，控制职业病危害的继续蔓延和发展。应急健康检查应在事故发生后立即开始。

② 从事可能产生职业性传染病作业的劳动者，在疫情流行期或近期密切接触传染源者，应及时开展应急健康检查，随时监测疫情动态。

（4）职业健康监护档案管理　职业健康监护档案是健康监护全过程的客观记录资料，是系统地观察劳动者健康状况的变化、评价个体和群体健康损害的依据，其特征是资料的完整性、连续性。制药企业应当依法建立职业健康监护档案，并按规定妥善保存。劳动者或劳动者委托代理人有权查阅劳动者个人的职业健康监护档案；劳动者离开企业时，有权索取本人职业健康监护档案复印件。职业健康监护档案应安排专人管理，管理人员应保证档案只能用于保护劳动者健康的目的，并保证档案的保密性。

① 劳动者职业健康监护档案包括：劳动者职业史、既往史和职业病危害接触史，职业健康检查结果及处理情况，以及职业病诊疗等健康资料。

② 用人单位职业健康监护档案包括：用人单位职业卫生管理组织组成、职责，职业健康监护制度和年度职业健康监护计划，历次职业健康检查的文书（含委托协议书、职业健康检查机构的健康检查总结报告和评价报告），工作场所职业病危害因素监测结果，职业病诊断证明书和职业病报告卡，用人单位对职业病患者、患有职业禁忌证者和已出现职业相关健康损害劳动者的处理和安置记录，以及用人单位在职业健康监护中提供的其他资料和职业健康检查机构记录整理的相关资料。

第四节　职业病危害的工程控制

制药过程存在的各种职业病危害因素，均可对人员健康造成影响，甚至造成职业病。因此，制药工业生产的全过程必须采取各种措施严格控制各种可能影响药品质量的因素，还要采取必要的卫生措施以确保操作人员的健康。为了消除或者降低工作场所的职业病危害因素浓度或强度，减少职业病危害因素对劳动者健康的损害或影响，达到保护劳动者健康的目的，需要采取相应的工程控制技术，包括防尘毒、防噪声、防高温、防辐射等。

一、工程控制技术

1. 粉尘控制技术措施

制药过程中多涉及药物性粉尘，存在粉尘危害。消除粉尘危害的根本措施是改革工艺，实现生产过程的机械化、自动化、密闭化。控制粉尘危害主要以"革、水、密、风、护、管、教、查"八字方针为指导。

湿式作业可以防止粉尘飞扬，降低作业场所粉尘浓度，是一种简单实用的防尘工程技术措施。对于不适宜采用湿式作业的场所，可采用密闭或者隔离等尘源控制措施，并辅以通风除尘的技术措施。

常用的除尘设备有重力沉降室、湿式除尘器、旋风除尘器、过滤式除尘器等，还可用静电除尘装置。

2. 化学毒物控制技术措施

制药行业常涉及化学毒物，特别是化学原料药制造业、化学制剂制造业。化学毒物为其主要职业病危害因素之一；其主要源于原辅物料、中间产品、产品、副产物以及生产过程中产生的其他有害物质等。控制化学毒物主要可从预防、治理和净化三个方面着手。

（1）预防措施　预防措施的根本在于从源头做起，选用无毒或低毒物料、温和的工艺和密闭及自动化或智能化设备与过程等。主要包括：

① 原辅物料的毒性是化学毒物的根本来源，因此可选用无毒、低毒物料代替有毒高毒物料。

② 选用生产过程中不产生或少产生有害物质的工艺，代替生产过程中产生毒性较大物质的工艺。

③ 选用密闭化的设备、工艺，可以有效防止有毒物质的逸散。

④ 以机械化、自动化作业方式代替手工作业，使作业人员操作地点与有毒物质发生源隔离开来，从而减少作业人员接触有毒物质。

（2）治理措施　当不能避免使用有毒有害物质以及非安全工艺，且难以做到完全密闭等隔离措施时，需要借助治理措施来解决。在制药工业常用的治理措施主要是为控制化学毒物而设计的通风系统，分为全面通风和局部通风两种：

① 作业场所毒物毒性较低，有毒气体散发源过于分散且散发量不大时，可采用全面通风。全面通风可以利用自然通风或机械通风实现。采用全面通风时，应根据作业场所气流条件，使新鲜空气或污染较少的空气先流向作业人员，再流向污染较大的空气，从而使作业人

员少吸收有害物质。

② 采用通风系统时通常优先选用局部通风，其包括局部排风和局部送风。局部排风是将有毒有害气体在其发生源就地收集进行控制，防止其逸散。收集罩口应尽量靠近有毒有害气体发生源并加设围挡，罩口应迎着有毒有害气体气流的方向，进风口应远离排风口，防止排出的有害物质又被吸入作业场所。局部通风系统控制风速为 0.25～3m/s，常用风速为 0.5～1.5m/s，管道风速采用 8～12m/s。局部送风通常用于作业场所有限的情况下，直接将新鲜无污染空气送至作业人员呼吸带。

(3) 净化措施　常用的净化方法主要有燃烧法、冷凝法、吸收法和吸附法，其适用范围情况见表 5-13。

表 5-13　毒物净化方法适用范围一览表

净化方法	被净化气体种类	体积分数范围/10^{-6}	温度范围
燃烧法	有机气体及恶臭等	几百至几千	100℃以上
冷凝法	有机蒸气	一千以上	常温以下
吸收法	无机气体及部分有机气体	几百至几千	常温
吸附法	大多数有机气体、无机气体	几百	40℃以下

① 燃烧法是通过燃烧将有毒有害气体、蒸气或烟尘转变为无毒无害物质的一种毒物净化方法。燃烧法仅适用于可燃物质或高温下能分解的物质，且燃烧或分解产物为无毒无害物质，适用于各种有机溶剂蒸气及碳氢化合物的净化处理。

② 冷凝法是使液体受热蒸发出有毒有害气体，再通过冷凝使其分离出来，只适用于蒸气状态的有毒有害物质。冷凝法本身可达到较高的净化程度，但越高的净化要求需要的成本费用越高，故而该法效率较低，多用于吸附、燃烧等净化处理的前处理，以减轻这些设备负荷。

③ 吸收法是指用液体吸收剂吸收气体的过程，根据混合气体中各组分在液体中溶解度的不同，有选择地吸收某种气体组分。吸收法可分为物理吸收和化学吸收两种。物理吸收为物理溶剂过程，化学吸收则伴有化学反应。

④ 吸附法是指利用某些固体从流体中有选择性地把某些有毒有害气体组分凝聚到其表面，从而达到净化的方法。根据被吸附分子与固体表面分子之间作用力性质的不同，吸附法分为物理吸附和化学吸附。物理吸附无选择性，可吸附各种气体，只是不同组分吸附量存在差异，其吸附作用力弱，解吸容易，过程可逆。化学吸附具有选择性，一种吸附剂只吸附某一种或几种气体，化学吸附多不可逆。常用的吸附剂有活性炭、硅胶和分子筛等。

3. 生物毒物控制技术措施

生物毒物是在生物制药过程中，有菌毒种和细胞株等生物体、生产中的生物活性物质、危险废物等导致职业病危害的生物因素。控制生物毒物主要通过危险源菌毒种的选用、防止生物毒物外逸扩散等技术措施实现。

(1) 菌毒种的选用　选用经 SFDA 批准的减毒或弱毒株，非自然界人间传染的病原微生物，无致病性的基因工程生物体做菌毒种，尽量降低菌毒种本身对人群的危害。

(2) 安全防护措施

① 根据所操作的生物因子的危害程度，选用相应防护级别的生物安全柜，或结合气流控制能有效防止有毒物质的逸散的隔离器以及密闭化的设备，以降低或避免工作人员和外面

环境暴露于危险之中。

② 采用自动化或机器人（手）替代人工作业，使作业人员操作地点与有毒物质发生源隔离开来，从而减少或避免作业人员接触有毒物质。

③ 对作业环境中存在生物危害因素时，工作单元采取负压环境控制，且作业人员通过使用适宜的个体防护用品避免或减轻危害程度。

④ 接种生产用菌毒种的相关疫苗，以有效避免工作人员的感染。

4. 噪声控制技术措施

生产过程中的设备运转及物料流动会产生机械振动等噪声，可以从声源、声音传播途径来进行控制防护。

① 声源控制　噪声的声源就是振动的物体，消除噪声危害的根本途径就是减小设备本身的振动和噪声，如选用低噪声的设备、对噪声设备设置减振基础、对噪声较大设备设置消声装置等。消声器的消声量一般不宜超过 50dB。常用的隔振元件（隔振垫层和隔振器）主要有软木、橡胶、玻璃纤维隔振垫、弹簧等。

② 声音传播途径控制　噪声主要通过空气或固体传播，且随着传播距离的增加而衰减。故而，可以将高噪声车间与其他车间分开布局，对于特别强烈的噪声源，使其远离作业人员集中区等，从传播途径控制噪声对作业人员的危害。

5. 防暑技术措施

① 隔热，即减少热源的热作用，主要有热绝缘和热屏挡。热绝缘即在发热体外直接包覆导热性差的材料，从而减少其向外散发的热量。制药行业主要是对发热设备、管道进行隔热，常采用的隔热材料为石棉。热屏挡即在热源外加设屏挡，常用的有玻璃板、铁纱屏、石棉板、流动水箱等。

② 对于高温车间，可加强自然通风和全面机械通风，如在车间墙壁加设轴流风机等。

③ 局部降温，常用的有送风扇、喷雾风扇、空气淋浴等。

④ 对作业人员常驻、集中区域，在条件容许的情况下，加设空调等。

6. 防辐射控制技术措施

为了减小辐射对作业人员的危害，可以采取以下控制措施：

采用扼流门、抑制器、1/2 波长滤波器等设计，加强使用安全；磁控管外加设屏蔽罩；微波加热器进出口处加设用微波吸收材料制成的缓冲器或金属挂帘；对于大功率的微波设备，设置安全联锁监护装置，使其打开设备时及时切断微波源，可防止意外原因不慎开门造成大剂量辐射事故；激光器周围设置屏蔽等。

屏蔽方式可划分为闭合屏蔽和不闭合屏蔽两种。闭合屏蔽室可用铜丝网或吸收材料制成，室内周围及门连接处需严丝合缝，凡从室内通出的电线在其孔口处应用吸收材料缠裹，以防泄漏。不闭合屏蔽用于定向辐射，一般用吸收或反射材料做挡板、屏蔽帘。

二、车间卫生设施

《药品生产质量管理规范》（2010 版）对药品生产企业的环境卫生、工艺卫生、厂房卫生、人员卫生等方面作了明确详细的规定。《药品管理法》强调了卫生是开办药厂的必要条件，表 5-14 是一般车间的卫生特征分级。

表 5-14　车间的卫生特征分级

卫生特征		1 级	2 级	3 级	4 级
处理物料特征	有毒物质	极易经皮肤吸收引起中毒的剧毒物质（如有机磷、三硝基甲苯等）	易经皮肤吸收或有恶臭的物质或高毒物质（如丙烯腈、吡啶、苯酚等）	其他毒物	不能触有毒物质或粉尘、不污染或轻度污染身体（如机械加工等）
	粉尘		严重污染全身或对皮肤有刺激的粉尘	一般粉尘（如棉尘）	
	其他	处理传染性材料动物原料	高温作业、井下作业	重作业	

注：虽易经皮肤吸收，但易挥发的有毒物质（如苯等）可按 3 级确定。

各类生产车间对浴室、存衣间等卫生用房的设置均有一定的要求。

（1）浴室

① 卫生特征　1 级、2 级车间应设车间浴室，3 级宜在车间附近或在厂区设置集中浴室，4 级可在厂区或居住区设置集中浴室。因生产事故可能发生化学性灼伤及经皮肤吸收引起急性中毒的工作地点或车间，应设事故淋浴，并应设置不断水的供水设备。

② 淋浴器　淋浴器的数量根据设计的使用人数，应按表 5-15 计算。

表 5-15　每个淋浴器使用人数

车间卫生特征级别	1 级	2 级	3 级	4 级
每个淋浴器使用人数	3～4 人	5～8 人	9～12 人	13～24 人

注：1. 女浴室和卫生特征为 1 级、2 级的车间浴室，不得设浴池。
2. 南方炎热地区每天洗浴者，卫生特征为 4 级的车间，其浴室中每个淋浴器的使用人数可按 13 人计算。
3. 重专业者可设部分浴池，其每平方米的面积可按 1.5 个淋浴器换算。当淋浴器数量少于 5 个时，浴池每平方米的面积可按 1 个淋浴器换算。
4. 淋浴室内一般按 4～6 个淋浴器设 1 具盥洗器。

（2）存衣室与洗衣房

① 存衣室　车间的存衣室因车间卫生特征级别而有不同的要求。车间卫生特征为 1 级的存衣室，便服、工作服应分室存放，工作服室应有良好的通风；2 级的存衣室，便服、工作服可同室分开存放，以避免工作服污染便服；3 级的存衣室，便服、工作服可同室存放，存衣室可与休息室合并设置；4 级的存衣室与休息室可合并设置，或在车间内适当地点存放工作服。湿度大的低温重作业，如冷库和地下作业等，应设工作服干燥室。

② 洗衣房　生产操作中，工作服沾染病原体或沾染易经皮肤吸收的剧毒物质或工作服污染严重的车间，有净化级别要求的药物制剂车间，应设洗衣房。

（3）盥洗室　车间内应设盥洗室或盥洗设备。盥洗水龙头的数量，根据设计的使用人数，应按表 5-16 的规定计算。

表 5-16　盥洗水龙头的使用人数

车间卫生特征级别	每个水龙头的使用人数
2 级	20～30 人
3、4 级	31～40 人

注：接触油污的车间，有条件的可供给热水。

（4）人员净化和设施　洁净厂房内应设置人员净化用室和设施，并应根据需要设置生活用室和其他用室。人员净化用室和生活用室包括雨具存放、换鞋、管理、存外衣、更衣等房间。洁净区内不宜设厕所，人员净化用室内的厕所应设在前室。

第五节　劳动防护用品

制药企业存在多种职业病危害因素，在采取了职业病危害工程控制措施后，仍可能存在作业人员接触职业病危害因素的情况。此时需要使用劳动防护用品对劳动者进行防护，使其在劳动过程中免遭或者减轻事故伤害及职业病危害。制药企业应当安排专项经费用于配备劳动防护用品，不得以货币或者其他物品替代，为劳动者提供的劳动防护用品应符合国家标准或者行业标准。

劳动防护用品分为以下十大类：防御物理、化学和生物危险、有害因素对头部伤害的头部防护用品；防御缺氧空气和空气污染物进入呼吸道的呼吸防护用品；防御物理和化学危险、有害因素对眼面部伤害的眼面部防护用品；防噪声危害及防水、防寒等的听力防护用品；防御物理、化学和生物危险、有害因素对手部伤害的手部防护用品；防御物理和化学危险、有害因素对足部伤害的足部防护用品；防御物理、化学和生物危险、有害因素对躯干伤害的躯干防护用品；防御物理、化学和生物危险、有害因素损伤皮肤或引起皮肤疾病的护肤用品；防止高处作业劳动者坠落或者高处落物伤害的坠落防护用品；其他防御危险、有害因素的劳动防护用品。

选择何种劳动防护用品，应结合劳动者作业方式和工作条件，并考虑其个人特点及劳动强度，选择防护功能和效果适用的劳动防护用品，可按以下要求选择劳动防护用品，选用程序见图5-1。

① 接触粉尘、有毒、有害物质的劳动者应当根据不同粉尘种类、粉尘浓度及游离二氧化硅含量和毒物的种类及浓度配备相应的呼吸器、防护服、防护手套和防护鞋等。对于接触一般粉尘的劳动者，应配备过滤效率至少满足《呼吸防护 自吸过滤式防颗粒物呼吸器》（GB 2626）规定的KN90级别的防颗粒物呼吸器；对于细胞毒性的抗肿瘤药物粉体、抗生素、激素、中药材粉尘（如中药饮片炒制、粉碎）、烟（如焊接烟、铸造烟）的劳动者，应配备过滤效率至少满足GB 2626规定的KN95级别的防颗粒物呼吸器；对于接触放射性颗粒物的劳动者，应配备过滤效率至少满足GB 2626规定的KN100级别的防颗粒物呼吸器；对于接触致癌性油性颗粒物（如焦炉烟、沥青烟等）以及病原菌等的劳动者，应配备过滤效率至少满足GB 2626规定的KP95级别的防颗粒物呼吸器；对于接触窒息气体的劳动者，应配备隔绝式正压呼吸器；对于接触无机有毒气体、有机有毒蒸气的劳动者，应配备防毒面具，工作场所毒物浓度超标不大于10倍，使用送风或自吸过滤半面罩；工作场所毒物浓度超标不大于100倍，使用送风或自吸过滤全面罩；工作场所毒物浓度超标大于100倍，使用隔绝式或送风过滤式全面罩；对于接触酸、碱性溶液、蒸气的劳动者，应配备防酸碱面罩、防酸碱手套、防酸碱服、防酸碱鞋。

② 接触噪声的劳动者，当暴露于80dB≤$L_{EX,8h}$<85dB的工作场所时，应当根据劳动者需求为其配备适用的护听器；劳动者暴露于工作场所$L_{EX,8h}$为85～95dB的应选用护听器SNR

为 17～34dB 的耳塞或耳罩；劳动者暴露于工作场所 $L_{EX,8h} \geq 95dB$ 的应选用护听器 SNR$\geq$34dB 的耳塞、耳罩或者同时佩戴耳塞和耳罩，耳塞和耳罩组合使用时的声衰减值，可按二者中较高的声衰减值增加 5dB 估算。

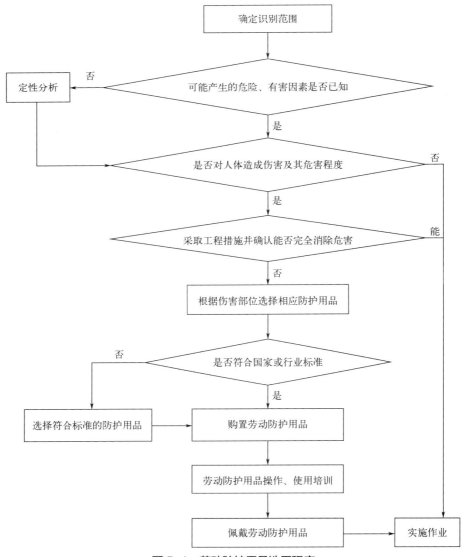

图 5-1　劳动防护用品选用程序

③ 可能接触辐射的劳动者，应配备防放射性服、防放射性手套、防放射性护目镜。

④ 若同一工作地点存在不同种类的危险、有害因素，应当为劳动者同时提供防御各类危害的劳动防护用品，且需要同时配备的劳动防护用品，还应具有可兼容性。

⑤ 用人单位应当为巡检等流动性作业的劳动者配备随身携带的个人应急防护用品。

在为劳动者配备了合适的劳动防护用品后，制药企业应督促其在劳动过程中正确佩戴，并按照要求妥善保存，及时更换。公用的劳动防护用品应当由车间或班组统一保管，定期维护。对劳动防护用品应进行经常性的维护、检修，定期检测劳动防护用品的性能和效果，保证其完好有效。对于呼吸器、绝缘手套等安全性能要求高、易损耗的劳动防护用品，应当按照有效防护功能最低指标和有效使用期使用，到期强制报废。

 习题 ··

1. 概念题：职业危害、职业卫生、职业健康、职业病。

2. 何为职业病危害因素？职业病危害因素识别原则有哪些？

3. 何为风险评估法？何为类比法？

4. 一般毒性物质侵入人体的途径有哪些？

5. 简述病原菌和病毒侵入人体的途径。

6. 职业病的定义是什么？如何判别职业病？

7. 职业健康监护主要包括哪些内容？

8. 职业病危害的工程控制有哪些措施？

9. 职业病危害工程控制技术包括哪些方面？

10. 控制粉尘危害的八字方针是什么？

11. 控制化学毒物危害从哪几个方面着手？

12. 简述原料药或制剂生产过程的有害因素。

13. 对于没有成熟模型的或无直接数据的（某生物感染类、新化合物毒害性），你如何开展职业卫生评价？【依据现场调查获得危害程度与因素浓度（强度）的对应关系、类比法或其他，综合三者比较，然后作出评价判定】

14. 结合某一具体药品生产操作，选用劳动防护用品，并根据自己的身体状况进行选型配备。

第六章

制药过程废水处理技术

 学习目标

熟悉：制药废液污染的种类、特点以及常见的制药废水处理工艺流程；

了解：制药工业水污染排放标准和技术新进展，理解制药废水综合治理策略；

掌握：物理法、化学法、物理化学法、生物化学法等废水处理技术，能够针对药物生产的某一单元操作过程或全流程操作过程产生的废水设计废水处理工艺技术方案。

制药过程产生的废水通常含有多种有机物，其中有些有机物能被微生物降解，而有些则难以被微生物降解，或是有毒、有害的，或是含盐有机废水。大型制药企业每年都要产生几千万吨以上的废水，仅污水处理成本就要上亿元。要彻底改变原料药高污染的发展模式，需要改变的是全过程的生产方式，比如对全过程进行审核研究，实施清洁生产以降低末端处理负荷，减少污染处理成本。

第一节　制药废水概述

不同药物的生产工艺及合成路线区别较大，其中原料药的合成、提纯和精制的过程工艺更是如此。制药生产过程的废水的组成因此也十分复杂。制药工业按生产工艺过程的特点可分为化学制药类、生物制药类、中药提取类和药物制剂类四大类的制药工业，每类制药工业废水的来源及特点存在相同性和差异性。

一、制药工艺废水来源

（1）化学制药工艺废水　化学制药是利用有机或无机原料通过化学反应制备药品或中间体的过程，包括纯化学合成制药和半合成制药（利用生物制药方法生产的中间体作为原料之一的药品生产）。

由于合成制药的化学反应过程千差万别，有简有繁，其排水点难以精细区分，但可笼统地分为 4 类。

① 工艺废水　包括各种萃余相废水、结晶母液、转相母液、吸附残液等。

② 冲洗废水 包括过滤机械、反应容器、催化剂载体、树脂、吸附剂等设备及材料的洗涤水。

③ 回收残液 包括溶剂回收残液、前体回收残液、副产品回收残液等。

④ 辅助过程排水及生活污水。

(2) 生物制药工艺废水 生物类制药指利用微生物、寄生虫、动物毒素、生物组织等，采用现代生物技术方法进行生产，作为治疗、诊断等用途的药品的过程。生物制药工艺废水主要来源于生产过程中的提取废水、洗涤废水和其他废水。

① 提取废水是经提取有用物质后的发酵液，所以有时也叫发酵废水，含大量未被利用的有机组分及其分解产物，为该类废水的主要污染源。另外，在发酵过程中由于工艺需要采用一些化工原料，废水中也含有一定的酸、碱和有机溶剂等。

② 洗涤废水产生于发酵罐的清洗、分离机的清洗及其他清洗工段和地面清洗等，水质一般与提取废水（发酵残液）相似，但浓度较低。

③ 其他废水大多有冷却水排放。一般污染段浓度不大，可直接排放，但最好回用。有些药厂还有酸、碱废水，经简单中和可达标排放。

比如，在微生物发酵维生素 C 的生产过程中产生的废水，综合废水的 COD 含量可达 8000～10000mg/L，含甲醇、乙醇、甲酸、蛋白质、古龙酸、磷酸盐等物质，废水偏酸性。

(3) 中药及提取类制药工艺废水 提取类制药系指运用物理、化学、生物化学的方法，将生物体（动物、植物、海洋生物等，不包括微生物）中起重要生理作用的各种基本物质经过提取、分离、纯化等手段制造药物的过程。

中药制药指以药用植物和药用动物为主要原料，根据《中华人民共和国药典》，生产中药饮片和中成药各种剂型产品的过程。

根据中药及提取类制药生产中的洗涤、煮药、提纯分离、蒸发浓缩等工序工艺的特点分析，其废水产生的主要来源如下：

① 原料清洗废水 主要污染物为悬浮物（SS）、动植物油等。

② 提取及浓缩废水 提取、分离、浓缩的环节和设备多，因而废水多，浓度高，如醇沉过程中产生的废水浓度极高，均为严重污染源。

③ 精制或制剂工艺废水 提取后的粗品精制过程中会有少量废水产生，水质与提取废水基本相同；制剂过程中会产生废水量较大的安瓿清洗水等。

④ 设备和地面清洗水等。

(4) 混配制剂工艺废水 混配制剂类制药指采取不同的物理工艺途径，将各类原料药与一定的辅料通过混合、加工等制造各种药物制剂的生产过程。在我国制药工业水污染排放标准中，混配制剂类制药分为固体制剂类、注射剂类和其他制剂类三个类别。从各类制剂生产过程分析，废水主要来源于：

① 包装容器的清洗废水。

② 生产设备的清洗废水。每批次生产后，对各工序使用的设备进行清洗，产生的废水 COD 较高，但产生量不大。可将第一遍清洗后的高浓度废水集中后单独处理。

③ 厂房地面的清洗废水。定期清洗厂房地面工作环境所产生的废水，其污染物浓度低，主要污染指标为 COD、SS 等。

④ 制药在纯化水和注射用水制备过程中产生的酸碱废水。不过，该类制药废水大量来

自洗瓶水，这部分废水量约占全部用水量的 50%以上，这是由对注射剂类药品（安瓿、输液瓶、西林瓶等）特殊严格的洗涤要求所决定的。

二、制药工艺废水的特点

（1）化学制药废水　化学制药的主要生产工艺都是化学反应，原料复杂、反应步骤多造成产品转化率低而原料损失严重，由此形成的高 COD 废水中含有种类繁多的有毒有害化学物质，如甾体类化合物、硝基类化合物、苯胺类化合物、哌嗪类和氟、汞、铬、铜及有机溶剂乙醇、苯、氯仿、石油醚等有机物、金属和废酸碱等污染物，且一个制药企业的产品种类又往往并非一种，废水所含污染物组成复杂。

另外，为了尽可能避免或减少药物中的杂质，选用高极性氯化物作为中间体参与的中低温反应较多，故有副产盐产生也是化学制药的特点，相应的废水多是含盐废水。

（2）生物制药工艺废水　生物制药的废水中污染物的主要成分是发酵残余的营养物质，如糖类、蛋白质、脂类和无机盐类（Ca^{2+}、Mg^{2+}、K^+、Na^+、SO_4^{2-}、HPO_4^{2-}、Cl^-、$C_2O_4^{2-}$ 等），其中包括酸、碱、有机溶剂和化工原料等。同时，生物制药工艺废水成分复杂，污染物浓度高，含有一定量的有毒有害物质、生物抑制物（包括一定浓度的抗生素）、难降解物质等，带有颜色和气味，悬浮物含量高，易产生泡沫等。

① COD 浓度高　以抗生素废水为例，其中主要为发酵残余基质及营养物、溶剂提取过程的萃余液、经溶剂回收后排出的蒸馏釜残液、离子交换过程排出的吸附废液、水中不溶性抗生素的发酵滤液、染菌倒灌液等。

② SS 浓度高　其中主要为发酵的残余培养基质和发酵产生的微生物菌丝体。如庆大霉素 SS 为 8000mg/L 左右，对厌氧膨胀颗粒污泥床（EGSB）工艺处理极为不利。

③ 存在难生物降解物质和有抑菌作用的抗生素等毒性物质　对于抗生素类废水来说，由于发酵中抗生素得率较低（0.1%～3%）、分离提取率仅为 60%～70%，大部分废水中的抗生素残留浓度均较高。

④ 硫酸盐浓度高　如链霉素废水中的硫酸盐含量为 3000mg/L 左右，最高可达 5500mg/L；土霉素废水中的为 2000mg/L 左右，庆大霉素废水中的为 4000mg/L。

⑤ 水质成分复杂　中间代谢产物、表面活性剂（破乳剂、消沫剂等）和提取分离中残留的高浓度酸、碱、有机溶剂等化工原料含量高。该类成分易引起 pH 波动大、色度高和气味重等，影响厌氧反应器中产甲烷菌正常的活动。

（3）中药提取分离工艺废水　中药提取分离工艺废水中的污染物按其水溶性分为两类：水溶性的污染物主要成分是糖类、纤维素、蛋白质、木质素、淀粉、有机酸、生物碱等有机物，水不溶性的污染物主要成分是泥沙、植物类悬浮物及无机盐的微小颗粒等。主要特点如下：

① 废水水质成分较复杂，带有颜色和气味；

② 废水间歇排放，水质、水量波动较大；

③ 废水中 SS 浓度高，主要是动植物的碎片、微细颗粒及胶体；

④ 废水中 COD 浓度高，如提取类制药废水中为 200～40000mg/L，有些浓渣水甚至更高；

⑤ 提取类制药废水 BOD/COD 值约在 0.3，中成药类制药废水约在 0.5，故经过预处理或前处理后一般适宜进行生物处理；

⑥ 生产过程中酸或碱的处理，造成废水 pH 波动较大；若采用煮练或熬制工艺，排放的废水温度较高。

（4）混配制剂工艺废水 混配制剂类制药废水中污染物浓度相对较低，成分较简单，属于中低浓度有机废水。其中，COD 浓度范围在 68.1～1480mg/L，多数在 500mg/L 以下；BOD 浓度范围在 36.95～660mg/L，多数在 300mg/L 以下；SS 浓度范围在 68～700mg/L，多数在 300mg/L 以下。其中，注射类制剂生产过程中的洗涤工序产生的废水水质（电导率为 50～80μS/cm，而自来水的电导率高达 300μS/cm）较好，应考虑合理回用。

第二节　制药工业水污染物排放标准

2008 年，我国环境保护部颁布实施了制药工业水污染物排放标准（GB 21903～GB 21908），涵盖了化学合成类、发酵类、提取类、生物工程类、中药类、混装制剂类等六大类标准。该六大类标准具体规定了各类制药工业水污染的排放限制，相互之间具有相同性和差异性，具体限制如下。

一、化学合成类

表 6-1 所列是化学制药工业水污染排放限值，它给出了化学合成药物车间产生的废水经过处理后排出水中各污染成分含量的上限值。

表 6-1　化学合成类制药工业水污染排放限值

序号	污染物项目	排放限值	污染物排放监控位置	序号	污染物项目	排放限值	污染物排放监控位置
1	pH 值	6～9	企业废水总排放口	14	硝基苯类/（mg/L）	2.0	企业废水总排放口
2	色度	50		15	苯胺类/（mg/L）	2.0	
3	悬浮物/（mg/L）	50		16	二氯甲烷/（mg/L）	0.3	
4	五日生化需氧量（BOD_5）/（mg/L）	25(20)		17	总锌/（mg/L）	0.5	
5	化学需氧量（COD_{Cr}）/（mg/L）	120(100)		18	总氰化物/（mg/L）	0.5	
6	氨氮（以 N 计）/（mg/L）	25(20)		19	总汞/（mg/L）	0.05	车间或生产设施废水排放口
7	总氮/（mg/L）	35(30)		20	烷基汞/（mg/L）	不得检出[①]	
8	总磷/（mg/L）	1.0		21	总镉/（mg/L）	0.1	
9	总有机碳/（mg/L）	35(30)		22	六价铬/（mg/L）	0.5	
10	急性毒性（$HgCl_2$ 毒性当量）/（mg/L）	0.07		23	总砷/（mg/L）	0.5	
11	总铜/（mg/L）	0.5		24	总铅/（mg/L）	1.0	
12	挥发酚/（mg/L）	0.5		25	总镍/（mg/L）	1.0	
13	硫化物/（mg/L）	1.0					

① 烷基汞检出限：10ng/L。

注：括号内排放限值适用于同时生产化学合成类原料药和混装制剂的生产企业。

根据环境保护工作的要求，在国土开发密度较高、环境承载能力开始减弱或水环境容量较小、生态环境脆弱、容易发生严重水环境污染问题而需要采取特别保护措施的地区，应严格控制企业的污染物排放行为，在上述地区的化学合成类制药工业现有和新建企业执行表 6-2 规定的水污染物特别排放限值。执行水污染物特别排放限值的地域范围、时间由国务院环境保护主管部门或省级人民政府规定。

表 6-2 化学合成类制药工业水污染物特别排放限值

序号	污染物项目	排放限值	污染物排放监控位置	序号	污染物项目	排放限值	污染物排放监控位置
1	pH 值	6~9	企业废水总排放口	14	硝基苯类/（mg/L）	2.0	企业废水总排放口
2	色度	30		15	苯胺类/（mg/L）	1.0	
3	悬浮物/（mg/L）	10		16	二氯甲烷/（mg/L）	0.2	
4	五日生化需氧量（BOD_5）/（mg/L）	10		17	总锌/（mg/L）	0.5	
5	化学需氧量（COD_{Cr}）/（mg/L）	50		18	总氰化物/（mg/L）	不得检出①	
6	氨氮（以 N 计）/（mg/L）	5		19	总汞/（mg/L）	0.05	车间或生产设施废水排放口
7	总氮/（mg/L）	15		20	烷基汞/（mg/L）	不得检出②	
8	总磷/（mg/L）	0.5		21	总镉/（mg/L）	0.1	
9	总有机碳/（mg/L）	15		22	六价铬/（mg/L）	0.3	
10	急性毒性（$HgCl_2$ 毒性当量）/（mg/L）	0.07		23	总砷/（mg/L）	0.3	
11	总铜/（mg/L）	0.5		24	总铅/（mg/L）	1.0	
12	挥发酚/（mg/L）	0.5		25	总镍/（mg/L）	1.0	
13	硫化物/（mg/L）	1.0					

① 总氰化物检出限：0.25mg/L。
② 烷基汞检出限：10ng/L。

迄今为止，化学药物依然占有较大的市场份额，因噎废食而关闭化学制药企业是不可能的。而传统化学制药过程产生的是 COD 上万到几十万的废水，且盐浓度较高，可见传统化学制药工业废水排放要达到表 6-1 或表 6-2 中的限定值是较困难的。

二、提取类

采用提取类技术制药指的是不经过化学修饰或人工合成提取的生化药物、以动植物提取为主的天然药物和海洋生物提取药物的生产，但不包括生产中药浸膏等的中药制药，以及用化学合成、半合成等方法制得的生化基本物质的衍生物或类似物、菌体及其提取物、动物器官或组织及小动物制剂类药物的生产。其废水中不仅有生物的组织，还有用于提取加工的有机溶剂残留，废水成分复杂。

表 6-3 所列是提取类制药工业水污染物排放限值，而需要采取特别保护措施的地区的提取类制药工业现有和新建企业执行表 6-4 规定的水污染物特别排放限值。

表 6-3 提取类制药工业水污染物排放限值

序号	污染物项目	排放限值	污染物排放监控位置	序号	污染物项目	排放限值	污染物排放监控位置
1	pH 值	6～9	企业废水总排放口	7	氨氮（以 N 计）/(mg/L)	15	企业废水总排放口
2	色度（稀释倍数）	50		8	总氮（以 N 计）/(mg/L)	30	
3	悬浮物/（mg/L）	50		9	总磷（以 P 计）/(mg/L)	0.5	
4	五日生化需氧量（BOD_5）/（mg/L）	20		10	总有机碳/（mg/L）	30	
5	化学需氧量（COD_{Cr}）/（mg/L）	100		11	急性毒性（$HgCl_2$ 毒性当量）/（mg/L）	0.07	
6	动植物油/（mg/L）	5					

注：单位产品基准排水量 500m³/t 产品；排水量计量位置与污染物排放监控位置一致。

表 6-4 提取类制药工业水污染物特别排放限值

序号	污染物项目	排放限值	污染物排放监控位置	序号	污染物项目	排放限值	污染物排放监控位置
1	pH 值	6～9	企业废水总排放口	7	氨氮（以 N 计）/(mg/L)	5	企业废水总排放口
2	色度（稀释倍数）	30		8	总氮（以 N 计）/(mg/L)	15	
3	悬浮物/（mg/L）	10		9	总磷（以 P 计）/(mg/L)	0.5	
4	五日生化需氧量（BOD_5）/（mg/L）	10		10	总有机碳/（mg/L）	15	
5	化学需氧量（COD_{Cr}）/（mg/L）	50		11	急性毒性（$HgCl_2$ 毒性当量）/（mg/L）	0.07	
6	动植物油/（mg/L）	5					

注：单位产品基准排水量 500m³/t 产品；排水量计量位置与污染物排放监控位置一致。

三、发酵类

表 6-5 所列是发酵类制药工业水污染物排放限值，其中悬浮物的上限是化学制药工业废水的 6 倍，且氨氮总量也比化学制药工业废水的要高。需要采取特别保护措施的地区的发酵类制药工业现有和新建企业执行表 6-6 规定的水污染物特别排放限值。

表 6-5 发酵类制药工业水污染物排放限值

序号	污染物项目	排放限值	污染物排放监控位置	序号	污染物项目	排放限值	污染物排放监控位置
1	pH 值	6～9	企业废水总排放口	7	总氮（以 N 计）/（mg/L）	70(50)	企业废水总排放口
2	色度（稀释倍数）	60		8	总磷（以 P 计）/（mg/L）	1.0	
3	悬浮物/（mg/L）	60		9	总有机碳/（mg/L）	40(30)	
4	五日生化需氧量（BOD_5）/（mg/L）	40(30)		10	急性毒性（$HgCl_2$ 毒性当量）/（mg/L）	0.07	
5	化学需氧量（COD_{Cr}）/（mg/L）	120(100)		11	总锌/（mg/L）	3.0	
6	氨氮（以 N 计）/（mg/L）	35(25)		12	总氯化物/（mg/L）	0.5	

注：括号内排放限值适用于同时生产发酵类原料药和混装制剂的生产企业。

表 6-6 发酵类制药工业水污染物特别排放限值

序号	污染物项目	排放限值	污染物排放监控位置	序号	污染物项目	排放限值	污染物排放监控位置
1	pH 值	6～9	企业废水总排放口	7	总氮（以 N 计）/（mg/L）	15	企业废水总排放口
2	色度（稀释倍数）	30		8	总磷（以 P 计）/（mg/L）	0.5	
3	悬浮物/（mg/L）	10		9	总有机碳/（mg/L）	15	
4	五日生化需氧量（BOD_5）/（mg/L）	10		10	急性毒性（$HgCl_2$ 毒性当量）/（mg/L）	0.07	
5	化学需氧量（COD_{Cr}）/（mg/L）	50		11	总锌/（mg/L）	3.0	
6	氨氮（以 N 计）/（mg/L）	5		12	总氯化物/（mg/L）	不得检出	

水污染物排放浓度限值适用于单位产品实际排水量不高于单位产品基准排水量的情况。若单位产品实际排水量超过单位产品基准排水量，应按污染物单位产品基准排水量将实测水污染物浓度换算为水污染物基准水量排放浓度，并以水污染物基准水量排放浓度作为判定排放是否达标的依据。产品产量和排水量统计周期为一个工作日。生产不同类别的发酵类制药产品，其单位产品基准排水量见表 6-7。

表 6-7 发酵类制药工业单位产品基准排水量 单位：m^3/t 产品

序号	类别	代表性药物	单位产品基准排水量	序号	类别	代表性药物	单位产品基准排水量
1	抗生素	β-内酰胺类	青霉素 1000	1	抗生素	大环内酯类	红霉素 850
			头孢菌素 1900				麦白霉素 750
			其他 1200				其他 850
		四环类	土霉素 750			多肽类	卷曲霉素 6500
			四环素 750				去甲万古霉素 5000
			去甲基金霉素 1200				其他 5000
			金霉素 500			其他类	洁霉素（林可霉素）、阿霉素、利福霉素等 6000
			其他 500				
		氨基糖苷类	链霉素、双氢链霉素 1450	2	维生素	维生素 C	300
						维生素 B_{12}	115000
			庆大霉素 6500			其他	30000
			大观霉素 1500	3	氨基酸	谷氨酸	80
						赖氨酸	50
			其他 3000	4	其他		1500

注：排水量计量位置与污染物排放监控位置相同。

也就是说，发酵类生物制药工业废水排放不仅有特征污染物残留量的限制，而且有废水总排放量的限制。

四、生物工程类

生物工程类药物是指不包括利用传统微生物发酵技术生产的抗生素、维生素等药物在内的生物制品，包括采用现代生物技术方法（主要是基因工程技术等）制备的作为治疗、诊断等用途的多肽和蛋白质类药物、疫苗等生物制品。比如，细胞工程生产的狂犬病疫苗，基因工程生产的幽门螺杆菌疫苗、疟疾疫苗、过敏性疾病粉尘螨变应原疫苗等。其生产后阶段的纯化和精制工序会产生量大且废物杂的废水。

表 6-8 所列是生物工程类制药工业水污染物排放限值，表 6-9 所列是需要采取特别保护措施地区的生物工程类制药工业水污染物特别排放限值。

表 6-8　生物工程类制药工业水污染物排放限值

序号	污染物项目	排放限值	污染物排放监控位置	序号	污染物项目	排放限值	污染物排放监控位置
1	pH 值	6～9		9	总氮（以 N 计）/（mg/L）	30	
2	色度（稀释倍数）	50		10	总磷（以 P 计）/（mg/L）	0.5	
3	悬浮物/（mg/L）	50		11	甲醛/（mg/L）	2.0	
4	五日生化需氧量（BOD_5）/（mg/L）	20		12	乙腈/（mg/L）	3.0	
5	化学需氧量（COD_{Cr}）/（mg/L）	80	企业废水总排放口	13	总余氯（以 Cl 计）/（mg/L）	0.5	企业废水总排放口
6	动植物油/（mg/L）	5		14	粪大肠菌群数[①]/（MPN/L）	500	
7	挥发酚/（mg/L）	0.5		15	总有机碳（TOC）/（mg/L）	30	
8	氨氮（以 N 计）/（mg/L）	10		16	急性毒性（$HgCl_2$ 毒性当量）/（mg/L）	0.07	

① 消毒指示微生物指标。

表 6-9　生物工程类制药工业水污染物特别排放限值

序号	污染物项目	排放限值	污染物排放监控位置	序号	污染物项目	排放限值	污染物排放监控位置
1	pH 值	6～9		9	总氮（以 N 计）/（mg/L）	15	
2	色度（稀释倍数）	30		10	总磷（以 P 计）/（mg/L）	0.5	
3	悬浮物/（mg/L）	10		11	甲醛/（mg/L）	1.0	
4	五日生化需氧量（BOD_5）/（mg/L）	10		12	乙腈/（mg/L）	2.0	
5	化学需氧量（COD_{Cr}）/（mg/L）	50	企业废水总排放口	13	总余氯（以 Cl 计）/（mg/L）	0.5	企业废水总排放口
6	动植物油/（mg/L）	1.0		14	粪大肠菌群数[①]/（MPN/L）	100	
7	挥发酚/（mg/L）	0.5		15	总有机碳（TOC）/（mg/L）	15	
8	氨氮（以 N 计）/（mg/L）	5		16	急性毒性（$HgCl_2$ 毒性当量）/（mg/L）	0.07	

① 消毒指示微生物指标。

生物工程类制药的研发机构以及利用相似生物工程技术制备兽用药物的企业的水污染物防治与管理也适用于本标准。

五、中药类

表 6-10 和表 6-11 所列分别是一般和需要采取特别保护措施的地区中药制药工业水污染物排放限值。中药制药废水主要分为：饮片洗切加工产生的废水、提取浓缩加工产生的废水以及生产过程的冲洗水等。有些需要用有机溶剂萃取的加工过程产生的废水与提取类制药过程的相似，废水中含有一定量的有机溶剂。

表 6-10　中药类制药工业水污染物排放限值

序号	污染物项目	排放限值	污染物排放监控位置	序号	污染物项目	排放限值	污染物排放监控位置
1	pH 值	6～9	企业废水总排放口	8	总氮（以 N 计）/（mg/L）	20	企业废水总排放口
2	色度（稀释倍数）	50		9	总磷（以 P 计）/（mg/L）	0.5	
3	悬浮物/（mg/L）	50		10	总有机碳/（mg/L）	25	
4	五日生化需氧量（BOD_5）/（mg/L）	20		11	总氰化物/（mg/L）	0.5	
5	化学需氧量（COD_{Cr}）/（mg/L）	100		12	急性毒性（$HgCl_2$ 毒性当量）/（mg/L）	0.07	
6	动植物油/（mg/L）	5		13	总汞/（mg/L）	0.05	车间或生产设施废水排放口
7	氨氮（以 N 计）/（mg/L）	8		14	总砷/（mg/L）	0.5	

注：单位产品基准排水量 300m³/t 产品；排水量计量位置与污染物排放监控位置相同。

表 6-11　中药类制药工业水污染物特别排放限值

序号	污染物项目	排放限值	污染物排放监控位置	序号	污染物项目	排放限值	污染物排放监控位置
1	pH 值	6～9	企业废水总排放口	8	总氮（以 N 计）/（mg/L）	15	企业废水总排放口
2	色度（稀释倍数）	30		9	总磷（以 P 计）/（mg/L）	0.5	
3	悬浮物/（mg/L）	15		10	总有机碳/（mg/L）	20	
4	五日生化需氧量（BOD_5）/（mg/L）	15		11	总氰化物/（mg/L）	0.3	
5	化学需氧量（COD_{Cr}）/（mg/L）	50		12	急性毒性（$HgCl_2$ 毒性当量）/（mg/L）	0.07	
6	动植物油/（mg/L）	5		13	总汞/（mg/L）	0.01	车间或生产设施废水排放口
7	氨氮（以 N 计）/（mg/L）	5		14	总砷/（mg/L）	0.1	

注：单位产品基准排水量 300m³/t 产品；排水量计量位置与污染物排放监控位置相同。

六、混配制剂类

混配制剂过程指的是将药物活性成分通过混合、加工，配制各种剂型的生产过程，但不包括中成药制药过程；废水主要来自设备清洗和包装材料的清洗操作。

表 6-12 和表 6-13 所列分别是一般和需要采取特别保护措施的地区混配制剂类制药工业水污染物排放限值。

表 6-12　混配制剂类制药工业水污染物排放限值

序号	污染物项目	排放限值	污染物排放监控位置	序号	污染物项目	排放限值	污染物排放监控位置
1	pH 值	6~9	企业废水总排放口	6	总氮（以 N 计）/（mg/L）	20	企业废水总排放口
2	悬浮物/（mg/L）	30		7	总磷（以 P 计）/（mg/L）	0.5	
3	五日生化需氧量（BOD_5）/（mg/L）	15		8	总有机碳/（mg/L）	20	
4	化学需氧量（COD_{Cr}）/（mg/L）	60		9	急性毒性（$HgCl_2$ 毒性当量）/（mg/L）	0.07	
5	氨氮（以 N 计）/（mg/L）	10					

注：单位产品基准排水量 300m³/t 产品；排水量计量位置与污染物排放监控位置相同。

表 6-13　混配制剂类制药工业水污染物特别排放限值

序号	污染物项目	排放限值	污染物排放监控位置	序号	污染物项目	排放限值	污染物排放监控位置
1	pH 值	6~9	企业废水总排放口	6	总氮（以 N 计）/（mg/L）	15	企业废水总排放口
2	悬浮物/（mg/L）	10		7	总磷（以 P 计）/（mg/L）	0.5	
3	五日生化需氧量（BOD_5）/（mg/L）	10		8	总有机碳/（mg/L）	15	
4	化学需氧量（COD_{Cr}）/（mg/L）	50		9	急性毒性（$HgCl_2$ 毒性当量）/（mg/L）	0.07	
5	氨氮（以 N 计）/（mg/L）	5					

注：单位产品基准排水量 300m³/t 产品；排水量计量位置与污染物排放监控位置相同。

综上所述，无论是原料药的生产还是药物制剂过程都有废水排放限值的规定，因此，确保废水（处理后）达标排放是必须履行的法律责任。这一方面需要发展废水末端高效处理工艺技术，以降低废水处理成本，实现达标排放；另一方面需要发展制药新技术或绿色药物新品种，从源头消除或减少废物产生，以消除或大幅度减少废水排放，实现清洁生产。

第三节　制药工业水污染的防治技术

自我国开始实施《化学合成类制药工业水污染物排放标准》后，对于未达标企业，环保部门将责令其停产整顿。该标准中的排放限值指标相当严苛，主要指标均严于美国标准，水污染的防治技术显得越来越重要。

工业废水处理的传统方法包括物理法、化学法及生物法三大类。属于物理法的有沉降、浮上、混凝、气浮、过滤、离心分离、吸附、吹脱、气提、萃取、泡沫萃取、离子交换、电渗析、反渗透和膜技术等，物理法常用于废水的一级处理。属于化学法的有中和、沉淀、氧化、还原、消毒等，常用于有毒、有害废水的处理，使废水达到不影响生物处理的条件。生物法是利用微生物的代谢作用，使废水中呈溶解和胶体状态的有机污染物转化为稳定、无害的物质，如 H_2O 和 CO_2 等，属于生物处理的有好氧氧化及厌氧消化两大类。生物法能够去除废水中的大部分有机污染物，是常用的二级处理法。物理化学法是综合利用物理和化学作用除去废水中的污染物，如吸附法、离子交换法和膜分离法等。膜分离技术对于高浓度含盐以及高浓度有机物废水的处理来说是一项绿色水处理技术，比如减压膜蒸馏可实现低的能耗下分离回收有机溶剂。

一、废水的物理处理

通过物理方面的重力或机械力作用使工业废水水质发生变化的处理过程称为废水的物理处理，物理处理可以单独使用，也可与生物处理或化学处理联合使用，与生物处理或化学处理联合使用时又可称为一级处理或初级处理，有一些深度处理方法也采用物理处理。

废水的物理处理法去除对象主要是废水中的漂浮物和悬浮物，采用的主要方法有：

① 筛滤截留法　筛网、格栅、过滤、膜分离等。

② 重力分离法　沉砂池、沉淀池、隔油池、气浮池等。

③ 离心分离法　旋流分离器、离心机等。

1. 格栅截留

格栅由一组或数组平行的金属栅条、塑料齿钩或金属筛网、框架及相关装置组成，倾斜安装在污水渠道、泵房集水井的进口处或污水处理构筑物的前端，用来截留污水中较粗大的漂浮物和悬浮物，如纤维、碎皮、毛发、布条、塑料制品等，防止堵塞和缠绕水泵机组、曝气器、管道阀门、处理构筑物配水设施、进出水口，减少后续处理产生的浮渣，保证污水处理设施的正常运行。

格栅设计的主要参数是确定栅条间隙宽度，栅条间隙宽度与处理规模、污水的性质及后续处理设备选择有关，一般以不堵塞水泵和污水处理厂（站）的处理设备，保证整个污水处理系统能正常运行为原则。多数情况下污水处理厂设置有两道格栅，第一道格栅间隙较粗一些，通常设置在提升泵前面，栅条间隙根据水泵要求确定，一般采用 16～40mm，特殊情况下，最大间隙可为 100mm；第二道格栅间隙较细，一般设置在污水处理构筑物前，栅条间隙一般采用 1.5～10mm。有时采用粗、中、细三道格栅，甚至更多组更细的格网或格栅。

被格栅截留的物质称为栅渣，栅渣的数量与服务地区的情况、污水排水系统的类型、污水流量以及栅条的间隙等因素有关。一般地，栅渣的含水率约为80%，密度约为960kg/m³。对于城镇污水处理厂，一般可参考下列数据：

① 当栅条间隙为16~25mm时，栅渣截流量为0.10~0.05m³/（10³m³污水）；

② 当栅条间隙为40mm左右时，栅渣截流量为0.03~0.01m³/（10³m³污水）。

2. 沉淀分离

沉淀分离通常在沉淀池中进行，所用沉淀池是分离悬浮固体的一种常用处理构筑物。按工艺布置的不同可分为：初沉池和二沉池。初沉池是一级污水处理系统的主要处理构筑物，或作为生物处理法中预处理的构筑物，对于一般的城镇污水，初沉池的去除对象是悬浮固体，可以去除40%~55%的SS，同时可去除20%~30%的BOD_5，可降低后续生物处理构筑物的有机负荷。初沉池中的沉淀物质称为初次沉淀污泥。二沉池设在生物处理构筑物后面，用于沉淀分离活性污泥或去除生物膜法中脱落的生物膜，是生物处理工艺中的一个重要组成部分。沉淀池常按池内水流方向不同分为平流式、竖流式及辐流式等三种。图6-1为三种形式沉淀池的示意图。

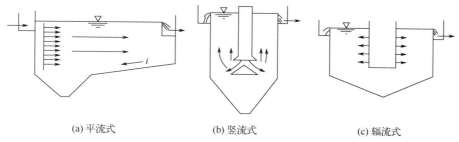

(a) 平流式　　　　　　(b) 竖流式　　　　　　(c) 辐流式

图6-1　不同形式的沉淀池示意图

（1）平流式沉淀池　平流式沉淀池[图6-1(a)]呈长方形，污水从池的一端流入，水平方向流过池子，从池的另一端流出。在池的进口处底部设储泥斗，其他部位池底设有坡度，坡向储泥斗，也有整个尺度都设置成多斗排泥的形式。

（2）竖流式沉淀池　竖流式沉淀池[图6-1(b)]多为圆形，亦有呈方形或多角形的，污水从设在池中央的中心管进入，从中心管的下端经过反射板后均匀缓慢地分布在池的横断面上，由于出水口设置在池面或池壁四周，故水的流向基本由下向上。污泥储积在底部的污泥斗中。

（3）辐流式沉淀池　辐流式沉淀池[图6-1(c)]亦称辐射式沉淀池，多呈圆形，有时亦采用正方形。池的进水一般在中心位置，出口在周围。水流在池中呈水平方向向四周辐射，由于过水断面面积不断变大，故池中的水流速度从池中心向池四周逐渐减小。泥斗设在池中央，池底向中心倾斜，污泥通常用刮泥机（或吸泥机）机械排除。

沉淀池由五个部分组成，即进水区、出水区、沉淀区、缓冲区及储泥区。进水区和出水区的功能是使水流的进入与流出保持均匀平稳，以提高沉淀效率；沉淀区是沉淀池进行悬浮固体分离的场所；缓冲区介于沉淀区和储泥区之间，缓冲区的作用是避免已沉污泥被水流搅起带走以及缓解冲击负荷；储泥区是存放沉淀污泥的地方，它起到储存、浓缩与排放的作用。沉淀池的运行方式有间歇式与连续式两种。

在间歇运行的沉淀池中，其工作过程大致分为三步：进水、静置及排水。污水中可沉淀的悬浮固体在静置时完成沉淀过程，然后由移动式的滗水装置或设置在沉淀池壁不同高度的排水管排出。

在连续运行的沉淀池中，污水是连续不断地流入与排出的。污水中的可沉颗粒在水的流动过程中完成沉淀，可沉颗粒受到由重力所造成的沉速与水流流动的速度两方面的作用。水流流动的速度对颗粒的沉淀有重要的影响。三种形式沉淀池的特点及适用条件见表 6-14。

表 6-14　三种形式沉淀池的特点及适用条件

池型	优点	缺点	适用条件
平流式	① 对冲击负荷和温度变化适应能力较强； ② 施工简单，造价低	① 采用多斗排泥时，每个泥斗需要单独设排泥管各自操作； ② 采用机械排泥时，大部分设备位于水下，易腐蚀	① 适用于地下水位较高及地质较差的地区； ② 适用于大、中、小型污水处理厂
竖流式	① 排泥方便，管理简单； ② 占地面积较小	① 池子深度大，施工困难； ② 对冲击负荷及温度变化适应能力较差； ③ 造价较高； ④ 池径不宜太大	适用于处理水量不大的小型污水处理厂
辐流式	① 采用机械排泥，运行较好； ② 排泥设备有定型产品	① 水流速度不稳定； ② 易于出现异重流现象； ③ 机械排泥设备复杂，对池体施工质量要求高	① 适用于地下水位较高的地区； ② 适用于大、中型污水处理厂

对污水进行曝气搅动以及回流部分活性污泥等可有效地提高沉淀池的分离效果和处理能力。曝气搅动是利用气泡的搅动促使废水中的悬浮颗粒相互作用，产生自然絮凝。采用这种预曝气方法，可使沉淀效率提高 5%～8%，每立方米污水的曝气量约 $0.5m^3$。预曝气一般应在专设的构筑物——预曝气池或生物絮凝池内进行。

将剩余活性污泥投加到入流污水中，利用污泥活性，产生吸附与絮凝作用，这一过程称为生物絮凝。这一方法已在国内外得到广泛应用。采用这种方法，可以使沉淀效率比原来的沉淀池提高 10%～15%，BOD_5 的去除率也能增加 15%以上，活性污泥的投加量一般在 100～400mg/L。

在制药工业废水处理中，由于水质水量的不均匀性，一般均设置污水调节池，在调节池中布置一些曝气设备，可以有效地提高污水处理程度，而且还可以防止污泥在调节池中沉积。

3. 气浮分离

气浮法是一种有效的固-液和液-液分离方法，常用于对那些颗粒密度接近或小于水的细小颗粒的分离。

水和废水的气浮法处理技术是在水中形成微小气泡，使微小气泡与水中悬浮的颗粒黏附，形成水-气-颗粒三相混合体系，颗粒黏附上气泡后，形成表观密度小于水的漂浮絮体，絮体上浮至水面，形成浮渣层被刮除，以此实现固液分离。由此可知，气浮法处理工艺必须满足下述基本条件：

① 必须向水中提供足够量的细微气泡；
② 必须使废水中的污染物质能形成悬浮状态；
③ 必须使气泡与悬浮的物质产生黏附作用。

有了上述这三个基本条件，才能完成气浮处理过程，达到将污染物质从水中去除的目的。

二、废水的化学和物理化学处理

废水的化学处理是利用化学反应的作用去除水中的杂质。它的处理对象主要是污水中的无机的或有机的（难于生物降解的）溶解物质或胶体物质。对于污水中容易生物降解的有机溶解物质或胶体物质，尤其是当水量较大时，一般都采用生物处理的方法。因为生物处理法不仅有效，而且处理费用低廉。

污水也可以利用物理化学的原理和化工单元操作去除水中的杂质。它的处理对象与化学处理相似，尤其适用于杂质浓度很高的污水（通常用于物质的回收利用）或杂质浓度很低的污水（通常作为污水的深度处理）。

1. 中和与反应沉淀法

（1）中和法　酸和碱是常用的工业原料。使用酸、碱的工厂往往有酸性废水和碱性废水排放。由于天然水含有一定量的具有缓冲作用的重碳酸盐（HCO_3^-），因此有一定的缓冲作用。少量的酸、碱废水混入大量的城市污水，不致使后者的 pH 值偏离 7 过大。但是，酸性废水会腐蚀管道、破坏环境，因此不允许它进入城市排水管道。至于以酸或碱作为洗涤剂的生产工序，产生的大量废水需要处理则是不言而喻的。

对于酸性和碱性废水，除予以利用外，常用的就是中和法处理。中和法的原理为：用碱或碱性物质中和酸性废水或用酸或酸性物质中和碱性废水，把废水的 pH 值调到 7 左右。

如果同一工厂同时有酸性和碱性废水，可以先让两种废水相互中和，然后再用中和剂中和剩余的酸或碱。

中和剂能制成溶液或浆料时，可用湿投加法。中和剂为粒料或块料时，可用过滤法。用烟道气中和碱性废水时，可在塔式反应器中接触中和。常用的碱性中和剂有石灰、电石渣、石灰石和白云石等。常用的酸性中和剂有废酸、粗制酸和烟道气等。

（2）化学反应沉淀法　化学反应沉淀法是向废水中投加某种化学物质，使其与废水中的一些离子发生反应，生成难溶的沉淀物而从水中析出，以达到降低水中溶解污染物含量的目的。废水处理中，常用化学沉淀法去除废水中的阳离子如 Hg^{2+}、Ca^{2+}、Pb^{2+}、Cu^{2+}、Zn^{2+}、Cr^{3+} 等，阴离子如 SO_4^{2-}、PO_4^{3-} 等。

2. 混凝法

化学混凝所处理的对象，主要是水中的微小悬浮固体和胶体杂质。大颗粒的悬浮固体由于受重力的作用而下沉，可以用沉淀等方法除去。但是，微小粒径的悬浮固体和胶体，能在水中长期保持分散悬游状态，即使静置数十小时以上，也不会自然沉降。这是由于胶体微粒及细微总浮颗粒具有"稳定性"。

污水处理方面的混凝原理，既与给水处理中有相同之处，又有所区别，特别是加药混凝与生物处理相结合时，投加混凝剂不仅会对污水中的悬浮固体和胶体杂质起吸附、絮凝作用，还使后续生物处理中的活性污泥或生物膜的性质得到改善，尤其是投加铁盐作为混凝剂时，由于铁盐是生物的营养剂，即使投加较少的铁盐（例如数十毫克每升），也能明显改善活性污泥的结构和沉降性能以及生物膜的附着性能（如作为生物处理的前处理）。由于二价铁的还原作用，投加二价铁盐对某些有色废水有一定的脱色作用，对某些难生物降解的污染物可改变其分子结构，从而改善其可生物降解性，与后续的活性污泥法处理相结合，能产生良好的效果。

用于水处理中的混凝剂应满足如下要求：混凝效果良好，对人体健康无害、价廉易得、使用方便。混凝剂的种类较多，归纳起来主要有以下两大类：

① 无机盐类混凝剂：目前应用最广的是铝盐和铁盐。

传统的铝盐混凝剂主要有硫酸铝、明矾等。硫酸铝[$Al_2(SO_4)_3 \cdot 18H_2O$]的产品有精制和粗制两种。精制硫酸铝是白色结晶体。粗制硫酸铝中 Al_2O_3 的含量不少于 14.5%~16.5%，不溶杂质含量不大于24%~30%，价格较低；但其质量不稳定，因含不溶杂质较多，增加了药液配制和排除废渣等方面的困难。明矾是硫酸铝和硫酸钾的复盐 $Al_2(SO_4)_3 \cdot K_2SO_4 \cdot 24H_2O$ ，Al_2O_3 含量约 10.6%，是天然矿物。硫酸铝混凝效果较好，使用方便，对处理后的水质没有任何不良影响。但水温低时，硫酸铝水解困难，形成的絮凝体较松散，效果不及铁盐。

传统的铁盐混凝剂主要有三氯化铁、硫酸亚铁和硫酸铁等。三氯化铁是褐色结晶体，极易溶解，形成的絮凝体较紧密，易沉淀；但三氯化铁腐蚀性强，易吸水潮解，不易保管。硫酸亚铁（$FeSO_4 \cdot 7H_2O$）是半透明绿色结晶体，解离出二价铁离子（Fe^{2+}），如单独用于水处理，使用时应将二价铁氧化成三价铁；同时，残留在水中的 Fe^{2+} 会使处理后的水带色。

② 高分子混凝剂：高分子混凝剂分无机和有机两类。

近年来，高分子无机聚合混凝剂的发展非常迅速，聚合氯化铝和聚合硫酸铁是目前国内研制和使用比较广泛的无机高分子混凝剂。实际上，目前我国使用的混凝剂中，无机聚合混凝剂的用量已占80%以上，基本上代替了传统混凝剂。

硫酸铝投入水中后，主要是各种形态的水解聚合物发挥混凝作用。但由于影响硫酸铝化学反应的因素复杂，要想根据不同水质控制水解聚合物的形态是不可能的。人工合成的聚合氯化铝则是在人工控制的条件下预先制成最优形态的聚合物，投入水中后可发挥优良的混凝作用。它对各种水质适应性较强，适用的 pH 值范围较广，对低温水效果也较好，形成的絮凝体粒大而重，所需的投量为硫酸铝的1/3~1/2。

聚合硫酸铁是一种高效的无机高分子混凝剂。它可以用酸洗废液作为原料，在催化剂作用下，将二价铁氧化成三价铁，再加碱剂调制而成。它比三氯化铁腐蚀性小，混凝效果良好。

有机高分子混凝剂有天然的和人工合成的。这类混凝剂都具有巨大的线性分子，每一大分子由许多链节组成，链节间以共价键结合。我国当前使用较多的是人工合成的聚丙烯酰胺，聚丙烯酰胺的聚合度多达 $2\times10^4 \sim 9\times10^4$，相应的分子量高达 $150\times10^4 \sim 600\times10^4$。凡有机高分子混凝剂的链节上含可解离基团，解离后带正电的称为阳离子型，带负电的称为阴离子型。链节上不含可解离基团的称非离子型。聚丙烯酰胺为非离子型高聚物，但它可以通过水解形成阴离子型，也可以通过引入基团形成阳离子型。

有机高分子混凝剂由于分子上的链节与水中胶体微粒有极强的吸附作用，混凝效果优异，即使是阴离子型高聚物，对负电胶体也有强的吸附作用。但对于未经脱稳的胶体，由于静电斥力有碍于吸附架桥作用，通常作助凝剂使用。阳离子型高聚物的吸附作用尤其强烈，且在吸附的同时，对负电胶体有电中和的脱稳作用。

有机高分子混凝剂虽然效果优异，但制造过程复杂、价格较贵。另外，由于聚丙烯酰胺的单体——丙烯酰胺有一定的毒性，因此它们的毒性问题引起人们的注意和研究。

当单用混凝剂不能取得良好效果时，可投加某些辅助药剂以提高混凝效果，这种辅助药剂称为助凝剂。助凝剂可用以调节或改善混凝的条件，例如，当原水的碱度不足时可投加石灰或碳酸氢钠等；当采用硫酸亚铁作混凝剂时可加氯气将二价铁离子（Fe^{2+}）氧化成三价铁离子（Fe^{3+}）等。助凝剂也可用以改善絮凝体的结构，利用高分子助凝剂的强烈吸附架桥作用，使细小松散的絮凝体变得粗大而紧密，常用的有聚丙烯酰胺、活化硅酸、骨胶、海藻酸钠、红花树等。

3. 氧化和还原法

在化学反应中，如果发生电子的转移，参与反应的物质所含元素将发生化合价的改变，称为氧化还原反应。失去电子的过程称氧化，失去电子的物质被氧化；得到电子的过程称还原，得到电子的物质被还原。在水处理中，可采用氧化或还原的方法改变水中某些有毒有害化合物中元素的化合价以及改变化合物分子的结构，使剧毒的化合物变为微毒或无毒的化合物，使难以生物降解的有机物转化为可以生物降解的有机物。

（1）氧化法　废水处理中常用的氧化剂有氯、臭氧等。对某些制药工业废水，虽经过了某些生物方法处理，但废水中的污染物如酚、氰以及色度等仍较高，还不能达标排放或加以回用，此时可用臭氧氧化进行深度处理。

1）湿式氧化和催化湿式氧化技术　湿式氧化（wet oxidation，WO）是在高温（125～320℃）和高压（0.5～20MPa）条件下，以氧气或空气为氧化剂，将有机污染物氧化分解为二氧化碳和水等无机物或小分子有机物。湿式氧化和催化湿式氧化（catalytic wet oxidation，CWO）通常用于不可生物降解的废水处理。有研究表明，当进水 COD 浓度大于 20g/L 时，这两种方法在能量方面可以自我维持。日本、美国和欧盟国家已成功地将湿式氧化技术用于高浓度有机污水和污泥的处理。

湿式氧化中，一般形成的最终产物是小分子的羧酸，其中乙酸和丙酸对湿式氧化有抗性，因此它们的氧化需要借助催化剂。在 WO 工艺基础上添加适当的催化剂即成为催化湿式氧化（CWO）工艺，通过催化剂，CWO 可实现有机污染物的高效氧化降解，并大大降低反应所需的温度和压力，提高反应速度，缩短反应时间，提高氧化效率，节省能耗和设备投资，降低成本。

CWO 工艺中的催化剂主要包括过渡金属及其氧化物、复合氧化物和盐类。根据催化状态可分为均相和非均相催化剂。均相催化剂具有活性高、反应速度快等优点。但需进行后续处理，流程较复杂，易引起二次污染。非均相催化剂以固态形式存在，具有活性高、易分离、稳定性好等优点，因而受到普遍关注。

2）高级氧化技术　随着水污染问题的日益突出以及人们对水质要求的提高，对那些难以生物降解或对生物有毒害作用的有机污染物的处理问题引起人们极大的重视。但是，这些污染物不仅难以生物降解，也很难用一般的氧化剂加以氧化去除。

1987 年，Glaze 等提出了以羟基自由基（·OH）作为主要氧化剂的高级氧化工艺（advanced oxidation processes，AOPs）。这类工艺采用两种或多种氧化剂联用发生协同效应，或者与催化剂联用，提高·OH 的生成量和生成速率，加速反应过程，提高处理效率和出水水质。在高级氧化工艺中，·OH 作为氧化反应的中间产物是最具有活性的氧化剂之一。通常由以下反应产生：①自由基链式反应分解水中的 O_3；②光分解 H_2O_2、水合氯、硝酸盐、亚硝酸盐或溶解的水合亚铁离子；③Fenton 反应或离子化辐射反应等。

高级氧化工艺的特点主要有：

① 高氧化性。·OH 是一种极强的化学氧化剂。它的氧化电位比普通氧化剂如 Cl_2、H_2O_2 和 O_3 等高得多，因此 ·OH 的氧化能力明显高于普通氧化剂。

② 反应速率快。与普通化学氧化法相比，·OH 的反应速率很快。据测定，一些主要有机污染物与 O_3 的反应速率常数为 $0.01\sim1000$L/（mol·s），而 ·OH 与这些污染物的反应速率常数达到 $10^8\sim10^{10}$ L/（mol·s）。因此，氧化反应的速率主要是由 ·OH 的产生速率决定的。

③ 提高可生物降解性，减少三卤甲烷（trihalomethanes，THMs）和溴酸盐的生成。在高级氧化工艺中，如 H_2O_2/UV、O_3/UV 和 γ 辐射/O_3 等比单用 O_3 能更有效地提高污染物的可生物降解性，而且可以避免和减少用 Cl_2 氧化可能产生的 THMs 以及用 O_3 氧化可能产生的溴酸盐等有害化合物。

高级氧化工艺中的典型代表有 Fenton 试剂法、H_2O_2/UV 法和电化学氧化法等 7 类，具体分述如下：

① Fenton 试剂法（H_2O_2/Fe^{2+}）　Fenton 试剂由亚铁盐和过氧化氢组成，当 pH 值低时（一般要求 pH=3 左右），在 Fe^{2+} 的催化作用下过氧化氢就会分解产生 ·OH，从而引发链式反应。

有研究曾用 Fenton 试剂进行垃圾渗滤液的处理试验。试验时，控制 pH=3，Fe^{2+} 的投加量为 0.05mol/L，H_2O_2 投加量是 Fe^{2+} 的 3～4 倍，可使 COD 值为 2450mg/L 的垃圾渗滤液达到>80%的 COD 去除率。

② H_2O_2/UV 法　H_2O_2/UV 体系对有机物的去除能力比单独用 H_2O_2 更强。H_2O_2 在受到一定能量的紫外线（UV）照射时可以产生 ·OH。有研究认为，这一工艺具有比 Fenton 试剂更佳的费用效益比。它不仅能有效地去除水中的有机污染物，而且不会造成二次污染。

Moza 等对氯代酚类化合物的处理试验表明，当光的波长>290nm 和 H_2O_2 含量为 55mg/L 时，可显著提高对 2-氯酚、2，4-二氯酚和 2，4，6-三氯酚的处理效果。

这一工艺的缺点是对 UV 的利用率低，H_2O_2 只显著吸收波长 300nm 以下的紫外线，因此摩尔吸收系数低，反应速率较慢。但这一工艺不造成二次污染，对饮用水处理仍是一种很有前途的工艺。

③ 类 Fenton 试剂法　在常规 Fenton 试剂法中引入紫外线（UV）、光能、超声（US）、微波（MW）、电能和氧气时可以提高 H_2O_2 催化分解产生 ·OH 的效率，显著增强 Fenton 试剂的氧化能力，节省 H_2O_2 的用量，因此提出了类 Fenton 法。

例如，UV/H_2O_2/Fe^{2+} 工艺，此工艺实际上是 H_2O_2/Fe^{2+} 法和 H_2O_2/UV 法的结合。其优点是可降低 H_2O_2 的用量。紫外线和 Fe^{2+} 对 H_2O_2 的分解具有协同作用。除 Fe^{2+} 外，钴、镍、铜盐及 Fe^{3+} 等也可催化 H_2O_2 生成羟基自由基（·OH）。某些非金属如石墨、活性炭都可催化 H_2O_2 的分解。但从 H_2O_2 的分解来看，Fe^{2+} 效果好。大量研究表明，UV/H_2O_2/Fe^{2+} 工艺对氯酚混合液、硝基苯、十二烷基苯磺酸、苯、氯苯的降解都十分有效，还可以用铜绿假单胞菌分泌酶催化 H_2O_2 降解对氨基苯酚、对氯苯酚和对苯二酚等酚类难降解物。

④ UV/TiO_2 法　TiO_2 在受到大于禁带宽度的能量（约为 3.2eV）激发时，其充满的价带上的电子被激发越过禁带进入导带，同时价带上形成相应的空穴（h*），所产生的空穴具有很强的捕获电子的能力，而导带上的光致电子 e^- 又具有很高的活性，在半导体表面形成氧化还原体系。当半导体处于溶液中时，便可产生羟基自由基（·OH），因此 UV/TiO_2 法成为另一备受关注的高级氧化过程。

UV/TiO$_2$法的缺点是对紫外线的吸收范围较窄、光能利用率低、电子-空穴复合率高、量子产率较低。为了解决这一问题，人们正在 TiO$_2$ 改性方面进行努力。

⑤ 以O$_3$为主体的高级氧化　O$_3$同污染物的反应机理包括O$_3$与有机物直接反应和O$_3$分解产生·OH 后·OH 同有机物反应的间接反应。O$_3$的直接反应具有较强的选择性，一般是破坏有机物的双键结构；间接反应一般不具有选择性。O$_3$在水中生成羟基自由基（·OH）主要有以下三种途径：

O$_3$在碱性条件下分解生成·OH、O$_3$在紫外线的作用下生成·OH 和O$_3$在金属催化剂的催化作用下生成·OH。

相应地，以O$_3$为主体的高级氧化技术有O$_3$/UV、O$_3$/H$_2$O$_2$、O$_3$/H$_2$O$_2$/UV 以及O$_3$/金属催化剂催化等的组合模式。

O$_3$/UV 联合工艺技术在饮用水深度处理和难降解有机废水处理方面的应用具有广阔的发展前景，美国国家环境保护局将其定为处理多氯联苯最有效的技术。但由于存在建设投资大、运行费用高的问题，应用受到一定的限制。O$_3$/H$_2$O$_2$ 因为只需对常规氧化处理技术进行简单改造，向O$_3$反应器中加入 H$_2$O$_2$ 即可，因此，O$_3$/H$_2$O$_2$工艺技术是饮用水处理中应用最广的高级氧化技术。

对于O$_3$/H$_2$O$_2$/UV 工艺，因高能量（紫外线辐射）的输入强化了·OH 的产生，诱发自由基反应。O$_3$/H$_2$O$_2$/UV 工艺可使挥发性有机氯化合物的去除率达到 98%，几乎可使芳香族化合物完全矿化。在O$_3$/金属催化剂催化工艺中，通常以固体金属、金属盐及其氧化物为催化剂，以增强臭氧反应。

⑥ 电化学高级氧化　电化学高级氧化法通过有催化活性的电极反应直接或间接产生羟基自由基，有效降解难生化处理的污染物。但长期以来，受电极材料的限制，该工艺降解有机物的电流效率低、能耗高，难以实现工业化。近年来在电催化电极材料和机理方面的研究取得了较大的发展，并开始应用于难降解废水的处理。

a．阳极催化氧化工艺。利用有催化活性的阳极电极反应，产生羟基自由基，阳极工艺分为直接氧化和间接氧化。直接氧化主要靠阳极的氧化作用直接氧化有机物，电极的选择很重要；间接氧化是通过阳极氧化溶液中的一些基团生成强氧化剂，间接氧化废水中的有机物，达到强化降解的目的。由于间接氧化既在一定程度上发挥了阳极直接氧化的作用，又利用了产生的氧化剂，因此处理效率大为提高。阳极催化氧化工艺在工业废水中得到较广泛的应用。

b．阴极还原工艺。阴极还原工艺是在适当电极电位下，通过合适阴极的还原作用产生H$_2$O$_2$ 或Fe^{2+}，再外加合适的试剂发生类 Fenton 试剂的氧化反应，从而间接降解有机物。按照阴极还原产物的不同，分为阴极产生H$_2$O$_2$和阴极电解还原Fe^{3+} 产生Fe^{2+}。H$_2$O$_2$的氧化电位不是很高，氧化能力受到限制。而加入 Fe^{2+} 等金属催化剂，催化 H$_2$O$_2$产生羟基自由基，形成所谓的"电 Fenton 工艺"。与 Fenton 试剂法相比，无须投加H$_2$O$_2$，通过控制电催化条件能精确控制 H$_2$O$_2$的产量及有机物降解的速率，避免了 H$_2$O$_2$运输转移过程可能产生的危害，且新生的 H$_2$O$_2$氧化能力更强，反应速率高。但H$_2$O$_2$的产生量受氧气溶解量的限制，在酸性条件下电流效率较低。产生 H$_2$O$_2$的工艺目前使用的阴极材料大多为石墨、网状多孔碳电极、碳-聚四氟乙烯充氧阴极。这些阴极产生 H$_2$O$_2$的电流效率为 50%～95%，对苯酚、苯胺、氯苯、氯酚等污染物都能彻底去除，染料脱色也很明显。

c．阴阳两极协同催化降解工艺。通过合理的电催化反应器设计，同时利用上述阳极催化氧化工艺和阴极还原工艺中阴阳两极的作用，使得处理效率较单电极催化大大增强。Brillas 等以铁为阳极，碳-聚四氟乙烯充氧阴极为阴极，对 129mg/L 的苯胺，在温度为 35℃、pH 值为 4 时，经 1h 处理，总有机碳去除率可达 95%。

⑦ 光催化氧化法　半导体光催化剂经太阳光或人工光照射而吸附光能后，发生电子跃迁并生成电子-空穴对，对吸附于表面的污染物，直接进行氧化降解或在催化剂表面形成强氧化性的自由基，并通过自由基氧化有机污染物，达到对有机物的降解或矿化。光催化剂主要有 TiO_2、ZnO、CdS、WO_3、SnO_2 等半导体材料。光催化氧化技术对难降解有机污染物有着较好的降解效果，并具有反应条件温和、能耗低、无二次污染和应用范围广等优点。然而由于光催化氧化技术普遍存在催化剂不成熟、光生电子-空穴复合过快、光催化量子效率低、处理能力小、装置复杂等问题，影响其在实际水处理中的应用与推广。

高级氧化工艺能对污水中的难生物降解的以及不能生物降解的有毒有害污染物发挥显著的处理功效，成为近年来水处理方面的研究热点。但这些工艺的处理成本尚较昂贵，目前还主要应用于某些特种废水的处理。

(2) 还原法　废水中的有些污染物，如六价铬（Cr^{6+}）毒性很大，可用还原的方法还原成毒性较小的三价铬（Cr^{3+}），再使其生成 $Cr(OH)_3$ 沉淀而去除。又如一些难生物降解的有机化合物（如硝基苯），有较大的毒性并对微生物有抑制作用，且难以被氧化，但在适当的条件下，可以被还原成另一种化合物（如硝基苯类、偶氮类生成苯胺类，高氯代烃类转化为低氯代烃或彻底脱氯生成相应的烃、醇或烯），进而改善了可生物降解性和色度。列举几种主要还原处理方法如下。

1) 药剂还原处理　通过投加具有还原性的药剂使污染物还原、沉淀去除或降低毒性，提高可生化性。水处理中常用的还原剂有铁屑、锌粉、硼氢化钠、硫酸亚铁、二氧化硫等。例如含铬废水可以加 $FeSO_4$ 和石灰进行处理。反应式为：

$$Cr_2O_7^{2-} + 6Fe^{2+} + 14H^+ \longrightarrow 2Cr^{3+} + 6Fe^{3+} + 7H_2O$$
$$CrO_4^{2-} + 3Fe^{2+} + 8H^+ \longrightarrow Cr^{3+} + 3Fe^{3+} + 4H_2O$$
$$Cr^{3+} + 3OH^- \longrightarrow Cr(OH)_3 \downarrow$$
$$Fe^{3+} + 3OH^- \longrightarrow Fe(OH)_3 \downarrow$$

2) 电解还原法处理　电解还原处理包括污染物在阴极上得到电子而发生的直接还原和利用电解过程中产生的强还原活性物质使污染物发生的间接还原。例如电解还原处理含铬废水，以铁板为阳极，在电解过程中铁溶解生成 Fe^{2+}，在酸性条件下，CrO_4^{2-} 被 Fe^{2+} 还原成 Cr^{3+}。同时由于阴极上析出氢气，使废水 pH 值逐渐升高，Cr^{3+} 和 Fe^{3+} 便形成氢氧化铬及氢氧化铁沉淀。氢氧化铁有凝聚作用，能促进氢氧化铬迅速沉淀。

在阳极：

$$Fe - 2e^- \longrightarrow Fe^{2+}$$
$$CrO_4^{2-} + 3Fe^{2+} + 8H^+ \longrightarrow Cr^{3+} + 3Fe^{3+} + 4H_2O$$

在阴极：

$$2H^+ + 2e^- \longrightarrow H_2 \uparrow$$
$$CrO_4^{2-} + 3e^- + 8H^+ \longrightarrow Cr^{3+} + 4H_2O$$

直接电解还原处理的优点是占地面积少，易于实现自动化控制，药剂消耗量和废液排放量都较少，通过调节电解电压或电流，可以适应废水水量和水质大幅度变化带来的冲击；缺点是电耗和可溶性阳极材料消耗较大，副反应多，电极容易钝化。

3）铁碳内电解法处理　铁碳主要是利用铁碳床中的铁和碳（或加入的惰性电极）构成无数微小原电池，碳的电位高，形成许多微阴极，铁的电位低，形成微阳极，在电化学催化作用下，污染物在电极表面发生化学反应，降解有机污染物，因此又称为内电解法。新生成的电极产物活性极高，能与废水中的有机污染物发生氧化还原反应，使其结构形态发生变化，完成由难处理到易处理、由有色到无色的转变。同时微原电池自身反应产生铁离子和氢氧化铁，其水解产物具有较强的吸附和絮凝作用，在微原电池周围电场的作用下，废水中以胶体存在的污染物可以在短时间内完成电泳沉积过程，从而去除污染物质。实际应用中的金属铁中都含有杂质碳，又由于材料表面的不均匀性，有利于形成腐蚀电池。其电极反应为：

阳极（Fe）：

$$Fe - 2e^- \longrightarrow Fe^{2+}，Fe^{2+} 还会与 OH^- 反应$$
$$Fe^{2+} + 3OH^- - e^- \longrightarrow Fe(OH)_3\downarrow$$
$$Fe^{2+} + 2H_2O \longrightarrow Fe(OH)_2\downarrow + 2H^+$$
$$Fe^{2+} + 2OH^- \longrightarrow Fe(OH)_2\downarrow$$

阴极（铁中的杂质碳或外加的碳）：

$$2H^+ + 2e^- \longrightarrow 2[H] \longrightarrow H_2$$
$$O_2 + 4H^+ + 4e^- \longrightarrow 2H_2O \quad（酸性充氧时）$$

4）Cu/Fe 催化还原法处理　为了克服金属铁还原法的局限性，近年来，同济大学等开发了新型的 Cu/Fe 催化还原法，成功地应用于多种难生物降解工业废水的处理。

Cu/Fe 催化还原法的机理也是基于原电池反应的电化学原理，在导电性溶液中形成原电池。由于铜的标准电极电势较高（+0.34V），可促进宏观腐蚀电池的产生，增强铁的接触腐蚀，提高反应速率，而且，铜的电催化性能，使有机物在其表面直接还原，克服了传统铁屑法和铁碳法仅适用于处理 pH 值较低的废水以及需要曝气和铁屑容易结块板结等缺点。实践表明，该方法有以下特点：

① 铁和铜都可以用废料，只要比表面积较大，混合均匀，还原的效率将大大超过铁碳法；

② 经连续运行两年以上，没有发生结块板结现象，而且铁的消耗量较低（约 40mg/L），铜没有消耗也未出现钝化现象；

③ pH 的适用范围较广（pH≤10 时，都能取得较好的效果）。

此类方法已成功地应用于以医药化工为主的工业园区废水的处理（$6\times10^4 m^3/d$），污水的 COD 和色度很高，并含有苯系、苯胺类、硝基苯类物质。具体地，在初沉池和生物处理池之间的 Cu/Fe 催化还原反应池作为生物处理的预处理段，反应时间为 2h，使得污水厂的出水 COD 达到 100mg/L 以下，BOD_5 在 20mg/L 以下，氨氮在 10mg/L 以下，色度去除率达 75%，仅剩一点淡黄色，硝基苯的去除率在 70% 以上。

5）Cu/Al 催化还原法处理　零价铁和催化铁内电解处理对碱性特别强的废水效果不好，若采用酸去中和废水，酸耗量大。而铝是两性金属，能与碱反应，在碱性条件处理废水时，处理效果会比催化铁内电解好。有研究表明，在 pH=12 时，催化铝内电解处理活性艳红的去除率要比相同条件下催化铁内电解高 60%左右。Cu/Al 催化还原工艺对污染物具有电化学还原、铝离子的絮凝、单质铝的直接还原等作用。

三、废水的生物处理

污水生物处理是利用自然界中广泛分布的个体微小、代谢营养类型多样、适应能力强的微生物的新陈代谢作用对污水进行净化的处理方法。污水生物处理方法是建立在环境自净作用基础上的人工强化技术，其意义在于创造出有利于微生物生长繁殖的良好环境，增强微生物的代谢功能，促进微生物的增殖，加速有机物的无机化，增进污水的净化进程。

近年来，随着氮、磷等营养物质去除要求的提高，缺氧生物处理和厌氧生物处理也广泛应用于城镇污水处理，缺氧和好氧结合的生物处理主要用于生物脱氮，厌氧和好氧结合的生物处理则主要用于生物除磷。工业废水则视其可生物降解性采用不同的生物处理方法。

1. 生物处理废水的一般原理

污水生物处理是微生物在酶的催化作用下，利用微生物的新陈代谢功能，对污水中的污染物质进行分解和转化。微生物代谢由分解代谢（异化）和合成代谢（同化）两个过程组成，是物质在微生物细胞内发生的一系列复杂生化反应的总称。微生物可以利用污水中的大部分有机物和部分无机物作为营养源，这些可被微生物利用的物质通常称为底物或基质。或者更确切地说，一切在生物体内可通过酶的催化作用而进行生物化学变化的物质都称为底物。分解代谢是微生物在利用底物的过程中，一部分底物在酶的催化作用下降解并同时释放出能量的过程，这个过程也称为生物氧化；合成代谢是微生物利用另一部分底物或分解代谢过程中产生的中间产物，在合成酶的作用下合成微生物细胞的过程，合成代谢所需的能量由分解代谢提供。

污水生物处理过程中有机物的生物降解实际上就是微生物将有机物作为底物进行分解代谢获取能量的过程。不同类型微生物进行分解代谢所利用的底物是不同的，异养微生物利用有机物，自养微生物则利用无机物。

有机底物的生物氧化主要以脱氢（包括失电子）方式实现，底物氧化后脱下的氢可表示为：

$$2H \longrightarrow 2H^+ + 2e^-$$

根据氧化还原反应中最终电子受体的不同，分解代谢可分成发酵和呼吸两种类型，呼吸又可分成好氧呼吸和缺氧呼吸两种方式。

（1）发酵和呼吸

1）发酵　发酵是指微生物将有机物氧化释放的电子直接交给底物本身未完全氧化的某种中间产物，同时释放能量并产生不同的代谢产物。在发酵条件下有机物只是部分地氧化，因此，只释放出一小部分能量。发酵过程的氧化是与有机物的还原偶联在一起的，被还原的有机物来自初始发酵的分解代谢，故发酵过程不需要外界提供电子受体。发酵过程只能释放出一小部分能量，并合成少量的 ATP，其原因有两个：一是底物的碳原子只是部分被氧化，二是初始电子供体和最终电子受体的还原电势相差不大。

发酵在污水和污泥厌氧生物处理（或称厌氧消化）过程中起着重要作用，目前国内外研究表明，在厌氧生物处理中主要存在两种发酵类型：丙酸型发酵（propionic acid type fermentation）和丁酸型发酵（butyric acid type fermentation）。丙酸型发酵参与的细菌是丙酸杆菌属（*Propionibacterium*），丙酸型发酵的特点是气体（CO_2）产量很少，甚至无气体产生，主要发酵末端产物为丙酸和乙酸。丁酸型发酵参与的细菌是某些梭状芽孢杆菌（*Clostridium* spp.），许多研究结果表明，含可溶性糖类（如葡萄糖、蔗糖、乳糖、淀粉等）污水的发酵常出现丁酸型发酵，发酵中主要末端产物为丁酸、乙酸、H_2、CO_2 及少量丙酸。

　　2）呼吸　微生物在降解底物的过程中，将释放出的电子交给 NAD（P）$^+$（还原型辅酶Ⅱ）、FAD（黄素腺嘌呤二核苷酸）或 FMN（黄素单核苷酸）等电子载体，再经电子传递系统传给外源电子受体，从而生成水或其他还原型产物并释放能量的过程，称为呼吸作用。其中以分子氧作为最终电子受体的称为好氧呼吸（aerobic respiration），以氧化型化合物作为最终电子受体的称为缺氧呼吸（anoxic respiration）。呼吸作用与发酵作用的根本区别在于：电子载体不是将电子直接传递给底物降解的中间产物，而是交给电子传递系统，逐步释放出能量后再交给最终电子受体。

　　电子传递系统是由一系列氢和电子传递体组成的多酶氧化还原体系，NADH、$FADH_2$ 以及其他还原型载体上的氢原子，以质子和电子的形式在其上进行定向传递；其组成酶系是定向有序的，有时不对称地排列在原核微生物的细胞质膜上，或在真核微生物的线粒体内膜上。电子传递系统的功能有两个：一是从电子供体接受电子并将电子传递给电子受体，二是通过合成 ATP 把电子传递过程中释放的一部分能量储存起来。电子传递系统中的氧化还原酶包括：NADH 脱氢酶、黄素蛋白、铁硫蛋白、细胞色素及醌等。

　　① 好氧呼吸　好氧呼吸的最终电子受体是 O_2，反应的电子供体（底物）则根据微生物的不同而异，异养微生物的电子供体是有机物，自养微生物的电子供体是无机物。

　　异养微生物进行好氧呼吸时，有机物最终被分解成 CO_2、氨和水等无机物，同时释放出能量，如式（6-1）和式（6-2）所示：

$$C_6H_{12}O_6 + 6O_2 \longrightarrow 6CO_2 + 6H_2O + 2817.3 kJ/mol \tag{6-1}$$

$$C_{18}H_{19}O_9N + 17.5O_2 + H^+ \longrightarrow 18CO_2 + 8H_2O + NH_4^+ + \Delta E \tag{6-2}$$

　　有机污水的好氧生物处理，如活性污泥法、生物膜法、污泥的好氧消化等都属于这种类型的呼吸。

　　自养微生物进行好氧呼吸时，其最终产物也是无机物，同时释放出能量，如式（6-3）和式（6-4）所示：

$$H_2S + 2O_2 \longrightarrow H_2SO_4 + \Delta E \tag{6-3}$$

$$4NH_4^+ + 9O_2 \longrightarrow 4NO_3 + 4H^+ + 6H_2O + \Delta E \tag{6-4}$$

　　大型合流制排水管渠和污水排水管渠中常存在式（6-3）所示的生化反应，是引起管道腐蚀的主要原因，式（6-4）所示的反应表示的是氨的氧化，或称为生物硝化过程。

　　好氧呼吸的电子传递系统常称为呼吸链（respiratory chain），共有两条，即 NADH 氧化呼吸链和 $FADH_2$ 氧化呼吸链。在电子传递中，能量逐渐积存在传递体中，当能量增加至足以将 ADP 磷酸化时，则产生 ATP。

　　② 缺氧呼吸　某些厌氧和兼性微生物在无分子氧的条件下进行缺氧呼吸。缺氧呼吸的最终电子受体是 NO_3^-、NO_2^-、SO_4^{2-}、$S_2O_3^{2-}$、CO_2 等含氧的化合物。缺氧呼吸也需要细胞色素等电子传递体，并能在能量分级释放过程中伴随有磷酸化作用，也能产生能量用于生命

活动。但由于部分能量随电子传递给最终电子受体，故生成的能量少于好氧呼吸。

(2) 生物脱氮除磷

1) 生物脱氮　污水生物脱氮处理过程中氮的转化主要包括氨化、硝化和反硝化作用，其中氨化可在好氧或厌氧条件下进行，硝化作用是在好氧条件下进行的，反硝化作用是在缺氧条件下进行的。生物脱氮是指含氮化合物经过氨化、硝化、反硝化后，转变为 N_2 而被去除的过程。

① 氨化反应　微生物分解有机氮化合物产生氨的过程称为氨化反应，很多细菌、真菌和放线菌都能分解蛋白质及其含氮衍生物，其中分解能力强并释放出氨的微生物称为氨化微生物。在氨化微生物的作用下，有机氮化合物可以在好氧或厌氧条件下分解、转化为氨态氮。以氨基酸为例，加氧脱氨基反应式为：

$$RCHNH_2COOH + O_2 \longrightarrow RCOOH + CO_2 + NH_3 \tag{6-5}$$

水解脱氨基反应式为：

$$RCHNH_2COOH + H_2O \longrightarrow RCHOHCOOH + NH_3 \tag{6-6}$$

② 硝化反应　在亚硝化细菌和硝化细菌的作用下，将氨态氮转化为亚硝酸盐（NO_2^-）和硝酸盐（NO_3^-）的过程称为硝化反应。

③ 反硝化反应　在缺氧条件下，NO_2^- 和 NO_3^- 在反硝化细菌的作用下被还原为氮气的过程称为反硝化反应。

大多数反硝化细菌是异养型兼性厌氧细菌，在污水和污泥中，很多细菌均具有反硝化作用，如无色杆菌属（*Achromobacter*）、产气杆菌属（*Aerobacter*）、产碱杆菌属（*Alcaligenes*）、黄杆菌属（*Flavobacterium*）、变形杆菌属（*Proteus*）、假单胞菌属（*Pseudomonas*）等。这些反硝化细菌在反硝化过程中利用各种有机底质（包括糖类、有机酸类、醇类、烷烃类、苯酸盐类和其他苯衍生物）作为电子供体，NO_3^- 作为电子受体，逐步还原 NO_3^- 至 N_2。

④ 同化作用　生物处理过程中，污水中的一部分氮（氨氮或有机氮）被同化成微生物细胞的组成成分，并以剩余活性污泥的形式得以从污水中去除的过程，称为同化作用。当进水氨氮浓度较低时，同化作用可能成为脱氮的主要途径。

2) 生物除磷　生物除磷（biological phosphorus removal，BPR）最基本的原理即是在厌氧-好氧或厌氧-缺氧交替运行的系统中，利用聚磷微生物（phosphorus accumulation organisms，PAOs）具有厌氧释磷及好氧（或缺氧）超量吸磷的特性，使好氧或缺氧段中混合液磷的浓度大量降低，最终通过排放含有大量富磷污泥而达到从污水中除磷的目的。

生物除磷的机理目前尚未完全清楚，现普遍接受的有以下几个方面的认识：

① 生物除磷主要由一类统称为聚磷菌的微生物完成，由于聚磷菌能在厌氧状态下同化发酵产物，使得聚磷菌在生物除磷系统中具备了竞争的优势。先前的研究结果表明，不动杆菌纯培养物中聚积的磷量占生物量的30%以上，是主要的除磷菌。近年来，陆续有文献报道，不动杆菌并不是污水生物除磷处理系统中唯一的除磷菌。常在生物除磷系统中出现的其他细菌主要有假单胞菌属（*Pseudomonas*）、气单胞菌属（*Aeromonas*）、放线菌属（*Actinomyces*）和诺卡氏菌属（*Nocardia*）等。

② 在厌氧状态下，兼性菌将溶解性有机物转化成挥发性脂肪酸（volatile fatty acid，VFA）；聚磷菌把细胞内聚磷水解为正磷酸盐，并从中获得能量，吸收污水中的易降解的 COD（如

VFA)，同化成胞内碳能源存储物聚 β-羟基丁酸（poly-β-hydroxybutyric acid，PHB）或聚 β-羟基戊酸（poly-β-hydroxyvaleric acid，PHV）等。

③ 在好氧或缺氧条件下，聚磷菌以分子氧或化合态氧作为电子受体，氧化代谢胞内存储物 PHB 或 PHV 等，并产生能量，过量地从污水中摄取磷酸盐，能量以高能物质 ATP 的形式存储，其中一部分又转化为聚磷，作为能量储于胞内，通过剩余污泥的排放实现高效生物除磷的目的。

2. 制药废水的生物处理技术

根据微生物生长方式的不同，生物处理技术又分成悬浮生长法和附着生长法两类。悬浮生长法是指通过适当的混合方法使微生物在生物处理构筑物中保持悬浮状态，并与污水中的有机物充分接触，完成对有机物的降解。与悬浮生长法不同，附着生长法中的微生物是附着在某种载体上生长，并形成生物膜，污水流经生物膜时，微生物与污水中的有机物接触，完成对污水的净化。悬浮生长法的典型代表是活性污泥法，而附着生长法则主要是指生物膜法。目前各种污水的生物处理技术都是围绕着这两类方法而展开的。

根据参与代谢活动的微生物对溶解氧的需求不同，污水生物处理技术分为好氧生物处理、缺氧生物处理和厌氧生物处理。好氧生物处理是在水中存在溶解氧的条件下（即水中存在分子氧）进行的生物处理过程；缺氧生物处理是在水中无分子氧存在，但存在如硝酸盐等化合态氧的条件下进行的生物处理过程；厌氧生物处理是在水中既无分子氧又无化合态氧存在的条件下进行的生物处理过程。好氧生物处理是城镇污水处理所采用的主要方法，高浓度有机污水的处理常常用到厌氧生物处理方法。

(1) 好氧生物处理　好氧生物处理是污水中有分子氧存在的条件下，利用好氧微生物（包括兼性微生物，但主要是好氧细菌）降解有机物，使其稳定、无害化的处理方法。微生物利用污水中存在的有机污染物（以溶解状和胶体状为主）为底物进行好氧代谢，这些高能位的有机物经过一系列的生化反应，逐级释放能量，最终以低能位的无机物稳定下来，达到无害化的要求，以便返回自然环境或进一步处置。

污水处理工程中，好氧生物处理法有活性污泥法和生物膜法两大类。有机物被微生物摄取后，通过代谢活动，约有 1/3 被分解、稳定，并提供其生理活动所需的能量，约有 2/3 被转化，合成新的细胞物质，即进行微生物自身生长繁殖。后者就是污水生物处理中的活性污泥或生物膜的增长部分，通常称其为剩余活性污泥或生物膜，又称生物污泥。在污水生物处理过程中，生物污泥经固液分离后，需进一步处理和处置。

好氧生物处理的反应速率较快，所需的反应时间较短，故处理构筑物容积较小，且处理过程中散发的臭气较少。所以，目前对中、低浓度的有机污水，或者 BOD_5 小于 500mg/L 的有机污水，适宜采用好氧生物处理法。好氧生物处理法始于 20 世纪 40～50 年代，后来发展了稀释-活性污泥曝气工艺，以及纯氧曝气、塔式生物滤池、接触氧化、生物转盘、深井曝气等活性污泥工艺，但存在投资较大、传质效果受限等问题。20 世纪 80 年代以后，为了克服普通活性污泥法的缺陷和前述工艺存在的问题，序批式间歇曝气活性污泥法（SBR）及其各种变形工艺，如循环曝气活性污泥工艺（CASS）、间歇循环延时曝气活性污泥法（ICEAS）等先后出现，并且通过采用计算机自动控制技术 DCS 系统有效地提高了工艺运行的精确性，降低了操作管理的复杂性和劳动强度，逐渐成为主流好氧生物处理技术。

1) 序批式间歇曝气活性污泥法（SBR 法）　SBR 法具有均化水质、无须污泥回流、耐冲击、污泥活性高、结构简单、操作灵活、占地少、投资省、运行稳定、基质去除率高于普通的活性污泥法等优点，比较适合于处理间歇排放和水量水质波动大的废水、毛纺厂废水和中药废水等，取得了较好的效果。但 SBR 法具有污泥沉降、泥水分离时间较长的缺点。在处理高浓度废水时，要求维持较高的污泥浓度，同时，还易发生高黏性膨胀。因此，常考虑在活性污泥系统中投加粉末活性炭，这样，可以减少曝气池的泡沫，改善污泥沉降性能及液-固分离性能、污泥脱水性能等，获得较高的去除率。

厌氧-好氧间歇式活性污泥法，即在进水、反应阶段充氧，在沉降、排水、空载排泥时不充氧，此时为厌氧消化。用此工艺处理抗生素生物制药废水时，生物制药废水不调 pH 值，可取得很好的效果；当进水 COD 浓度在 1180～3061mg/L 变化时，出水 COD 都小于 300mg/L，并且生物制药废水经厌氧 SBR 法处理，可生化性大大提高；该法处理效果稳定，运行管理灵活。

2）加压生化法　加压曝气的活性污泥法提高了溶解氧的浓度，供氧充足，既有利于加速生物降解，又有利于提高生物耐冲击负荷能力。化学制药企业采用加压生化-生物过滤法处理合成制药废水，其中加压生化部分采用加压氧化塔的形式，塔内的压强可达 4～5atm（1atm=101325Pa），水中的溶解氧浓度高达 20mg/L 以上；结果表明，加压生化不仅能够去除大部分有机物，而且能够去除大部分挥发酚、石油类与氨氮类物质，使出水主要污染物的去除率高达 80%～90%。

3）深井曝气法　深井曝气法是活性污泥法的一种，是高速活性污泥系统。与普通活性污泥法相比，深井曝气法具有以下优点：氧利用率高，可达 60%～90%，深井中溶解氧一般可达 30～40mg/L，充氧能力可达 3kg/（m³·h），相当于普通曝气的 10 倍；污泥负荷速率高，比普通活性污泥法高 2.5～4 倍；占地面积小、投资少、运转费用低、效率高、COD 的平均去除率可达到 70%以上；耐水力和有机负荷冲击（COD_{Cr} 质量浓度可高达 40000mg/L）；不存在污泥膨胀问题；保温效果好，可保证北方地区冬天处理废水获得较好的效果。

4）生物接触氧化法　生物接触氧化法兼有活性污泥法和生物膜法的特点，具有较高的处理负荷，能够处理容易引起污泥膨胀的有机废水。在制药工业生产废水的处理中，常常直接采用生物接触氧化法或用厌氧消化、酸化作为预处理工序，来处理扑热息痛、抗生素原料药、甾体类激素等制药工业的生产废水。接触氧化法处理制药废水时，如果进水浓度高，池内易出现大量泡沫，运行时应采取防治和应对措施。

5）生物流化床法　生物流化床将普通的活性污泥法和生物滤池法两者的优点融为一体，因而具有容积负荷高、反应速度快、占地面积小等优点。对麦迪霉素、四环素、卡那霉素等制药废水，可采用生物流化床技术进行处理。

6）氧化沟　近十年来，用氧化沟处理污水的生化工艺逐渐在国内推广，对于制药工业，氧化沟处理法也不断得到应用。如 ORBAL 氧化沟已应用于合成制药废水，利用该型氧化沟延时曝气功能，沟内进行厌氧-好氧过程。ORBAL 氧化沟既具有出色的去除有机污染物的能力，又具有除氮功能。

（2）厌氧生物处理　厌氧生物处理是在没有分子氧及化合态氧存在的条件下，兼性细菌与厌氧细菌降解和稳定有机物的生物处理方法。在厌氧生物处理过程中，复杂的有机化合物被降解，转化为简单的化合物，同时释放能量。在这个过程中，有机物的转化分为三部分：一部分转化为甲烷，这是一种可燃气体，可回收利用；还有一部分被分解为二氧化碳、水、氨、硫化氢等无机物，并为细胞合成提供能量；少量有机物被转化，合成为新的细胞物质。由于仅少量有机物用于合成，故相对于好氧生物处理，厌氧生物处理的污泥增长率小得多。

由于厌氧生物处理过程不需另外提供电子受体，故运行费用低。此外，它还具有剩余污泥量少、可回收能量（甲烷）等优点。其主要缺点是反应速率较慢、反应时间长、处理构筑物容积大等。通过开发新型反应器，截留高浓度厌氧污泥，或用高温厌氧技术，其容积可缩小；但采用高温厌氧技术，必须维持较高的反应温度，故要消耗能源。有机污泥和中高浓度有机污水适宜采用厌氧生物处理法进行处理。

厌氧生物处理法始于20世纪40~60年代，主要用来处理污泥，但结果并不理想。但厌氧生物处理法具有节省动力费用的显著优点，因而得到高浓度废水处理研究的青睐，并于20世纪70年代后期在制药工业废水处理中真正得到广泛应用。美国普强药厂首先采用厌氧过滤法处理高浓度制药废水，开始了厌氧技术在制药废水处理工程中的应用。此后，有关厌氧生物处理技术的研究取得了一系列显著的突破，其中最主要的标志是UASB反应器的产生，其优点是小试参数便于放大，运行管理方便，被广泛应用在高浓度制药废水的处理中，直到现在UASB技术仍然是制药废水厌氧处理的主流技术。近年来，在UASB的基础上又发展出了厌氧颗粒污泥膨胀床（EGSB）技术和厌氧流化床（AFB）技术以及出现了IC反应器、折流板反应器（ABR）等新型厌氧反应器。其中，EGSB在抗生素废水处理中取得了成功的应用。表6-15列出了国内外现已达到生产性和中试规模的一些抗生素工业废水厌氧生物处理工艺及运行参数。目前，厌氧生物工艺处理抗生素工业废水的试验研究较多，而实际工程应用较少；生产性规模应用较成功的仅为UASB和普通厌氧消化工艺，其他工艺尚处中试阶段。主要原因是：对高效厌氧反应器的设计、运行研究不够，缺乏对各类抗生素废水成分的全面分析和所含化合物厌氧生物毒性作用的研究。高浓度的抗生素有机废水经厌氧处理后，出水COD仍达1000~4000mg/L，不能直接外排，需要再经好氧处理，以保证出水达标排放。

表6-15　抗生素工业废水厌氧生物处理工艺及运行参数

厌氧工艺	废水类型	处理规模/（m³/d）	进水/（mg/L）	去除率/%	HRT	容积负荷/［kg/（m³·d）］	备注
普通厌氧消化工艺	青霉素	小试	4400	81	20d	2	中温
	四环素、卡那霉素等	100	30000	90			
	阿维菌素	小试	5550	81.7	4.5d		
升流式厌氧污泥床	柠檬酸、庆大霉素（6∶1）	400	13000	90	24h	13.1	中温
	维生素C、磺胺嘧啶、葡萄糖混合洁霉素	1	4000	90	25h	4	常温
	洁霉素	小试	8000~14000	55	10h	20~35	单相中温
	味精、卡那霉素	小试	6000	80	2~3h	35~40	中温
厌氧流化床	青霉素	100	25000	80		5	35℃
厌氧折留板反应器	金霉素	400	12000	76	60h	5.625	中温

1）复合式厌氧反应器 复合式厌氧反应器兼有活性污泥法和膜反应器的双重特性。反应器下部具有污泥床的特征，单位容积内具有巨大的表面积，能够维持高浓度的微生物量，反应速度快，污泥负荷高。反应器上部挂有纤维组合填料，微生物主要以附着的生物膜形式存在，另一方面，产生的气泡上升与填料接触并附着在生物膜上，使四周纤维素浮起，当气泡变大脱离时，纤维又下降，既起到搅拌作用又可稳定水流，复合式厌氧反应器对乙酰螺旋霉素生产废水的处理表明，反应器的 COD 容积负荷率为 $8\sim13$kg/（$m^3\cdot d$），可获得满意的出水水质。

2）上流式厌氧污泥床（UASB）反应器 UASB 反应器具有厌氧消化效率高、结构简单等优点。UASB 能否高效和稳定运行的关键在于反应器内能否形成微生物适宜、产甲烷活性高、沉降性能良好的颗粒污泥。但在采用 UASB 法处理卡那霉素、氯霉素、维生素 C、磺胺嘧啶和葡萄糖等制药生产废水时，通常要求 SS 含量不能过高，以保证 COD 去除率可在 $85\%\sim90\%$。二级串联 UASB 的 COD 去除率可达到 90% 以上。采用加压上流式厌氧污泥床（PUASB）处理废水时，氧浓度显著升高，加快了基质降解速率，提高了处理效果。

上流式厌氧污泥床过滤器（UASB+AF）是近年来发展起来的一种新型复合式厌氧反应器，它结合了 UASB 和厌氧滤池（AF）的优点，使反应器的性能有了改善。该复合反应器在启动运行期间，可有效地截留污泥，加速污泥颗粒化，对容积负荷、温度、pH 值的波动有较好的承受能力。该复合式厌氧反应器已用来处理维生素 C、双黄连粉针剂等制药废水。

3）厌氧膨胀颗粒污泥床（EGSB）反应器 EGSB 反应器是在 UASB 反应器的基础上发展起来的第三代厌氧生物反应器，与 UASB 反应器相比，它增加了出水再循环部分，使得反应器内的液体上升流速远远高于 UASB 反应器，加强了污水和微生物之间的接触，正是由于这种独特的技术优势，使得它可以用于多种有机污水的处理，并且获得较高的处理效率。含硫酸盐废水的厌氧生物处理是近年来的一个重要课题，味精、糖蜜、酒精及青霉素等生产工业的制药废水都含有大量的有机物和高浓度的硫酸盐。Dries 等通过试验，在以乙酸为基质的情况下采用 EGSB 反应器对含硫酸盐废水进行处理，硫酸盐转化率和 COD 去除率分别高达 94% 和 96%。

（3）厌氧-好氧组合工艺 根据上述分析评价，提出可行的治理工艺路线为：前处理-厌氧-好氧组合工艺。组合工艺中各工艺的作用和可能采用的技术分析如下。

表 6-16 预处理前后的青霉素发酵废水水质参数 单位：mg/L

参数	预处理前含量	预处理后含量
BOD_5	13500	41900
总固体	28030	26800
挥发性固体	11000	10800
还原性碳水化合物（按葡萄糖计）	6500	416
总碳水化合物	240	213
氨氮	1200	91
亚硝酸氮	350	28
硝酸氮	105	1.9

1）前处理　目的是使物料的理化性状适合于后续厌氧消化工艺的要求，除调节、稳定水量、水质（如 COD、SS、碱度、pH 值、物料营养比例等）功能外，还有去除生物抑制物质，提高废水可生化性的作用。主要前处理方法有：生物水解酸化、沉淀、絮凝、过滤等，方法选择应根据各类抗生素废水特点及试验结果而定。但从实践看，投加化学品并生成较多污泥，处理成本高，最好能结合后续工艺如厌氧水解来实现。作为第二代高效厌氧反应器的重要工艺条件，厌氧段前普遍要设沉淀反应池。表 6-16 列出了预处理前后的青霉素发酵废水水质参数。

2）厌氧处理　进行厌氧处理的目的是利用高效厌氧工艺容积负荷高、COD 去除效率高、耐冲击负荷的优点，减少稀释水量并且较大幅度地削减 COD 浓度，以降低基建、设备投资和运行费用，并回收沼气。厌氧段还有脱色作用，这对高色度抗生素废水的处理意义较大。

优先采用的厌氧工艺仍应是采用 UASB 反应器以及 UASB+AF 复合反应器，当缺乏这些国内外已较成熟的高效反应器设计经验时，也可考虑采用普通厌氧消化工艺，但基建投资和占地面积均会增加。

针对抗生素工业废水一般都含有高浓度硫酸盐及生物抑制物的特点，厌氧段应考虑采用一相工艺，以利用水解酸化或硫酸盐还原的生物作用达到去除抑制物或硫酸盐的目的。

3）好氧处理　进行好氧处理的目的是保证厌氧出水（COD 浓度为 1000～4000mg/L）经处理后达标排放。同时，对高氮、高 COD 废水，通过厌氧-好氧组合工艺还可达到脱氮的目的。从工程应用的角度推荐采用生物接触氧化、好氧流化床和序批式间歇反应器（SBR），这些工艺的优点是污泥不回流且剩余污泥少，基建投资和占地面积小，运行稳定且成本低于其他好氧工艺。

厌氧和好氧处理方法各有优缺点，厌氧工艺能够承受更高的进水有机物浓度和负荷，能够降低运行能耗且可回收能源，但操作管理比较复杂，出水的 COD 仍然较高，难以达标排放；好氧处理工艺可以更彻底地降解废水中的有机物，但高浓度有机废水直接进行好氧处理时，需要对原废水进行高倍数的稀释，同时消耗大量能源。将两种工艺组合串联起来，它们各自的优点得到发扬，不足得到弥补，厌氧-好氧组合工艺成为了现今处理包括制药废水在内的高浓度有机废水的主流工艺。包括青霉素等抗生素以及一些合成、半合成的抗生素如氯霉素、头孢系列的废水处理均可采用此工艺路线；另外，一些植物提取类即中药废水的处理也可采用此工艺。不过一般情况下，对于含悬浮物较多的发酵和中药废水，在生化处理前，需要进行适当的物化预处理，如混凝沉淀或气浮等。借助混凝方法对废水进行预处理，使得生物抑制性显著下降，确保了单相厌氧消化反应器内能够形成性能良好的颗粒污泥，COD 去除率高。采用厌氧-好氧工艺处理四环素结晶母液时，先用物化法从废水中回收草酸，经过草酸回收的废水再稀释 5 倍并将 pH 值调节至约 8.5 后才顺次进入厌氧、好氧反应器，厌氧段和好氧段的 HRT 分别为 24h 和 6h，废水经过这样的处理后出水能够达到国家对制药行业的排放标准。

表 6-17 列出了国内外抗生素废水厌氧-好氧生物处理工艺及运行参数。同时，对于高氮、高 COD 废水，通过厌氧-好氧组合工艺还可达到脱氮的目的。但由于抗生素废水中高 SO_4^{2-} 及氨氮浓度对产甲烷菌的抑制，致使沼气产量低、利用价值小，且有些有机物在好氧条件下较难被微生物降解。近年来，研究者们开始尝试以厌氧水解（酸化）取代厌氧发酵。

表 6-17 抗生素废水厌氧-好氧生物处理工艺及运行参数

厌氧工艺	废水类型	处理规模	COD（BOD）		HRT	COD 容积负荷/[kg/(m³·d)]	应用厂家	投入使用时间	备注
			进水/(mg/L)	去除率/%					
普通厌氧消化工艺	青霉素废水	小试	4400	81	20d		美国 Rutgers 大学	1949 年	
	青霉素、链霉素、卡那霉素	300L/d	10000~20000	86			日本明治公司	1976 年	高温接触法
	青霉素废水	480m³/d	46000	96		4.2	日本明治公司	1985 年	后接活性污泥
	四环素、卡那霉素	1100m³	30000	90		3	东北制药总厂	1976 年	
	土霉素、麦迪霉素	138m³	25000	80	6d	5	清江制药厂	1990 年	后接接触氧化
	土霉素	小试	6000~9000	80	8.4d		西安光华药厂	1986 年	二级厌氧
厌氧滤池	核糖霉素	33L	<40000	85	6d	5	上海制药厂	1985 年	后接好氧流化床
折流反应器	庆大霉素、金霉素	13m³/d	1×10⁴~2×10⁴	77~89	30h	5	福建抗菌素厂	1995 年	后接好氧流化床
上流式厌氧污泥床反应器（UASB）	味精、土霉素、制菌霉素	450×2m³	25000	85	10d	2	绍兴制药厂	1982 年	35℃，后接流化床
	柠檬酸、庆大霉素	400m³/d	13000	90	24h	13.1	无锡制药二厂	1987 年	中温
	庆大霉素（占60%）	1200m³/d	40000	85	48h	15	无锡制药二厂	1989 年	38℃
	维生素 C、SD、葡萄糖混合	1m³/d	4000	90	25h	4	东北制药总厂	1993 年	常温
	混合	3m³	7000~10000	80	48h		哈尔滨制药厂	1989 年	UASB-AF，35℃
厌氧流化床	青霉素	100m³/d	25000	80	28.8h	5	华北制药厂	1992 年	二级生物脱硫
颗粒污泥膨胀床（EGSB）	抗生素、酵母	3000m³/d	5000	60		15	荷兰 GIST 公司	1984 年	

经厌氧酸化预处理可以改变难降解有机物的化学结构，使其好氧生物降解性能提高。经过水解酸化，废水的 COD 降解虽小，但废水中大量难降解有机物转化为易降解有机物，提高了废水的可生化性，利于后续好氧生物降解。同时，产酸菌的世代周期短，对温度以及有机负荷的适应性都强于产甲烷菌，能保证水解反应的高效率稳定运行。厌氧水解工艺是基于

产甲烷菌与水解产酸菌生化速率不同，利用水流动的淘洗作用造成甲烷菌在反应器中难以繁殖，从而将厌氧处理控制在反应时间短的厌氧处理第一阶段。厌氧水解处理可以作为各种生化处理的预处理，由于不需曝气而大大降低了生产运行成本，可提高污水的可生化性，降低后续生物处理的负荷，大量削减后续好氧处理工艺的曝气量，而广泛地应用于难生物降解的制药、化工、造纸等高浓度有机废水的处理中。

表 6-18 汇总了部分抗生素生产废水水解酸化-好氧生物处理工艺及主要运行参数。

表 6-18　抗生素生产废水水解酸化-好氧生物处理工艺及主要运行参数

废水类型	水力停留时间/h		处理规模/(m³·d)	COD		COD 容积负荷/[kg/(m³·d)]	备注
	水解酸化	好氧工艺		进水/(mg/L)	去除率/%		
四环素、林可霉素、克林霉素	—	—	—	4000	92	—	两段接触氧化
洁霉素	7	5/5	中试	5000	95	—	投菌两段接触氧化
强力霉素（多西环素）	11.3	10	小试	1500	89	1.32	—
利福平、氧氟沙星、环丙沙星	91	86	450	18000	—	—	接触氧化
青霉素、庆大霉素	17	14.3	2700	5273	—	4.93	—
乙酰螺旋霉素	14.4		2000	≤12000	90	—	—
洁霉素、土霉素	12	4	小试	2500	92	—	接触氧化
阿维霉素	10	5	小试	6000	90	16.2	两段接触氧化
卡那霉素	—	—	小试	2000	92.9	—	两极膜化 A/O

此外，水解酸化反应器不需设气体分离和收集系统，无须封闭，无须搅拌设备，因此造价低且便于维修；反应器可在常温条件下运行，不需外界提供热源和供氧，出水没有不良气体，节约能耗，降低运行费用；此外，还具有耐冲击负荷、污泥产率低、占地少等优点，在工程中有推广价值。

第四节　制药过程废水处理典型工艺

制药过程废水主要包括药物生产过程的废水以及车间保洁过程形成的洗涤废水等，过程废水进入处理系统前，要做必要的预处理，其中包括格栅、均化等处理，以保证后续处理的正常进行。

一、制药过程废水处理工艺

按处理程度划分，废水处理工艺可分为预处理以及一级、二级、三级和/或高级处理。

预处理除去的是一些粗大固体和其他大尺寸材料，包括木材、织物、纸张、塑料和垃圾等有机固体废物以及砂石、金属或玻璃等无机固体废物。

一级处理借助的是沉淀和浮选等物理过程除去水中有机和无机固体污染物，五日生化需氧量（BOD_5）的 25%～50%、全部悬浮物的 50%～70% 以及油和油脂的 65% 在此间被除去。一些有机氮、有机磷和重金属也在初步沉淀处理过程中被清除，但是胶体和溶解性组分不受影响。通过一级处理可减轻废水的污染程度和后续处理的负荷。一级处理具有投资少、成本低等特点，但在大多数场合，废水经一级处理后仍达不到国家规定的排放标准，需要进行二级处理，必要时还需进行三级处理和高级处理。

二级处理主要指生物处理法，它是在受控的环境下利用多种微生物对废水进行生物处理，许多耗氧发酵用于二级处理过程。废水经过一级处理后，再经过二级处理，可除去废水中的大部分有机污染物和悬浮的固体物，使废水得到进一步净化。二级处理适用于处理各种含有机污染物的废水。废水经二级处理后，BOD_5 可降至 20～30mg/L，水质一般可以达到规定的排放标准。

高级处理是一种净化要求较高的处理，按所用流程分为三级处理、物化处理和生物-物理-化学组合的处理。其目的是除去二级处理中未能除去的污染物，包括不能被微生物分解的有机物、可导致水体富营养化的可溶性无机物（如氮、磷等）以及各种病毒、病菌等。

三级处理指的是在二级处理流程结束后增加任何单一操作单元的水处理过程，方法包括过滤、活性炭吸附、臭氧氧化、离子交换、电渗析、反渗透以及生物法脱氮除磷等。物化处理指的是一个生物的和物理-化学过程混合的处理过程；生物-物理-化学组合的处理是不同于三级处理的，它是在常规生物处理后增加三级处理流程中任何一个操作单元，并且在这种耦合处理技术中，生物处理和物化处理是混合的；废水经三级和/或高级处理后，BOD_5 可从 20～30mg/L 降至 5mg/L 以下，可达到地面水和工业用水的水质要求，甚至符合生活用水质量。

环境保护部在 2012 年公布的《制药工业污染防治技术政策》中，明确强调了水污染防治的一些要求：

① 废水宜分类收集、分质处理；高浓度废水、含有药物活性成分的废水应进行预处理。企业向工业园区的公共污水处理厂或城镇排水系统排放废水，应进行处理，并按法律规定达到国家或地方规定的排放标准。

② 烷基汞、总镉、六价铬、总铅、总镍、总汞、总砷等水污染物应在车间处理达标后，再进入污水处理系统。

③ 含有药物活性成分的废水，应进行预处理灭活。

④ 高含盐废水宜进行除盐处理后，再进入污水处理系统。

⑤ 可生化降解的高浓度废水应进行常规预处理，难生化降解的高浓度废水应进行强化预处理。预处理后的高浓度废水，先经"厌氧生化"处理后，与低浓度废水混合，再进行"好氧生化"处理及深度处理；或预处理后的高浓度废水与低浓度废水混合，进行"厌氧（或水解酸化）-好氧"生化处理及深度处理。

⑥ 毒性大、难降解废水应单独收集、单独处理后，再与其他废水混合处理。

⑦ 含氨氮高的废水宜物化预处理，回收氨氮后再进行生物脱氮。

⑧ 接触病毒、活性细菌的生物工程类制药工艺废水应灭菌、灭活后再与其他废水混合，采用"二级生化-消毒"组合工艺进行处理。

⑨ 实验室废水、动物房废水应单独收集，并进行灭菌、灭活处理，再进入污水处理系统。

⑩ 低浓度有机废水，宜采用"好氧生化"或"水解酸化-好氧生化"工艺进行处理。

制药工业废水处理工艺与化学工业废水处理工艺或生物过程工业废水处理工艺相似或相同。制药类废水处理工艺一般流程如图 6-2 所示。

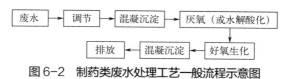

图 6-2 制药类废水处理工艺一般流程示意图

二、制药过程废水处理实例

1. 化学合成类制药过程废水

大多数化学合成类药物的合成工艺流程较长、副反应也较多，废水中含有对微生物有毒性或有抑制作用或难降解的药物或其中间体等有机化合物，且含有一定量的无机盐，由此产生废水的水质难生化处理、水量变化大，废水处理效果及稳定性难以保证。因此，现需要进行物化预处理，再进行生物降解，然后经吸附和膜分离等联合后处理，实现化学制药废水处理后达标排放。以下以阿托他汀原料药及其中间体车间产生的制药废水处理工艺为例进行介绍。

（1）废水水质 在合成阿托他汀原料药及其中间体时，产生含甲醇、乙醇、乙酸、丙酮、二氯甲烷、氨基酸、二乙胺、三氯乙酸、对甲苯磺酸、四氢呋喃（THF）、N,N-二甲基甲酰胺（DMF）、吡啶、对氟苯甲醛、NaCl、Na$_2$SO$_4$、氨、乙腈、磷酸盐类等的含盐高浓度有机废水。废水水质情况见表 6-19。

表 6-19 车间废水水量和水质基本数据表

项目	废水量 / （m³/d）	COD$_{Cr}$ / （mg/L）	BOD$_5$ / COD$_{Cr}$	NH$_3$-N / （mg/L）	有机氮 / （mg/L）	含盐量（以 TDS 计）/ （mg/L）	Cl$^-$ / （mg/L）
含量	400	6000	0.3	≤200	≤150	≤10000	≤5000

（2）工艺流程 工程选水解酸化-A/O^2-SMBR 工艺处理该废水，其流程框图如图 6-3 所示。

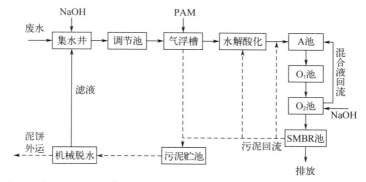

图 6-3 水解酸化-A/O^2-SMBR（浸没式膜生物反应器）处理工艺流程框图

（3）废水处理系统及其操作

1）主要构筑物（设备）

① 调节池：1 座，钢筋混凝土结构，尺寸 20m×11.5m×5m，有效容积 1000m³，HRT（水

力停留时间）24h（与另外一套废水处理装置共用）。由于废水来自不同的车间，其水质、水量随时间变化很大，为使水质、水量保持一定的均匀性和稳定性，同时防止 SS 沉积，故设曝气系统，对废水进行预曝气。

② 气浮槽：1 台，钢制，置于水解池顶端，处理能力 $30m^3/h$。附属设备：刮沫机 1 台（$N=1.5kW$）；德国进口溶气泵 2 台（1 用 1 备，$N=7.5kW$），配引水箱引水。PAM 投加量为 $10\sim20g/m^3$。

③ 水解酸化池：1 座，钢筋混凝土结构，尺寸 $19m\times7.6m\times6m$，有效水深 5.6m，有效容积 $808m^3$，内设潜水搅拌机 2 台（$N=4kW$，$n=730r/min$）。内设组合填料 $600m^3$，HRT 27.7h，DO $0.3\sim0.5mg/L$。

④ A 池：1 座，钢筋混凝土结构，尺寸 $19m\times4.8m\times6m$，有效水深 5.55m，有效容积 $500m^3$，HRT 18h，内设 2 台潜水搅拌机（$N=3kW$，$n=730r/min$）。DO<0.3mg/L，脱硝负荷为 $0.1\sim0.15g$[NO_x-N]/（kg[MLSS]·d），MLSS $3\sim6g/L$。

⑤ 好氧池（O_1、O_2 池）：设 O_1、O_2 两座好氧池，钢筋混凝土结构，O_1 池尺寸 $19m\times57m\times6m$，有效水深 5.5m；O_2 池为硝化池，尺寸 $16m\times815m\times6m$，有效水深 5.45m。O_1 池 HRT 25h，MLSS $6\sim8g/L$，DO $2\sim4mg/L$。内设可提升式微孔曝气器 20 套。O_2 池 HRT 25.4h，硝化负荷 $0.07\sim0.112g$[NH_3-N]/（kg[MLSS]·d），MLSS $3\sim5g/L$，DO $3\sim5mg/L$。混合液回流比 $R=300\%$，回流泵 2 台（100GW85-10-42，1 用 1 备），内设可提升式微孔曝气器 22 套。

⑥ SMBR 池：1 座，钢筋混凝土结构，尺寸 $19m\times7m\times6m$，有效容积 $718m^3$，HRT 24.6h，内设处理能力为 $117m^3/d$ 过滤膜 6 套，抽吸泵 6 台，$N=1.5kW$。每台抽吸泵工作周期为 15min：抽吸 13min，停泵 2min；停泵的目的主要是通过鼓气将过滤膜上的污泥吹落下来。每台抽吸泵都装有电接点压力表，通过 PLC 自动控制泵的工作压力。SMBR 过滤膜下设 250 只可变孔曝气器充氧，气源由 4 台（3 用 1 备，其中 SMBR 池专用 1 台）三叶鼓风机供应，$Q_S=19.8m^3/min$，$p=58.8kPa$，$N=30kW$。MLSS 基本维持在 $6\sim10g/L$，每天排泥量约 80t，泥龄约 9d；污泥量少，稳定性好。污泥回流泵 2 台（80GW40-7-2.2，1 用 1 备），$N=2.2kW$。

SMBR 进水水量为 $400m^3/d$，NH_3-N 一般为 $40\sim50mg/L$，TN 为 100mg/L，进水氨氮负荷为 $0.0088\sim0.02g$[NH_3-N]/（kg[MLSS]·d），MLSS $6\sim30g/L$，DO $3\sim5mg/L$，出水 NH_3-N 一般为 10mg/L，去除率超过 75%，TN 去除率超过 60%。

⑦ 污泥脱水：污泥选用 1 台带宽 1m 的宽带式压榨过滤机脱水，型号为 DY-1000（$N=1.1kW$），配 1 台 G50-1B 单螺杆泵抽吸泥。每天运行约 8h，反冲洗水量为 $5\sim10m^3/h$，每天产生污泥量约为 2t。

2）系统运行 用上述污水处理设施日处理水量约为 $400m^3$，处理效果基本稳定。为确保 SMBR 池内硝化反应完全，而需在该池中投加液碱控制废水的 pH 值在 7.5 以上。因废水中有磷酸、氨、$MgCl_2$、$CaCl_2$ 等无机物而产磷酸铵镁、羟基磷酸钙沉淀物，从而引起 SMBR 膜被堵塞。需要定时清洗或运行一定时间后进行更换。

膜的清洗操作：①水洗，将取出的 SMBR 膜用高压水枪洗净所有的污泥；②酸浸，洗净的膜用 3%～5%的盐酸酸浸 2h 后，膜表面的垢基本脱落，然后用自来水冲洗至中性；③碱浸，用 1%次氯酸钠浸洗 0.5h 后，水洗至中性并更换部分膜。另外，在生化池中加入硫酸亚铁，使之成为生物铁泥，也可有效防止膜堵塞。

（4）工程特点及问题讨论

① 采用膜滤，污泥浓度高、生物相丰富、出水水质稳定。

可采用外进内出 SMBR 膜片，污泥浓度高，能够保留各种新生的活性好、沉淀性差的菌种及增殖速度慢、世代时间长的硝化菌，生物相非常丰富，使驯化过程大大缩短。并且，处理效率高，耐冲击能力强，出水水质稳定。据采样分析，SMBR 池进水混合液自然沉淀后，COD_{Cr} 为 300～500mg/L，有时高达 1000mg/L，经过 SMBR 膜过滤后，COD_{Cr} 约为 200mg/L；泥水分离效果明显高于沉淀池。但由于 MLSS 高，需氧量也大，能耗高。

② 生产过程所有溶剂种类多，所产生的废水气味大，需经收集处理。

在调节池、水解酸化池、A 池顶部加设阳光板封闭，废气采用引风机引至废气吸收塔处理。

③ 夏季运行时，水池水温高（46℃及以上），会使得硝化菌活性明显降低，出水 $NH_3\text{-}N$ 超标（在 100mg/L 以上）。

运行情况表明，夏季水温<41℃、冬季水温>36℃时，硝化菌活性基本正常，出水水质达标。为此，在 $DN350$ 空气总管上装 $F=80m^2$ 的管式换热器，夏季通冷却水降温，并将水池水深由 5.5m 降低至 5m。

④ 含盐量较高的废水（TDS>6000mg/L），要考虑电解质（盐）溶液对 DO 的影响。

一般情况下，DO 因盐析作用而降低。在 DO 计算时，若未考虑含盐量对 DO 的影响，计算值将偏小。上述实例运行时，需要 4 台鼓风机全开才能满足供氧需求。

2. 发酵和生物工程类制药过程废水

生物制药废水的有机物含量高、悬浮物浓度高、色度高且含有生物毒性物质和微生物或活细胞及生物组织等，因此，其前处理不仅要沉淀除渣，还要做灭生处理，然后再经化学氧化或物理化学氧化降解以破坏有毒物。并且，生物制药企业通常在同一厂区生产多个品种，废水中含有多个微生物和多个药物及其生产过程所用溶剂和助剂等，需要综合考虑，采用更全面的系统解决方案。

（1）废水量及水质 废水源于采用发酵工艺生产阿维菌素、硫酸黏杆菌素、吉他霉素等抗生素药的多个车间，废水（水量 253.5m³/d）包括来自生产车间的工艺废水和地面、设备冲洗水（水量 100m³/d、COD_{Cr} 2000mg/L）。因阿维菌素溶于有机溶剂，硫酸黏杆菌素和吉他霉素菌易溶于水，废水中含有多种抗生素中间体和大量的菌丝体、胶状物以及一定量的抗生素残留物等抑制微生物的物质，且含盐量高（其中 Cl^- 达 2200mg/L）。阿维菌素发酵滤液和乙醇回收废液 COD_{Cr} 分别高达 25000mg/L 和 50000mg/L，工艺混合废水 COD_{Cr} 高达近 15000mg/L，TKN（总凯氏氮）=290mg/L，呈酸性，并有一定的色度。

各车间的实际采样检测，包括冲洗水在内的车间混合废水水质见表 6-20。全厂生产混合废水采样检测水质结果见表 6-21。表 6-21 所示水质检测结果指工艺废水，不含冲洗水。

表 6-20 各车间混合废水水质检测结果

车间名称	废水量/(m³/d)	COD_{Cr}/(mg/L)	BOD_5/(mg/L)	$NH_3\text{-}N$/(mg/L)	Cl^-/(mg/L)	pH
阿维菌素	47.1	10700	4950	82.1	1670	5.2
硫酸黏杆菌素	123.9	5070	2140	70.3	2300	4.9
吉他霉素	82.5	5640	2310	60.1		5.6
合计	253.5	6300	2717	69.2	2123	5～5.4

表 6-21　全厂生产混合废水水质检测结果

项目	pH	COD_{Cr}/ (mg/L)	BOD_5/ (mg/L)	TKN/ (mg/L)	NH_3-N/ (mg/L)	Cl^-/ (mg/L)	K^+/ (mg/L)	Na^+/ (mg/L)
实测值		13000	6500	290	160	2280	232	2951
设计值	5.2	10000	4500	210	115	2200		

综合表 6-20、表 6-21 结果可知，$BOD_5/COD_{Cr}=0.4\sim0.5$，$TKN/NH_3-N=1.8$。

(2) 工艺流程　生产废水约为 $253.5m^3/d$，工程按 $1000m^3/d$ 一次设计，分两期实施（每期 $500m^3/d$），以满足未来生产发展的需要。

1) 工艺流程方案　图 6-4、图 6-5 是废水处理的两个工艺流程方案框图。

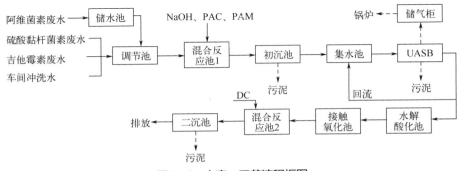

图 6-4　方案一工艺流程框图

PAC—聚合氯化铝；PAM—聚丙烯酰胺；UASB—上流式厌氧污泥床；MBBR—移动床生物膜反应器；CASS—循环活性污泥系统

图 6-5　方案二工艺流程框图

① 方案一：首先，针对各车间生产废水排放方式的不同，而单独对阿维菌素废水（2 天排 1 次）进行分流储水，然后再与其他生产废水一同引入调节池，有利于水质、水量的均化。其次，在 UASB 前设置了预处理系统，一可削减部分颗粒状抑制物质对厌氧的不利影响；二可调节合适的 pH 值、降低后续生化系统负荷；三是 UASB 与集水池配套工作，有利于稳定合适的 UASB 进水负荷及 VFA、pH 的调整，保证了 UASB 系统及后续生化系统的畅通；四是该工艺利用接触氧化可无需污泥回流的特性，通过投加 DC 脱色剂在二沉池分离脱色。可见此方案具有一定的针对性，工艺流程基本合理。

② 方案二：首先，工艺未对车间废水的不同排放方式分流储水，将使后续生化系统受到冲击；其次，缺少预处理系统及 pH 调整（源于对水质误判）措施，将会使 UASB 等处理单元难以稳定运行，不利于全流程的畅通；再次，由于缺少预处理系统，高浓度的污染物及抑制物质单靠生物法难以实现出水达标，即使能达标，也必须提高能耗及补加相应的处理设施；最后，因 MBBR 出水 BOD/COD 值已相当低，CASS 池进水 BOD_5 有可能已几乎为零，CASS 池则等同于虚设，不如改设脱色沉淀池，还可降低能耗。故此方案不具针对性，工艺流程设计不合理。

因此，从处理针对性强及工艺合理性方面考虑，选择方案一。

2）中试结果及经济指标比较

① 中试工艺分别按方案一和方案二工艺运行，结果见表 6-22。

表 6-22 系统稳定性运行时对 COD$_{Cr}$ 处理效果

项目	COD$_{Cr}$ /（mg/L）				
	进水	初沉池	UASB	好氧池	二沉池
方案一	9650	7506	1155	未测	272
方案二	9688		2132	276.5	无

表 6-22 中的结果表明，由于方案二缺少预处理系统（中试时已对原水进行了 pH 调整，与原方案二处理工艺已有实质性差异），导致 UASB 单元的 COD$_{Cr}$ 去除率比方案一低，即出水 COD$_{Cr}$ 高 977mg/L，将余下负荷全由好氧池承担，必须为此付出高能耗的代价。同时从表 6-22 还可看出，既然 MBBR 出水 COD$_{Cr}$ 已达标，CASS 池无须设置。

② 主要经济指标比较。根据两种方案的工艺流程及参数，按处理 500m³/d（一期）的药耗、电耗、水、汽、人工等耗费，列于表 6-23。表 6-23 中单价或费率编者已经统一调整，以求比较的真实性，某些项目均进行了补缺：方案一增补了 PAM、自来水用量，方案二增补了液碱、蒸汽，人工已做统一调整。其中 DC 脱色剂因方案二无此单元，出于可比性考虑，表中统一未计。经调整后的运行费用，两方案均有不同程度的增长。

表 6-23 运行费用计算比较结果

项目	费率或单价	方案一		方案二	
		消耗量	费用/（元/d）	消耗量	费用/（元/d）
电耗	0.65 元/（kW·h）	723kW·h	469.95	1039.2kW·h	675.48
PAM（固体）	30000 元/t	2.3kg/d	69.00	2.3kg/d	69
PAC（固体）	2000 元/t	250kg/d	500.00	20kg/d	40
液碱	800 元/t	250kg/d	200.00	250kg/d	200.00
自来水	2 元/m³	25m³/d	50.00	25m³/d	50.00
蒸汽	100 元/t	1.5t/d	150.00	1.5t/d	150.00
人工	1200 元/（人·月）	7 人	280.00	10 人	400.00
沼气回收	0.571 元/m³	1400m³/d	−800		
合计			918.95		1584.48

电耗及运行费用方案一均低于方案二：前者分别为 1.446kW·h/m³ 和 1.838 元/m³；后者分别为 2.078kW·h/m³ 和 3.169 元/m³。

单从经济角度分析，方案一若无沼气回收项，原来的运行费用为 3.438 元/m³，主要高在药剂用量上（1.538 元/m³），而方案二的药剂费仅为 0.618 元/m³，两者相差 0.92 元/m³。

故综合比较结果，确定方案一为推荐工艺。

3）推荐工艺参数确定

① 最佳投药量 取同一试样水若干（pH 5.2、COD$_{Cr}$ 9650mg/L），分别倒入 4 只 500mL 烧杯内，分别加入 NaOH（30%）至 pH 值为 7.5 及不同量的 5% PAC 搅拌反应 10min，再加

适量 1‰ PAM 溶液，絮凝 5min，静置 1h，取上清液分析化验。结果如表 6-24 所示。

表 6-24 最佳投药量试验结果

PAC 投量/（mg/L）	0	250	500	700	1000
COD_{Cr} /（mg/L）	9650	8347	7575	7353	7459
COD_{Cr} 去除率/%	0	13.5	21.5	23.8	22.7

从表 6-24 可知，当 PAC 为 250～700mg/L 时，COD_{Cr} 去除率随 PAC 投量的增加而上升，但 500mg/L 后上升不明显，投量再增加，COD_{Cr} 去除率反而略有下降，故最佳投药量确定为 500mg/L。

② UASB 最佳运行参数 UASB 试验经历了一个较长的历程：初始将混合废水直接进行摇瓶试验，经 20 多天后，COD_{Cr} 去除率为 30%～50%。后采用 UASB，但完成污泥接种后活性低，转而用模拟废水进行厌氧试验。经稳定运行后，容积负荷从 1.68kgCOD_{Cr} /（m³·d）逐步增至 5.6kgCOD_{Cr} /（m³·d）；HRT 从 3d 降至 0.92d。COD_{Cr} 去除率从 88% 增至 90.5%，说明厌氧启动成功；之后逐步增加进水中工业废水的比例，直至全部为混合废水。试验结果见表 6-25。

表 6-25 UASB 运行结果（直接进废水）

日期	HRT/d	COD_{Cr}			容积负荷/[kgCOD_{Cr}/（m³·d）]	ΔCOD_{Cr} /（mg/L）	产气率/（m³/kgCOD_{Cr}）
		进水/（mg/L）	出水/（mg/L）	去除率/%			
2006.05.16	2.20	5050	1460	71.1	2.30	3590	0.134
2006.05.20	2.30	4850	1260	74.0	2.11	3590	0.136
2006.05.25	2.10	5130	1310	74.5	2.44	3820	0.141
2006.05.30	2.15	5080	1060	79.1	2.36	4020	0.137
2006.06.03	1.96	4830	960	80.1	2.46	3870	0.155
2006.06.08	1.90	5070	1160	77.1	2.67	3910	0.164
2006.06.14	2.10	5070	1520	70.0	2.41	3550	0.177
2006.06.24	1.96	5070	1270	75.0	2.59	3800	0.176
2006.07.04	2.00	5070	1040	79.5	2.54	4030	0.174
2006.07.18	2.10	5260	1430	72.8	2.50	3830	0.172
2006.07.26	1.90	5320	1050	80.3	2.80	4270	0.178
2006.08.04	2.10	5640	1520	73.0	2.69	4120	0.194
2006.08.23	2.00	5640	1160	79.4	2.73	4480	0.190
平均	2.06	5160	1246	75.8	2.51	3914	0.164

表 6-25 表明，当 UASB 进水为未经混凝沉淀预处理（但已经调整 pH）的原水且废水 HRT 为 50h 时，平均容积负荷为 2.51kgCOD_{Cr} /（m³·d），相应的 COD_{Cr} 平均去除率仅达到 75.8%；平均产气率仅为 0.164m³/kgCOD_{Cr}，与理论值有较大差异（< 0.35m³/kgCOD_{Cr}）。

有一部分沼气溶于水和用于有机物合成。同时说明有抑制物质存在，影响厌氧的 COD_{Cr} 去除率。

③ 水解酸化-接触氧化运行参数　将表6-25中UASB出水作为水解酸化-接触氧化进水，从6月8日开始试验。结果见表6-26（其中水解酸化HRT约为总HRT的2/5）。

表6-26表明，对于原水未经混凝沉淀的UASB出水，当水解酸化池容积负荷为 $0.61\,kg\,COD_{Cr}/(m^3 \cdot d)$、总HRT为2.02d时，该单元的平均 COD_{Cr} 总去除率达75.9%。

表 6-26　水解酸化-接触氧化运行结果

日期	HRT/d	COD_Cr			容积负荷 /[kgCOD_Cr/ (m³·d)]	备注
		进水 /（mg/L）	出水 /（mg/L）	去除率 /%		
2006.06.08	2.30	1160	310			未达稳定
2006.06.11	2.20	1470	502			未达稳定
2006.06.14	2.10	1520	521			未达稳定
2006.06.21	1.95	1310	542			未达稳定
2006.06.24	1.96	1270	502			未达稳定
2006.07.04	2.00	1040	276	73.5	0.52	基本稳定
2006.07.18	2.10	1430	330	76.9	0.68	基本稳定
2006.07.26	1.90	1050	275	73.8	0.55	基本稳定
2006.08.04	2.10	1520	360	76.3	0.72	基本稳定
2006.08.23	2.00	1160	243	79.1	0.58	完全稳定
平均	2.02	1240	297	75.9	0.61	完全稳定均< 300mg/L

（3）废水处理系统及其操作

1）主要构筑物（设备）

① 预曝气调节池。HRT=24h，池底设穿孔曝气管，气水比为2∶1。

② 混合反应池1-初沉池。合建式，反应区HRT为15min。初沉池为竖流式，表面水力负荷为 $0.8\,m^3/(m^2 \cdot d)$，PAC投加量500mg/L。

③ 集水池（缓冲池）-UASB。集水池HRT为2.6h，UASB容积负荷 $2.5\,kg\,COD_{Cr}/(m^3 \cdot d)$，HRT为3d。

④ 水解酸化池（兼氧池）-接触氧化池。水解酸化池HRT为20h，内置组合填料，底部设穿孔曝气管。接触氧化池HKT为30h，内置组合填料，底部设穿孔曝气管。总容积负荷 $0.6\,kg\,COD_{Cr}/(m^3 \cdot d)$，约合污泥负荷 $\leqslant 0.1\,kg\,COD_{Cr}/(kg\,SS \cdot d)$。

⑤ 混合反应池2-二沉池。合建式，反应HRT为15min，二沉池为竖流式，无活性污泥回流系统，表面水力负荷为 $0.8\,m^3/(m^2 \cdot h)$，DC脱色剂投加量100mg/L。

2）系统运行

系统联动运行结果见表6-27。

表 6-27　系统联动运行的处理效果

日期	原水 COD_{Cr} /(mg/L)	初沉池 COD_{Cr}		UASB COD_{Cr}		二沉池 COD_{Cr}		COD_{Cr} 总去除率/%
		出水/(mg/L)	去除率/%	出水/(mg/L)	去除率/%	出水/(mg/L)	去除率/%	
2006.09.16～2006.09.17	9650	7480	22.49	1190	84.09	294	75.29	96.95
2006.09.18～2006.09.19	9650	7320	24.14	1225	83.26	277	77.39	97.13
2006.09.20～2006.09.21	9650	7560	21.66	1250	83.47	270	78.40	97.20
2006.09.23～2006.09.24	9650	7530	21.97	1195	84.13	265	77.82	97.25
2006.09.25～2006.09.26	9650	7570	21.55	1200	84.15	272	77.33	97.18
2006.09.27～2006.09.28	9650	7530	21.97	1110	85.26	264	76.22	97.26
2006.09.29～2006.09.30	9650	7550	21.76	970	87.15	264	72.78	97.26
平均	9650	7506	22.20	1155	84.50	272	76.40	97.18

(4) 工程特点及问题讨论

1) 工程特点　连续操作运行过程中，将接触氧化池污泥回流至兼氧池，系统运行稳定。日常运行监测结果显示，厂区总排水口的水质一直保持在：$COD_{Cr} < 100mg/L$、$BOD_5 < 20mg/L$、$NH_3-N < 15mg/L$，达到了一级出水标准（GB 8978—1996）。

2) 问题讨论

① 抗生素废水污染物浓度高、含盐量高，通常偏酸性，且含有较高的 TKN，普遍存有多种抑制物质。因此，工艺流程中通常应有包括调整 pH 在内的预处理设施，且生化系统宜以生物膜法为主体，防止因有机污泥负荷低而导致污泥不易沉淀分离的现象发生。

② 针对本工程以发酵废水为主的特点，采用简单的混凝沉淀作顶处理，不仅可削弱抑制物质，改善后续生化性能，而且可削减生化有机负荷，降低好氧能耗，保证实现出水达标排放。

③ 强化 UASB 单元的处理，是节能降耗的有效措施。该废水未经预处理的 UASB 单元 COD_{Cr} 平均去除率达 75.8%，而经预处理后去除率上升至 84.6%。

④ 当 UASB 出水 COD_{Cr} 维持在 1250mg/L 以下时,经水解酸化-接触氧化和脱色处理后,COD_{Cr} 去除率达 76%，相应的污泥负荷为 0.1kg COD_{Cr} /（kg SS·d）。

⑤ 对于有机物或药物难生物降解的废水，可在二沉池后接 Fenton 氧化或高锰酸钾氧化等化学高级氧化处理将之破坏，进一步提高废水的可生化性；最后经曝气生物滤池深度处理，可实现达标排放。另外，这种后高级氧化处理废水过程，耗用化学试剂量少，可大幅度降低废水处理成本。

3. 中药及提取类制药过程废水

一般来说，中药及提取类制药废水的污染物主要是常规污染物即 COD、BOD_5、SS、pH、氨氮等，可生化性较好，采用各类生化处理方法较易取得良好的有机物去除效果。当有粗提工序时，废水污染较重，可采用厌氧-好氧或水解酸化-好氧等处理工艺；必要时还应组合物化后续处理。对于只进行精制和制剂生产的提取类或中药类制药废水则可采用好氧生化作为主体处理工艺。

下面以片剂和丸剂为主的中成药生产车间废水为例进行介绍。

（1）废水水质

1）废水来源

① 前处理车间洗药、泡药废水。

② 提取车间冲、洗、煎、煮和提取罐废水。

③ 车间冲洗地坪污水。

④ 制剂车间少量糖蜜废水（人工拉运）。

⑤ 车间部分冷却水。

2）废水特点

① 水量时大时小，有时断流。变化范围在 $0\sim20\text{m}^3/\text{h}$。

② 浓度变化范围大。COD 浓度一般在 $800\sim6000\text{mg/L}$。

③ 泡沫多。废水中含有一种叫皂苷的成分，进入曝气池后经常出现大量泡沫，严重时，泡沫布满池面，甚至"堆集如山"，被风吹落在地，影响环境卫生。

④ 无毒有害。有些中药材是有毒的，但它们均被制成粉剂，一般不进入废水之中，故不形成毒性。而水中有机物浓度很高，排入水体则是有害的。

⑤ 废水缺少氮、磷营养料。

⑥ 废水中泥沙和药渣多。

（2）工艺流程　采用生物接触氧化法处理工艺，其工艺流程如图 6-6 所示。

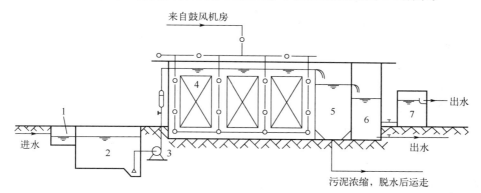

1—进水口；2—调节池；3—污水泵；4—氧化池；5—二沉池；6—清水池；7—活性炭槽

图 6-6　生物接触氧化法处理工艺流程图

废水在进入调节池前先通过进口处的格栅，大块药渣及其他杂物被除去，废水再通过污水泵被提升进入氧化池。氧化池是废水站的关键处理构筑物，有机物在这里通过微生物的新陈代谢作用被降解，废水得到无害化处理。氧化池所需氧气由鼓风机房的罗茨风机供给，风压为 $5000\text{mm H}_2\text{O}$ （$1\text{mm H}_2\text{O}=9.807\text{Pa}$，下同），老化脱落的生物膜随处理过的出水一同进入二沉池，经过沉淀，上清液如达标则直接排入厂区排水管道；如超标则再通过活性炭吸附过滤后排放。沉淀下来的污泥先排入污泥浓缩池，进一步降低污泥含水率，而后用泵送往污泥箱等待脱水。脱水后的污泥做农肥或与工厂垃圾一并运走。

设计选用的主要工艺参数如下。

① 日处理废水量：125m^3。

② 日处理有机物总量：137.5kgBOD/d（250kgCOD/d）。

③ 进水 COD_{Cr} 浓度：2000mg/L。

④ 出水 COD_{Cr} 浓度：150mg/L。

⑤ COD 去除率：>90%。

⑥ 进水 BOD_5 浓度：1000～1200mg/L。

⑦ 出水 BOD_5 浓度：60mg/L。

⑧ BOD 去除率：>94%。

⑨ 有机去除负荷：1.8kg BOD_5 /（m^3 填料·d），2.8kgCOD/（m^3 填料·d）。

（3）废水处理系统及其操作

1）主要工艺设备及材料见表6-28。

表6-28　主要工艺设备及材料

序号	名称	规格及性能	数量	备注
1	罗茨鼓风机	Q=10m^3/min，H=4.9kPa，N=15kW	2 台	
2	B-17A 型离心泵	Q=5～13.6m^3/h，H=15.7～11.0kPa，N=1.1kW	2 台	
3	IPU 型泥浆泵	Q=7.2～16m^3/h，H=13.7～11.8kPa，N=3.0kW	2 台	
4	CTOT-800 型污泥脱水机	Q=1.8～2.0m^3/h，N=800W	1 台	
5	活性炭槽	2500mm×1500mm×1500mm（高度）	2 个	内装活性炭 3t
6	玻璃锅蜂窝填料	500mm×400mm×800mm（高度）	80m^3	装载于氧化池内

2）系统运行

① 试车　让操作工人熟悉工艺流程、设备及操作规程，为正式开车准备条件。每天开风机一次，曝气 2～4h，每 2～8d 开污水泵一次（开车前已配好水），每次进水 20～80m^3。每天开车前投加一次 N、P 营养料，随时观察生物相。

② 培菌　菌种通常取自污水处理厂脱水机后的脱水污泥150kg，在试车期间分 8 次加完；氧化池内配水 COD 浓度 860mg/L。试车第 8d 发现极少数钟虫等微生物，COD 已有 50% 的去除率，但蜂窝填料上的生物膜未见明显增厚。

为了加快调试进程，从生化制药企业取脱水前的厌氧污泥 1.3m^3，分次投入氧化池。两批种泥折合干泥约 40kg，投放种泥浓度为 0.24g/L。第二批种泥投入后开始连续曝气，间断进水或连续进水（根据来水多少而定）。随着生物膜的培养成熟，逐渐提高有机负荷。培菌阶段历时 21d，详情见表6-29。

表6-29　培菌数据

日期	水量/（m^3/d）	COD_{Cr}			有机去除负荷/［kgCOD/（m^3·d）］
		进水/（mg/L）	出水/（mg/L）	去除率/%	
10.27	36	1740	74	95.7	0.75
10.28	36	1503.6	82.2	94.5	0.64
10.29	70.5	1114.7	51.2	95.4	0.92
10.30	10	1063	76.7	92.8	0.13

日期	水量/（m³/d）	COD_Cr			有机去除负荷/［kgCOD/（m³·d）］
		进水/（mg/L）	出水/（mg/L）	去除率/%	
11.2	72	333.2	53.7	83.9	0.25
11.3	63	337.4	50.8	84.9	0.26
11.4	72	698.1	56.7	91.9	0.58
平均	51.4	970	63.6	93.4	0.5

③ 稳定运行　由于工厂试生产阶段，生产尚未达到设计能力，废水量不足，因而采用间歇式操作运行。具体地，开车 16h，停车 8h，在停车期间每隔 4h 仅开风机 2h，向氧化池供氧，防止好氧微生物遭受缺氧的影响（在后期开车时间已缩短至 12h）。经过 1 个多月的运行，出水水质比较稳定，COD 浓度平均在 113.4mg/L，符合国家排放标准要求（见图 6-7 和表 6-30）。

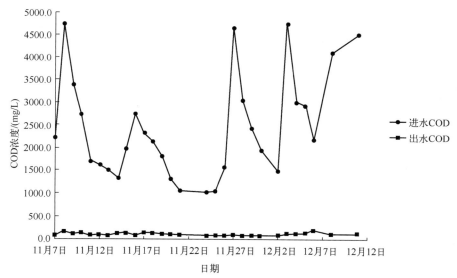

图 6-7　好氧发酵池内 COD 随运行时间的变化曲线

图 6-7 及表 6-30 显示在这种波动较大的条件下：COD 浓度最高为 4752mg/L，超过设计浓度 2.4 倍，最低为 1020.8mg/L，约为设计的 1/2；出水浓度基本在 150mg/L 以下，去除率在 90% 以上，说明运行稳定、效果较好，且耐受冲击负荷。

从图 6-7 及表 6-30 可以看出，废水站多次受到高浓度的冲击，有机负荷已经超过设计数据，但出水仍能达到排放标准，即处理能力可以达到设计负荷。

表 6-30　某中药厂废水站稳定运行结果

日期	处理水量/（m³/d）	风机工作时间/h	COD_Cr			有机去除负荷/［kgCOD/（m³·d）］
			进水/（mg/L）	出水/（mg/L）	去除率/%	
11.7	41.0	18.2	2213.3	83.1	96.2	1.44
11.8	49.5	18.0	4749.6	170.5	96.4	3.78

续表

日期	处理水量 /（m³/d）	风机工作时间/h	COD_Cr			有机去除负荷/ [kgCOD/（m³·d）]
			进水/（mg/L）	出水/（mg/L）	去除率/%	
11.9	46.5	18.0	3383.3	104.1	96.9	2.54
11.10	48.0	18.0	2740.9	150.3	94.5	2.07
11.11	48.0	18.0	1700.2	90.8	94.7	1.29
11.12	48.0	18.0	1632.6	107.1	93.4	1.21
11.13	48.0	18.0	1502.4	88.2	94.1	1.13
11.14	48.0	18.0	1327.6	134.9	89.8	0.95
11.15	48.0	18.0	1970.1	145.6	92.6	1.46
11.16	48.0	18.0	2754.2	91.7	96.7	2.13
11.17	48.0	18.0	2312.5	139.6	94.0	1.74
11.18	74.5	21.5	2138.9	129.2	94.0	2.09
11.19	88.8	24.0	1825.0	116.7	93.6	1.89
11.20	43.8	14.5	1325.0	95.8	92.8	1.11
11.21	48.0	18.0	1058.3	104.2	90.2	0.76
11.24	48.0	18.0	1020.8	70.8	93.1	0.76
11.25	48.0	18.0	1045.8	87.5	91.6	0.77
11.26	48.0	18.0	1583.3	66.7	95.8	1.21
11.27	48.0	18.0	4645.8	91.7	98.0	3.64
11.28	48.0	18.0	3029.2	84.2	97.2	2.36
11.29	75.5	24.0	2416.7	91.7	96.2	2.19
11.30	25.5	14.5	1933.3	91.7	95.3	0.97
12.2	70.5	21.0	1490.3	84.2	94.4	1.42
12.3	49.5	16	4752.0	136.6	97.1	4.29
12.4	48.0	16.0	3009.6	126.7	95.8	2.59
12.5	48.0	16.0	2930.4	142.6	95.1	2.51
12.6	42.8	9.5	2181.4	209.5	90.4	2.65
12.8	42.0	12.0	4125.3	129.2	96.9	4.2
12.11	42.0	12.0	4536.6	124.4	97.3	4.63
平均	50.3	17.5	2459.8	113.4	95.4	2.06

注：1. COD 去除负荷已换算成 24h 的。

2. 进水温度 18～20℃，pH=4～6。

3. 运转过程中有 6d 无数据，4d 停电，2d 泵堵未开水泵。

（4）工程特点及问题讨论

① 菌种的培养　其培养完成的标志是：污泥量明显增多，出现典型的菌胶团，原生动物增多且活跃；COD 去除率平均在 90% 以上；出水已达标，COD 浓度在 100mg/L 以下。

② 营养料的投加　工厂废水中缺少 N、P 元素，而 N、P 元素又为微生物所必需的，因此要每天向废水中投加 N、P 营养料。投加比例：在培菌期间是 BOD/N/P=100∶5∶1，在稳定运行后期已减少到 BOD/N/P=100∶3∶0.5。所投的物料是尿素和磷钾复合肥。投加方法是：每天早班车间放水后，一次性在调节池进口处投足一天的用量，N、P 元素很快溶解后随来水一起进入调节池。

③ 取样与分析　每天早晚班各取样一次，每次定量混合后送检。分析项目主要是 COD_{Cr} 和 BOD_5，均采用常规分析方法。

④ 生物相观察　目前所观察到的现象如下。

生物膜厚度：1 级 1.0～1.5mm，2 级 0.8～0.55mm，3 级 0.2～0.3mm。

生物膜颜色：全部为深褐色（药水色）。

细菌类型：以菌胶团为主，还有不少丝状菌，菌胶团以片状为主，分枝状亦不少。

原生动物：为数不多，以钟虫为主，还有极少数线虫、轮虫等，均活跃。

4. 混装制剂类制药工业废水

混装制剂类制药工业废水污染物成分相对较简单，属于中低浓度有机废水。因此，混装制剂类制药废水一般经预处理后，采用好氧生物技术如活性污泥法、接触氧化法、SBR 等成熟工艺处理即可达标排放。

以某药业公司的制剂类废水处理为例。

（1）废水水质　废水源于采用中药浸膏加工生产颗粒剂、片剂和胶囊的固体制剂车间，废水包括来自生产车间的工艺废水和地面、设备冲洗水，其中，含有不溶于水的粉体和水中溶解或溶胀的天然活性成分或生物的分子多糖等。

（2）工艺流程　由于该废水 BOD_5/COD 约为 0.53，可生化性较好，故采用接触氧化法的处理工艺对废水进行治理。废水处理工艺流程（框图）如图 6-8 所示。

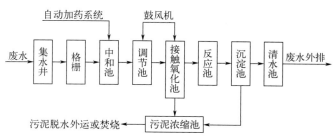

图 6-8　生物接触氧化法废水处理工艺流程示意图

（3）废水处理系统及其操作

1）主要构筑物（设备）

① 生物接触氧化池：1 座，钢筋混凝土结构，平面尺寸 5.2m×5m×5m，有效容积 130m³，HRT=8.29h，BOD 容积负荷 2.5kg/（m³·d），内置填料，填充率约为 81.6%，自然挂膜通常 20d 左右。

② 反应沉淀池：合建式，反应区 HRT 为 15min，加药反应时间 30min。沉淀池为竖流式，表面水力负荷为 0.8m³/（m²·d），沉淀池水力保留时间 2.16h。

2）系统运行　处理效率见表 6-31。

表 6-31   处理效率

项目	COD/（mg/L）	BOD₅/（mg/L）	SS/（mg/L）	pH
进水水质	1500	800	120	6～9
出水水质	<82	<20	<45	6～9
去除率	>94.5%	>97.5%	>62.5%	6～9

（4）工程特点及问题讨论

1）工程特点　该工程处理规模为 400t/d，工程占地面积约 200m²，处理每吨废水的运行成本约为 0.5 元（其中包括电费 0.45 元、药剂费 0.023 元、管理费 0.01 元等），且每年可减少 COD 排放量约 197t。该处理系统运行稳定，处理后出水水质可达到并优于《污水综合排放标准》（GB 8978—1996）的一级排放标准。

2）问题讨论　生物接触氧化法兼有生物膜法和活性污泥法的功能，有较高的容积负荷且对进水有机负荷的变动适应性较强，有机物净化效率高。另外，沉淀池前增设一加药反应池，可进一步强化悬浮物的去除效果。

第五节　制药废水综合治理策略

在确定废水处理工艺流程时，应根据废水的水质、水量及其变化幅度、处理后的水质要求及地区特点等，确定最佳处理方法和流程。对废水进行无害化处理，控制和掌握废水处理设备的工作状况和效果，必须定期分析废水的水质。

制药工业的废水千差万别，所用废水处理工艺技术和操作参数不尽相同。其中，针对特征污染物和有毒物的降解必须有专门选育的微生物，或有专门的高效前处理技术，同时，要高度重视厌氧生物处理技术在抗生素废水处理中的应用开发研究。但上述四类典型废水处理实例中的废水处理工艺流程是可通用的或可借鉴的。近年来，高级氧化-生化耦合技术处理难降解工业有机废水已经成为工业废水处理技术发展的新趋势。

由于制药废水的特殊性，仅用一种方法一般不能将废水中的所有污染物除去。在废水处理中，常常需要将几种处理方法组合在一起，形成一个处理流程。流程的组织一般遵循先易后难、先简后繁的规律，即首先使用物理法进行预处理，以除去大块垃圾、漂浮物和悬浮固体等，然后再使用化学法和生物法等处理方法。比如，对于生物制品生产过程的废水，因其中固体悬浮物量大、有机物繁杂、COD 高，通常采用"气浮+水解酸化+UASB+MBR+活性炭吸附"等联合处理工艺。

在拟定废水处理工艺时，应优先考虑利用废水、废气、废渣（液）等进行"以废治废"的综合治理。废水中所含的各种物质，如固体物质、重金属及其化合物、易挥发性物体、酸或碱类、油类以及余能等，凡有利用价值的应考虑回收或综合利用。因此，对于某种特定的制药废水，应根据废水的水质、水量、回收有用物质的可能性和经济性以及排放水体的具体要求等情况确定适宜的废水处理流程。

制药废水中含有许多生物难降解的环状化合物、杂环化合物、有机磷、有机氯、苯酚及不饱和脂肪类化合物。这些物质的去除或转化是制药废水 COD 去除的重要途径。处理难降解有机毒物常用物化法，同时要考虑到废水盐分较高的特点。对高浓度工业废水可采用蒸发-浓缩的方法，以同时降低 COD 和盐分，然后与其他废水混合进行生化处理。混合废水仍具有较高的污染负荷，同时废水中还有较高浓度的含氮物质。单纯的好氧活性污泥工艺对制药废水处理效果并不理想，通常采用 A/O 技术工艺 [包括厌氧（A）和好氧（O）两段]，使得出水 COD 和氨氮都达到排放标准。另外，在生物系统中设置组合填料，以提高系统中的微生物浓度，强化系统对毒性和负荷的抗冲击能力；同时，生物膜延长了微生物停留时间，有利于世代时间较长的硝化菌的增殖，提高脱氮效果。图 6-9 是含盐废水的膜分离处理流程。

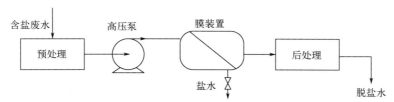

图 6-9 含盐废水的膜分离处理流程方案图

以多效蒸发（MED）和机械蒸汽再压缩（MVR）为代表的蒸发技术被广泛应用于高盐工业废水处理领域，具有技术成熟、处理效率高、成本可接受等一系列优点，特别是 MVR 技术，由于其显著的节能优势，近些年被市场所广泛接受，为相关行业在环保方向的健康发展提供了保障。

图 6-10 描述的是典型的处理高浓度、高盐分的制药废水的蒸发脱盐+A/O 接触氧化工艺流程。将高浓度、高盐分工艺废水汇集于集水井并调节 pH 至中性进行三效蒸发，蒸发冷凝出水与其他低浓度废水和轻污染废水分别由泵提升进入综合调节池，混合均质以保证后续生化处理的连续性和稳定性，然后泵入 A/O 生化系统。厌氧段（A）的目的在于水解酸化部分难降解有机物，以提高废水的可生化性兼具有一定的反硝化功效。好氧段（O）则对有机污染物进行氧化降解和硝化反应。好氧段出水一部分回流进入缺氧段，另一部分进入二沉池进行泥水分离后排放，部分污泥回流到缺氧段以维持生化系统微生物浓度。剩余污泥经浓缩压滤脱水后外运处置，蒸发渣液焚烧处理。

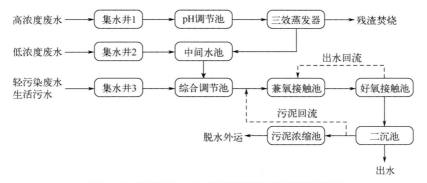

图 6-10 蒸发脱盐＋A/O接触氧化工艺流程示意图

但是，高盐高有机物废水经过蒸发处理后，其浓缩母液的含水率一般在 60%～70%（质量分数）。目前被广泛采用的包括 MVR 在内的多效蒸发设备常常不具备继续处理的能力，需要排出蒸发系统。而含水率在 60%～70%的饱和浓缩母液是无法直接填埋的，同时，由于含水率高、含盐率高，要补充大量燃料才能用焚烧炉焚烧处理，其不仅成本高，而且无机盐对设备的运行安全构成严重威胁，使得上述工艺路径存在现实的困难。

为此，我国科技工作者利用逆卡诺循环（热泵）技术原理，开发出 CCE 闭式循环蒸发系统装置及其用于高盐高有机物（浓缩）废水处理工艺，实现了连续蒸发浓缩-结晶脱盐操作，为解决"高盐高有机物和水的分离"提供了新的工程工艺技术。

该 CCE 闭式循环蒸发装置是一种双路热回收和冷端热平衡技术的新型蒸发冷凝装置，其中有热泵、风路和水路三个系统。CCE 利用"（热泵）逆卡诺循环"建立一个相对高温（30～60℃）的蒸发区和一个相对低温（＜30℃）的冷凝区，同时，将蒸汽冷凝过程释放出的热量回收并"搬运"到相对高温的蒸发区，用于废水的蒸发，实现热量的循环利用；CCE 利用"风路循环"实现蒸汽从蒸发区向冷凝塔的"搬运"，同时，完成"风路热回收"和"系统热平衡"；CCE 利用"水路循环"实现持续向蒸发器表面高速喷洒超饱和浓缩母液，形成水膜，保障表面（非沸腾）蒸发的持续进行，同时，实现蒸发表面的"自清洁"。三路循环同步协调运行，实现对超饱和浓缩母液的持续稳定蒸发。

基于该 CCE 系统装置的高盐高有机物废水处理工艺包括 CCE 核心模块（蒸发浓缩模块）和结晶取盐模块的操作工序，见图 6-11（安徽同速科技有限公司提供）。

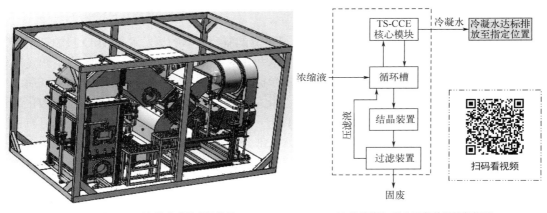

(a) CCE TS-CCE260标准产品外观效果图　　(b) 连续蒸发-脱盐过程装置流程框图

图 6-11　CCE 系统装置与应用技术路线

在 CCE 闭式循环蒸发系统中，来自多效蒸发工序的浓缩母液经喷淋泵和喷淋管路被均匀喷淋到蒸发塔内的热泵系统冷凝器表面，吸热蒸发；蒸发产生的水蒸气在系统内循环风机的作用下随循环空气进入冷凝塔，逐级流过全热换热器（一级冷凝器）、热平衡换热器（二级冷凝器）和主换热器，经过三级降温，大量析出冷凝水；降温且绝对湿度降低后的循环空气再次进入蒸发塔，流经热泵系统冷凝器表面，带走水蒸气。如此周而复始，源源不断地产生蒸汽，产出冷凝水。未蒸发完的废水残液，流回浓缩循环槽，由喷淋泵再次循环喷淋到热泵系统冷凝器表面，反复蒸发，浓缩循环槽中浓缩母液的浓度不断上升，直至达到设定浓度后，集中一次性排出浓缩循环槽，并由后续的结晶、离心或压滤等设备处理。压滤取盐后的压滤液再次回到浓缩循环槽，进行进一步的蒸发浓缩。一项应用实例显示，化工原水经该 CCE 系统处理后，COD 去除率达 99.0%，TDS 去除率达 99.8%，总氮去除率达 90%，其中颜色也从暗黑色转为近澄清色。

为了尽量减少废水的处理量，有必要预先构建有清污分流的排水系统。所谓清污分流是指将清水（如间接冷却用水、雨水和生活用水等）与废水（如制药生产过程中排出的各种废水）分别用各自不同的管路或渠道输送、排放或储存，以利于清水的循环套用和废水的处理。制药工业中清水的数量通常超过废水的许多倍，采取清污分流，不仅可以节约大量的清水，而且可以大幅度降低废水量，提高废水的浓度，从而大大减轻废水的输送负荷和治理负担。除清污分流外，还应将某些特殊废水与一般废水分开，以利于特殊废水的单独处理和一般废水的常规处理。例如，含剧毒物质（如某些重金属）的废水应与准备生物处理的废水分开；含氰废水、含硫化合物废水以及酸性废水不能混合等。

药品的生产过程既是原料的消耗过程和产品的形成过程，也是污染物的产生过程。药品所采取的生产工艺决定了污染物的种类、数量和毒性。因此，防治污染首先应从合成路线入手，尽量采用那些污染少或没有污染的清洁生产工艺，改造那些污染严重的落后生产工艺，以消除或减少污染物的排放。其次，对于必须排放的污染物，要积极开展综合利用，尽可能化害为利。最后才考虑对污染物进行无害化处理。

虽然制药技术因手性合成技术、纳米技术和生物技术、膜分离和色谱分离技术、连续制剂过程技术等新技术发展而不断进步，并由此不断推出清洁生产技术，但废水末端治理技术不仅不会随之消失，反而要求更高。因为在原料的生产过程中即使转化率和选择性都达到100%，也还有因除去残留溶剂的洗涤和关键工序的设备（或系统）清洗等而产生的废水。

 习题

1. 简述制药废水的分类、来源及其特点；并比较它们之间的异同点。
2. 比较制药废水的物理处理、化学处理和生物处理法之间的优缺点。
3. 比较不同工艺类别的制药工业水污染物排放限制的标准之间的差别。
4. 结合本章所学，阐述中药类制药工业废水的主要来源以及常用的处理方法。
5. 简述生物制药工业废水的主要来源以及常用的处理方法。
6. 针对制药工业废水高盐高有机物的特性，选择合适的处理方法，并阐明原因。
7. 某制药有限公司主要生产经营品种有青霉素、头孢菌素、6-APA 医药中间体、7-ACA与克拉维酸钾以及淀粉副产品、蛋白饲料粉等产品。根据当前公司对各生产车间废水的水质分析检测资料，企业目前废水污染源种类主要分为高浓度青霉素生产废水、高浓度釜残液、洗滤布废水和其他综合生产废水四类。

① 高浓度有机废水。废水主要来自青霉素提取过程产生的废酸水，这股废水有机物浓度很高，COD_{Cr} 浓度约为18000mg/L，有机污染物浓度高、污染负荷大，里面含有大量的硫酸盐，废水的pH值约为5.0。

② 洗滤布废水。废水主要来自青霉素发酵和过滤过程产生的废液，废水 COD_{Cr} 污染物浓度约为8000mg/L，废水中含有大量抗生素菌丝体。

③ 高浓度有机釜残液。废水主要来自6-APA 母液、苯乙酸母液和含乙醇釜残液，这股废水有机物浓度很高，COD_{Cr} 浓度约为50000mg/L，氨氮浓度约为7000mg/L，废水的 pH 约为5.0。

④ 其他废水。主要来自 7-APA、棒酸生产过程和淀粉车间产生的有机废水以及厂区循环水系统产生的排污。

请根据以上信息，对该制药公司的废水特点进行分析，并确定废水处理工艺流程，阐明选择的理由。

8. 某制药厂的废水污染源主要来自庆大霉素及小诺霉素生产工艺过程中排放的生产废水，废水中污染物浓度较高，含有大量的固体悬浮物质。

① 废水处理工艺设计参数如下：

设计水量　　　　　　　　1000m³/d

设计进水 COD 浓度　　　　5000mg/L

设计处理 COD 总量　　　　5t/d

② 其主要水质排放标准如下：

COD 300mg/L　　　　　　BOD 60mg/L

pH 值 6～9　　　　　　　SS 200mg/L

废水处理流程简单叙述如下：进站废水先进入酸化调节池，酸化调节池的作用是相对均化水质并调节水量，酸化调节池废水提升进入 SBR 反应釜，SBR 反应池上清水经水系统自流进入中间水池，再提升进入气浮装置，经气浮装置净化后出水达标排放。SBR 反应池排出的剩余活性污泥及气浮装置刮出的污泥排入集泥池，污泥经污泥脱水系统脱水成含水率<80%的泥饼外运处置。污泥脱水系统脱出的水和滤布清洗水经站区内排水管道收集，返回废水酸化调节池再行处理。

请根据上述描述，给出废水处理工艺流程详图，并确定对工艺设备的设计参数和选型；最后计算出该处理工艺的成本和日常运行费用。

第七章

制药过程废气的处理技术

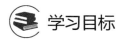 学习目标

熟悉：制药废气污染的种类、特点及其常见的处理工艺流程；

了解：制药工业废气污染排放标准和技术新进展；

掌握：包括脱硫和脱氮技术在内的大气污染处理技术，能够针对特定药物生产的某一单元操作过程或全流程操作过程产生的（含尘）废气设计废气处理工艺技术方案。

所谓废气是指人类在生产和生活过程中排出的有毒有害的气体。其中，各类制造业排放的废气即工业废气仍是当今全球大气污染物的重要来源。为此，绝大多数国家均制定有针对大气污染采取污染物排放控制法规。

工业废气包括有机废气和无机废气。其中，有机废气主要包括各种烃类、醇类、醛类、酸类、酯类、酮类和胺类等；无机废气主要包括二氧化硫、硫化氢、甲硫醇、甲硫醚、氮氧化物、氨气、氯化氢、硫酸雾、金属氧化物等。这些废气中的有毒有害物质可通过呼吸道和皮肤进入人体，长期低浓度或短期高浓度接触可造成人体的呼吸、血液、肝脏等系统和器官暂时性和永久性病变。

制药工业在生产过程中也会产生废气，简称制药废气。其中原料药生产过程中产生的废气与化工过程的废气特性相似，药物制剂过程产生的废气排放量大、浓度低，处理成本高；同时，因药物的毒性和致敏性等，其废气处理与一般工业废气的处理不尽相同。

第一节　制药废气概述

一、制药废气的来源与分类

1. 制药废气的来源

虽然制药工业生产过程产生的废气种类繁多、组成复杂，但来源主要有三类：①原料药合成及精制过程生成的废气；②制剂和中药材加工过程产生的废气；③系统环境净化过程排出的废气。

从制药过程来看，制药废气可来自：微生物制药的发酵过程、化学药物的合成反应过程和中药提取浓缩加工过程及其后续的萃取分离、浓缩、真空过滤、干燥等精制操作过程；中药材洗切烘干过程，药物制剂加工过程还有废水处理、储罐呼吸气等。

生物发酵类药物的生产过程会产生包括发酵尾气、含溶剂废气、含尘废气、酸碱废气及废水处理装置产生的恶臭气体。在发酵过程中也会产生少量细胞呼吸气，主要成分是CO_2和氮气，因此，发酵尾气的主要成分为空气和二氧化碳，同时含有少量培养基物质、发酵后期细菌开始产生抗生素时菌丝的气味，以及分离提取等生产工序产生的含有机溶剂的废气。

在药物合成过程中，常常用三氯化磷、三氯氧磷、氯化亚砜、氯磺酸、亚硫酸氢钠、硝酸、盐酸、硫酸等作为反应原料，都有酸性废气（氯化氢、二氧化硫、氮氧化物、硫酸雾等）放出。还有一些易燃、易爆气体，如加氢还原过程或铁粉还原过程形成的废氢气；在反应过程中，因使用的一氯甲烷、一氯乙烷、重氮甲烷、烯烃、炔烃以及有机氟化物等因反应不完全或过量而形成的废气；或使用低沸点和安全的甲醇、乙醇、二氯甲烷等有机溶剂的挥发而形成的有机废气。因此，化学原料药企业排放的废气污染物主要为挥发性有机物，如乙醇、二氯甲烷、异丙醇、丙酮、乙腈等，还包括氯气、NO_2、SO_2、SO_3和光气、HCl和H_2S等有强氧化性和酸性气体，以及NH_3、NH_2CH_3、$N(CH_3)_3$等碱性气体和中性的一氧化碳等有毒、有害气体。

中药材加工和提取分离制药过程中的废气污染源主要来自清洗、粉碎和包装时产生的药尘，以及提取过程中使用的挥发性有机物的挥发。

在药物制剂过程中，需要以一定的流量送风，则可将厂房内发生的粉尘、有害气体带走，以保持符合安全、卫生标准的空气清新程度；用加热、制冷等手段则可调节厂房内的空气温度、湿度以满足生产工艺、设备、产品、操作人员的要求；并且，洁净厂房对尘埃、微生物浓度的要求也是通过对所输送空气的净化来实现的。为了节约能源，在满足生产工艺对空气参数要求的前提下，送入厂房内的空气基本上又通过回风装置回到空调系统，但是，《药品生产质量管理规范》（GMP）规定一些厂房排出的空气不得用作回风等，要求青霉素等高致敏性药品的生产车间"必须使用独立的厂房与设施"、"分装室应保持相对负压"（不向外散失药品粉尘）、"排至室外废气应经净化处理并符合要求"、"排风口远离其他空气净化系统的进风口"等；"产尘最大的洁净室（区）经捕尘处理仍不能避免交叉污染时，其空气净化系统不得利用回风"。对于这些需要排出的废气，尤其是青霉素、激素和疫苗等高致敏性药品的生产车间的空气流，不能作为回风，也不容许直接排空，且治理难度大。

2. 制药废气的分类

药物的品种繁多，原材料、产品的结构与合成以及加工工艺千差万别，所以废气的组成差异较大。按所含主要污染物的性质不同，排出的废气可分为两类：含无机污染物废气和含有机污染物废气。进一步可细分为：含颗粒物废气、含挥发性有机物废气、发酵尾气、酸碱废气和恶臭气体等。发酵尾气是指发酵过程产生的CO_2、水蒸气和部分发酵代谢产物。

含挥发性有机物废气更多的是在提取和精制等生产工序的萃取分离、溶剂蒸馏回收以及输送、储存等过程中产生的。因为有洁净度的要求，大部分制药过程都是在封闭车间进行的，排风是整体排放的；车间产生的含有机溶剂废气几乎都以有组织形式排放。表7-1所列是原料药生产及制剂过程常见废气产生环节及污染物种类。

表 7-1 原料药生产及制剂过程常见废气产生环节及污染物种类

生产设施	废气产污环节名称	污染物种类	排放形式
原辅料系统	装卸料、转运、破碎、混匀、筛分、其他	颗粒物	有组织
	储罐呼吸口	VOCs	有组织
	储罐接口、桶装、其他	VOCs、臭气	有组织
配料	有机液体配料	VOCs	有组织
	pH 调整	氯化氢、氨	有组织
	固体配料、整粒筛分	颗粒物	有组织
	破碎	颗粒物	有组织
	其他	VOCs、颗粒物	无组织
发酵	发酵、种子培养	VOCs、颗粒物、臭气	有组织
	消毒	VOCs、颗粒物、臭气	有组织
	补料	颗粒物	有组织
	其他	—	无组织
反应	反应釜、缩合釜、裂解釜	非甲烷总烃、VOCs（特征污染物）、颗粒物、臭气等	有组织
	其他		无组织
分离	离心机废气	VOCs、臭气	有组织
	过滤间		有组织
	储罐呼吸口		有组织
	其他		无组织
提取	酸化罐、吸附罐、液储罐、浸提设备、转化罐	VOCs、臭气	有组织
	其他		无组织
精制	结晶罐、带式三合一、脱色罐、精馏塔	VOCs、臭气	有组织
	其他		无组织
干燥	干燥设备、真空泵排气	颗粒物、VOCs、臭气	有组织
	其他		无组织
成品	磨粉机、分装机	颗粒物	有组织
	真空泵排气	VOCs、臭气	有组织
	其他		无组织
溶剂回收	蒸馏塔、精馏塔不凝气	VOCs	有组织
	萃取罐、降膜吸收塔排气		有组织
	真空泵排气		有组织
	储罐呼吸气		有组织
	其他		无组织

续表

生产设施	废气产污环节名称	污染物种类	排放形式
固体废物收集处置系统	固废储存废气	VOCs、臭气	有组织
	其他	颗粒物、氯化氢、VOCs	无组织
废水处理系统	废水处理	VOCs、硫化氢、氨、臭气	有组织
	厌氧池	VOCs、硫化氢、氨、臭气	有组织
	其他	VOCs、硫化氢、氨、臭气	无组织

无组织排放是指大气污染物不经过排气筒的无规则排放；低矮排气筒的排放属于有组织排放，但在一定条件下也可能造成与无组织排放相同的后果，因此，在执行"无组织排放监控浓度限值"指标时，由低矮排气筒造成的监控点污染物浓度增加不予扣除。反之则为有组织排放。

二、制药废气的特点

1. 挥发性有机物（VOCs）与恶臭气体的特点

制药行业是产生 VOCs 与恶臭气体的主要行业之一，在生物发酵、化学合成、有机溶剂的运输、储存、使用和回收、产品提纯干燥及废水处理等过程中会产生各类 VOCs 与恶臭等污染物。其中常含有烃类化合物、含氧有机化合物、含氮化合物、含硫化合物和卤素及衍生物等。

研究检测表明，在已经发现人们凭嗅觉能感受到的 VOCs 与恶臭物质有 4000 余种，其中制药行业产生涉及上百种以上，这些 VOCs 与恶臭物质不仅给人的感觉器官以刺激，使人感到不愉快和厌恶，而且大多具有毒性。其中硫醇类、酚类可直接危害人体的健康，氯乙烯、苯、多环芳烃、甲醛等属于致癌物。而且一些 VOCs 具有易燃易爆性，对生产企业存在安全隐患，VOCs 中的氯代烃也可破坏臭氧层。

2. 酸碱废气和发酵废气的特点

酸碱废气具有强烈的刺激性味道，伤害人的呼吸系统，另外形成的酸雨有很强的腐蚀性，危害农作物和建筑物，影响人类生存环境。生物发酵尾气主要成分为空气和二氧化碳，同时含有少量培养基物质以及发酵后期细菌开始产生抗生素时菌丝的气味，以及少量的硫化氢、氨气、有机酸等恶臭气体等特殊难闻气味，还有药物或其中间体浓度在空气中不断升高，都可能加大对人体及环境的危害。

3. API 粉尘气体的特点

粉尘的特点之一是污染大气，危害人类的健康。制药粉尘往往含有许多有毒成分，当人体吸入粉尘后，小于 5μm 的微粒，极易深入肺部，引起中毒性肺炎或硅沉着病，有时还会引起肺癌。沉积在肺部的污染物一旦被溶解，就会直接侵入血液，引起血液中毒，未被溶解的污染物，也可能被细胞所吸收，导致细胞结构的破坏。粉尘还具有爆炸危害，粉尘爆炸会给生产企业和人民生命财产造成巨大损害。

此外，粉尘还会沾污建筑物，并使建筑物遭受腐蚀。降落在植物叶面的粉尘会阻碍光合作用，抑制其生长。

第二节 无机废气的处理技术

一、无机废气处理的技术方法

在制药工业的酸性或碱性废气处理过程中，所用吸收剂通常是含有能与被吸收组分进行化学反应的活性组分的溶液，吸收剂中能够溶解可溶性组分的物质叫溶剂，吸收剂中的部分或全部活性组分将因反应而消耗。所用吸收剂包括：水、碱性水溶液或酸性水溶液。特殊情况下，可采用合适的有机溶剂或有机物的水溶液作为吸收剂，如单乙醇胺用于酸性气体的吸收或采用 $Ca(OH)_2$、石灰石、$CaCO_3$、镁质（MgO）以及碱质（$NaOH$、Na_2CO_3）等碱性固体干粉吸收酸性气体。废气中没有被吸收的组成部分视为惰性气体，相当于气相中组分的载体。当然，对于物理吸收过程，其中惰性气体和吸收剂是不消耗的。

就物理吸收而言，溶液面上在某种程度上有较大的组分压力，而且吸收到最后只能进行到气相中的组分压力略高于组分在溶液面上的平衡压力为止。对于稀溶液，组分在气相中的平衡分压符合亨利（Henry）定律，即在恒温状态下，平衡分压与组分在溶液中的分数成正比。

$$p_B = k_i x_B$$

在伴有化学吸收的情况下，被吸收的组分在液相中是以化合物状态结合在一起。在不可逆反应时，溶液面上的组分平衡分压极小，但也可充分吸收；在可逆反应时，溶液上方有明显的组分压力，但比物理吸收时小。

废气的处理方法主要有吸收法、吸附法、催化法以及膜分离等，吸收法处理含无机物的废气，技术比较成熟，操作经验比较丰富，适应性较强。吸收过程一般需要在特定的吸收装置中进行，吸收装置的主要作用是使气液两相充分接触，实现气液两相间的传质。用于气体净化的吸收装置主要有填料塔、板式塔、喷淋塔、液膜吸收塔和搅拌槽等，如图7-1所示。

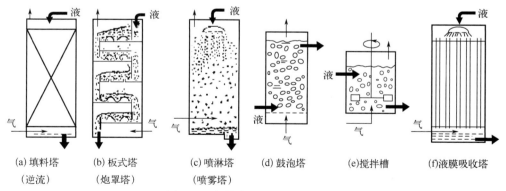

|(a)填料塔|(b)板式塔|(c)喷淋塔|(d)鼓泡塔|(e)搅拌槽|(f)液膜吸收塔|
|(逆流)|(炮罩塔)|(喷雾塔)|

图7-1 气体净化的典型吸收装置

填料塔筒内装填一定高度的填料（散堆或规整填料），以增加气液两相间的接触面积。用作吸收的液体由液体分布器均匀分布于填料表面，并沿填料表面下降。需净化的或/和吸收的气体由塔下部通过填料孔隙逆流而上，并与液体充分接触，其中气体由气相进入液相中，被吸收或进行化学反应，从而达到气体处理的目的。

板式塔筒内装有若干块水平塔板，塔板两侧分别设有降液管和溢流堰，塔板上安设泡罩、浮阀等元件，或按一定规律开成筛孔，即分别称为泡罩塔、浮阀塔和筛板塔等。操作时，吸收液首先进入最上层塔板，然后经各板的溢流堰和降液管逐板下降，每块塔板上都积有一定厚度的液体层。需净化的或/和吸收的气体由塔底进入，通过塔板向上穿过液体层，鼓泡而出，其中的气体逐步被板上的液体层所吸收或/和与板上的液体反应，从而实现气体的处理。

喷淋塔内既无填料也无塔板，是一个空塔。操作时，吸收液由塔顶进入，经喷淋器喷出后，形成雾状或雨状下落。待处理的气体由塔底进入，在上升过程中与雾状或雨状的吸收液充分接触，其中的气体经雾状或雨状液吸收或/和反应而得到处理。

在图 7-1 中所列列管式液膜吸收塔，进行气液两相逆流以及气液两相并流下降的降膜吸收操作，或气液两相并流上升的升膜式吸收操作，主要用在需要同时传热的吸收过程，如从高浓度气体混合物中分离 HCl、NH_3 等。对降膜吸收操作，气速可达 $4 \sim 5 m/s$。

除了上述吸收设备外，还有文丘里吸收器以及类似于喷淋塔的喷射式吸收器。

板式塔、鼓泡塔以及鼓泡搅拌槽中气液两相接触表面是随气流而扩展的，在液体中呈小气泡和喷射状态分布，接触表面是由流体动力状态（气体和液体的流量）所决定的。

水幕废气净化器是专门处理各种工业废气和粉尘的湿式净化装置，类似于降膜吸收塔通过气液混合进行吸收及反应实现净化，与传统的喷淋式废气吸收塔（洗涤塔）相比，无须装填任何填料，且净化效率较高。另外，工业气体膜法脱湿、工业气体酸性组分（二氧化硫、二氧化碳）膜法脱除有机蒸气与回收、天然气膜法净化等均有研究和应用。膜表面孔的大小最大也只有微米级，最小只有纳米级。膜的分离，简单地说，就是筛分，即利用膜表面孔的机械筛分原理，将不同大小的物质分离开，达到分离、纯化、浓缩的目的。但是，膜分离技术在酸性气体的吸收应用领域尚有许多工程基础问题需要研究解决。

在吸收设备中，吸收推动力通常是沿着设备的长度或流体运动轨迹而变化的，并且取决于两相相互运动的特征（逆流、并流、错流等），可以连续或逐级接触。在连续接触式吸收器中，相运动的特性沿着设备的长度方向上是不变化的，而推动力的变化是连续的。逐级接触吸收器是沿着气体和液体运动方向，由几级吸收过程而组成的，物质从一级传递到另一级时的推动力是突跃式变化的。

因此，对于高浓度或难溶性气体的吸收，液体的与气体的体积流量之比 V_L / V_G 很大（$0.05 \sim 0.1$），最适宜的设备是填料塔或喷淋塔。板式塔、鼓泡塔以及鼓泡搅拌槽都是不合适的。此外，尤其是从低浓度的气体中进行吸收时，即 V_L / V_G 很小（$0.0005 \sim 0.005$）时，填料塔就显得效率低下，因为填料塔内的喷淋密度低于 $5 \sim 6 m/h$ 时就不能稳定地操作。在适中的 V_L / V_G（$0.005 \sim 0.02$）时，上述大多数设备都能使用。

至于气体吸收过程中的两相流动采用何种形式，主要取决于组分在流出液体上方的平衡压力 p_B。若 $p_B = 0$ （例如硫酸吸收氨），逆流与并流等效果相同，但是并流的阻力降较低；若 $p_B \gg 0$，以逆流形式为宜。

作为经验，填料塔内气体的流速一般定在 $0.5 \sim 1.5 m/s$，在板式塔、鼓泡塔以及鼓泡搅拌等鼓泡式吸收器内气体的流速选定在 $1 \sim 2 m/s$ 为宜；气体中固体物或反应生成物是不溶于或微溶于吸收剂的情况下，采用鼓泡塔、大通道规整填料塔或喷淋塔为宜；对于处理气体量不大的塔，即塔直径不超过 1m 的塔，选用散堆填料塔或鼓泡塔为宜。

二、无机废气处理工艺

药物的合成反应过程通常涉及的是有机化合物，因此反应生成或形成的酸性无机气体中难免分散有机物分子，为了利用反应生成或形成的酸性气体，必须从气体中先除去有机物分子，即先要使气体进行"净化"，然后才是进行气体的吸收处理。对于气体吸收处理，要注意的是气体中杂质气体的分离或处理，利用气体在溶剂中溶解度的差异或反应的活性来纯化。工业上典型的流程方案如图 7-2 所示。废气经处理后，必须符合《大气污染物综合排放标准》（GB 16297—1996）和/或《恶臭污染物排放标准》（GB 14554—1993）以及《锅炉大气污染物排放标准》等的控制要求。

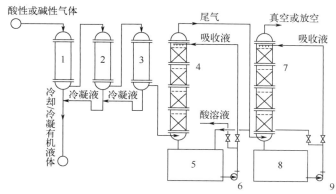

图 7-2　药物合成过程废气处理流程方案图

1—冷却器；2——级冷凝器；3—二级冷凝器；4—气体吸收塔；5—酸或碱液循环槽；
6—泵；7—尾气吸收塔；8—盐溶液循环槽；9—泵

1. 酸性气体处理

对于氯化氢等在水中溶解度大的气体，可用水直接吸收处理，这样不仅可消除此类酸性气体可能形成的环境污染，而且可副产有用的盐酸等，变废为宝。

吸收通常在吸收塔内完成，塔体一般以陶瓷、玻璃钢、塑料、搪玻璃或内衬这些非金属的钢材等加工，塔内填充陶瓷、玻璃或塑料制成的散堆或规整填料。塔顶部安装有液体分布器，使液体均匀地喷淋在填料表面上，常用的淋洒装置有莲蓬式、盘式、溢流堰式。对于直径 $D<1m$ 的塔，淋洒点按正方形排列时两点的间距应为 8～15cm，对于直径 $D>1m$ 的塔，淋洒点数可大致按 $(5D)^2$ 设置，因液体在填料层中趋于流向塔壁，故淋洒到填料层顶部的液体，落到塔壁附近（距壁面 5%～10%塔径处）不得超过 10%。

就氯化氢的吸收来说，一般用双塔串联吸收氯化氢尾气的工艺流程，参见图 7-2。这些用于氯化氢气体处理的技术与方法，同样适用于氟化氢和溴化氢等易溶于水的酸性气体。必须注意的是：用于氟化氢吸收的装置中不可用玻璃或含玻璃质的材料，且氟化氢属高毒类，经黏膜和皮肤吸收可对全身产生毒性作用；溴化氢可引起皮肤、黏膜的刺激或灼伤，高度暴露时会引起肺水肿而导致死亡。

一些难溶于水的酸性气体，如难溶于水的硫化氢等，大多数情况下采用的是碱液吸收。实际上，这里的碱液吸收是反应吸收，利用硫化氢与氢氧化钠反应而将硫化氢除掉，而反应生产硫化钠或硫氢化钠溶于水溶液。最新的是对含 H_2S 的工业气体的细菌脱硫技术，脱硫选择性好及效率高、无废料排出，在常温、常压下操作，且设备简单，可副产高纯度的硫黄，操作成本是传统脱硫工艺的 50%。其过程是：含 H_2S 的工业气体经填料塔内水吸收，吸收液流经固定有脱硫微生物的生物反应器将 H_2S 转化为硫黄。

对于难溶性的二氧化硫气体的吸收，在医药、农药以及中间体等精细化工厂生产过程普遍使用的是碱液吸收法，并且，硫酸工业和冶金行业在处理含有二氧化硫的尾气以及锅炉烟气时，有时也采用碱液吸收，多用填料塔和湍球塔（或称湍球塔）等，单塔处理效率 90%。如果二氧化硫是在乙酸等溶剂中进行反应，可用这些溶剂作第一步吸收液，循环回用；尾气再用碱处理，回收的亚硫酸钠可利用。近年来，出现了对二氧化硫气体综合利用的新技术。如，将废气中的二氧化硫进行液相催化氧化吸收生成稀硫酸，稀硫酸与废铁屑作用生成氢气和硫酸亚铁，氢气可做清洁能源等应用。其中，硫酸亚铁除可以作为二氧化硫催化氧化反应的主要催化剂之外，还可以供制备作为污水净化剂的聚合硫酸铁之用，此为污染源资源化提供了新途径。

2. 碱性气体处理

碱性气体的种类数比酸性气体的要少得多，氨气、一甲胺、二甲胺、三甲胺和一乙胺等低级胺，它们通常不是药物及其中间体合成反应过程中生成的副产物，多是反应过程中的原料，因合成反应或技术导致进入尾气系统需要处理净化。就氨气而言，用水吸收即可；而其有机胺宜用有机溶剂或稀硫酸等吸收。

3. 高毒性气体处理

对于那些通过吸入或由于皮肤接触可致命或严重伤害、损害人类健康的废气，以及能够造成延迟或慢性伤害或损害人类健康的废气，一般是通过反应吸收。

① 氰化氢以液碱吸收。对于高毒性的氰化氢气体，尽管其易溶于水，但是，工业上是用 2%的 NaOH 水溶液吸收中和，使之生成 NaCN，以达到回收利用的目的。经吸收所得含 NaCN 的废水，可采用次氯酸（盐）或双氧水氧化分解，并结合噬氰菌等微生物进一步处理。对于制药过程含氰废气吸收形成的废水，也可借助黄金行业广为应用的加有适量铜盐的活性炭床氧化法进行处理。

② 氯气以液碱吸收。这是化学反应吸收，通过此反应可回收次氯酸钠液，并直接用于本厂废水或废气治理。当氯气与氯化氢一起排出时，先用水吸收氯化氢后，再处理氯气。若希望回收所得的是氯气，可将含湿的氯气废气经硫酸喷淋塔干燥除去水分，再进入液化装置液化分离得液氯。

③ 光气和氟光气，用催化水解法处理，使光气和水或稀盐酸在催化剂层中相遇，反应生成二氧化碳和盐酸。光气生产和使用厂可视光气尾气排出量的大小，决定水喷淋量的大小，或回收 20%盐酸，或是将稀盐酸中和排放。

④ 氮氧化物用液碱吸收。氮氧化物主要是指 NO、NO_2，都是对人体有害的气体，特别是对呼吸系统有危害。在 NO_2 浓度为 $9.4mg/m^3$ 的空气中暴露 10min，即可造成呼吸系统失调。目前，氮氧化物废气的处理方法主要有干法和湿法。干法中受欢迎的是选择性催化还原法，除氮效率高达 70%～90%。其原理是利用 NH_3、H_2、CO 或碳氢化合物等还原剂，借助 V_2O_5-TiO_2 及分子筛等催化剂将氮氧化物选择性地还原成氮气，其中以 NH_3 作还原剂的技术应用最为普遍。湿法吸收 NO_x 技术因过程简单、设备投资小，尤其适合于氮氧化物排量比较小的制药厂。在混入足量空气后，可直接用液碱反应吸收处理，吸收效率与氮氧化物中 NO

与 NO_2 的比例有关。NO 含量高，吸收效率低，$NO:NO_2=1:2$ 时，可以获得好的吸收效果；当氮氧化物浓度很低时，$NO:NO_2$ 需要达到 $1:3$ 以上。如果排空的气体中氮氧化物仍有微量不能清除，可用亚硫酸铵溶液进一步吸收处理。

⑤ 三氧化硫的处理。除了可以用图 7-2 的流程装置和相应的水吸收或碱液吸收工艺外，还可以借助经典的接触法制硫酸技术中的 SO_3 的流程装置和吸收工艺。对于 SO_3 排量比较小的生产过程，可直接用 98％硫酸作吸收剂，吸收塔为陶瓷填料塔，可回收得（20％的）发烟硫酸。

第三节　有机废气的处理技术

一、有机废气处理的技术方法

药物的合成、分离纯化及成型加工过程，频繁甚至大量使用氯乙烷、乙酸乙酯、乙醇、异丙醇、甲苯以及二甲苯等有机物，由于反应设备密封不好，或冷凝效率偏低，或干燥过程的有机蒸气等因素导致废气的形成。尤其是使用低沸点有机物，如硼烷、砷烷、乙炔、小分子烯烃、环氧乙烷、氯甲烷、氯乙烷、甲醇、乙醇、磷化氢、硼化氢以及甲胺等，它们自身相互混合或与空气混合产生有机物废气，且绝大多数是有毒害的。在生产过程中，首先想到的不应是有机废气的处理，而应是如何减少废气的形成量，因此，要从源头减少溶剂的排放，改善系统结构和生产工艺条件以降低排放量。

目前，含有机污染物废气的一般处理方法有：冷凝法、吸收法、催化燃烧法、催化法、吸附法、低温等离子体法、生物法、光催化氧化法、蓄热式氧化法等。对低沸点溶剂采用活性炭吸附收集，加热解吸回收法；不能回收的有机废气，用生物净化法处理效果不好的，可以考虑焚烧法或催化燃烧法；对无法回收利用的有机废气可采用纳米催化剂和酶的催化氧化分解以及超临界氧化分解等新技术。

1. 吸附法

它是将废气与大表面多孔性固体物质（吸附剂）接触，使废气中的有害成分吸附到固体表面上，从而达到净化气体的目的。溶剂的吸附回收是制药工业常见的过程技术，含有机污染物的废气包括吸附和吸附剂再生的全部过程。

吸附过程是一个可逆过程，当气相中某组分被吸附的同时，部分已被吸附的该组分又可以脱离固体表面而回到气相中，这种现象称为脱附。当吸附速率与脱吸附速率相等时，吸附过程达到动态平衡。此时的吸附剂已失去继续吸附的能力。因此，当吸附过程接近或达到吸附平衡时，应采用适当的方法将被吸附的组分从吸附剂中解脱下来，以恢复吸附剂的吸附能力，实现吸附剂的再生。

当废气通过吸附床时，其中的有机物被吸附剂吸附在床层中，废气得到净化。当吸附剂吸附达到饱和后，通入水蒸气（或者热风）加热吸附床，对吸附剂进行脱附再生，有机物被吹脱放出，并与水蒸气（或热空气）形成蒸气混合物一起离开吸附床，蒸气混合物过冷凝器冷却冷凝为液体。若有机溶剂为水溶性的，则使用精馏法，将液体混合物分离提纯；若为水不溶性的，则用分离器直接分离回收 VOC。

合理地选择和利用高效吸附剂，是吸附法处理含有机污染物废气的关键。常用的吸附剂有活性炭、活性氧化铝、硅胶、分子筛和褐煤等。吸附法的净化效率较高，特别是当废气中的有机污染物浓度较低时其仍具有很强的净化能力。因此，吸附法特别适用于处理排放要求比较严格或有机污染物浓度较低的废气。但吸附法一般不适用于高浓度、大气量的废气处理。否则，需对吸附剂频繁地进行再生处理，这会影响吸附剂的使用寿命，并增加操作费用。

有机废气的吸附法还可进一步细分为：直接吸附法、吸附-回收法和吸附-催化燃烧法等。

（1）直接吸附法　有机废气经活性炭吸附，可达 95%以上的净化率，设备简单、投资小，但活性炭更换频繁，增加了装卸、运输、更换等工作程序，导致运行费用增加。其中，活性炭吸附被认为是最经济且最安全的方法。

含有溶剂的废气在生产装置中被抽出来，在废气过滤和冷却后，溶剂积聚在活性炭的孔隙中，就这样从废气流中分离出来。装置的设计可以达到纯净空气中的溶剂浓度只有几毫克每立方米。当吸附器充满溶剂后，就用蒸汽通进去，这样溶剂又从活性炭中被驱赶出来。蒸汽和溶剂的混合物被冷却，冷凝并送入一个收集容器。

（2）吸附-回收法　利用纤维活性炭吸附有机废气，在接近饱和后用过热水蒸气反吹，进行脱附再生；本法要求提供必要的蒸汽量。

（3）吸附-催化燃烧法　此法综合了吸附法及催化燃烧法的优点，采用新型吸附材料（蜂窝状活性炭）吸附，在接近饱和后引入热空气进行脱附、解析，脱附后废气引入催化燃烧床无焰燃烧，将其彻底净化，热气体在系统中循环使用，大大降低能耗；适用于大风量、低浓度的废气治理。

2. 吸收法

吸收法又称为吸收净化法。它是利用废气中各混合组分在选定的吸收剂中溶解度的不同，或其中一种或多种组分与吸收剂中活性组分结合，将有害物从废气中分离出来，从而达到净化废气的目的的一种方法。

通常使用的吸收剂为水、柴油、煤油或其他溶剂等，任何可溶于吸收剂的有机物，都将从气相转移到液相中，使气相有机污染物变成液相污染物，吸收液再进一步处理，通常采用精馏来进行溶剂的精制回收，当用非水吸收剂时，还需要进行吸收剂的再生。吸收法使用的吸收设备主要有填料塔、板式塔、喷淋洗涤器、泡沫洗涤器、文氏管洗涤器等。吸收法的优点是几乎可以处理各种有害气体，适用范围很广，并可回收有价值的产品；缺点是工艺比较复杂，吸收效率有时不高，吸收液需要再次处理，否则会造成废水的污染。

3. 冷凝法

冷凝法是利用物质在不同温度下具有不同的饱和蒸气压这一性质，采用降低系统温度或提高系统压力，使处于蒸气状态的污染物冷凝并从废气中分离出来的方法。冷凝法是最简单的回收技术，特别适用于处理废气浓度在 $10000\mu L/L$ 以上的高浓度有机废气，基本原理是将废气冷却，使其温度低于有机物的露点温度，使有机物冷凝成液滴，从废气中直接分离出来，并进行回收。对于高沸点溶剂采用冷凝法（单冷或者双冷、三冷）回收可以获得很高的回收效率，而对于低沸点溶剂，在通常操作条件下，由于有机物蒸气压的限制，离开冷凝器的排放气中仍含有一定浓度的 VOCs，一般不能满足环境排放标准。要获得高的回收率，系统需要很高的压力或很低的温度，设备、能耗费用显著地增加。

4. 催化燃烧法

催化燃烧法是在催化剂的作用下，使有机废气中的碳氢化合物在温度较低的条件下迅速氧化成水和二氧化碳，达到治理的目的。催化燃烧过程是在催化燃烧装置中进行的。有机废气先通过热交换器预热到 200~400℃，再进入燃烧室，通过催化剂床时，碳氢化合物的分子和混合气体中的氧分子分别被吸附在催化剂的表面而活化。由于表面吸附降低了反应的活化能，碳氢化合物与氧分子在较低的温度下迅速氧化，产生二氧化碳和水。

催化燃烧法适用于气态和气溶胶态污染物的治理。进入催化燃烧装置的废气中有机物的浓度应低于其爆炸极限下限的 25%。当废气中的有机物浓度高于其爆炸极限下限的 25% 时，应通过补气稀释等预处理工艺使其降低到其爆炸极限下限的 25% 方可进行催化燃烧处理。对于含有混合有机化合物的废气，其混合气体爆炸极限下限应低于最易爆组分或混合气体爆炸极限下限的 25%。进入催化燃烧装置的废气浓度、流量和温度应稳定，不宜出现较大波动。进入催化燃烧装置的废气中颗粒物浓度应低于 10mg/m³；进入催化燃烧装置的废气中不得含有引起催化剂中毒的物质；进入催化燃烧装置的废气温度应低于 400℃。

5. 再生热氧化分解法

它是利用蓄热式焚烧器进行热氧化降解，在高温下（≥760℃）将有机废气氧化生成 CO_2 和 H_2O，从而净化废气，并回收分解时所释出的热量，以达到环保节能的双重目的。此焚烧器又称再生热氧化分解器（regenerative thermal oxidizer，RTO），属于节能型环保装置。其主体结构由燃烧室、陶瓷填料床和切换阀等组成（见图 7-3）。该装置中的蓄热式陶瓷填充床换热器可使热能得到最大限度的回收，热回收率大于 95%，处理 VOCs 时不用或使用很少的燃料。净化率高，净化率一般在 98% 以上，可实现全自动化控制，操作简单、运行稳定、安全可靠性高。蓄热室内温度均匀分级增加，加强了炉内传热，换热效果更佳，炉膛容积小，降低了设备的造价。采用分级燃烧技术，延缓状燃烧下释出热能；炉内升温匀、烧损低、加热效果好，不存在传统燃烧过程中出现的局部高温高氧区，抑制了热力型氮氧化物（NO）的生成，无二次污染。

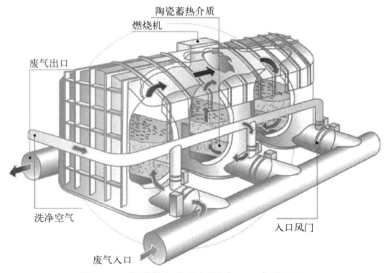

图 7-3　再生热氧化分解器（RTO）装置图

RTO 可用于处理中高浓度挥发性有机废气，若处理低浓度废气，可选装浓缩装置，以降低燃烧消耗。适用于废气成分经常发生变化或废气中含有使催化剂中毒或活性衰退的成分（如水银、锡、锌等的金属蒸气和磷、磷化物、砷等，容易使催化剂失去活性；含卤素和大量的水蒸气的情形），含有卤素碳氢化合物及其他具有腐蚀性的有机气体。

生产过程中产生的有机废气经过蓄热陶瓷的加热后，温度迅速提升，在炉膛内燃气燃烧加热作用下，温度达到 760℃以上；有机废气中的 VOCs 在此高温下直接分解成二氧化碳和水蒸气，形成无味的高温烟气，然后流经温度低的蓄热陶瓷，大量热能即从烟气中转移至蓄热体，用来加热下一次循环的待分解有机废气，高温烟气的自身温度大幅度下降，再经过热回收系统和其他介质发生热交换，烟气温度进一步降低，最后排至大气。

6. 紫外线（ultravioletlight，UV）催化氧化法

废气的紫外光解催化氧化机理包括两个过程：一是在产生高能离子群体的过程中，一定数量的有害气体分子受高能作用，本身分解成单质或转化为无害物质；二是含有大量高能粒子和高活性的自由基的离子群体，与分子气体（如 HS、甲苯等）作用，打开了其分子内部的化学键，转化为无害物质。新生态的氧离子具有很强的氧化性，能有效地氧化分解不受负离子作用控制的有机物。与废气反应后多余的氧离子（正），能与氧离子（负）很快结合成中性氧。

7. 低温等离子体法

等离子体是继固态、液态、气态之后的物质第四态，当外加电压达到气体的放电电压时，气体被击穿，产生包括电子、各种离子、原子和自由基在内的混合体。放电过程中虽然电子温度很高，但重粒子温度很低，整个体系呈现低温状态，所以称为低温等离子体。低温等离子体降解污染物是利用这些高能电子、自由基等活性粒子和废气中的污染物作用，使污染物分子在短时间内发生分解去除污染物。低温等离子体技术也可以处理恶臭气体。

二、有机废气处理工艺

选择有机废气处理方法，要综合考虑有机污染物质的类型、有机污染物质的浓度水平、有机废气的排气温度、有机废气的排放流量、微粒散发的水平、需要达到的污染物控制水平。根据废气中所含有机污染物的性质、特点和回收的可能性，而采用不同的净化和回收方法。

1. 有机废气吸附工艺

吸附装置目前采用的吸附剂主要有蜂窝活性炭、蜂窝分子筛和活性炭纤维等。对于吸附装置吸附剂的一般要求如下：

① 采用颗粒状吸附剂时，气体流速宜低于 0.6m/s；采用纤维状吸附剂时，气体流速宜低于 0.15m/s；采用蜂窝状吸附剂时，气体流速宜低于 1.2m/s。

② 蜂窝活性炭和蜂窝分子筛的横向强度应不低于 0.3MPa，纵向强度应不低于 0.8MPa，蜂窝活性炭的 BET 比表面积应不小于 $750m^2/g$，蜂窝分子筛的 BET 比表面积应不小于 $350m^2/g$。

③ 活性炭纤维吸附剂的断裂强度应不小于 5N，BET 比表面积应不小于 $1100m^2/g$。

根据废气的来源，性质（温度、压力、组分）及流量等因素进行综合分析后选择工艺路线。根据吸附剂再生方式和解析气体后处理方式的不同，可选用的典型治理工艺有：水蒸气再生-冷凝回收工艺、热气流（空气）再生-催化燃烧或高温焚烧工艺、热气流（空气或惰性

气体）再生-冷凝回收工艺、降压解析再生-液体吸收工艺。

（1）水蒸气再生-冷凝回收工艺流程（图7-4）　采用水蒸气再生时，煤质颗粒活性炭吸附剂的性能应满足《煤质颗粒活性炭　净化水用煤质颗粒活性炭》（GB 7701.2）的要求，且丁烷工作容量应不小于85g/L，BET比表面积应不小于1200m^2/g。如果采用非煤质颗粒活性炭作为吸附剂时可参照执行。水蒸气的温度宜低于140℃。对于冷凝回收法处理解析气时，应符合以下要求：

① 可使用列管式或板式气-液冷凝器等冷凝装置。

② 当有机物沸点较高时，可采用常温水进行冷凝；当有机物沸点较低时，冷却水宜采用低温水或常温-低温水多级冷凝。

③ 冷凝产生的不凝气应引入吸附装置进行再次吸附处理。

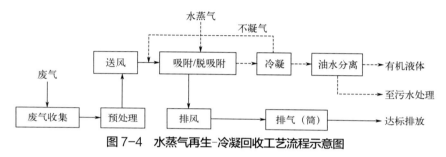

图7-4　水蒸气再生-冷凝回收工艺流程示意图

（2）热气流（空气）再生-催化燃烧或高温焚烧工艺流程　采用热气流吹扫方式再生时，煤质颗粒活性炭吸附剂的性能应满足《煤质颗粒活性炭　净化水用煤质颗粒活性炭》（GB 7701.2）的要求，采用非煤质颗粒活性炭作为吸附剂时可参照执行。颗粒分子筛的BET比表面积应不低于350m^2/g。热空气再生时，对于活性炭和活性炭纤维吸附剂，热气流温度应低于120℃；对于分子筛吸附剂，热气流温度宜低于200℃。含有酮类等易燃气体时，不得采用热空气再生。脱附后气流中有机物的浓度应严格控制在其爆炸极限下限的25%以下。高温再生后的吸附剂应降温后再使用。催化燃烧或高温焚烧法处理解析气时，产生的烟气应达标排放。采用催化燃烧法处理解析气时，应遵循《催化燃烧法工业有机废气治理工程技术规范》（HJ 2027—2013）的规定。

当废气中的有机物不宜回收时，宜采用热气流再生工艺；脱附产生的高浓度有机气体采用催化燃烧或高温焚烧工艺进行销毁。具体工艺见图7-5。

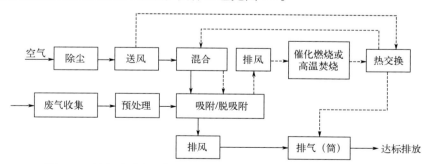

图7-5　热气流（空气）再生-催化燃烧或高温焚烧工艺流程示意图

（3）热气流（空气或惰性气体）再生-冷凝回收工艺流程　对热气流（空气或惰性气体）

再生要求同热气流（空气）再生。冷凝回收法解析气的要求同水蒸气再生-冷凝回收工艺冷凝回收法解析气要求，见图7-6。

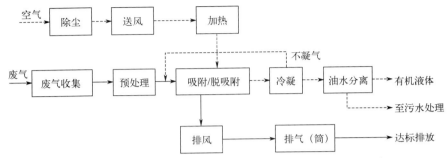

图7-6　热气流（空气或惰性气体）再生-冷凝回收工艺流程示意图

（4）降压解析再生-液体吸收工艺流程　采用降压解析再生时，其中颗粒活性炭的性能应满足《煤质颗粒活性炭 净化水用煤质颗粒活性炭》（GB 7701.2）的要求，且丁烷工作容量应不小于 125g/L，BET 比表面积应不小于 $1400 \text{ m}^2/\text{g}$。对于液体吸收法处理解析气时，吸收液中有机物的平衡分压应低于废气中有机物的平衡分压。液体吸收后的尾气不能达标排放时，应引入吸附装置进行再次吸附处理。具体工艺见图7-7。

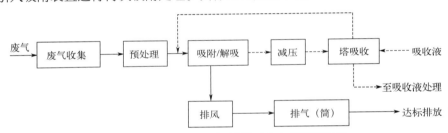

图7-7　降压解析再生-液体吸收工艺流程框图

2. 有机废气的催化燃烧处理工艺流程

对于难以生化处理的且具有一定燃烧值的有机废气，可采用催化燃烧处理工艺。其中，催化剂的工作温度应低于 700℃，并能承受 900℃ 的短时间高温冲击。设计工况下催化剂的使用寿命应大于 8500h；设计工况下蓄热式催化燃烧装置中蓄热体的使用寿命应大于 24000h。催化燃烧装置的设计空速宜大于 10000h^{-1}，但不应高于 40000h^{-1}。催化燃烧装置的压力损失应低于 2kPa。催化燃烧装置治理后产生的高温烟气宜进行热能回收。根据对废气加热方式的不同，所采用的催化燃烧装置分为常规催化燃烧装置和蓄热式催化燃烧装置。常规催化燃烧装置是指采用气-气换热器进行间接换热的催化燃烧装置。蓄热式催化燃烧装置是指采用蓄热式换热器进行直接换热的催化燃烧装置，简称 RCO。

图 7-8 是采用常规催化燃烧装置的废气处理工艺流程示意图。具体地，来自各岗位的废气进入集气管，然后经稀碱洗涤塔脱除酸性和部分水溶性废气，再送入燃烧装置处理。采用 RCO 的废弃处理工艺流程如图 7-9 所示，除了燃烧处理装置系统不同外，其前处理与常规催化燃烧工艺的相同。

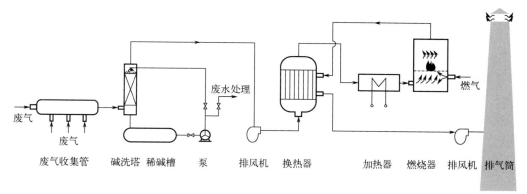

图 7-8 常规催化燃烧装置的废弃处理工艺流程示意图

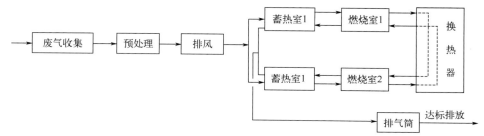

图 7-9 蓄热催化燃烧装置的废弃处理工艺流程框图

3. 典型工艺

化学合成药物生产的特点有: 品种多、更新快、生产工艺复杂; 需要的原辅材料繁多, 多采用间歇批生产方式, 产品对溶剂残留有严格限制; 其原辅材料和中间体不少是易燃、易爆、有毒性的物品。化学合成类制药企业排放的废气污染物主要为挥发性有机物, 如乙醇、乙醚、乙酸乙酯、二氯甲烷、氯仿、异丙醇、丙酮、乙腈等。

生产过程主要以化学原料为起始反应物, 通过化学合成药物的中间体, 然后对其结构进行改造, 得到中间产物, 再经脱保护、提取、精制 (结晶分离) 和干燥等主要几步工序得到最终产品。

化学合成制药行业使用的有机溶剂主要用于反应物溶解、萃取分液、离心过滤、粗品淋洗、重结晶等工序。根据主要单元的操作条件和物料性质特征, 有机废气主要产生源有 6 类。

(1) 溶剂回收蒸 (精) 馏工序不凝气 为减少新鲜溶剂补充量, 从降低运行成本角度考虑, 近年来化学合成制药行业对有机溶剂均设计了较为完善的回收套用系统, 配备了相应的蒸馏塔 (釜), 对于较难分离的多组分体系采用了减压精馏塔或多级精馏系统, 冷凝系统普遍采用了一级水冷、二级冷冻盐水冷冻的方法, 回收套用率可达 85% 以上, 其余则以不凝气形式排入大气环境。由于气量较小, 没有鼓入新鲜空气, 造成废气污染物浓度较高, 很难达到排放标准。

(2) 反应过程产生的挥发气体 在药物合成和中间产物的合成过程中, 如果反应过程为常压反应, 那么在反应过程中会有部分气体产生或者部分溶剂挥发出来, 这部分气体气量小, 排污节点多, 经常造成生产车间工作场所环境质量恶化, 造成工作场所废气污染物浓度较高。

(3) 干燥工序废气 为降低晶体或粗品的含水率和溶剂含量, 固态产物类项目设计了闪蒸、盘式干燥、流化床干燥、喷雾干燥、真空烘箱等各类干燥设备，不管是间接还是直接加热，水分和溶剂均以废气形式排出。

（4）离心工序废气　离心结束取料过程和母液地槽的排空口不可避免产生溶剂挥发，另外，设备密闭不严密也会产生无组织废气。

（5）抽真空系统废气　各类塔釜间物料输送采用真空抽料方式的，物料中的低沸点溶剂经过真空系统损失比较大。常见的是水环式或喷射式泵真空抽料，挥发到气相中的有机溶剂部分被水吸收，其余以废气形式外排。

（6）储存过程的"大""小"呼吸　有机溶剂储存一般采用常压浮顶管储存，温度日间变化会形成"小"呼吸，卸车过程由于罐体内气体分压变化导致"大"呼吸，形成有机废气的无组织排放。

化学合成类医药企业上述有机废气产生的污染源均需采用密闭的收集装置。首先把有机废气收集起来，收集后的总废气进入公司废气收集系统，再输送到废气处理装置进行处理。对于不溶于水的溶剂，收集容器的设计使得溶剂和水只是靠重力就可以分离（如图 7-10 所示），或用加热的惰性气体（氮气）进行溶剂再生。

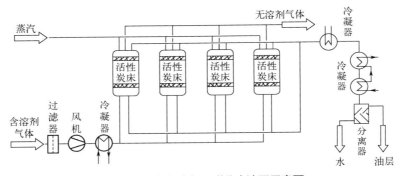

图 7-10　有机废气吸附分离流程示意图

若气体中含有酸性或碱性气体，则在吸附后采用水吸收将酸性或碱性气体除去。对于制剂过程及原料药精制加工过程、中药提取分离过程以及药物制剂配料过程用到的乙醇、氯仿等有机溶剂，均因挥发形成的溶剂蒸气而产生污染的空气，不得通过回风系统进入空气净化空调系统，而要排至废气处理系统。通常是含尘（包括生物活性颗粒）的废气，对含生物活性颗粒的气体先进行灭活处理，再采用各种除尘技术方式除去固体颗粒，然后用图 7-10 中整个流程工序或部分工序完成废气处理工作，实现分离、利用、净化处理。

如果回收是不经济的，可以用氧化方法消除有机物质。如果装置是自供热的，即不需要另外增加燃料，就特别适于使用燃烧方法。行之有效的热氧化方法的工作温度要比催化氧化方法的工作温度高，而且对所谓的催化剂毒性不敏感。采用较为合理的工艺为：洗涤+RTO+洗涤。对于二噁英在 RTO 中是无法避免的，但二噁英可以在温度高于 850℃且燃烧时间大于 1s 或者温度高于 800℃且燃烧时间大于 2s 时就可以分解掉，苯环被破坏掉后就不会有二噁英产生，即其反应是不可逆的。

碱洗净化系统能处理制药废气燃烧过程中产生的氯化氢气体、氨气雾、硫化氢气体等酸性气体。它适用于排放一定浓度的腐蚀性酸雾气体。工作原理为：需处理的制药废气，由离心风机压入净化塔的进气段后，垂直向上与喷淋段自上而下的液体发生吸收反应，使废气浓度降低，然后继续向上进入填料段，废气在塑料球中打滚并与吸收液起中和反应，使废气浓度进一步降低后进入脱水器，净化后的气体排出大气。经测定分析，酸雾净化效率可达90%以上，进一步处理RTO处理后的烟气和酸性气体，从而保证尾气达标排放。

对于经吸附和洗涤吸收后形成浓度极低的有机废气，因燃烧值过低，需要外加天然气等进行助燃，或利用生物膜法将废气中所含的污染物转化成低毒或无毒的物质。对于年产量不足1t的原料药生产过程以及废气总量偏低的情况下，废气处理可用吸附-吸收-（滴流床）生物膜吸收降解的过程工艺。

图7-11为某中间体合成工段的合成工艺流程和产物节点图，由图可见该中间产品经合成反应、蒸馏、中和、静置分层、干燥、过滤、结晶、离心、干燥、溶剂回收等工序制得中间体。根据《制药工业污染防治技术政策》中"大气污染防治"的要求：

① 粉尘、筛分、总混、过滤、干燥、包装等工序产生的含药尘废气，应安装袋式、湿式高效除尘器捕集。

② 有机溶剂废气优先采用冷凝、吸附-冷凝、离子液吸收等工艺进行回收，不能回收的应进一步处理。

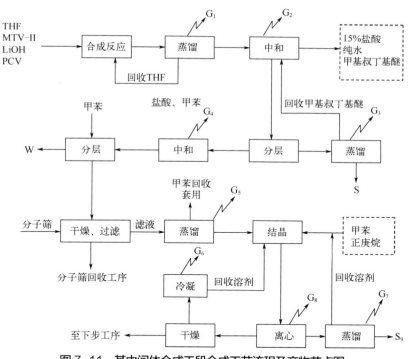

图7-11 某中间体合成工段合成工艺流程及产物节点图

③ 含氯化氢等酸性废气应采用水或碱液吸收处理，含氨等碱性废气应采用水或酸吸收处理。

对于回收THF的蒸馏不凝尾气 G_1，根据THF的理化性质，THF易溶于水的有机废气和中和反应过程中挥发的废气 G_2、G_4（含有氯化氢）经收集后采用多级高效填料水或碱液吸收装置吸收处理；对于离心过程中挥发的废气 G_8 通过集气罩收集后和蒸馏不凝尾气 G_3、G_5 和 G_7 一并进入废气收集系统，采用多级活性炭吸附装置吸附-脱附处理。对于溶剂使用量比较大的甲苯溶剂，可以进行单独收集后采用图 7-4 水蒸气再生-冷凝回收工艺流程或图 7-6 热气流（空气或惰性气体）再生-冷凝回收工艺流程的处理方法把高浓度的甲苯先吸收下来，再通过冷凝的方法把甲苯回收进行循环利用。对于溶剂使用量较少的不溶于水的混合溶剂（除卤素物质）可采用图 7-5 热气流（空气）再生-催化燃烧或高温焚烧处理的方法，先吸附溶剂再催化燃烧或焚烧处理。

第四节　制药恶臭气体与发酵尾气处理技术

一、制药恶臭气体处理的技术方法

在制药企业迅速发展的同时，也向大气中排放了大量有机、无机废气，对环境造成严重影响，其中以带有恶臭气味的气体影响最为突出。恶臭气体不仅对生态环境造成严重影响，而且对人体健康具有极大的危害。恶臭气体的污染源多，污染面广，涉及行业多，浓度一般较低，成分复杂，监测难度大，治理困难。恶臭气体的浓度较低，处理后要求的恶臭气体浓度更低，这使得恶臭气体污染的治理有别于一般空气污染的治理。各种恶臭气体处理方法的目的在于经过物理、化学、生物的作用，使恶臭气体的物质结构发生变化，消除恶臭。恶臭气体常见处理方法有燃烧法、氧化法、吸收法、吸附法、中和法和生物法等，其定义、适用范围和特点见表 7-2。

表 7-2　常见恶臭气体处理方法比较

处理方法	定义	适用范围	特点
燃烧法	通过强氧化反应降解可燃性恶臭物质的方法	适用于高浓度、小气量的可燃性恶臭物质的处理	分解效率高，但设备易腐蚀、消耗燃料、成本高，处理中可能生成二次污染物
氧化法	利用氧化剂氧化恶臭物质的方法	适用于中、低浓度恶臭气体的处理	处理效率高，但需要氧化剂，处理费用高
吸收法	用溶剂吸收臭气中的恶臭物质而使气体脱臭的方法	适用于高、中浓度的恶臭气体的处理	处理流量大、工艺成熟，但处理效率不高、消耗吸收剂，污染物仅由气相转移到液相
吸附法	利用吸附剂吸附去除恶臭气体中恶臭物质的方法	适用于低浓度的、高净化要求的恶臭气体的处理	可处理多组分的恶臭气体，处理效率高
中和法	使用中和脱臭剂减弱恶臭感官强度的方法	适用于需立即、暂时地清除低浓度恶臭气体影响的场合	可快速消除恶臭的影响，灵活性大，但恶臭气体物质并没有被去除，且需投加中和剂
生物法	利用微生物降解恶臭物质而使气体脱臭的方法	适用于可生物降解的水溶性恶臭物质的去除	去除效率高，处理装置简单，处理成本低廉，运行维护容易，可避免二次污染

低温等离子体中去除恶臭的最主要的反应可分为电子、离子和自由基及分子碰撞反应 4 种。在电极间外加高压高频交变电流，表面生成微放电，同时诱导引发高电场，此高电场促使放电空间中的自由电子加速；此时电子在该电场中将被加速而获得足够的能量（1～10eV），并与气体分子撞击进行激发、游离、解离、结合或再结合等反应，生成许多电子、离子、介

稳态粒子及自由基等强高活性物种。常见的自由基如·OH、基态氧原子O（^{3}p）、亚稳态氧原子O（^{1}d）、·HO$_2$，这些高能、高活性物种可克服能阶的障碍，使气流中原本相当稳定的恶臭气体分子断键，促使气态反应快速进行，其部分反应式为：

$$e^- + O_2 \longrightarrow O + O + e^-$$

$$e^- + H_2O \longrightarrow OH + H + e^-$$

$$e^- + O_2 \longrightarrow 2e^- + O^{2+}$$

$$e^- + O_2 \longrightarrow 2e^- + O^+ + O\ （^3p）\ 或\ O\ （^1d）$$

$$H_2S + O_2\ （O^{2-} 或 O^{2+}）\longrightarrow SO_2 + H_2O$$

$$NH_3 + O_2\ （O^{2-} 或 O^{2+}）\longrightarrow NO_x + H_2O$$

$$VOCs + O_2\ （O^{2-} 或 O^{2+}）\longrightarrow CO_2 + H_2O$$

从上述反应可见，恶臭组分经处理后转变为SO$_2$、NO$_x$、CO$_2$、H$_2$O等小分子，产物浓度极低，无二次污染。

低温等离子体净化恶臭装置由低温等离子体发生管组、高压电源、电气控制和附属设施4部分组成：

① 低温等离子体发生管组在常温常压下获得非平衡等离子体，产生大量的高能电子和·OH、基态氧原子O（^{3}p)、亚稳态氧原子O（^{1}d)、·HO$_2$等活性粒子，对恶臭中有毒害污染物进行氧化、降解反应，最终转为无害物。

② 高压电源为低温等离子体发生管组提供高压电源。

③ 电气控制。根据实际恶臭气体质量浓度调节电源电压，使低温等离子体发生管维持在电晕放电状态；发生器短路时切断电源，起到保护作用。

④ 附属设施。包括低温等离子体净化全不锈钢主体设备，中间填充保温、消声材料和风机等。

恶臭气体通过离心风机先经过滤器去除杂质和水分，再到达低温等离子体净化器和主反应室，在主反应室内降低气流速度增加分解反应时间，提高净化效率，净化后气体外排，也有部分气体循环，循环气流中含有氧化能力活性粒子送到风机入口，可预处理及稀释入口恶臭气体，具体流程见图7-12。

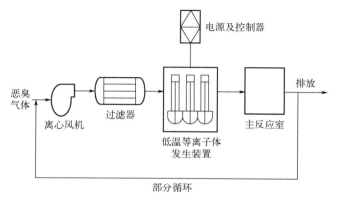

图7-12　低温等离子体处理恶臭流程图

利用低温等离子体处理恶臭气体是项新技术，已用于去除硫化氢、氨、甲硫醇等污染物，平均效率>80%。该技术在常温常压下进行，具有能耗低、无明显的二次污染、处理工艺简单和运行成本低等特点，可处理低浓度、高流速、大风量恶臭气体，去除效率较高。

下面对恶臭气体处理典型工艺进行介绍。

在生物制药的发酵、干燥、污水处理过程中均产生大量的恶臭异味气体，发酵过程产生的含氨废气如未经处理，将会对身体健康和环境质量产生严重影响。

针对制药厂废气处理，需要在恶臭产生源头加设收集罩，通过收集罩将产生的恶臭气体及时抽至除臭装置，以防止恶臭气体逸散出来影响周边及大气环境；经收集后的恶臭气体通过收集风管和风机抽引到预处理装置进行前处理，然后再送至复合光催化金属镍网单元，在C波段紫外灯照射下，分解部分臭气成分；最后，进入高级氧化处理装置内处理。

高级氧化技术（advanced oxidation processes，AOP）是对传统处理技术中的经典化学氧化法在改革的基础上应运而生的一种新技术方法，它是最有前景的处理难降解污染物的方法。采用AOP技术处理恶臭气体时，羟基自由基在杀菌、消毒、除臭与有机物反应后，其最终生成物是CO_2、H_2O和无害羧酸，接近完全矿化。氧化催化剂为贵金属氧化物，氧化剂在催化剂的作用下，产生氧化性极强的羟基自由基（·OH），这些自由基可分解几乎所有的有机物，将其所含的氢（H）和碳（C）氧化成水和二氧化碳，不带来二次污染，无须二次处理。

图7-13是用生物过滤器处理含有机污染物废气的工艺流程示意图，含有机污染物的废气首先在增湿器中增湿，然后进入生物过滤器。生物过滤器是由土壤、堆肥或活性炭等多孔材料构成的滤床，其中含有大量的微生物。通过喷嘴将水和营养物质一起喷到生物薄膜上。增湿后的废气在生物过滤器中与附着在多孔材料表面的微生物充分接触，其中的有机污染物被微生物吸附吸收，并被氧化分解为无机物，从而使废气得到净化。但是，酸性气体或重金属会妨害微生物的生长。与其他气体净化方法相比，生物处理法的设备比较简单，且处理效率较高，运行费用较低。因此，生物法在处理废气领域中的应用越来越广泛，特别是含有机污染物废气的净化。但生物法只能处理有机污染物含量较低的废气，且不能回收有用物质。该方法对原料药厂排出含硫醇、硫化氢和有机胺的混合的恶臭有机废气非

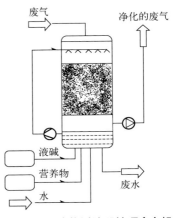

图7-13 生物过滤器处理含有机污染物废气的工艺流程示意图

常合适，通常采用生物除臭法或生物除臭与次氯酸钠处理法联用会得到更好的效果。生物除臭法是将废气通入一个挂有生物膜的填充塔中，有机物可被吸附和降解除去。

二、发酵尾气治理技术

随着制药企业技术迅猛发展，生物发酵工艺已成为制药企业生产必备工艺之一。因此，生产过程中有大量未处理尾气排入大气，使部分发酵代谢产物随尾气带出，甚至有特殊难闻气味产生。因此，必须对其发酵尾气进行治理。发酵排气成分复杂，国内外的处理方法不多，而且没有一个彻底、经济的合理方案。

一般在发酵罐尾气气液分离装置后再安装膜过滤器，膜过滤器分离效率高，但受发酵排气灭菌蒸汽等影响，膜过滤器使用寿命短，维护费用高；而且，对尾气而言，压降阻力大，这将带来一系列问题。首先空压机出口压力增高，电耗大大增加，而发酵罐压增高，将对罐

内生产菌代谢过程带来不可预计的影响；有的企业还没有充分认识到排气中的损失和危害，尾气一般直接排空，生产方式比较粗放，有措施的也只是采用低效率旋风分离器和喷淋吸收塔。

高级氧化与污染物的反应机理如下：

直接反应：
$$污染物 + O_3 \longrightarrow CO_2 + H_2O + RCOOH$$
$$H_2S + O_3 \longrightarrow H_2SO_3$$
$$NH_3 + O_3 \longrightarrow HNO_3 + H_2O$$

间接反应：
$$污染物 + \cdot OH \longrightarrow CO_2 + H_2O + RCOOH$$
$$H_2S + \cdot OH \longrightarrow H_2SO_4 + H_2O$$
$$H_2S + \cdot OH \longrightarrow H_2SO_3 + H_2O$$
$$NH_3 + \cdot OH \longrightarrow HNO_3$$

中和反应：
$$NaOH + H_2SO_3 \longrightarrow NaHSO_3 + H_2O$$
$$NaOH + H_2SO_4 \longrightarrow NaHSO_4 + H_2O$$
$$HNO_3 + NaOH \longrightarrow NaNO_3 + H_2O$$

LTAOP 高级氧化工艺过程为废气经管道收集后进入 LTAOP 高级氧化系统（见图 7-14），高级氧化系统能产生大量的羟基自由基及高能离子剂活性基团，DMF、哌啶、二氯甲烷、三氟乙酸、乙二硫醇、乙醚、乙腈等有害污染物与其中的活性自由基团发生化学反应，大量的有害污染物被分解为二氧化碳、水、无害羧酸后，进入催化氧化系统进一步进行处理，羟基自由基及高能离子剂活性基团在催化氧化剂的作用下与残余有害污染物再次发生化学反应，有害污染物被完全分解为二氧化碳、水及无害羧酸后进入碱吸收系统，经雾化喷淋洗涤系统进行雾化喷淋洗涤，通过逆流式吸收液（中和液 NaOH）的雾化喷淋洗涤，从而达到洁净效果。此方案不仅处理效率高，能高效去除 DMF、哌啶、二氯甲烷、三氟乙酸、乙二硫醇、乙醚、乙腈等污染物，在高级氧化分解中，O_3 参与直接反应、$\cdot OH$ 参与间接反应，在 pH>4 条件下，90%由间接反应完成；特别是对异臭气体的分解，在直接和间接反应后分解率达 95%以上。

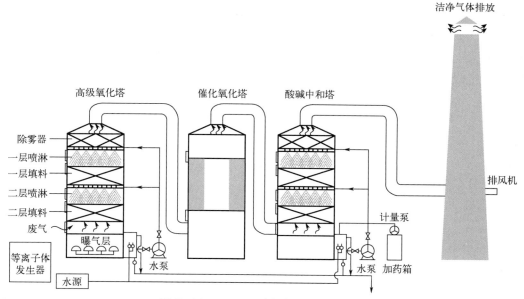

图 7-14 LTAOP 高级氧化工艺流程图

第五节　含尘气体的处理技术

工业粉尘通常指含尘的工业废气，产生于固体物料加工过程中的粉碎、筛分、输送等机械过程。这些在工业生产过程中散发的各种工业粉尘会破坏车间空气环境，危害操作员工的身体健康，损坏车间机器设备，排放还会污染大气环境造成社会公害。工业粉尘治理，是指对生产过程中产生的粉尘采取防止、抑制、滤除等措施，使员工的工作现场达到卫生标准，环保设施的排放达到排放标准，改善车间操作空气环境和防止大气污染。

一、除尘一般原理和设备

工业粉尘治理技术，按捕尘机理主要分为散发控制技术和源头控制技术。散发控制技术是利用吸附、压制、收集等各种物理或化学手段去除空气中已经产生的粉尘，也是国内目前主流的粉尘处理方式，主要表现形式有：过滤式除尘（袋式除尘）、静电除尘、喷水或喷雾除尘（湿式除尘）。

常用的除尘方法有机械除尘、洗涤除尘和过滤，所用除尘设备包括：旋风除尘器、洗涤器、颗粒层除尘器、电除尘器、袋除尘器等，它的选定依据有设备费、运行费、维修、所需动力、除尘效率、大型化的适应性。

1. 过滤式除尘（袋式除尘）

过滤式除尘器是使含尘气体通过一定的过滤材料来达到分离气体中固体粉尘的一种高效除尘设备。过滤式除尘装置包括袋式除尘器和颗粒层除尘器。袋式除尘器通常利用有机纤维或无机纤维织物做成的滤袋作过滤层，是一种干式滤尘装置。

它适用于捕集细小、干燥、非纤维性粉尘。滤袋采用纺织的滤布或非纺织的毡制成，利用纤维织物的过滤作用对含尘气体进行过滤，当含尘气体进入袋式除尘器后，颗粒大、密度大的粉尘，由于重力的作用沉降下来，落入灰斗，含有较细小粉尘的气体在通过滤料时，粉尘被阻留，使气体得到净化。颗粒层除尘器过滤层多采用不同粒径的颗粒如石英砂、河砂、陶粒、矿渣等组成。而颗粒层除尘器伴着粉末重复地附着于滤袋外表面,粉末层不断地增厚，布袋除尘器阻力值也随之增大；脉冲阀膜片发出指令，左右淹没时脉冲阀开启，高压气包内的压缩空气通了，如果没有灰尘了或是少到一定程度了,机械清灰工作会停止工作。

袋式除尘器的室内悬吊着许多滤袋，当含尘气流穿过滤袋时，粉尘便被捕集在滤袋上，净化后的气体从出口排出，见图 7-15。经过一段时间，开启空气反吹系统,袋内的粉尘被反吹气流吹入灰斗。

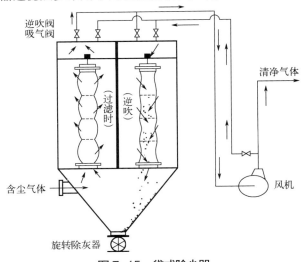

图 7-15　袋式除尘器

袋式除尘设备简单、操作费用低廉，但过滤层的介质空隙大于被滤除的尘埃或微生物，主要用于大量空气的处理，可用于粒径大于 0.5μm 的含尘气体过滤净化。对于粒径不超过 0.5μm 的含尘气体，一般选用微孔滤膜过滤器进行过滤净化。

2. 静电除尘

静电除尘是利用高压电场产生的静电力，使粉尘从气体中分离以净化气体的方法。工作原理是含有粉尘颗粒的气体，在接有高压直流电源的阴极线和接地的阳极板之间所形成的高压电场通过时，由于阴极发生电晕放电、气体被电离，此时，带负电的气体离子在电场力的作用下向阳极板运动，在运动中与粉尘颗粒相碰，则使尘粒荷以负电，荷电后的尘粒在电场力的作用下，亦向阳极运动，到达阳极后，放出所带的电子，尘粒则沉积于阳极板上，定时打击阳极板，使具有一定厚度的粉在自重和振动的双重作用下跌落在电除尘器结构下方的灰斗中，从而达到清除含尘气体中的颗粒物的目的。

常见的静电吸附除尘设备结构，按气流方向分为立式和卧式；按沉积板清洁方式分为（振动击打）干式和（间歇喷淋洗涤）湿式；按沉淀极形分为管式和板式，如图 7-16 所示。其中，单管式放电极系统结构简单，常在顶部设振打清灰机构，或在上端设置溢水槽布流动水膜实现及时清灰，还可采用非对称悬吊放电极结构等，以提高除尘效率；这类静电除尘器可用于小型制药车间以及其他产尘量小的中小型企业的空气净化。双区（窄间距）平板电场由电离区与集尘区两部分构成，此类结构多用于大型静电除尘机，其通风面积基本无损失，风阻更低，同时有效集尘面积大大增加，避免了频繁清洗。

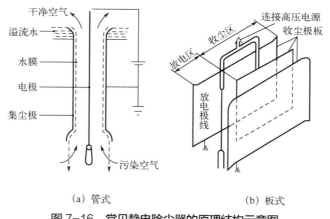

(a) 管式　　　　　　　　(b) 板式

图 7-16　常见静电除尘器的原理结构示意图

用静电除尘设备除去空气中的水雾、油雾、尘埃和微生物等微粒时，具有效率高和运行成本低等特点。在制药工业，静电除尘法常用于洁净工作台和洁净工作室所需无菌空气的预处理，再配合高效过滤器使用。

3. 湿式除尘

湿式除尘是用水（或其他液体）洗涤含尘气体，利用形成的液膜、液滴或气泡捕获气体中的尘粒。尘粒随液体排出，气体得到净化。它是利用水（或其他液体）与含尘气体相互接触，伴随热、质的传递，经过洗涤使尘粒与气体分离的技术。它既能净化废气中的固体颗粒污染物，也能脱除气态污染物，同时还能起到气体的降温作用。因此，广泛应用于工业生产各部门的空气污染控制与气体净化。典型的湿式除尘装置有各种各样的吸收塔、文丘里除尘器（见图 7-17）等。

湿式除尘器可以除去直径在 0.1μm 以上的尘粒，且除尘效率较高，一般为 80%～95%，高效率的装置可达 99%。洗涤除尘器的结构比较简单，设备投资较少，操作维修也比较方便。洗涤除尘过程中，水与含尘气体可充分接触，有降温增湿和净化有毒有害废气等作用，尤其适合高温、高湿、易燃、易爆和有毒废气的净化。洗涤除尘的明显缺点是除尘过程中要消耗大量的洗涤水，而且从废气中除去的污染物全部转移到水中，因此必须对洗涤后的水进行净化处理，并尽量回用，以免造成水的二次污染。此外，洗涤除尘器的气流阻力较大，因而运转费用较高。

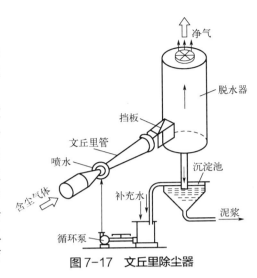

图 7-17　文丘里除尘器

尽管电除尘器捕集率高、压力损失低、维护管理容易，但是系统复杂、体积大，故主要用于火力发电、冶金以及建材等行业。并且，电除尘器受入口浓度的影响较大，入口浓度超过设计值，出口浓度不能达到要求值，而制药工业小批量多品种的生产特点是无法保证入口浓度不变的。过滤除尘是使含尘气体通过多孔材料，将气体中的尘粒截留下来，使气体得到净化的技术。过滤除尘器结构简单、对粒径不小于亚微米粒子的捕集性能极高。目前，制药工业用的过滤除尘器有袋式除尘器、高效过滤器（膜）、过滤纸以及过滤床层等。袋式除尘器基本结构是在除尘器的集尘室内悬挂若干个由织布、毡等圆筒状的滤布制成的滤袋，当含尘气流从外面或里面穿过这些滤袋的袋壁时，尘粒被袋壁截留，即把含尘的气体过滤，在滤布上堆积的粉尘层，通过周期性地振打布袋或反吹振动、脉动喷吹而使积尘脱落。袋式除尘器出口的灰尘浓度不大受入口浓度的影响，但是，袋式除尘器对于吸湿性的粉尘，温度降低时滤料有被堵塞的危险。需要注意的是，玻璃纤维布不能处理含有 HF 气体的含尘废气，也不适合于高湿性含尘废气的处理装置。机械除尘设备具有结构简单、易于制造、阻力小和运转费用低等特点，但此类除尘设备只对大粒径粉尘的去除效率较高，而对小粒径粉尘的捕获率很低。为了取得较好的分离效率，可采用多级串联的形式，或将其作为一级除尘使用。

二、制药过程粉尘的处理工艺

各种除尘装置各有其优缺点。对于那些粒径分布范围较广的尘粒，常将两种或多种不同性质的除尘器组合使用。例如，某化学制药厂用沸腾干燥器干燥氯霉素成品，排出气流中含有一定量的氯霉素粉末，若直接排放不仅会造成环境污染，而且损失了产品。在实际过程中采用经两只串联的旋风除尘器后，再经一只袋式除尘器，最后通过鼓风机送入洗涤除尘器的回收净化流程。这样不仅使排出尾气中基本不含氯霉素粉末，保护了环境，而且可回收一定量的氯霉素产品。制药过程中，因药物加工涉及的生物活性物质和固体药物及辅料等而形成粉尘，因参与药物加工过程的生产设备、人及其他生物体的运动或代谢形成离体固体碎屑，因溶剂或制剂中的气溶胶的挥发形成的蒸气以及人和其他生物体的呼吸气等，使得从车间内排出的废气通常不是简单的或单一的，而是复杂的混合废气。另外，在废液与废渣的处理过程中，对采用焚烧法处理含有机毒物的废渣与废液时，形成含尘、水蒸气以及酸性气等混合废气。无论是满足药物制剂生产过程 GMP 的要求，还是符合环境保护的要求，都必须认真对待混合废气的处理。

在我国制药企业中，有固体制剂药物生产的厂家就占到一半以上，可以说固体制剂是我国制药生产企业中的普遍剂型。对于药厂固体制剂净化车间而言，生产中的粉尘污染是其最突出的特点。在固体制剂生产的称量、粉碎、过筛、制粒、干燥、整粒、混合、压片、胶囊填充、颗粒包装等各工序中，最易发生粉尘飞扬扩散，特别是通过净化空调系统发生混药或交叉污染。对于有强毒性、刺激性、过敏性的粉尘，问题就更加严重。因此，对散发在固体制剂生产车间中的药物粉尘进行有效捕集、控制和清除就成为固体制剂生产中必须解决的重要问题。我国已于 2010 年 10 月 19 日经卫生部部务会议审议通过发布了《药品生产质量管理规范（2010 年修订）》（下称新版 GMP）。新版 GMP 对粉尘处理大致提出了以下要求：

① 产尘操作间（如干燥物料或产品的取样、称量、混合、包装等操作间）应当保持相对负压或采取专门的措施，防止粉尘扩散，避免交叉污染并便于清洁。

② 在干燥物料或产品，尤其是高活性、高毒性或高致敏性物料或产品的生产过程中，应当采取特殊措施，防止粉尘的产生和扩散。

③ 中药材和中药饮片的取样、筛选、称重、粉碎、混合等操作易产生粉尘，应当采取有效措施，以控制粉尘扩散，避免污染和交叉污染，如安装捕尘设备、排风设施或设置专用厂房(操作间) 等。

④ 浸膏的配料、粉碎、过筛、混合等操作，其洁净度级别应当与其制剂配制操作区的洁净度级别一致。中药饮片经粉碎、过筛、混合后直接入药，上述操作的厂房应当能够密闭，有良好的通风、除尘等设施。从上述条款可知，药厂对粉尘处理有着严格的要求，尤其是对产尘量较大的固体制剂生产。

为了探讨固体制剂净化车间粉尘产生的原因，下面以固体制剂典型的生产工艺流程为例进行说明，见图 7-18。按照新版 GMP 的要求，"口服固体药品的暴露工序"其生产环境洁净度级别为 D 级。

在固体制剂生产中，其至少需要以下几大工艺环节的物料输送过程，即前处理、制粒、总混合、制剂成型、包装。可以说，物料从一个工序的设备中取出再送入另一个工序的设备中，这一过程很难避免粉尘的暴露。

首先，采取密闭输送技术把粉尘收集起来，收集后的物料通过风机送入集气总管，再将各个过程收集后的粉尘送入袋式除尘器进行预处

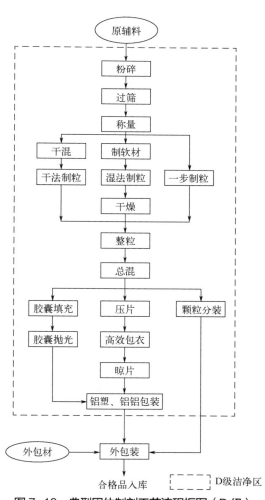

图 7-18 典型固体制剂工艺流程框图（D 级）

理，为了保证经预处理后的粉尘达标排放，可以在后续再加一级湿式除尘设备以保证废气达标排放。将整个除尘室作为一个排风负压室，在隔墙上设有带过滤器的排风口，无论除尘器的开停都不会影响房间的风量平衡。

对于净化车间的工作环境净化，可借助高效过滤膜、过滤纸、活性炭过滤床层以及硅藻土过滤床层等或者它们的组合方式处理混合废气，也有用水或水溶液洗涤混合废气，从而达到空气净化的目的。洗涤式空气净化可直接用逆流操作的填料塔装置以及工艺过程去实现，也就是说，可用气体吸收的类似装置和工艺过程处理医药工业产生的混合废气，提供符合新版 GMP 要求的车间用净化空气。对于空气湿度大、气溶胶含量高以及含有生物活性物质的混合废气的净化，洗涤式空气净化技术和装置是更合适的。图 7-19 所示为 GMP 车间空调排风系统流程图。

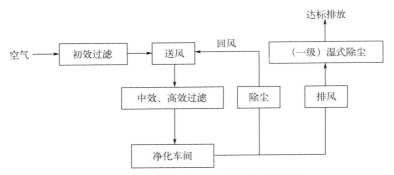

图 7-19　GMP 车间空调排风系统流程图

由于药物生产过程产生的废气，不是单一的某种无机的或有机的气体，而是混有有机原料或药物的含湿或含固的废气，也可能是集中无机或有机气体的混合废气，或是气、液、固三相的混合体。因此，对这些含湿、含（微生物和病毒等在内的）固体悬浮物的废气的处理，实际上是一个气液、气固或气液固多相混合物的分离问题。可利用它们的质量和颗粒的大小差异，借助外力的作用将其分离出来；而处理含无机或有机污染物的废气则要根据所含污染物的物理性质和化学性质，通过冷凝、吸收、吸附、燃烧、催化以及微生物发酵或酶催化转化等方法进行无害化处理，最好的方式是在生产过程中采用避免或减少废气形成的合成技术与工艺；对于废气的处置，首先应该考虑的是利用，其次才是无害化处理。

 习题 ....

1. 药品生产过程废气的类型及主要来源有哪些？
2. 简述常用的有机废气的处理方法。
3. "三废"治理的"源头消减"技术思想是什么？如何利用此技术思想进行制药工业挥发性有机物的治理？
4. 常用含粉尘废气的处理方法。
5. 《药品生产质量管理规范》（GMP）对粉尘处理提出的要求有哪些？
6. 请设计固体制剂车间排出混合废气的水或水溶液洗涤工艺流程，并经分析后给出废水处理方案。

第八章

制药过程固体废物的综合治理技术

 学习目标

熟悉：制药工业固体废物污染的种类、特点及其常见的综合治理技术或工艺流程；

了解：制药工业固体废物污染排放标准和技术新进展，制药固体废物综合治理策略；

掌握：包括填埋法、焚烧法、生物堆肥法以及减量法在内的固体废物处理技术方法，能够对制药工业固体废物进行分类辨识，能够针对特定药物生产的某一单元操作过程或全流程操作过程产生的（含尘）固体废物设计综合处理技术方案或工艺流程方案。

在制药过程中，活性炭脱色精制工序产生的废活性炭、铁粉还原工序产生的铁泥、锰粉氧化工序产生的锰泥、反应生成或脱水产生的废盐渣以及蒸馏残渣（液）、废溶剂、失活催化剂、中药浸提药渣、发酵菌渣、过期的药品、不合格的中间体和产品等，都属于固体废物。制药工业固体废物的组成复杂，且大多含有高占比的有机污染物，有些还是剧毒、易燃、易爆、腐蚀性、反应性、感染性物质。在收集、厂区暂存、运输、处置或综合利用过程中，如果不采取相应的污染防治措施，容易造成地表水、土壤、地下水污染，废物焚烧产生有害气体影响环境空气质量和人群健康，废水处理产生含重金属的污泥及活性污泥等，都会对环境带来二次污染。因此，必须对药厂固体废物进行适当的处理，以免造成环境污染。

第一节 制药工业固体废物概述

一、固体废物及其特性

固体废物是指在生产、生活和其他活动中产生的丧失原有利用价值或者虽未丧失利用价值但被抛弃或放弃的固态、半固态、液态和置于容器中的气态的物品、物质以及法律、行政法规规定纳入固体废物管理的物品、物质。

所谓丧失原有利用价值，并不意味其没有利用价值。事实上，废与不废是一个相对概念。它与当时的社会发展阶段、技术水平与经济条件以及生活习惯密切相关。固体废物又有二次资源（secondary resource）、再生资源（renewable resource）、放错了地方的资源等称谓。因此，固体废物可视作为第二矿业（secondary mining）。目前，固体废物工程已发展成为一门新兴的应用技术型学科，即再生资源工程。

固体废物具有污染性、资源性、社会性、富集多种污染成分的终态或污染环境的源头，以及危害具有潜在性、长期性和灾难性等特性。

（1）污染性

固体废物的污染性表现为固体废物自身的污染性和固体废物处理的二次污染性。固体废物可能含有毒性、燃烧性、爆炸性、放射性、腐蚀性、反应性、传染性与致病性的有害废物或污染物，甚至含有污染物富集的生物；有些物质难降解或难处理。

固体废物排放数量与质量具有不确定性与隐蔽性，固体废物处理过程生成二次污染物，这些因素导致固体废物在其产生、排放和处理过程中对视觉和生态环境造成污染，甚至对身心健康造成危害。

（2）资源性

固体废物的资源性表现为固体废物是资源开发利用的产物和固体废物自身具有一定的资源价值。固体废物只是一定条件下才成为固体废物，当条件改变后，固体废物有可能重新具有使用价值，成为生产的原材料、燃料或消费物品，因而具有一定的资源价值及经济价值。比如，化学合成制药过程产生的废溶剂可以送专业溶剂回收企业利用，中药浸提药渣、发酵菌渣（抗生素除外）可以作为生物肥料、动物饲料的生产原料。

固体废物一般具有某些工业原材料所具有的物理化学特性，较废水、废气易收集、运输、加工处理，可回收利用。因此，固体废物是在错误时间放在错误地点的资源，具有鲜明的时间和空间特征。需要指出的是，固体废物的经济价值不一定大于固体废物的处理成本，总体而言，固体废物是一类低品质、低经济价值资源。

（3）社会性

固体废物的社会性表现为固体废物产生、排放与处理具有广泛的社会性。一是社会每个成员都产生与排放固体废物；二是固体废物产生意味着社会资源的消耗，对社会产生影响；三是固体废物的排放、处理处置及固体废物的污染性影响他人的利益，即具有外部性（外部性是指活动主体的活动影响他人的利益。当损害他人利益时称为负外部性，当增大他人利益时称为正外部性。固体废物排放与其污染性具有负外部性，固体废物处理处置具有正外部性），产生社会影响。这说明，无论是产生、排放还是处理，固体废物事务都影响每个社会成员的利益。固体废物排放前属于私有品，排放后成为公共资源。

（4）富集多种污染成分的终态，污染环境的源头

固体废物往往是许多污染成分的终级状态。一些有害气体或飘尘，通过治理，最终富集成为固体废物；废水中的一些有害溶质和悬浮物，通过治理，最终被分离出来成为污泥或残渣；一些含重金属的可燃固体废物，通过焚烧处理，有害金属浓集于灰烬中。

这些"终态"物质中的有害成分，在长期的自然因素作用下，又会转入大气、水体和土壤，成为大气、水体和土壤环境的污染"源头"。

（5）危害具有潜在性、长期性和灾难性

由于污染物在土壤中的迁移是一个比较缓慢的过程，其危害可能在数年乃至数十年后才能发现。但是，当发现造成污染时已造成难以挽救的灾难性成果。从某种意义上讲，固体废

物特别是危险废物对环境造成的危害可能要比水、气造成的危害严重得多。

二、固体废物的分类与识别

固体废物的分类方法很多，按组成可分为有机废物和无机废物；按形态可分为固态、半固态、液态、置于容器中的气态物品（质）；按来源可分为工业固体废物、矿业固体废物、城市固体废物、农业固体废物、放射性固体废物和医疗废物。工业固体废物按危险特性可分为危险废物和一般工业固体废物。

1. 危险废物

危险废物包括：①具有腐蚀性（corrosivity，C）、毒性（toxicity，T）、易燃性（ignitability，I）、反应性（reactivity，R）和感染性（infectivity，In）等一种或者几种危险特性的；②不排除具有危险特性，可能对环境或者人体健康造成有害影响，需要按照危险废物进行管理；③列入《危险化学品目录》的化学品废弃后属于危险废物。

其中③分为：列入和未列入《国家危险废物名录》的两类，对于列入《国家危险废物名录》的直接判定为危险废物。而对于未列入的，但从工艺流程及产生环节、主要成分等角度分析可能具有危险特性的固体废物，应选取具有相同或相似性的样品，按照《危险废物鉴别技术规范》（HJ 298）、"危险废物鉴别标准"（GB 5085.1～GB 5085.6）等国家规定的危险废物鉴别标准和鉴别方法予以认定。《国家危险废物名录（2025）》中涉及的医药行业废物参见表8-1。

表 8-1　《国家危险废物名录（2025）》中涉及的医药行业废物

废物类别	行业来源	废物代码	危险废物	危险特性
HW02 医药废物	化学药品原料药制造	271-001-02	化学合成原料药生产过程中产生的蒸馏及反应残余物	毒性（T）
		271-002-02	化学合成原料药生产过程中产生的废母液及反应基废物	毒性（T）
		271-003-02	化学合成原料药生产过程中产生的废脱色过滤介质	毒性（T）
		271-004-02	化学合成原料药生产过程中产生的废吸附剂	毒性（T）
		271-005-02	化学合成原料药及中间体生产过程中的废弃产品及中间体	毒性（T）
	化学药品制剂制造	272-001-02	化学药品制剂生产过程中原料药提纯精制、再加工产生的蒸馏及反应残余物	毒性（T）
		272-003-02	化学药品制剂生产过程中产生的废脱色过滤介质及吸附剂	毒性（T）
		272-005-02	化学药品制剂生产过程中产生的废弃产品及原料药	毒性（T）
	兽用药品制造	275-001-02	使用砷或有机砷化合物生产兽药过程中产生的废水处理污泥	毒性（T）
		275-002-02	使用砷或有机砷化合物生产兽药过程中产生的蒸馏残余物	毒性（T）
		275-003-02	使用砷或有机砷化合物生产兽药过程中产生的废脱色过滤介质及吸附剂	毒性（T）
		275-004-02	其他兽药生产过程中产生的蒸馏及反应残余物	毒性（T）

废物类别	行业来源	废物代码	危险废物	危险特性
HW02 医药废物	兽用药品 制造	275-005-02	其他兽药生产过程中产生的废脱色过滤介质及吸附剂	毒性（T）
		275-006-02	兽药生产过程中产生的废母液、反应基和培养基废物	毒性（T）
		275-008-02	兽药生产过程中产生的废弃产品及原料药	毒性（T）
	生物药品制 品制造	276-001-02	利用生物技术生产生物化学药品、基因工程药物过程中产生的蒸馏及反应残余物	毒性（T）
		276-002-02	利用生物技术生产生物化学药品、基因工程药物（不包括利用生物技术合成氨基酸、维生素、他汀类降脂药物、降糖类药物）过程中产生的废母液、反应基和培养基废物	毒性（T）
		276-003-02	利用生物技术生产生物化学药品、基因工程药物（不包括利用生物技术合成氨基酸、维生素、他汀类降脂药物、降糖类药物）过程中产生的废脱色过滤介质	毒性（T）
		276-004-02	利用生物技术生产生物化学药品、基因工程药物过程中产生的废吸附剂	毒性（T）
		276-005-02	利用生物技术生产生物化学药品、基因工程药物过程中产生的废弃产品、原料药和中间体	毒性（T）
HW03 废药物、 药品	非特定行业	900-002-03	销售及使用过程中产生的失效、变质、不合格、淘汰、伪劣的化学药品和生物制品，以及《医疗用毒性药品管理办法》中所列的毒性中药	毒性（T）

2. 一般工业固体废物

一般工业固体废物指的是未被列入《国家危险废物名录》的，或者根据 HJ 298 以及 GB5085.1～6 等国家规定的危险废物鉴别标准和鉴别方法判定不具有危险特性的工业固体废物；并分为第Ⅰ类一般工业固体废物和第Ⅱ类一般工业固体废物。

其中，第Ⅰ类一般工业固体废物：按照 GB5086.1 规定方法进行浸出试验而获得的浸出液中，任何一种污染物的浓度均未超过 GB8978 最高允许排放浓度，且 pH 值在 6～9 范围内的一般工业固体废物；第Ⅱ类一般工业固体废物：按照 GB5086.1 规定方法进行浸出试验而获得的浸出液中，有一种或一种以上的污染物浓度超过 GB8978 最高允许排放浓度，或者 pH 值在 6～9 范围之外的一般工业固体废物。

3. 固体废物的识别

在制药企业的环境保护管理中一项重要工作就是识别制药工业固体废物属性，判别是否属于危险废物；然后有针对性地按照一般工业固体废物或危险废物的收集、储存、运输及处置相关要求，进行管理。

首先判断一种物料是否属于固体废物，依据《固体废物鉴别标准 通则》，以下物质不作为固体废物管理：

① 任何不需要修复和加工即可用于其原始用途的物质，或者在产生点经过修复和加工后满足国家、地方制定或行业通行的产品质量标准并且用于其原始用途的物质。比如溶剂包装桶返回原生产厂家、混合溶剂经分离提纯后回用于生产等。

② 不经过储存或堆积过程，而在现场直接返回到原生产过程或返回其产生过程的物质，

比如催化剂重复利用。

③ 修复后作为土壤用途使用的污染土壤。

④ 供实验室化验分析用或科学研究用固体废物样品。

根据以上判定如果属于固体废物，再判定一般工业固体废物或危险废物。列入《国家危险废物名录》，或虽未列入《国家危险废物名录》但具有危险废物特性的，或者按照《危险废物鉴别技术规范》（HJ 298）、"危险废物鉴别标准"（GB 5085.1~6）等国家规定的危险废物鉴别标准和鉴别方法予以认定具有危险废物特性的，均应按危险废物进行管理。其他可按一般工业固体废物进行管理。

三、制药工业常见固体废物

制药工业的固体废物主要来自生产工艺过程和公辅设施。其中，生产工艺过程固体废物包括原料药生产和药制剂过程产生的固体废物。

1. 生产工艺过程固体废物

① 化学制药工业的固体废物。在借助化学反应合成技术的制药过程会产生包括蒸馏及反应残余物、废催化剂、废吸附剂（如废活性炭、废硅藻土、废树脂等）、废盐渣（反应生成盐、脱水盐）、废溶剂等固体废物。因残留有毒有害、易燃易爆危险化学品，而多属于危险废物。生产 1t 原料药约产生上述危险废物 10~100t。部分工艺路线长、收率低的原料药品种，危险废物产生量甚至达到 200t 以上，占据约 50% 以上环保处理成本。

以硫酸氢氯吡格雷生产为例（图 8-1，图 8-2）。

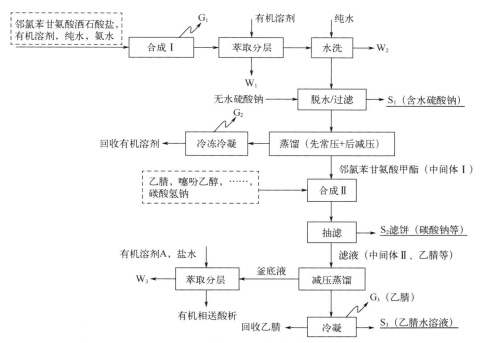

图 8-1 硫酸氢氯吡格雷部分生产工艺流程图（一）

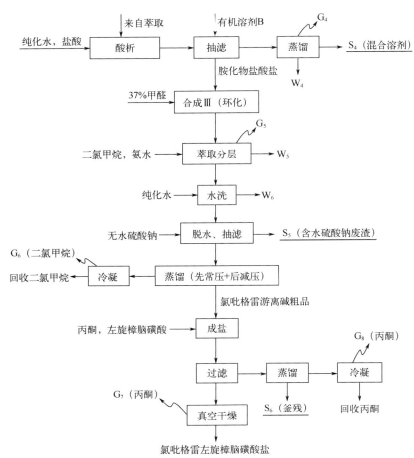

图8-2 硫酸氢氯吡格雷部分生产工艺流程图（二）

从废物组分看，进一步验证了固体废物的定义，丧失原有利用价值，并不意味其没有利用价值，比如 S_3（乙腈水溶液）和 S_4（混合溶剂），采取进一步精馏分离，可以回收有价值的溶剂返回生产系统。

由于产生量少，单独一家企业为此配套一套精馏系统，设备投资较大，设备利用率低，投资回报率较低；但可以交由专业的溶剂回收企业，实现规模化经营，既可以实现废物资源化、减量化、无害化，又减轻企业固体废物处置成本（交由焚烧或填埋企业处置，危险废物处置费 0.4 万～0.5 万元/t）。

以上生产工艺过程产生固体废物包括 S_1～S_6，对照《国家危险废物名录》，对废物种类、类别判定、危险特性、收集包装、临时储存、处置要求，列表分析见表 8-2。

表 8-2 硫酸氢氯吡格雷生产装置固体废物产生情况

编号	危险废物名称	危险废物类别及代码	主要成分	危险特性	形态	收集包装	临时储存	处置要求
S_1	废盐渣	医药废物 HW02 271-004-02	硫酸钠、有机溶剂、邻氯苯甘氨酸甲酯等	毒性	固态	桶装或防漏胶袋装（与废物相容）	危险废物库分区存放	委托危险废物处置公司处置

续表

编号	危险废物名称	危险废物类别及代码	主要成分	危险特性	形态	收集包装	临时储存	处置要求
S₂	废盐渣	医药废物 HW02 271-001-02	碳酸钠、对甲苯磺酸钠、胺化物、噻吩乙醇对甲苯磺酸酯、乙腈等	毒性	固态	桶装或防漏胶袋装（与废物相容）	危险废物库分区存放	委托危险废物处置公司处置
S₃	乙腈水溶液	废有机溶剂 HW06 900-404-06	乙腈、水	毒性	液态	桶装	危险废物库分区存放	委托危险废物处置公司处置
S₄	混合溶剂	废有机溶剂 HW06 900-404-06	溶剂A、溶剂B	毒性易燃性	液态	桶装	危险废物库分区存放	委托危险废物处置公司处置
S₅	废盐渣	医药废物 HW02 271-004-02	硫酸钠、二氯甲烷、氯吡格雷游离碱	毒性	固态	桶装或防漏胶袋装（与废物相容）	危险废物库分区存放	委托危险废物处置公司处置
S₆	釜残	医药废物 HW02 271-001-02	药物及其中间体、高沸物等	毒性	液态	桶装	危险废物库分区存放	委托危险废物处置公司处置

②　生物制药工业的固体废物。在借助发酵和现代生物技术的制药过程产生的固体废物包括：反应基和培养基废物、废脱色过滤介质、废吸附剂以及菌丝体等固体废物。主要成分包括蛋白质、纤维素、糖、氨基酸、维生素等，一般经过脱水、压实、破碎、干燥、发酵等处理，用于制造肥料或饲料，可实现废物资源化。也可以送生物质电厂（包括秸秆发电、生活垃圾发电）作为燃料。

③　中药提取过程产生的固体废物。为了生产中药膏剂、颗粒剂和片剂等，提取浓缩加工生产浸膏是常见的工艺操作。在其操作过程会产生包括中药渣以及分离纯化过程产生的废吸附剂（如废树脂）等固体废物，其中，中药渣可以经过预处理制造肥料或饲料，或送生物质电厂作为燃料。

④　药物制剂过程产生的固体废物主要来自失效、变质、不合格、淘汰的药物和药品，属于危险废物。

2. 公辅设施产生的固体废物

包括供热锅炉产生的灰渣、污水处理产生的污泥以及办公生活垃圾。其中，锅炉灰渣属于一般工业固体废物，可用于制作建材、修路等。生活垃圾交由环卫部门统一收集，送垃圾填埋场或垃圾发电厂。中药提取企业污水处理站产生的污泥，均属于一般工业固体废物，可按生活垃圾处理。

化学合成制药、生物制药、中药提取、药物制剂等企业污水处理站产生的污泥，因含有抗生素、致病菌或合成过程涉及的有毒有害化学品，而具有危险废物所具备的危险特性（腐蚀性、毒性、感染性等），属于危险废物，须交给有危险废物处置资质的企业处置。

第二节　固体废物污染控制

随着技术的进步和社会的发展，基于《中华人民共和国固体废物污染环境防治法》的固体废物的技术标准体系逐渐完善。目前已建立了包括《危险废物鉴别技术规范》（HJ 298）、"危险废物鉴别标准"（GB 5085.1～GB 5085.6）、《危险废物贮存污染控制标准》（GB 18597）、《危险废物收集、贮存、运输技术规范》（HJ 2025）、《危险废物焚烧污染控制标准》（GB 18484）、《危险废物填埋污染控制标准》（GB 18598）和《再生资源回收管理办法》等在内的相互关联与制约的固体废物标准体系，见图8-3。

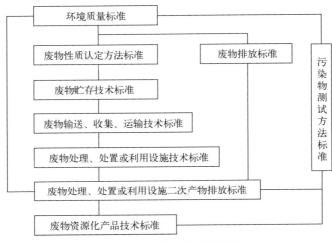

图8-3　固体废物标准体系

另外，在《中华人民共和国固体废物污染环境防治法》中与制药工业固体废物管理相关的法律的主要条款内容有：

① 国家对固体废物污染环境的防治，实行减少固体废物的产生量和危害性、充分合理利用固体废物和无害化处置固体废物的原则，促进清洁生产和循环经济发展。

② 国家对固体废物污染环境防治实行污染者依法负责的原则。产品的生产者、销售者、进口者、使用者对其产生的固体废物依法承担污染防治责任。

③ 国家鼓励单位和个人购买、使用再生产品和可重复利用产品。

④ 产生固体废物的单位和个人，应当采取措施，防止或者减少固体废物对环境的污染。收集、储存、运输、利用、处置固体废物的单位和个人，必须采取防扬散、防流失、防渗漏或者其他防止污染环境的措施；不得擅自倾倒、堆放、丢弃、遗撒固体废物。禁止任何单位或者个人向江河、湖泊、运河、渠道、水库及其最高水位线以下的滩地和岸坡等法律、法规规定禁止倾倒、堆放废弃物的地点倾倒、堆放固体废物。

⑤ 国家实行工业固体废物申报登记制度。产生工业固体废物的单位必须按照国务院环境保护行政主管部门的规定，向所在地县级以上地方人民政府环境保护行政主管部门提供工业固体废物的种类、产生量、流向、储存、处置等有关资料。

⑥　企业事业单位应当根据经济、技术条件对其产生的工业固体废物加以利用；对暂时不利用或者不能利用的，必须按照国务院环境保护行政主管部门的规定建设储存设施、场所，安全分类存放，或者采取无害化处置措施。建设工业固体废物储存、处置的设施、场所，必须符合国家环境保护标准。

⑦　禁止擅自关闭、闲置或者拆除工业固体废物污染环境防治设施、场所；确有必要关闭、闲置或者拆除的，必须经所在地县级以上地方人民政府环境保护行政主管部门核准，并采取措施，防止污染环境。

⑧　对危险废物的容器和包装物以及收集、储存、运输、处置危险废物的设施、场所，必须设置危险废物识别标志。

⑨　产生危险废物的单位，必须按照国家有关规定制订危险废物管理计划，并向所在地县级以上地方人民政府环境保护行政主管部门申报危险废物的种类、产生量、流向、储存、处置等有关资料。危险废物管理计划应当包括减少危险废物产生量和危害性的措施以及危险废物储存、利用、处置措施。危险废物管理计划应当报所在地县级以上地方人民政府环境保护行政主管部门备案。

⑩　从事收集、储存、处置危险废物经营活动的单位，必须向县级以上人民政府环境保护行政主管部门申请领取经营许可证；从事利用危险废物经营活动的单位，必须向国务院环境保护行政主管部门或者省、自治区、直辖市人民政府环境保护行政主管部门申请领取经营许可证。

⑪　收集、储存危险废物，必须按照危险废物特性分类进行。禁止混合收集、储存、运输、处置性质不相容且未经安全性处置的危险废物。储存危险废物必须采取符合国家环境保护标准的防护措施，并不得超过一年；确需延长期限的，必须报经原批准经营许可证的环境保护行政主管部门批准。禁止将危险废物混入非危险废物中储存。

⑫　转移危险废物的，必须按照国家有关规定填写危险废物转移联单，并向危险废物移出地设区的市级以上地方人民政府环境保护行政主管部门提出申请。移出地设区的市级以上地方人民政府环境保护行政主管部门应当先经接受地设区的市级以上地方人民政府环境保护行政主管部门同意后，方可批准转移该危险废物。未经批准的，不得转移。转移危险废物途经移出地、接受地以外行政区域的，危险废物移出地设区的市级以上地方人民政府环境保护行政主管部门应当及时通知沿途经过的设区的市级以上地方人民政府环境保护行政主管部门。

一、固体废物储存污染控制

制药工业等固体废物和危险废物储存过程污染控制要求分别依据《一般工业固体废物贮存和填埋污染控制标准》（GB 18599）、《危险废物贮存污染控制标准》（GB 18597）和《中华人民共和国固体废物污染环境防治法》执行。

1. 一般工业固体废物

（1）环境保护要求

任何生产型企业都要针对锅炉灰渣等易产生粉尘的固体废物采取防尘抑尘等防止粉尘污染的措施，如喷水加湿、加盖覆盖物、设置挡风墙等。并在固废储存场周边设置导流渠，以防止雨水径流进入储存场内，避免渗滤液量增加和滑坡。

对于制药过程产生的废菌丝体、中药提取浸渣等含水量较高的固体废物，因易产生渗滤液，其固体废物堆存场所需设置渗滤液给排水设施，并构筑堤、坝、挡土墙等设施，以收集渗滤液，送污水处理系统或配套的渗滤液处理设施，对渗滤液进行处理，达到 GB8978 标准后排放。同时，要加强管理并禁止危险废物和生活垃圾混入。

（2）选址要求

固废储存场选址应符合城乡建设总体规划要求并避开地下水主要补给区和饮用水源含水层，禁止选在江河、湖泊、水库最高水位线以下的滩地和洪泛区，禁止选在自然保护区、风景名胜区和其他需要特别保护的区域。

固废储存场应选在工业区和居民集中区主要风向下风侧，同时，应选在满足承载力要求的地基上，以避免地基下沉的影响，特别是不均匀或局部下沉的影响；并避开断层、断层破碎带、溶洞区，以及天然滑坡或泥石流影响区。

制药企业一般位于工业园区或即将搬迁入园，工业园区规划方案论证阶段已充分考虑上述选址要求，因此，制药企业配套的固体废物堆场或仓库均可满足一般工业固体废物储存场所选址要求。

2. 危险固体废物

（1）一般要求

① 所有危险废物产生者和危险废物经营者应建造专用的危险废物储存设施，也可利用原有构筑物改建成危险废物储存设施。大部分制药企业有危险废物产生，须在厂区设置危险废物暂存库。

② 在常温常压下易爆、易燃及排出有毒气体的危险废物必须进行预处理，使之稳定后储存，否则，按易爆、易燃危险品储存。比如储存易爆、易燃的废溶剂，危险废物暂存库的防火等级、安全间距及防护设施等应按废溶剂中级别最高者设计；有酸雾产生的危险废物，应先中和处理后，进入危险废物库。

③ 在常温常压下不水解、不挥发的固体危险废物可在储存设施内分别堆放。

④ 禁止将不相容（相互反应）的危险废物在同一容器内混装。比如酸性危险废物和碱性危险废物、氧化性危险废物和还原性危险废物、强氧化性危险废物和易燃易爆危险废物。

⑤ 无法装入常用容器的危险废物可用防漏胶袋等盛装。

⑥ 装载液体、半固体危险废物的容器内须留足够空间，容器顶部与液体表面之间保留100mm 以上的空间。

⑦ 动物房产生的包括动物尸体和组织、排泄物以及实验耗材等废物，必须当日消毒，消毒后装入容器。常温下储存期不得超过 1d，于 5℃以下冷藏的，不得超过 7d。

⑧ 盛装危险废物的容器上必须粘贴危险废物标签。

（2）危险废物储存容器

应当使用符合标准的容器盛装危险废物。对于装载危险废物的容器及材质要满足相应的强度要求、材质和衬里要与危险废物相容（不相互反应、溶解），且盛装危险废物的容器必须是完好无损的。其中，对于液体危险废物可注入开孔直径不超过 70mm 并有放气孔的桶中。

（3）危险废物储存设施的选址

对于危险废物集中储存设施应选在地质结构稳定、地震烈度不超过 7 度的区域内；应避免建在溶洞区或易遭受严重自然灾害如洪水、滑坡，泥石流、潮汐等影响的地区，设施底部必须高于地下水最高水位。且应坐落在易燃、易爆等危险品仓库、高压输电线路防护区域以外，并位于居民中心区常年最大风频的下风向。

（4）危险废物储存设施（仓库式）的设计原则

危险废物储存设施的地面与裙脚要用坚固、防渗的材料建造，建筑材料必须与危险废物相容。制药企业危险废物库地面防渗一般采取抗渗混凝土（等级不低于 P8）浇筑，厚度不低于 250mm；防渗涂层厚度不应小于 2mm，如环氧树脂和玻璃纤维布三布五涂（渗透系数≤ 10^{-10} cm/s）。

储存危险废物设施必须配置有泄漏液体收集装置、气体导出口及气体净化装置。一般要求危险废物库设置环形沟和积液井，便于液体危险废物泄漏时收集，杜绝排入外环境；存放含有挥发性有机物的危险废物库，还应设置气体导出口及气体净化装置。且设施内要有安全照明设施和观察窗口。

用以存放装载液体、半固体危险废物容器的地方，必须有耐腐蚀的硬化地面，且表面无裂隙。同时，应设计堵截泄漏的裙脚，地面与裙脚所围建的容积不低于堵截最大容器的最大储量或总储量的 1/5。

另外，不相容的危险废物必须分开存放，并设有隔离间。

（5）危险废物的堆放

① 基础必须防渗，防渗层为至少 1m 厚黏土层（渗透系数≤ 10^{-7} cm/s），或 2mm 厚高密度聚乙烯，或至少 2mm 厚的其他人工材料，渗透系数≤ 10^{-10} cm/s。

② 堆放危险废物的高度应根据地面承载能力确定。

③ 衬里放在一个基础或底座上，衬里要能够覆盖危险废物或其溶出物可能涉及的范围，且衬里材料与堆放危险废物相容。

④ 在衬里上设计、建造浸出液收集清除系统。

⑤ 危险废物堆要防风、防雨、防晒。应设计建造径流疏导系统，保证能防止 25 年一遇的暴雨不会流到危险废物堆里；在危险废物堆内设计雨水收集池，并能收集 25 年一遇的暴雨 24h 的降水量。

⑥ 产生量大的危险废物可以散装方式堆放储存在按上述要求设计的废物堆里，但不相容的危险废物不能堆放在一起。

⑦ 总储存量不超过 300kg（L）的危险废物要放入符合标准的容器内，加上标签，容器放入坚固的柜或箱中，柜或箱应设多个直径不少于 30mm 的排气孔。不相容危险废物要分别存放或存放在不渗透间隔分开的区域内，每个部分都应有防漏裙脚或储漏盘，防漏裙脚或储漏盘的材料要与危险废物相容。

（6）危险废物储存设施的运行与管理

凡从事危险废物储存的单位，必须得到有资质单位出具的该危险废物样品物理和化学性质的分析报告，认定可以储存后，方可接收。危险废物储存前应进行检验，确保同预定接收的危险废物一致，并登记注册；不得接收未粘贴标签或标签没按规定填写的危险废物。

危险废物产生者和危险废物储存设施经营者均须作好危险废物情况的记录，记录上须注明危险废物的名称、来源、数量、特性和包装容器的类别、入库日期、存放库位、废物出库日期及接收单位名称；危险废物的记录和货单在危险废物转移后应继续保留三年。

盛装在容器内的同类危险废物可以堆叠存放；每个堆间应留有搬运通道。不得将不相容的废物混合或合并存放。必须定期对所储存的危险废物包装容器及储存设施进行检查，发现破损，应及时采取措施清理更换。

另外，泄漏液、清洗液、浸出液必须符合 GB 8978 的要求方可排放，气体导出口排出的气体经处理后，应满足 GB 16297 和 GB 14554 的要求。

二、危险废物运输污染控制

① 危险废物运输应由持有危险废物经营许可证的单位按照其许可证的经营范围组织实施，承担危险废物运输的单位应获得交通运输部门颁发的危险货物运输资质。

② 危险废物公路运输应按照《道路危险货物运输管理规定》（交通运输部令〔2023年〕13 号）规定执行；危险废物铁路运输应按照《铁路危险货物运输管理规则》（铁运〔2008〕174号）规定执行；危险废物水路运输应按照《国内水路运输管理条例》（交通运输部令〔2016年〕79 号）规定执行。

③ 废弃危险化学品的运输应执行《危险化学品安全管理条例》有关的规定。

④ 运输单位承运危险废物时，应在危险废物包装上按照 HJ 1276 设置标志，其中，医疗废物包装容器上的标志应按 HJ 421 要求设置。

⑤ 危险废物公路运输时，运输车辆应按 GB 13392 设置车辆标志。铁路运输和水路运输危险废物时，应在集装箱外按 GB 190 规定悬挂标志。

⑥ 危险废物运输时中转、装卸过程应遵守如下技术要求：

a. 卸载区的工作人员应熟悉废物的危险特性，并配备适当的个人防护装备，装卸剧毒废物应配备特殊的防护装备。

b. 卸载区应配备必要的消防设备和设施，并设置明显的指示标志。

c. 危险废物装卸区应设置隔离设施，液态废物卸载区应设置收集槽和缓冲罐。

第三节 制药固体废物处理技术

固体废物污染防治技术（末端治理）包括：固体废物的预处理技术（压实、破碎、分选等）、固体废物热处理技术（焚烧和热解）、固体废物的生物处理技术（好氧堆肥、厌氧发酵、污泥处理等）。

一、固体废物的预处理技术

固体废物预处理是指将固体废物转变成适于运输、利用、储存或最终处置的过程。固体废物预处理方法有压实、破碎、分选、脱水等。

1. 固体废物的压实技术

压实又称压缩，即利用机械方法增加固体废物的聚集程度，增大容重和减小体积，便于装卸、运输、储存和填埋。压实是一种普遍采用的固体废物的预处理方法，如农作物秸秆、废金属、废塑料、生活垃圾等通常首先采用压实处理，适用于具有减容空间，通过压实可减小体积的固体废物。不适用于液态、半固态如焦油、污泥等。

固体废物经压实处理后，体积减小的程度叫压缩比。废物的压缩比取决于废物的种类和施加的压力。一般压缩比为 3～5。同时采用破碎和压实两种技术可使压缩比增加到 5～10。一般生活垃圾压实后，体积可减少 60%～70%。

压实的原理主要是减少孔隙率，将空气压掉。若采用高压压实，除减少空隙外，在分子之间可能产生晶格的破坏使物质变性。

2. 固体废物的破碎技术

为了使进入焚烧炉、填埋场、堆肥系统等废物的外形减小，必须预先对固体废物进行破碎处理，经过破碎处理的废物，由于消除了大的空隙，不仅尺寸大小均匀，而且质地也均匀。固体废物的破碎方法很多，主要有冲击破碎、剪切破碎、挤压破碎、摩擦破碎等，此外还有专有的低温破碎和混式破碎等。

3. 固体废物的分选技术

固体废物分选是实现固体废物资源化、减量化的重要手段，通过分选将有用的充分选出来加以利用，将有害的充分分离出来；另一种是将不同粒度级别的废物加以分离，分选的基本原理是利用物料的某些性质方面的差异，将其分离开。例如，利用废物中的磁性和非磁性差别进行分离、利用粒径尺寸差别进行分离、利用密度差别进行分离等。根据不同性质，可设计制造各种机械对固体废物进行分选，分选包括手工拣选、筛选、重力分选、磁力分选、涡电流分选、光学分选等。

4. 固体废物的脱水与干燥技术

有些固体废物中含有较高的水分，从而影响废物的处理。为达到减少固体废物的体积或提高废物的热值等目的，对固体废物进行脱水和干燥是固体废物预处理中常用的方法。

其中污泥是半固态物质，含水量高，脱水主要就是针对污泥的一种预处理工艺。为了有效而经济地进行污泥干燥、焚烧及进一步处置，必须充分地脱水而达到减量化，使污泥成为固态物质。脱水方法有浓缩、过滤脱水等。

按水分在污泥中存在的形式，要脱除的水可分为间隙水、毛细管结合水、表面吸附水和内部水 4 种。其中间隙水存在污泥颗粒间隙中，占污泥水分的 70% 左右，一般采用浓缩法分离（重力浓缩、气浮浓缩、离心浓缩等）；毛细管结合水存在于污泥颗粒间的毛细管内，占污泥水分的 20% 左右，可采用高速离心机、负压或正压过滤机脱水；表面吸附水吸附在污泥颗粒表面，占污泥水分的 7% 左右，可用加热法脱除；内部水存在于污泥颗粒内部或微生物细胞内，占污泥水分的 3% 左右，可采用生物法破坏细胞膜除去胞内水或用高温加热法、冷冻法去除。从经济性角度考虑，一般只脱除间隙水、毛细管结合水。

目前，制药工业尤其是抗生素原药生产企业面临着高含水的固体废物菌渣的处理难题。抗生素是微生物的次级代谢产物，富含有机物的培养基经过消毒灭菌、接种培养，一个发酵周期后，放罐过滤，形成滤液和滤饼两部分。滤液中主要含有抗生素（以微生物菌体作药品的除外）、大分子蛋白、无机盐等，进入提取精制工序进一步处理。滤饼即固体废物菌渣，主要成分是微生物菌丝体和未代谢利用完的有机物、无机盐、少量抗生素及其降解产物。从抗生素培养基的组成成分及整个发酵过程可知，抗生素菌渣来源于生物发酵过程，整个过程中未添加任何有毒有害的化学物质，菌渣富含有机物和菌体蛋白，但是值得注意的是，它含有少量抗生素及其降解产物。

　　一般发酵液固体含量大约 20%，100m³ 发酵液形成 30～40 m³ 菌渣，由于发酵过程的连续性，每天都有放罐的批次，产生大量的菌渣。一个中等规模的抗生素工厂，年产的菌渣大约 6 万吨。早期的抗生素生产企业，因产量低，菌渣总量少而采取自然晾晒的办法，晒干后作为肥料或饲料被附近农户利用。

　　随着生产规模的不断扩大，这种办法显现的弊端越来越多，工厂不可能有那么多空闲地来晾晒，晾晒期间，菌渣散发出一种特殊气味。而且，菌渣有机物含量高，可引起二次发酵，颜色变黑，产生恶臭味。随着人们环保意识的提高和国家环保整治力度的加大，众多企业纷纷开发菌渣干燥设备，将菌渣干燥成水分小于 10% 的干品，再添加些其他物质，做成动物饲料。但菌渣中残留的少量抗生素及其降解物，会在动物体内富集，最终使人产生耐药性。

　　2002 年 2 月农业部、卫生部、国家药品监督管理局第 176 号公告，把抗生素滤渣列在禁止在饲料和动物饮用水中使用的药物品种目录中。自 2002 年 8 月 23 日起，将干菌渣作为饲料生产、销售便是违法、违规经营活动，将受到法规的相应处罚。目前，较合适的做法是将干菌渣添加某些无机肥，做成复混肥，用作肥料或者送生物质电厂作为燃料。其中的关键点高效干燥工艺、设备的选择依然是难题。

　　(1) 菌渣的特点及干燥工艺选择

　　抗生素菌渣黏度大、含水率高（且多为结合水），长时间放置极易自溶变质，特别是用超滤膜设备代替板框压滤机、真空转鼓过滤机的工艺，菌渣成为黏度更大、含水更高的菌浆，常规的固液分离设备如带式压榨机、三足离心机等难以将其中的水分离出去。

　　喷雾干燥机虽然能彻底干燥形成干颗粒，但昂贵的成本让人望而止步。菌渣的特点决定只有选择用热源直接接触物料的工艺才是可行的。

　　(2) 干燥工艺分析

　　根据所用热源的不同，常用的菌渣干燥工艺有两种：旋转直烧炉工艺、蒸汽或导热油炉烘缸工艺。

　　1) 旋转直烧炉工艺

　　① 工艺过程　经过离心或压滤的含水量 70% 左右的湿物料，经双螺旋加料机推入一级干燥机内，与高温烟气炉来的高温烟气接触造粒并干燥。高温烟气是经过高温烟气炉产生的，高温烟气先经过一次高温除尘器除尘后进入一级干燥机。由于一级干燥机打散装置的存在，加入的湿物料被迅速打散成小颗粒并与高温烟气接触迅速换热、干燥。干燥至一定水分的半成品从出料机卸出，作为成品的物料经过筛分机筛分，大颗粒返回一级干燥机继续破碎干燥，小颗粒送至二级干燥机内继续干燥。二级干燥所需的热源是从一级干燥机出来的尾气经过一级旋风除尘，热量在二级干燥机内进一步利用。

　　干燥合格的物料进入冷却段进行冷却，冷却用空气直接采用自然空气并由冷却风机压缩而来。二级干燥的尾气均先经过旋风除尘器一次除尘后，再由引风机送至水膜除尘器二次洗涤除臭，尾气排入大气。

　　② 装置设计特点　热源采用高温净化燃煤烟气炉，提供 650～750℃ 的洁净烟气，排烟温度 120℃，工艺上采用双级干燥机串联干燥的方式，第一级干燥的尾气做二级干燥的热源。设备运行可靠，无粘壁、结疤现象。打散装置的高速运动使湿物料的表面被迅速更新，750℃ 的高温烟气与湿物料接触，湿表面的水分被迅速蒸发，湿表面的迅速变干降低了粘壁、

结疤的可能性。

同时，通过改进干燥机的内部结构，改善干燥机的空气、热量和物料流场分布，增加湿物料在干燥机内分布的均匀性和移动速度，有效防止了物料的过干燥问题。高温烟气经过高温旋风除尘器后，洁净的烟气进入一级打散转筒干燥机进行干燥，大大减轻了灰尘对物料的污染，使物料中的灰分含量控制在工艺要求的范围之内。

此干燥工艺的设计满足工艺要求，热利用率高；缺点是热源温度高，控制要求严。

旋转直烧炉干燥工艺流程示意图如图 8-4 所示。

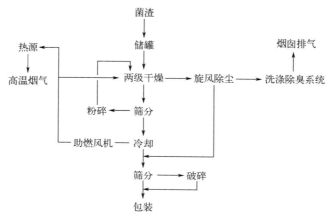

图 8-4 旋转直烧炉干燥工艺流程示意图

2) 蒸汽或导热油炉烘缸工艺

① 工艺过程 蒸汽烘缸和导热油炉烘缸原理基本相同，只是热源不同。顾名思义，蒸汽烘缸的热源为低压蒸汽，低压蒸汽通过烘缸内部的盘管，与粘在烘缸表面的湿物料热交换后，经疏水阀排出。烘缸表面的湿物料较薄，能迅速变干，连续旋转的烘缸设有刮刀，在适当的位置将物料刮下，晾干后粉碎、包装。导热油炉热源为高温导热油，锅炉主机产生的高温导热油靠循环油泵的压头在液相状态下，强制输送至用热设备的受热部位，当高温油在用热设备的受热端释放热能后，沿回路管程经循环泵继续进入锅炉主机，在锅炉主机又被加热，周而复始从而实现连续供热的目的。导热油能循环使用，热利用率高，与蒸汽烘缸相比，干燥成本较低。青霉素、头孢菌素等品种的过滤工艺中，膜过滤设备正在逐步替代鼓式压滤机，产生的菌浆含水量更高，黏稠度更大，高温直烧炉烘干，对干燥机的要求较高，若设计不合理，易造成焦化、糊化、结疤，产生异味，严重影响产品质量。因而可采用蒸汽烘缸或导热油炉等低温干燥工艺，减少不良气味的发生，提高成品质量。

② 装置特点 蒸汽或导热油低温加热，物料不易粘壁、糊化、结疤，干燥成品中有机物破坏少，有效成分含量高，而且工艺简单、可靠，操作方便。热源温度低，菌渣中的水分多以水蒸气的形式散发到大气中，不产生嗅觉二次污染。但它的缺点也由此产生，由于热源温度低，干燥同样多的物料，需要的设备台数要高得多，占地面积大，投资大，干燥成本也较直烧炉高。

蒸汽或导热油炉烘缸干燥工艺流程示意图如图 8-5 所示。

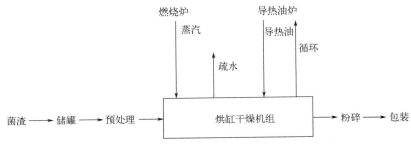

图 8-5　蒸汽或导热油炉烘缸干燥工艺流程示意图

二、固体废物热处理技术

1. 焚烧技术

焚烧法是高温分解和深度氧化的综合过程，是目前有机类固体废物普遍采用的处理技术，制药工业固体废物多采用焚烧处理。固体废物经过焚烧，体积可减小 80%～95%。可燃废物的焚烧处理能同时实现减量化、无害化和资源化。

（1）焚烧方式

固体废物的焚烧方式包括：蒸发燃烧、分解燃烧、表面燃烧。

① 蒸发燃烧：固体废物受热熔化成液体，继而蒸发成气态，所产生的蒸气再与空气混合而燃烧。

② 分解燃烧：固体废物受热分解为可挥发组分和固定碳以后，可挥发组分中的可燃性气体进行扩散燃烧，固定碳与空气接触进行表面燃烧。

③ 表面燃烧：固体物质受热后不发生熔化、蒸发和分解等过程，而是在固体表面与空气反应进行燃烧。

固体废物燃烧受固体粒度、焚烧炉温度、压力、燃烧颗粒和周围气体的相对速度及氧浓度等的影响。

（2）焚烧过程产生的污染物质及控制

焚烧过程产生的主要污染物质有：①不完全燃烧产物，如一氧化碳、炭黑、烃、有机酸、醇等；②粉尘，如惰性金属盐类、金属氧化物、炭黑等；③酸性气体，如氮氧化物、硫氧化物、卤化氢及磷酸等；④金属污染物，如重金属的元素态、氧化态和氯化物等；⑤有机污染物，如二 噁英等。

焚烧过程污染控制参见《危险废物焚烧污染控制标准》（GB 18484）。

（3）危险废物焚烧处理的工艺

危险废物焚烧处理工艺流程见图 8-6。

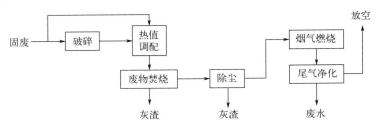

图 8-6　危险废物焚烧处理工艺流程框图

①　进料。根据危险废物的种类和热值的不同，将不同的危险废物分别放入到不同的仓储间里，经混合、热值调配后，送入到焚烧炉中去焚烧。

②　破碎。对于大块状的固态危险废物，不能马上送入焚烧炉内，必须先经过破碎与减容成小块状，再与其他废物搅拌之后，方可送入炉内。

③　废物焚烧。现在较为典型的焚烧模式是回转窑（卧式圆筒炉）加炉排型焚烧炉，危险废物在窑内经过干燥、分解、燃烧、燃尽 4 个阶段，95%以上的废料变成炉渣，这些炉渣随同没有燃尽的废料滚入移动式炉排继续燃烧，最后所有的炉渣进入到出渣系统。另外，在回转窑和炉排燃烧所产生的高温烟气进入二燃室，由于烟气中含有不少挥发性物质，这些物质通常是有毒有害的，为了确保这些物质能够彻底氧化分解，需确保焚烧所产生的烟气温度在 850～1200℃，并在二燃室中送入 O_2，保证烟气中的有毒有害物质氧化分解。

在危险废物焚烧过程中，有影响作用的参数有很多，比较复杂的参数有：危险废物的物理化学性质（密度、成分、热值、元素分析）、燃烧特性、传热特性、灰渣物化特性等，另外还有焚烧炉的机械结构、进风分布规律、燃烧室布置及进料方式等。在这些参数中最重要的参数有三个：焚烧温度、焚烧反应时间、过量空气系数。

a．焚烧温度　它是危险废物在焚烧炉内燃烧过程的最重要参数，它对于反应速度、反应生成物质及污染物的生成控制起着十分重要的作用。通常焚烧温度控制在 850～1200℃ 之间，并且有足够的反应时间和 O_2，绝大多数的有毒有害物质均可被分解和除去。

b．焚烧反应时间　不同的危险废物含有的有机成分不同，则其焚烧反应和分解时间就有所不同。在实际焚烧过程中，具体的危险废物，对其反应时间要进行控制和管理。

c．过量空气系数　危险废物在焚烧过程中，要保证有毒有害物质彻底氧化分解，除了温度和反应时间外，还需要有充足的空气供应保证。实际焚烧使用的空气量与理想燃烧过程所需的空气量之比称作过量空气系数。过量空气系数的大小直接影响焚烧化学反应过程的温度、反应速度及生成物质的浓度。通常固体废物焚烧，过量空气系数控制在 1.2～2.0 之间。

④　余热利用。焚烧所产生的高温烟气可利用，例如高温烟气进入余热锅炉，热量被锅炉所吸收产生饱和蒸汽，这些蒸汽可用来发电或是供给其他热用户。另外还可用来加热给水或空气，提高系统热效率。

⑤　尾气净化。燃烧产生的高温烟气虽然可以使二 ��英分解，但高温烟气经过换热之后，烟温降到 500～600℃，二 ��英又会重新合成。为了避免二��英的重新合成，必须通过急冷装置，将烟温降到 200℃以内。此外，垃圾焚烧产生的烟气中含有大量粉尘、酸性气体和重金属等有害杂质，所以在排放出大气之前，必须经过处理，比如脱酸装置、除尘器、碱液罐、活性炭仓、石灰仓、活性焦等。尾气净化在危废焚烧这个领域是很重要的，处理不当就会造成大气污染。

⑥　焚烧灰渣处理。危险废物经过焚烧，从炉排、余热锅炉、除尘器收集下来的无机物和未燃尽的有机物——灰渣的主要成分是金属和非金属氧化物，另外还有一些有毒有害物质。如果不经过处理，就会污染到土壤、地下水。现在国内应用最广泛的是稳定固化技术，通过稳定固化，使危险废物中的所有污染组分呈现化学惰性或被包裹起来，降低了废物的毒性和可迁移性。

⑦　固体废物填埋。对危险废物燃烧所产生的灰渣进行稳定固化处理后，就要对这些灰渣进行安全填埋。安全填埋场的选择和设计一定要将废物和渗滤液与环境隔离开，绝对不能

对土壤、地表、地下水造成污染。因此，目前国内的填埋场都是设计有防渗和防漏的，对防漏层设计有好几层不透水层及雨水和渗滤液收集池。

由于存在有机物裂解温度与无机盐熔融温度的矛盾，使得利用高温焚烧含高浓度有机物的废盐存在诸多障碍。在850～1200℃的焚烧温度下，大部分有机物被蒸发或焚烧，但是很多无机盐在该温度下由固态转化为熔融态。熔融态的无机盐腐蚀性较强，并且容易在焚烧炉内部挥发、结晶腐蚀，导致设备故障。

2. 固体废物热解技术

固体废物热解是利用有机物的热不稳定性，在无氧或缺氧条件下受热分解的过程。热解法与焚烧法相比是完全不同的两个过程，焚烧是放热的，热解是吸热的；焚烧的产物主要是二氧化碳和水，而热解的产物主要是可燃的低分子化合物：气态的有氢、甲烷、一氧化碳，液态的有甲醇、丙酮、醋酸、乙醛等有机物及焦油、溶剂油等，固态的主要是焦炭或炭黑。焚烧产生的热能量大的可用于发电，能量小的只可供加热水或产生蒸汽，就近利用。而热解产物是燃料油及燃料气，便于储藏及远距离输送。

（1）热解原理

固体废物热解过程是一个复杂的化学反应过程。包含大分子的键断裂，异构化和小分子的聚合等反应，最后生成各种较小的分子。

热解过程可以用通式表示如下：

有机固体废物 $\xrightarrow{加热}$ 气体（H_2、CH_4、CO、CO_2）+有机液体（有机酸、芳烃、焦油等）+炭黑/炉渣

（2）热解方式

热解过程由于供热方式、产品状态、热解炉结构等方面的不同，热解方式各异。按供热方式可分成内部加热和外部加热。外部加热是从外部供给热解所需要的能量。内部加热是供给适量空气使可燃物部分燃烧，提供热解所需要的热能。外部加热效率低，不及内部加热好，故采用内部加热的方式较多。按热解与燃烧反应是否在同一设备中进行，热解过程可分成单塔式和双塔式。按热解过程是否生成炉渣可分成造渣型和非造渣型。按热解产物的状态可分成汽（气）化方式、液化方式和碳化方式。还有的按热解炉的结构将热解分成固定层式、移动层式和回转式，由于选择方式的不同，构成了诸多不同的热解流程及热解产物。

大量的研究与应用表明，微波具有对物料的（选择性）加热效应、穿透效应和"催化"效应，能将含盐有机物固废裂解而实现无害化处理。但是，传统工业微波热解装置采用的是谐振腔结构，其微波传导效率较低，单位处理量较小，因而难以工程化应用。

为了发挥微波热（裂）解技术的优势，我国科技工作者采用自主创新设计的特殊微波热解炉并结合大功率工业微波源，开发了能够无害化处理含高浓度有机物废盐的微波加热裂解装置与工艺，实现了以"近场辐照"为主的微波高效加热裂解（MP）技术。比如，总有机碳（TOC）含量为4040mg/kg的含三嗪等有机物的氯化钠废盐，经该微波热（裂）解系统处理后，所得再生盐的TOC含量10～17mg/kg，鉴定后达到"脱危"标准，满足再利用的要求。

（3）微波热（裂）解含有机物废盐的工艺

已经完成工程化应用的基于MP装置处理含有机物废盐的工艺流程主要包括：氯化钠等

含有机物的废盐干燥、破碎、预热、微波热（裂）解、热（裂）解盐溶解过滤再结晶和热（裂）解气处理等，见图 8-7（安徽同速科技有限公司提供）。

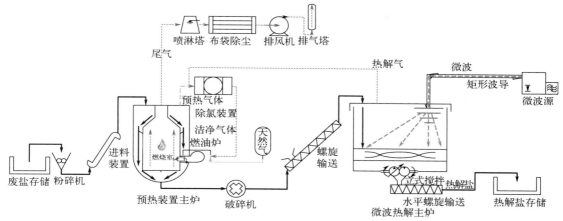

图 8-7　含有机物废盐微波热（裂）解工艺流程图

具体为：收集后的氯化钠等含有机物废盐经干燥破碎，由普通立式燃气炉预处理至 400～450℃；然后，经进料系统趁热进入 MP 微波热（裂）解系统。在小于等于 600℃ 条件下，有机物在大功率微波的近场辐照下，有机相完全被催化热（裂）解。期间产生的热（裂）解气进入立式燃气炉预处理装置，经焚烧后进入独立的处理系统，余热被回收。当热（裂）解盐主要成分为氯化钠等单质盐和有机物裂解后的炭灰后，热（裂）解盐被回用水溶解，形成 20% 浓度的含炭溶液。该溶液经过滤，脱除炭灰。该炭灰不含有机成分和无机盐，可作为一般固体废物处理或回收利用。剩余溶液经反复蒸发结晶、过滤后，取出湿盐，再进一步干燥，得到副产盐（符合相关标准），冷凝水回用至热（裂）解盐溶解等工序。另外，在预处理装置和 MP 微波热（裂）解过程中，产生的热（裂）解气为有机气体和空气，在预处理设备燃烧室内的 1100℃ 火焰下，滞留 2s 以上，被充分燃烧。燃烧后产生的高温气体经急冷塔降温至 200℃ 以下后，被碱吸收塔脱除酸性气体；浮尘被除尘袋拦截后，最终达标排放。

三、固体废物的生物处理技术

抗生素、多肽等生物制药过程因主要原料为豆粉饼、玉米浆、葡萄糖、麸皮粉等，经接入菌种进行发酵生产药物，然后再经固液分离，滤液进一步提取抗生素后也会留下菌渣，其中含有较高含量的蛋白质。但有抗生素残留的菌渣属于危险固体废物，经发酵可实现减量化，可用于生产肥料或送电厂作燃料进行资源化利用，但不可用作饲料。

中草药经提取加工后会留下大量固体废物，其中主要是纤维素和生物多糖等生物质，易腐败且存在利用成本高等诸多技术问题，但可根据中药固体废物组成进行综合再利用。

（1）综合利用

对于由一种中药形成的废弃药渣，其所含的有用的中药化学成分可以回收利用。但是由于来源和生产方法不同，废弃药渣所含的可利用成分不同，相应的回收利用工艺也不同，主要以水提法和醇提法为主。比如，丹皮经水蒸气蒸馏提取丹皮酚后的残渣中含有一定量的丹皮多糖。

对于中药废弃药渣中可利用的总黄酮成分，常采用乙醇回流法。水煎煮后得到的丹参药渣用90%乙醇回流可得含有丹参酮ⅡA的提取液。水煎煮过的甘草药渣用95%乙醇加热回流，用乙酸乙酯萃取，可得到甘草总黄酮。

中药废弃药渣中的多糖有效成分主要采用水提醇沉的方法，利用Sevage法除蛋白质提高多糖的含量。提取淫羊藿黄酮后的淫羊藿药渣烘干，用水提醇沉法得到粗多糖。再用Sevage法除蛋白质，结合全水层逆向流水透析，真空干燥，可得到纯度较高的多糖。

(2) 微生物发酵转化

① 直接作为食用菌培养基　目前，食用菌栽培普遍采用木屑、农作物秸秆，但大多农作物都使用农药，其秸秆不可避免含有农残；而使用木屑则会产生过度砍伐、破坏环境。中成药生产中产生的中药废弃药渣较多，多为几种中药的混合废弃药渣，这类药渣占废弃药渣总量的60%，这类药渣常用作食用菌栽培的基质，一方面可避免农药残留的风险，另一方面中药药渣中残存的次级代谢产物还可提供天然的防病抑菌功能，一些一级代谢产物则为食用菌生物提供生长所需能量。中药废弃药渣与适宜的施入物配合，可用于培育杏鲍菇、平菇、鸡腿菇、金针菇等，培育的食用菌具有菌株生长状态好、产量高等优点。

利用含虎杖的药渣，与棉籽壳、木屑、麦麸、白糖、石膏作为培养基栽培杏鲍菇，且菌丝极为浓密、洁白、粗壮，生物转化率高达85%，比常规培养基更加优越。甘草、党参、白芍、首乌等的混合中药废弃药渣代替棉籽壳作为培养基栽培平菇可极大地降低生产成本。黄芪药渣作主料，配以麸皮、棉籽壳、玉米粉，可作为栽培鸡腿菇的基质，31d菌丝即可长满菌袋。总体来说，以中药废弃药渣作主料栽培食用菌，不但能降低栽培成本，获得较高的产量，还可解决中药废弃药渣的污染问题。

② 饲料　这些生物质可采用包括好氧堆肥、厌氧发酵等生物处理技术进一步转化，促进可生物降解的有机物转化为腐植质、饲料蛋白或微生物油脂，或转化为生物可燃气体，实现减量化或无害化处理与利用。

中药废弃药渣中含有黄酮、生物碱、皂苷、多糖等中药化学成分，将废弃药渣用微生物发酵生产功能性饲料，可在一定程度上促进动物的生长，还可以调节其免疫力，减少抗生素的使用，改善肉质。

人参、党参、黄芪、山楂、陈皮、五味子、葛根、厚朴等中药废弃药渣能应用于饲料添加剂中。在适宜发酵条件下，药渣中的粗纤维含量大幅下降，蛋白含量显著提升，可作为新型蛋白来源用在蛋白饲料的生产中。金莲花药渣发酵后蛋白质、葡萄糖等成分的含量明显增高，并使小鼠的抗应激反应能力提高。人参黄芪片药渣作为饲料添加剂喂养肉鸡，可显著提高肉鸡的细胞免疫和体液免疫。

③ 发酵产有机肥　中药废弃药渣往往富含纤维、多糖、蛋白质等有机物，磷、钾、氮以及微量元素成分等，是植物生长所需要的养分，但很难被植物直接利用或充分利用，通过发酵可提高其所含植物生长营养成分的利用率。如酵素菌作用，可生产酵素菌有机肥料。

中药废弃药渣中木质素的含量较高，腐植化速度较快。中药废弃药渣粉碎，在适宜的条件下，经微生物腐熟堆肥处理后，可以作为优质的农肥成品。中药废弃药渣富含有机质及磷、钾、氮，可提供蔬菜苗期所需养分。由于废弃药渣具有孔隙且pH值适中，对于蔬菜幼苗的壮苗指数及光合能力，促进蔬菜根系对养分的吸收均有促进作用。

中药废弃药渣生物有机肥的特点：采取中药废弃药渣作为载体，发酵前粉砂到80目，药渣中活性成分种类多，有机质含量高，利于改善植物周边环境及植物生长；添加多种矿物质元素，并通过添加表面活性剂等助剂制备成矿物质纳米粒，利于植物不同生长阶段的需求；生物有机肥产品粒度控制在 40～50 目。

晾晒发酵好的中药废弃药渣在使用时可根据具体需要按比例进行调配使用，还可直接用于药用植物栽培时的基肥或是生长过程的追肥。每亩施用 1t 中药渣生产的有机肥，当年可减少化肥用量 15%～20%，逐年可减少化肥用量 30% 以上。某年处理 2 万吨中药材的中药制药企业，每年产生的药渣达 10 万吨，现已建成药渣回收装置，每年可生产有机化肥 15 万吨，经济效益可观。

以中药废弃药渣为原料生产有机肥，有不同的生产工艺，一种为中药废弃药渣直接发酵生产有机肥。另一种是以发酵好的中药废弃药渣为载体，再添加适量的植物所需的矿物质微量元素成分与磷、钾、氮养分，以更好地满足植物生长所需要养分。比如，中药药渣可以通过生物发酵或化学氧化生产腐植酸。利用微生物的代谢作用可以将中药药渣中难以降解的木质素转化为易于利用的黄腐酸，黄腐菌就是其中的典型代表，黄腐菌在代谢药渣时产生的酶可以通过氧化还原反应断裂木质素中的碳-碳键和碳-氧键，从而将木质素转化为黄腐酸和其他低分子量有机酸等产物。除了生物转化外，还可以通过化学氧化的方法加快药渣的腐植化进程。干燥的药渣在球磨机中处理后，加入双氧水、硫酸亚铁、过硫酸钠、二氧化锰和凹凸棒土等催化剂，搅拌均匀后置于水热反应釜中水热处理，在此反应过程中木质素成分的酸性醚键断裂，醚键断裂的基本位点在碳原子连接丙基侧链芳香环的位置。反应结束后，将反应物过滤，滤出的液体干燥并粉碎，即为黄腐酸粉末。将黄腐酸粉末与水稻秸秆粉、麸皮按比例均匀混合，在室温下堆肥制成有机肥；然后按比例将黄腐酸粉末、有机肥、生物炭均匀混合，即得富含黄腐酸的有机肥。相比自然界中的生物腐植化过程，化学催化大幅度地加速了腐植化进程，由 7～10d 缩短至 3～4h。

中药废弃药渣直接发酵生产有机肥，主要以含植物木质根茎和藤本植物茎类中药废弃药渣为原料，发酵生产有机肥时要求粉碎药渣原料颗粒细度≤1.0mm。1kg 菌种接种药渣原料10t，接种方法为用干燥麦麸或者稻糠作为菌种扩充剂混合菌种，比例为 1kg 菌种与 20kg 麦麸或者稻糠混合。翻抛混合操作时使用翻抛机往返混合≥3 次。料堆内层发酵温度≥40℃，料堆表层可见有少量发酵热气散发。以接种起点时间计算发酵耗时 15d。发酵料腐熟转出堆放时，颜色呈炭黑或者褐色，有发酵霉气味，手握松软有弹性，颗粒用手指可捻成粉末状，有大量白色菌丝，水分含量≤60%。

某公司开发的以中药废弃药渣为载体，添加辅助成分生产的生物有机肥工艺流程图如图 8-8 所示。

生产工艺中确立的各组分添加量的比例：按质量计，微量元素的缓控释体 2.4 份，腐熟、粉碎后的中药废弃药渣有机质干物质 47 份，23.5% 氯化铵 15 份，57% 氯化钾 10 份，55% 磷酸一铵 10 份，其他具有抗菌、杀虫等功效的添加物 5 份，多功能微生物（固氮菌、解磷菌、芽孢杆菌、放线菌 5406、酵母菌、乳酸菌、硅酸盐细菌、假单胞菌）添加剂 2.0 份。

④ 发酵产沼气　用中药药渣及中间废弃沉淀物生物质生产沼气。有机物在无氧条件下，依靠兼性厌氧菌和专性厌氧菌作用转化成甲烷和二氧化碳等，从而实现有机固体废物无害化和资源化。培养能够水解复杂有机质的厌氧系统，对厌氧消化反应的影响因素进行系统优化，对沼气发酵的温度、酸碱度、原料配比（营养比）、添加物和抑制物、接种物、搅拌速度等

进行筛选，优化出最佳的符合实际要求的消化工艺，建立一套稳定、高效的中药废弃物生产沼气的生产工艺及生产系统。

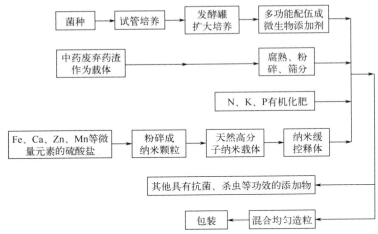

图 8-8　中药废弃药渣生物有机肥工艺流程图

　　对于中药生产过程中所产生的药渣不能以某一种处理模式来对不同废弃药渣进行处理，需要对不同来源与特性的中药废弃药渣按照《国家危险废物名录》等规定进行甄别，确定合理有效的处理方案。

第四节　固体废物污染防治策略

　　固体废物的污染控制与其他环境问题一样，经历了从简单处理到全面管理的发展过程。初期，世界各国都把注意力放在末端治理上，提出"三化"原则，即减量化、资源化和无害化，多数发达国家对固体废物的管理都是基于"三化"原则，在此原则下，发达国家已探索了许多卓有成效的管理模式，处置固体废物的先进经验和处理方法。

　　由于受生产力水平和治污水平的限制，在短期还不可能在较大范围内实现"资源化"，在今后较长时间以"无害化"为主。但固体废物污染控制和资源化利用的发展趋势必然是从"无害化"走向"资源化"，同时"资源化"将以"无害化"作为前提，"无害化"和"减量化"则以"资源化"为条件，"资源化""减量化"和"无害化"三者相辅相成、互为关系。

　　固体废物的处理应根据固体废物的数量、性质并结合地区特点等进行综合比较，确定其处理方法。对有利用价值的，应考虑采取回收或综合利用措施；对没有利用价值的，可采取无害化堆置或焚烧等处理措施。

　　固体废物中有相当一部分是未反应的原料或反应副产物，是宝贵的资源。因此，在对固体废物进行无害化处理前，应尽量考虑回收和综合利用。许多固体废物经过某些技术处理后，可回收有价值的资源。例如，废催化剂是化学制药过程中常见的固体废物，制造这些催化剂要消耗大量的贵金属，从控制环境污染和合理利用资源的角度考虑，都应对其进行回收利用。再如，铁泥可以制备氧化铁红或磁芯、锰泥可以制备硫酸锰或碳酸锰、废活性炭经再生后可以回用、硫酸钙废渣可制成优质建筑材料等。从固体废物中回收有价值的资源，并开展综合利用，是控制污染的一项积极措施。这样不仅可以保护环境，而且可以产生一定的经济效益。

经综合利用后的残渣或无法进行综合利用的固体废物，应采用适当的方法进行无害化处理。由于固体废物的组成复杂、性质各异，故对固体废物的治理还没有像废气和废水的治理那样形成系统。目前，对固体废物的处理方法主要有化学法、焚烧法、热解法和填埋法等。

化学法是利用固体废物中所含污染物的化学性质，通过化学反应将其转化为稳定、安全的物质，是一种常用的无害化处理技术。焚烧法是使被处理的固体废物与过量的空气在焚烧炉内进行氧化燃烧反应，从而使固体废物中所含的污染物在高温下氧化分解而破坏，是一种高温处理和深度氧化的综合工艺。热解法是在无氧或缺氧的高温条件下，使固体废物中的大分子有机物裂解为可燃的小分子燃料气体、油和固态炭等。填埋法是将一时无法利用又无特殊危害的固体废物埋入土中，利用微生物的长期分解作用而使其中的有害物质降解。

同时，必须防止生产装置及辅助设施、作业场所、污水处理设施等排出的各种固体废物以任何方式排入自然水体或任意抛弃。在输送含水量大的固体废物和高浓度废液时，应采取措施避免沿途滴洒；有毒有害废渣、易扬尘废渣的装卸和运输，应采取密闭和增湿等措施，防止发生污染和中毒事故。

目前，世界各国越来越意识到对固体废物实现过程控制的重要性，提出了固体废物"从摇篮到坟墓"的全过程控制和管理以及循环经济的新概念，并对解决固体废物污染控制问题取得了共识，其基本对策是"3C"原则，即：避免产生（clean）、综合利用（cycle）和妥善处理（control）。

依据"3C"原则，可以将固体废物从产生到最终处置的全过程分为五个连续环节或不连续环节进行控制，其中，各种生产活动的清洁生产是第一阶段，也是管理体系的核心之一。在第一阶段，通过使用清洁生产工艺、提高原辅材料转化率等途径来控制，减少或避免固体废物的产生。第二阶段，在清洁生产基础上，对生产过程中产生的固体废物，尽量进行系统内的回收利用。对于系统已产生的固体废物，再通过第三阶段系统外固体废物的交换与回收利用进一步减少固体废物的产生量，最终可自然排弃的固体废物则由第四阶段预先进行无害化/稳定化处理，第五阶段通过处置/管理来实现其安全处理处置，在无害化、稳定化和最终处置管理阶段还可能包括必要的预处理如脱水、干燥、压实、粉碎等减密和减量处理。

由于制药企业本身对周边环境、空气洁净度要求较高，且单个制药企业固体废物种类多、产生量较小，制药企业单独在厂内处置或综合利用成本较高，一般交由专业的环保公司处置或综合利用。制药企业重点要做好固体废物性质的判定（危险废物/一般工业固体废物），并按环保规范、标准要求进行分类收集，做好储存环节污染防控，比如地面防渗、有毒有害废气收集净化、渗滤液收集处理，规范环境管理台账和废物转移联单。

为了减少危险废物产生量和处置成本，一般采取分类收集，前段格栅、沉沙、混凝沉淀、气浮等物理化学方法处理产生的固体废物，属于危废；后段生化处理（厌氧、兼氧、好氧）产生的剩余污泥，按一般工业固体废物处置。

另外，很多药物生产企业在生产过程会产生副产物，如副产酸、碱、反应伴生产物、副反应产物等，均具有腐蚀性、毒性或易燃性等危险特性。按照废物管理"资源化、减量化、无害化"的原则，有利用价值的，可以回收做副产品出售。副产物不作为固体废物管理须提供以下证明材料：副产物符合国家、地方制定或行业通行的所替代原料生产的产品质量标准；符合相关国家污染控制标准或技术规范要求，包括该产物生产过程中排放到环境中的有害物质含量标准和该产物中有害物质含量标准；有稳定、合理的市场需求等的证明材料（如销售协议、接收方使用证明等）。

 习题

1. 固体废物的定义与分类。
2. 危险废物的危险特性有哪些？
3. 如何识别危险废物和一般工业固体废物？
4. 危险废物包装容器有何要求？
5. 简述危险废物储存设施（仓库式）的设计原则。
6. 某原料药生产过程中产生的氯化钠废盐，含有甲醇、DMF、苯甲酸、氨基酸等。现需要对该废盐进行处理，实现氯化钠回收利用，请设计一套处理工艺流程方案。

第九章

环境影响评价与管理

 学习目标

熟悉: 环境质量评价的分类、依据;

了解: 环境监测与管理的基本要求,环境监测与管理的责任;

掌握: 环境质量评价方法、工作流程与内容要求,能够进行制药工程项目环境质量评价报告的编制。

环境影响评价从环境质量这一基本概念出发,探讨环境质量同人类社会行为之间的关系,评价人类活动对环境质量的影响,以及环境的变化对人类社会发展的影响。环境影响评价既是环境保护过程中的基础性工作,也是环境科学研究的前提和基础。

第一节 环境影响评价概论

一、基本概念与分类

1. 基本概念

环境质量是环境系统客观存在的一种本质属性,并能用定性和定量的方法加以描述的环境系统所处的状态;一般是指在一个具体的环境内,环境的总体或环境的某些要素,对人群的生存和繁衍以及社会经济发展的适宜程度,是反映人群的具体要求而形成的对环境评定的一种概念。

环境效应是指自然过程或者人类的生产和生活活动对环境造成污染和破坏,从而导致环境系统的结构和功能发生变化的过程。

环境质量评价实质上是对环境质量优与劣的评定过程,该过程包括环境评价因子的确定、环境监测、评价标准、评价方法、环境识别,因此环境质量评价的正确性体现在上述5个环节的科学性与客观性。建设项目环境影响评价广义上是指对拟建项目可能造成的环境影响(包括环境污染和生态破坏,也包括对环境的有利影响)进行分析、论证的全过程,并在

此基础上提出采取的防治措施和对策。狭义上是指对拟议中的建设项目在兴建前即可行性研究阶段，对其选址、设计、施工等过程，特别是运营和生产阶段可能带来的环境影响进行预测和分析，提出相应的防治措施，为项目选址、设计及建成投产后的环境管理提供科学依据。

制药建设项目环境影响评价参照《环境影响评价技术导则 制药建设项目》（HJ 611），该导则中规定了制药建设项目环境影响评价工作的一般性原则、内容、方法和技术要求。

环境影响评价的目的是为环境污染治理、环境规划制定和环境管理提供参考。

2. 建设项目环境影响评价的分类管理

国家根据建设项目对环境的影响程度，对建设项目的环境影响评价实行分类管理。具体规定如下：

① 建设项目对环境可能造成重大影响的，应当编制环境影响报告书，对建设项目产生的污染和对环境的影响进行全面、详细的评价；

② 建设项目对环境可能造成轻度影响的，应当编制环境影响报告表，对建设项目产生的污染和对环境的影响进行分析或者专项评价；

③ 建设项目对环境影响很小，不需要进行环境影响评价的，应当填报环境影响登记表。

建设项目环境影响评价分类管理名录，由国务院环境保护行政主管部门制定并公布。

二、环境影响评价的依据

人类社会进入 20 世纪后，科技、工业和交通等行业都获得了迅猛的发展，但由此带来的环境污染问题也日益严重。为了防止环境污染，首先必须全面正确地认识环境。为在研究和认识环境问题时有共同语言、共同标准，环境质量评价便应运而生。

在我国以及全球大多数国家，绝大多数工程项目建设都需要进行环境影响评价。环境影响评价依据是环境指数以及因工程项目建设运行而带来环境指数的变化，及其可持续性和与法规的符合性。环境影响评价是一项技术性和政策性都很强的工作，必须遵照我国《中华人民共和国环境保护法》《中华人民共和国环境影响评价法》《建设项目环境保护管理条例》等现行的法律、规范和标准等进行。制药企业环境影响评价常用的法律、规范和标准介绍如下。

1. 环境保护法规

环境保护法，在广义上又称为环境法，是调整因开发、利用、保护和改善人类环境而产生的社会关系的法律规范的总称。其目的是协调人类与环境的关系，保护人体健康，保障社会经济的持续发展。其内容主要包括两个方面：一是关于合理开发利用自然环境要素，防止环境破坏的法律规范；二是关于防治环境污染和其他公害，改善环境的法律规范。另外，还包括防止自然灾害和减轻自然灾害对环境造成不良影响的法律规范。

目前，我国已经颁布的环境保护的相关法律法规主要有：《中华人民共和国环境保护法》《中华人民共和国环境影响评价法》《中华人民共和国大气污染防治法》《中华人民共和国水污染防治法》《中华人民共和国噪声污染防治法》《中华人民共和国固体废物污染环境防治法》《中华人民共和国海洋环境保护法》和《中华人民共和国循环经济促进法》。法规涉及环境污染防治、自然环境要素保护、文化环境保护以及环境监测管理、建设项目环境保护管理办法、报告环境污染与破坏事故的暂行办法、环境保护行政处罚办法等。

2. 环境标准

环境标准分为国家环境标准、地方环境标准和环境保护部标准。在执行上，地方环境标准优先于国家环境标准。

国家环境标准包括国家环境质量标准、国家污染物排放标准、国家环境监测标准、国家环境标准样品标准和国家环境基础标准。地方环境标准包括地方环境质量标准和地方污染物排放标准。其中，国家污染物排放标准分为跨行业综合性排放标准（如污水综合性排放标准、大气污染物综合排放标准）和行业性排放标准（如火电厂大气污染物排放标准、合成氨工业水污染物排放标准、造纸工业水污染物排放标准、制药工业大气污染物排放标准等）。综合性排放标准与行业性排放标准不交叉执行，即有行业性排放标准的优先执行行业排放标准，没有行业性排放标准的执行综合排放标准。

环境标准（environmental standards）是为了保护人群健康、防治环境污染、促使生态良性循环、合理利用资源、促进经济发展，依据环境保护法和有关政策，对有关环境的各项工作所做的规定。环境标准是制定国家环境政策的依据，是国家环境政策的具体体现，是执行环保法规的基本保证，通过环境标准的实施可以实现科学管理环境，提高环境管理水平。

环境标准是监督管理的最重要的措施之一，是行使环境管理职能和执法的依据，也是处理环境纠纷和进行环境质量评价的依据，是衡量排污状况和环境质量状况的主要尺度。

（1）环境标准体系的要素　一方面，由于环境的复杂多样性，在环境保护领域中需要建立针对不同对象的环境标准，因而它们各具有不同的内容用途、性质特点等；另一方面，为使不同种类的环境标准有效地完成环境管理的总体目标，又需要科学地从环境管理的目的对象、作用方式出发，合理地组织协调各种标准，使其相互支持、相互匹配以发挥标准体系的综合作用。

环境质量标准和污染物排放标准是环境标准体系的主题，它们是环境标准体系的核心内容，从环境监督管理的要求上集中体现了环境标准体系的基本功能，是实现环境标准体系目标的基本途径和表现。

环境基础标准是环境标准体系的基础，是环境标准的"标准"，它对统一、规范环境标准的制定、执行具有指导的作用，是环境标准的基石。

环境方法标准、环境标准样品标准构成环境标准体系的支持系统。它们直接服务于环境质量标准和污染物排放标准，是环境质量标准与污染物排放标准内容上的配套补充以及环境质量标准与污染物排放标准有效执行的技术保证。

（2）国家环境标准　国家环境标准分为强制性标准和推荐性标准。环境质量标准和污染物排放标准以及法律、法规规定必须执行的其他标准属于强制性标准，强制性标准必须执行。强制性以外的环境标准属于推荐性标准。国家鼓励采用推荐性环境标准，推荐性环境标准被强制性标准引用，也必须强制执行。

国家已颁布的环境质量标准包括：大气环境质量标准[例如《环境空气质量标准》（GB 3095）等]、水环境质量标准[例如《地表水环境质量标准》（GB 3838）、《地下水质量标准》（GB/T 14848）、《海水水质标准》（GB 3097）、《生活饮用水卫生标准》（GB 5749）等）]、声环境质量标准[例如《声环境质量标准》（GB 3096）等]和土壤环境质量标准[例如《土壤环境质量 建设用地土壤污染风险管控标准（试行)》（GB36600）和《土壤环境质量 农用地土壤污染风险管控标准（试行)》（GB15618）等）]、污染物排放标准包含大气污染物排放标准[例如《大气污染物综合排放标准》（GB 16297）、《恶臭污染物排放标准》（GB14554）、《锅炉大气污染物排放标准》（GB 13271）等]、水污染物排放标准[例如《污水综合排放标准》（GB 8978）

等]、环境噪声排放标准[（例如《工业企业厂界环境噪声排放标准》（GB 12348）]和固体废物污染控制标准[例如《危险废物贮存污染控制标准》（GB 18597）、《一般工业固体废物贮存和填埋污染控制标准》（GB 18599）等]。

1）环境质量标准　环境质量标准（environmental quality standards）是为了保障人体健康、维护生态环境、保证资源充分利用，并考虑技术、经济条件而对环境中有害物质和因素做出的限制性规定。环境质量标准是随着环境问题的出现而产生的、一定时期内衡量环境优劣程度的标准，从某种意义上讲是环境质量的目标标准。环境质量标准按环境要素分，有水质量标准、大气质量标准、土壤质量标准和生物质量标准四类，每一类又按不同用途或控制对象分为各种质量标准。

2）污染物排放标准（或控制标准）　国家污染物排放标准是根据国家环境质量标准，以及适用的污染物控制技术并考虑经济承受能力，对排入环境的有害物质和产生污染的各种因素所做的限制性规定，是对污染源控制的标准。

原则上，对污染物排放标准的制定必须考虑所规定的容许排放量在控制技术上的可行性和经济上的合理性，且必须考虑污染源所在地区的环境条件（如环境的自净能力）和区域范围内污染源的分布和特点等；同时，要尽量满足环境质量标准的要求。

因此，要按照污染物扩散规律来制定其排放标准，并应用污染物稀释和扩散模式来推算污染源排放口的容许排放量；按总量控制来制定，这是按照环境质量标准的要求计算区域范围内污染物容许排放总量，确定各个污染源分摊率，从而确定它们的容许排放量；并按照最佳可行技术来制定，即按照本国的生产水平和技术、经济上可能达到的能力来制定。

3）环境监测标准　为监测环境质量和污染物排放，规范采样、分析、测试、数据处理等所做的统一规定（指对分析方法、测定方法、采样方法、试验方法、检验方法、生产方法、操作方法等所做的统一规定）。环境监测中最常见的是分析方法、测定方法和采样方法。

4）环境标准样品标准　为保证环境监测数据的准确、可靠，对用于量值传递或质量控制的材料、实物样品而制定的标准物质。标准样品在环境管理中起着特别的作用，可用来评价分析仪器、鉴别其灵敏度；评价分析者的技术，使操作技术规范化。

5）环境基础标准　国家环境基础标准是在环境标准工作中，对技术术语、符号、代号、图形、指南、导则、量纲单位及信息编码等做的统一规定。环境基础标准是我国制定的六类环境标准之一，指在环境标准化工作范围内，对有指导意义的符号、代号、指南、程序、规范等所做的统一规定，它是制定其他环境标准的基础。

我国已颁布的环境基础标准有《制订地方水污染物排放标准的技术原则与方法》（GB/T 3839）。

（3）地方环境标准　地方环境标准是对国家环境标准的补充和完善，由省、自治区、直辖市人民政府制定。近年来为控制环境质量的恶化趋势，一些地方已将总量控制指标纳入环境标准。

1）地方环境质量标准　国家环境质量标准中未做出规定的项目，可以制定地方环境质量标准，并报国务院行政主管部门备案。

2）地方污染物排放（控制）标准　国家污染物排放标准中未做规定的项目可以制定地方污染物排放标准；国家污染物排放标准已做规定的项目，可以制定严于国家污染物排放标准的地方污染物排放标准；省、自治区、直辖市人民政府制定机动车船大气污染物排放标准严于国家排放标准的，须报国务院批准。

（4）生态环境部颁标准　在环境保护工作中对需要统一的技术要求所制定的标准，包括执行各项环境制度、监察技术、环境区划，规划的技术要求、规范、导则等。

环境影响评价技术导则一般可分为各项环境要素的环境影响评价技术导则、各专项或专题的环境影响评价技术导则、规划和建设项目的环境影响评价技术导则等。

三、环境质量的影响因素

环境质量变化过程是各种环境因子综合作用的结果，包括如下三个阶段：①人类活动导致环境条件的变化，如污染物进入大气、水体、土壤，使其中的物质组分发生变化。②环境条件发生一系列链式变化，如污染物在各介质中迁移、转化，变成直接危害生命有机体的物质。③环境条件变化产生综合性的不良影响，如污染物作用于人体或其他生物，产生急性或慢性的危害。因此，环境质量评价是以环境物质的地球化学循环和环境变化的生态学效应为理论基础的。

对于环境空气质量而言，影响空气环境的具体因素如下。

① 气象因素：风、湍流、温度层结、逆温、不同温度层结下的烟型。

② 地理因素：地形、地貌、海陆位置、城镇分布、空气温度、气压。

③ 其他因素：污染物的性质和成分、污染物的几何形态和排放方式、污染源的强度和高度。其中，污染源强度与污染物的浓度成正比；地面源地面轴线浓度随距离的增加而减小。

对于水环境质量而言，影响水体环境的因素有：①水体自净作用；②水体稀释；③水体中氧的消耗与溶解；④水体中的微生物。

对于土壤环境质量而言，影响土壤环境的因素有：①土壤环境背景值；②土壤自净作用——物理净化、化学净化和生物净化；③土壤酸碱度——以 pH 值表示。

一般用环境质量指数来表征环境质量整体的优劣，该指数既可以只用单个环境因子的观测指标计算得到，也可以由多个环境因子的观测指标综合算出。环境质量现状评价通常采用单因子质量指数评价法，即：

$$I_i = C_i / C_{0i} \tag{9-1}$$

式中，C_i 为第 i 种污染物的实测质量浓度值，mg/m^3 或 mg/L；C_{0i} 为第 i 种污染物的评价质量标准限制，mg/m^3 或 mg/L；标准指数 $I_i \leqslant 1$ 为达标或清洁，标准指数 $I_i > 1$ 为超标或污染。

第二节　环境影响评价及报告编制

一、环境影响评价方法与内容

1. 建设项目环境影响评价工作程序

一般地，分析判定建设项目选址选线、规模、性质和工艺路线等与国家和地方有关环境保护法律法规、标准、政策、规范、相关规划、规划环境影响评价结论及审查意见的符合性，并与生态保护红线、环境质量底线、资源利用上限和环境准入负面清单进行对照，是开展环境影响评价工作的前提和基础。

环境影响评价工作一般分为三个阶段，即调查分析和工作方案制定阶段，分析论证和预测评价阶段，环境影响报告书（表）编制阶段。具体流程见图 9-1。

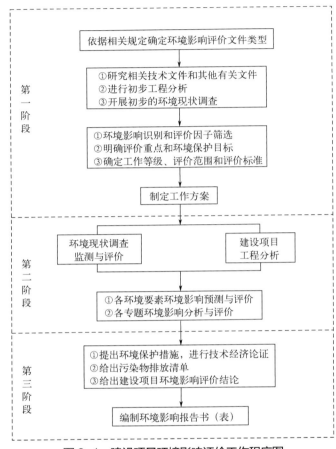

图 9-1　建设项目环境影响评价工作程序图

2. 环境影响评价方法与内容

（1）环境质量现状评价

① 环境现状调查的一般原则　根据建设项目所在地区的环境特点，结合各单项评价的工作等级，确定各环境要素的现状调查的范围，筛选出应调查的有关参数。原则上调查范围应大于评价区域，对评价区域边界以外的附近地区，若遇有重要的污染源，调查范围应适当放大。环境现状调查应首先搜集现有资料，经过认真分析筛选，择取可用部分。若这些引用资料仍不能满足需要，应再进行现场调查或测试。

环境现状调查中，对与评价项目有密切关系的部分应全面、详细，尽量做到定量化；对一般自然和社会环境的调查，若不能用定量数据表达，应做出详细说明，内容也可适当调整。

② 环境现状调查的方法　调查的方法主要有搜集资料法、现场调查法和遥感法。通常这三种方法的有机结合、互相补充是最有效的和可行的。

③ 环境现状调查的内容　环境现状调查的主要内容如下：a. 地理位置；b. 地貌、地

质和土壤情况，水系分布和水文情况，气候与气象；c．矿藏、森林、草原、水产和野生动植物、农产品、动物产品等情况；d．大气、水、土壤和环境质量现状；e．环境功能情况（特别注意环境敏感区）及重要的政治文化设施；f．社会经济情况；g．人群健康状况及地方病情况；h．其他环境污染和破坏的现状资料。

（2）环境影响评价　环境影响评价是指对规划和建设项目实施后可能造成的环境影响进行分析、预测和评估，提出预防或者减轻不良环境影响的对策和措施、进行跟踪监测的方法与制度。通俗地说就是分析项目建成投产后可能对环境产生的影响，并提出污染防治对策和措施。

① 环境影响预测的原则　预测的范围、时段、内容及方法应按相应评价工作等级、工程与环境特性、当地的环境要求而定。同时应考虑预测范围内，规划的建设项目可能产生的环境影响。

② 预测的方法　通常采用的预测方法有数学模式法、物理模型法、类比调查法和专业判断法。预测时应尽量选用通用、成熟、简便并能满足准确度要求的方法。

③ 预测阶段和时段　建设项目的环境影响分三个阶段（即建设阶段、生产运营阶段、服务期满或退役阶段）和两个时段（即冬、夏两季或丰、枯水期）。所以预测工作在原则上也应与此相适应，但对于污染物排放种类多、数量大的大中型项目，除了预测正常排放情况下的影响外，还应预测各种不利条件下的影响（包括事故排放的环境影响）。

④ 预测的范围和内容　为全面反映评价区内的环境影响，预测点的位置和数量除应覆盖现状监测点外，还应根据工程和环境特征以及环境功能要求而设定。预测范围应等于或略小于现状调查的范围。预测的内容依据评价工作等级、工程与环境特征及当地环保要求而定，既要考虑建设项目对自然环境的影响，也要考虑社会和经济的影响；既要考虑污染物在环境中的污染途径，也要考虑对人体、生物及资源的危害程度。

⑤ 环境影响评价的方法　主要有数学模式法、物理模型法、类比调查法等，由各环境要素或专题环境影响评价技术导则具体规定。

3. 污染源强及危险源强的核算技术方法

工艺过程中废水、废气、固体废物的污染源强度核算方法包括物料衡算法、类比法、实测法和实验法。

（1）物料衡算法　物料衡算法是计算污染物排放量的常规和最基本的方法。在具体建设项目产品方案、工艺路线、生产规模、原材料和能源消耗以及治理措施确定的情况下，运用质量守恒定律核算污染物排放量，即在生产过程中投入系统的物料总量必须等于产出产品总量和物料流失量之和。其计算通式如下：

$$\sum G_{投入} = \sum G_{产品} + \sum G_{流失} \tag{9-2}$$

式中，$\sum G_{投入}$ 为投入系统的物料总量；$\sum G_{产品}$ 为产出产品总量；$\sum G_{流失}$ 为物料流失总量。

当投入的物料在生产过程中发生化学反应时，可按下列总量法公式进行衡算。

① 总物料衡算公式

$$\sum G_{排放} = \sum G_{投入} - \sum G_{回收} - \sum G_{处理} - \sum G_{转化} - \sum G_{产品} \tag{9-3}$$

式中，$\sum G_{投入}$ 为投入物料中的某污染物总量；$\sum G_{产品}$ 为进入产品结构中的某污染物总量；$\sum G_{回收}$ 为进入回收产品中的某污染物总量；$\sum G_{处理}$ 为经净化处理掉的某污染物总量；

$\sum G_{转化}$ 为生产过程中被分解、转化的某污染物总量； $\sum G_{排放}$ 为某污染物的排放量。

工艺过程中物料衡算图如图 9-2 所示。

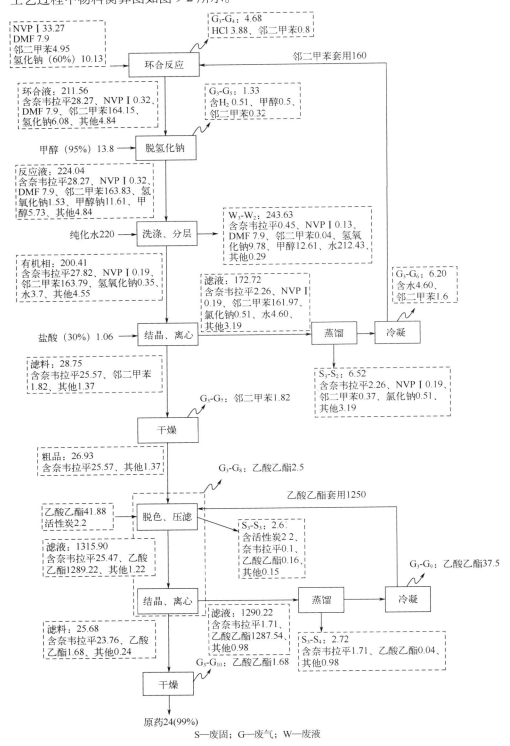

图 9-2 物料衡算图（单位：kg/批）

② 单元工艺过程或单元操作的物料衡算　对某单元工艺过程或单元操作进行物料衡算，可以确定这些单元工艺过程、单一操作的污染物产生量，例如对管道和泵输送、吸收过程、分离过程、反应过程等进行物料衡算，可以核定这些加工过程的物料损耗量，从而了解污染物产生量。工程分析中常用的物料衡算有：总物料衡算；有毒有害物料衡算；有毒有害元素物料衡算。

(2) 类比法　类比法是用与拟建项目类型相同的现有项目的设计资料或实测数据进行工程分析的一种常用方法。采用类比分析时，为提高类比数据的准确性，应充分注意分析对象与类比对象之间的相似性和可比性。

① 工程一般特征的相似性　所谓一般特征包括建设项目的性质、建设规模、车间组成、产品结构、工艺路线、生产方法、原料及燃料成分与消耗量、用水量和设备类型等。

② 污染物排放特征的相似性　包括污染物排放类型、浓度、强度和数量、排放方式与去向以及污染方式与途径等。

③ 环境特征的相似性　包括气象条件、地貌状况、生态特点、环境功能以及区域污染情况等方面的相似性。

类比法也常用单位产品的经验排污系数去计算污染物产生量。采用此法须注意，一定要根据生产规模和生产管理以及外部因素等实际情况进行必要的修正。经验排污系数法公式如下：

$$A = A_D M \tag{9-4}$$
$$A_D = B_D - (a_D + b_D + c_D + d_D) \tag{9-5}$$

式中，A 为某污染物的排放总量；A_D 为单位产品某污染物的排放定额；M 为产品总产量；B_D 为单位产品投入或生成的某污染物量；a_D 为单位产品中某污染物的量；b_D 为单位产品所生成的副产品、回收品中某污染物的量；c_D 为单位产品分解转化掉的某污染物量；d_D 为单位产品被净化处理掉的某污染物量。

采用经验排污系数法计算污染物排放量时，必须对生产工艺、化学反应、副反应和管理等情况进行全面了解，掌握原料、辅助材料、燃料的成分和消耗定额。

(3) 实测法　通过选择相同或类似工艺实测一些关键的污染参数。

(4) 实验法　通过一定的实验手段来确定一些关键的污染参数。

二、环境影响评价报告的编制

1. 文件编制总体要求

环境影响评价文件应概括地反映环境影响评价的全部工作。环境现状调查应全面、深入，主要环境问题应阐述清楚，重点应突出，论点应明确，环境保护措施应可行、有效，评价结论应明确。文字应简洁、准确，文本应规范，计量单位应标准化，数据应可靠，资料应翔实，并尽量采用能反映需求信息的图表和照片。资料表述应清楚，利于阅读和审查，相关数据、应用模式须编入附录，并说明引用来源；所参考的主要文献应注意时效性，并列出目录。跨行业建设项目的环境影响评价或评价内容较多时，其环境影响报告书中各项评价根据需要可繁可简，必要时，其重点专项评价应另编专项评价分析报告，特殊技术问题另编专题技术报告。

2．报告书的编制内容与深度

根据工程特点、环境特征、评价级别、国家和地方的环境保护要求，报告书的内容选择下列但不限于下列全部或部分专项评价。以污染影响为主的建设项目报告书的内容一般应包括工程分析，周围地区的环境现状调查与评价，环境影响预测与评价，环境风险评价，环境保护措施及其经济、技术论证，污染物排放总量控制，环境影响经济损益分析，环境管理与监测计划，评价结论和建议等专题。

（1）前言　简要说明建设项目的特点、环境影响评价的工作过程、关注的主要环境问题及环境影响报告书的主要结论。

（2）总则　编制依据须包括建设项目应执行的相关法律法规、相关政策及规划、相关导则及技术规范、有关技术文件和工作文件以及环境影响报告书编制中引用的资料等。

（3）建设项目概况与工程分析　采用图表及文字结合方式，概要说明建设项目的基本情况、组成、主要工艺路线、工程布置及与原有、在建工程的关系。对建设项目的全部组成和施工期、运营期、服务期满后所有时段的全部行为过程的环境影响因素及其影响特征、程度、方式等进行分析与说明，突出重点；并从保护周围环境、景观及环境保护目标要求出发，分析总图及规划布置方案的合理性。

（4）环境现状调查与评价　根据当地环境特征、建设项目特点和专项评价设置情况，从自然环境、社会环境、环境质量和区域污染源等方面选择相应内容进行现状调查与评价。

（5）环境影响预测与评价　包括预测时段、预测内容、预测范围、预测方法及预测结果，并根据环境质量标准或评价指标对建设项目的环境影响进行评价。

（6）环境风险评价　根据建设项目环境风险识别、分析情况，给出环境风险评估后果、环境风险的可接受程度，从环境风险角度论证建设项目的可行性，提出具体可行的风险防范措施和应急预案。

（7）环境保护措施及其经济、技术论证　明确建设项目拟采取的具体环境保护措施。结合环境影响评价结果，论证建设项目拟采取环境保护措施的可行性，并按技术先进、适用、有效的原则，进行多方案比选，推荐最佳方案。按工程实施不同时段，分别列出其环境保护投资额，并分析其合理性。给出各项措施及投资估算一览表。

（8）环境影响经济损益分析　根据建设项目环境影响所造成的经济损失与效益分析结果，提出补偿措施与建议。

（9）环境管理与环境监测　根据建设项目环境影响情况，提出设计期、施工期、运营期的环境管理及监测计划要求，包括环境管理制度、机构、人员、监测点位、监测时间、监测频次、监测因子等。

（10）环境影响评价结论　环境影响评价结论是全部评价工作的结论，应在概括全部评价工作的基础上，简洁、准确、客观地总结建设项目实施过程各阶段的生产和生活活动与当地环境的关系，明确一般情况下和特定情况下的环境影响，规定采取的环境保护措施，从环境保护角度分析，得出建设项目是否可行的结论。

（11）附录和附件　将建设项目依据文件、评价标准和污染物排放总量批复文件、引用文献资料、原燃料品质等必要的有关文件、资料附在环境影响评价报告书后。

第三节 环境监测与管理

　　制药建设项目主要在建设施工期间和投产营运期间对周围环境产生一定影响，因此，必须采取一定措施将不利影响减轻或消除。建设单位为此需要加强环境保护管理机构的建设和管理，根据本项目的污染排放特点和生产布局，合理制订环境监测计划，及时掌握项目的施工或运行所造成的环境影响程度，更好地监控项目的排污状况和环境保护措施的运行情况，保障污染物排放达到规定的排放标准及总量控制目标，建立全厂完整的污染源档案，为企业的生产管理和环境管理提供依据。根据监测结果，可以验证环境影响评价的科学性以及为环境影响回顾性评价提供系统性资料，准确地把握项目建设产生的环境效益。同时，通过监测可以掌握某些突发性事故对环境的影响程度及范围，以便采取应急措施，减轻其危害。

一、环境监测

1. 环境监测机构职责

　　为保证项目建成投产后，能迅速全面地反映该项目的污染状况，为项目的环境管理、污染控制、环保规划提供准确、可靠的监测数据，建议委托有资质的监测机构开展本企业污染源常规监测。

　　① 制订环境监测年度计划和实施方案。

　　② 根据监测计划，健全各项监测规章制度，按规范进行采样、分析和数据处理；完成环境监控计划规定的各项监控任务，按规定编制各种报告与报表，并负责呈报工作。

　　③ 参加项目污染事故的调查与处理工作。

　　④ 负责监测仪器测试维修、保养和检验工作，确保监控工作顺利进行。

2. 环境监测计划

　　为了解项目建成投产后对环境的实际影响及变化趋势，建议在项目投产后进行必要的环境监测工作，并建立污染源分类技术档案和监测档案，为环境污染治理提供必要的参考依据。环境监测工作可委托地市环境监测站进行。

　　监测对象：废水、废气、噪声。

3. 监测方案

　　(1) 废水

　　① 监测布点　污水处理站出水口、总排口。

　　② 监测项目及频次　污水处理站出水口：常规因子和特征因子；根据需要在污水排口安装水质、水量在线监测仪，随时监控出水的水量和 pH 值、COD 浓度的变化。

　　(2) 废气

　　① 监测布点　在各尾气排放口监测有组织排放的污染物浓度；在生产装置区厂界的下风向设置监测点，监测无组织排放的污染物最高浓度。

　　② 监测项目　有组织：常规污染因子和特征污染因子；无组织：根据具体无组织排放的主要污染物种类确定。

　　③ 监测频次　根据监测因子不同，设置监测频次，以连续 1h 采样获取平均值或在 1h

内以等时间间隔采集 4 个样品计算平均值。出现非正常工况时增加监测频次。

无组织排放每年监测一次，监测时每 2h 采样一次，共采集 4 次，取其最大测定值。

（3）噪声

① 监测对象：声源噪声和厂界噪声。

② 监测项目：等效 A 声级。

③ 监测频次：厂界噪声监测，每年监测 1 次，每次监测 2d，每天昼、夜各一次。厂内主要噪声源监测为每年 1 次，以便确定是否需要采取降噪措施。

（4）地下水　为及时发现对地下水的污染，应设置地下水监测系统，根据预测情况及水文地质条件，建立地下水环境影响跟踪监测计划，监测数据要及时公开，上报有关环境保护部门。监测一旦发现紧急污染物泄漏情况，就应对厂区范围内以及周边布设的监测井进行紧急抽水，并进行水质化验分析。监测频率：每天一次，直至水质恢复正常。同时及时通知有关管理部门和附近居民，做好应急防范工作，立即查找泄漏点，进行修补。

（5）监测方法　执行环境监测技术规范中的有关规定。

（6）监测数据　建立监测数据库、记录存档。

4．监控制度与排污口规范化

（1）监控制度

① 监测数据逐级呈报制度。

② 建立企业污染源档案，各项监测数据经统计和汇总，每年上报环保局存档。事故报告要及时上报备案。

③ 监测人员持证上岗制度。

④ 定期对监测人员进行培训，监测和分析人员必须经环保监测部门考核，取得合格证后才能上岗，保证监测数据的可靠性。

⑤ 建立环境保护教育制度。对干部和工人尤其是新进厂的工人要进行环境保护和安全知识的教育，明确环境保护的重要性，增强环境意识和安全意识，严格执行各种规章制度。这是防止污染事故发生的有力措施。

⑥ 建立事故管理制度。详细记录各种污染事故及事故原因，在参加事故调查和监测后，应及时写出调查报告报上级有关部门。

（2）排污口规范化设计要求

① 废气排放口　在排气筒附近地面醒目处设置环保图形标志牌，标明排气筒高度、出口内径、排放污染物种类等。废气排放口必须符合规定的高度和按《固定源废气监测技术规范》（HJ/T 397—2007）便于采样、监测的要求，各排气筒应设置永久采样孔，并安装采样监测平台，其采样口由授权的环境监察部门和环境监测站共同确认。

② 废水排放口　厂区污水排放管道应做到可视化。公司设立废水监控池，经检测满足接管要求后，计量泵入园区污水管网，送基地污水处理厂集中处理。泵房处应设置明显的标志牌，建议泵房双人双锁，分别由基地管委会和基地污水处理厂掌管。

③ 噪声排放源　按规定对固定噪声源进行治理，并在边界噪声敏感点且对外界影响最大处设置标志牌。

④ 固体废物储存（处置）场　对各种固体废物应分类收集、储存和运输，设置专用危险废物临时储存仓库，有防止雨淋、防扬散、防流失、防渗漏等措施，并设置标志牌。

⑤ 设置标志牌要求　排放一般污染物口（源），设置提示式标志牌，排放有毒有害等污染物的设置警告标志牌。标志牌设置位置在排污口（采样口）附近且醒目处，高度为标志牌上端离地面 2m。排污口附近 1m 范围内有建筑物的，设置平面式标志牌，无建筑物的设置立式标志牌。

规范化排污口的有关设置（如图形标志牌、计量装置、监控装置等）属环保设施，排污单位必须负责日常的维护保养，任何单位和个人不得擅自拆除。建设项目环保图形标志及形状颜色见表 9-1 和表 9-2。

表 9-1　环保图形标志

序号	提示性图形符号	警告图形符号	排放口及堆场
1	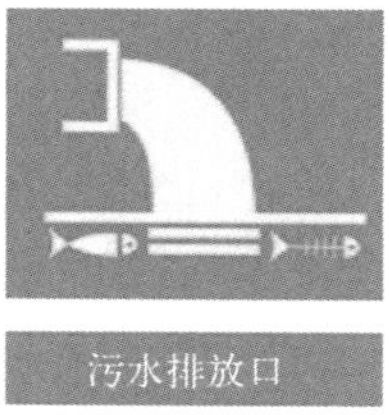 　污水排放口	 　污水排放口	污水排放口
2	 　废气排放口	 　废气排放口	废气排放口
3	 　噪声排放源	 　噪声排放源	噪声排放源
4	 　一般固体废物	 　一般固定废物	一般固体废物
5		 　危险废物	危险废物

表 9-2　环保图形标志形状、颜色

图符类别	形状	背景颜色	图形颜色
提示性图形符号	正方形边框	绿色	白色
警告图形符号	三角形边框	黄色	黑色

二、环境管理

1. 环境管理机构的设置

环境管理系统由监控部分和日常管理部分组成。公司需设有安全环保部，在厂内行使安全环境保护工作的职能，负责组织、落实、监督企业的安全环保工作。安全环保部由公司副经理直接领导，协助本公司环境管理、监测机构的建设，搞好企业的环保工作。

2. 环保管理机构职责

① 贯彻执行国家和地方政府环境保护法规和标准。

② 制定企业环境保护规划、建立各种环境管理制度，并经常检查、监督污染物排放指标的执行情况。

③ 组织和协调环境监测工作。

④ 负责各项环保设施的生产管理，检查、监督环保设施运行情况，保证环保设施处于完好状态。

⑤ 组织开展环保专业技术培训、技术交流及环境教育，提高员工素质。

⑥ 建立项目污染物排放和环保设施运转规章制度。

⑦ 负责环保设施运行事故与环境污染事故的调查与应急处理。

⑧ 推广应用先进的环保技术，促进污染综合防治和推进清洁生产。

3. 环境管理要求

在项目运行过程中，企业应以相关环保法律、法规为依据，通过对项目的环境审核，设定环境方针、监理环境目标和指标，以达到"清洁生产"的良好效果，求得环境可持续发展，因此，应建立相应的环境管理制度。制度包括：内部环境审核制度、清洁生产教育和培训制度、建立环境目标和确定指标制度、内部环境管理监督与检查制度、危险废物安全处置与管理监督及检查制度。

环境管理主要包括以下几点内容：

① 项目转入运行期，应由环保部门、建设单位共同参与验收，检查环保设施是否按"三同时"进行；

② 严格执行各项生产及环境管理制度，保证生产的正常进行；

③ 按照监测计划定期组织全厂区的污染源监测，对不达标环保措施及时处理；

④ 加强环保设施的管理，定期检查环保设施的运行情况，排除故障，保证环保设施正常运转；

⑤ 加强厂区的绿化管理，保证厂区绿化面积达到设计提出的绿化指标；

⑥ 重视群众监督作用，提高企业职工环境意识，鼓励职工及外部人员对生产状况提出意见，并通过积极吸收宝贵意见，提高企业环境管理水平。

习题 ....

1. 简述建设项目环境影响评价的分类管理方法。
2. 简述环境标准的定义以及环境标准的分类。
3. 环境影响评价工作分为哪几个阶段?
4. 简述建设项目环境影响评价文件编制的总体要求。
5. 排污口规范化设计要求包括哪几项?
6. 下列 2 个图形标志中哪个是警告图形?

7. 化学合成原料生产建设项目对环境可能造成重大影响,医药制剂建设项目对环境可能造成轻度影响。请确定化学合成原料生产建设项目、医药制剂建设项目的环境影响评价类别。

8. 生产工艺过程废水、废气、固废的污染源强核算方法有哪些?

9. 简述环境质量标准和污染物排放标准的区别。

第十章

应急救援与处置

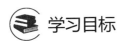 学习目标

熟悉: 包括人体伤害事故在内的应急救援常见处置措施;

了解: 应急预案与救援的内涵以及应急救援设施与用品, 理解应急救援的责任;

掌握: 应急救援预案编制的工作流程与内容要求, 能够编制药品生产和/或储运过程涉及的危险品和/或危险工艺应急预案。

药品生产过程在特定的设备装置和车间内进行, 需要有人或有人下达指令操作完成, 但因涉及有毒有害物质和能量的转化与转移, 所以, 存在因设备及系统故障、人员失误 (违规操作等) 和管理缺陷而导致过程失控及物质泄漏的危害事故发生的可能。相应地, 存在污染环境的风险。另外, 生产过程产生一定量的"三废", 在它的转移与处理过程中, 可能会因为设备设施及系统故障、人的失误或"三废"处理技术缺陷等原因, 产生泄漏、扩散的环境危害事故。为了最大限度地减少伤害, 需要设有相应的应急预案和救援队伍。

第一节　应急救援组织与队伍及其职责

一、组织机构及其职责

1. 组织机构

制药企业依据危险化学品事故危害程度的级别设置分级应急救援组织机构, 下设应急救援办公室, 日常工作由安全环保部门兼管。一般组织架构如图 10-1 所示。

2. 指挥机构主要职责

发生重大事故时, 应以生产部主管、安全环保部主管、安保部主管、采供部主管等构成的指挥领导小组为基础, 立即成立危险化学品事故应急救援指挥部, 指挥部设在公司安全环保部。

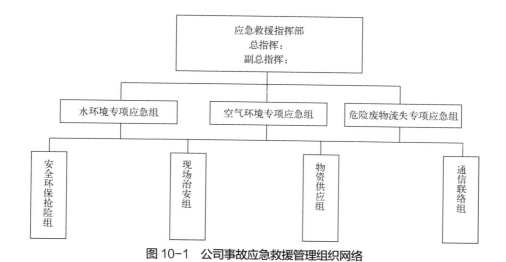

图 10-1　公司事故应急救援管理组织网络

公司应急救援组织指挥机构主要职责有：组织制定事故应急救援预案，负责人员及资源配置、应急队伍的调动，确定现场指挥人员，协调事故现场有关工作，批准本预案的启动与终止。事故状态下各级人员的职责：上报事故信息，接受政府的指令和调动，以及组织应急预案的演练。

3. 指挥领导及各成员具体职责

通常由企业主要负责人任总指挥，总经理任现场总指挥，负责全厂应急救援工作的组织和指挥。应急救援组织指挥领导职责如下。

① 总指挥：组织指挥全厂的应急救援工作。

② 现场总指挥：协助总指挥做好事故报警、情况通报、事故处置、环保抢险和设备抢修组织工作。

③ 安全环保部主管：负责公司应急管理办公室日常事务，协助总指挥协调应急救援工作，负责事故现场报警、情况通报、外来救援队伍的接待引导及事故处置工作及突发环境事件的现场处置工作，必要时代表指挥部对外发布有关信息。

④ 安保部主管：负责现场受伤人员医疗救护，组织引导外援救护队，现场抢救受伤中毒人员及护送转院工作，负责现场警戒、治安保卫、人员疏散和道路管制工作。

⑤ 生产部主管：按事故后生产调度指令，正确处置有关的开停车工作，做好停车后的各项善后工作，集中可以调动的车间人员、消防器材、防护用具，随时按现场指挥部的命令，支援现场抢救的各项工作，负责事故现场洗消去污工作。

⑥ 采供部主管：负责事故抢险专项资金的管理，保证事故抢险期间指挥部有充足的资金运作。

二、救援队伍的组成及职责

企业各职能部门和全体职工都负有化学事故应急救援的责任。各救援队伍是事故应急救援的骨干力量，其任务是担负企业安全环保事故的救援处置。救援队伍的任务分工如下。

1. 安全环保抢险组职责

① 在事故发生后，迅速组织人员进行现场处置，迅速切断事故源，切断雨水、污水总

排口，打开雨水管网通往事故池的闸阀；利用厂区已有环境风险防范设备控制事故风险。

② 负责配合专业人员开展事故现场调查取证；调查分析主要危险品、危险源和事故伤害情况，以及污染物种类、污染程度和范围、对周边人群的影响，及时分析事故影响及应疏散的范围。

③ 及时将事故发生情况及最新进展向有关部门汇报，并将上级指挥机构的命令及时向应急指挥小组汇报。

④ 查明有无中毒人员及操作者被困，及时使严重中毒者、被困者脱离危险区域。

⑤ 负责编制环境污染事故报告，并将事故报告向上级部门汇报。

2. 现场治安组职责

① 接到指挥中心命令，根据事故影响范围，组织厂内人群以及厂外下风向人群疏散。

② 指挥抢救车辆行驶路线。

③ 负责现场警戒、治安保卫、人员疏散和道路管制工作。

3. 物资供应组职责

① 物资供应组在接到报警后，根据现场实际需要，准备抢险抢救物资及设备等工具；根据生产部门、事故装置查明事故部位管线、法兰、阀门、设备等型号及几何尺寸，对照库存储备，及时准确地提供备件。

② 根据事故的程度，及时跟外单位联系，调剂物资、工程器具等。

③ 负责抢救受伤、中毒人员生活必需品的供应。

④ 负责抢险救援物资的运输。

4. 通信联络组职责

① 通信联络组接到报警后，迅速检查通信设备，确保事故处理外线畅通，打开应急救援通信录，等候应急指挥部指令，随时联络各救援专业队及有关部门、单位。

② 迅速通知应急指挥部、各救援专业队及有关部门、单位，查明事故源外泄部位及原因，采取紧急措施，防止事故扩大，下达按应急预案处置的指令。

③ 接受指挥部指令对外发布信息。

④ 负责预案演练和培训。

5. 应急医疗机构及其职责

生产或使用有毒物质的、有可能发生急性职业病危害的制药企业应有常设应急医疗机构（站）。

应急救援组织机构急救人员的人数宜根据工作场所的规模、职业性有害因素的特点、劳动者人数，按照 0.1%～5%的比例配备，并对急救人员进行相关知识和技能的培训。有条件的企业，每个工作班宜至少安排 1 名急救人员。

第二节　应急救援设施与用品

为有效预防和及时控制制药过程中可能发生的各类安全事故，人员能及时得到防护救治，应设置相应的应急救援设施、配备器材和用品，并设置清晰的标识，按照相关规定定期保养维护以确保其正常运行。

一、应急救援设施

1. 灭火救援设施

① 制药企业内应设置消防车道，其中高层厂房、占地面积大于3000m² 的甲、乙、丙类厂房和占地面积大于1500m² 的乙、丙类仓库，应设置环形消防车道。

消防车道应符合下列要求：车道的净宽度和净空高度均不应小于4.0m；转弯半径应满足消防车转弯的要求；消防车道与建筑之间不应有妨碍消防车操作的树木、架空管线等障碍物；消防车道与建筑外墙一侧的距离不宜小于5m；消防车道的坡度不宜大于8%。

环形消防车道至少应有两处与其他车道连通。尽头式消防车道应设置回车道或回车场，回车场的面积应不小于12m×12m；对于高层建筑，不宜小于15m×15m；供重型消防车使用的，不宜小于18m×18m。

② 制药企业厂房、仓库、储罐（区）和堆场周围应设置消火栓系统以及灭火器等。

火灾种类可分为以下5类：A类火灾，固体物质火灾；B类火灾，液体火灾或可熔化固体物质火灾；C类火灾，气体火灾；D类火灾，金属火灾；E类火灾（带电火灾），物体带电燃烧的火灾。

A类火灾场所应选择水型灭火器、磷酸铵盐干粉灭火器、泡沫灭火器。B类火灾场所应选择泡沫灭火器、碳酸氢钠干粉灭火器、磷酸铵盐干粉灭火器、二氧化碳灭火器、灭B类火灾的水型灭火器，极性溶剂的B类火灾场所应选择灭B类火灾的抗溶性灭火器。C类火灾场所应选择磷酸铵盐干粉灭火器、碳酸氢钠干粉灭火器、二氧化碳灭火器。D类火灾场所应选择扑灭金属火灾的专用灭火器。E类火灾场所应选择磷酸铵盐干粉灭火器、碳酸氢钠干粉灭火器或二氧化碳灭火器，但不得选用装有金属喇叭喷筒的二氧化碳灭火器。

2. 可燃和有毒气体检测报警

制药过程中，在生产或使用可燃气体及有毒气体的工艺装置和储运设施的区域内，对可能发生可燃气体和有毒气体的泄漏进行检测时，应按下列规定设置可燃气体检（探）测器和有毒气体检（探）测器。

① 可燃气体或含有毒气体的可燃气体泄漏时，可燃气体浓度可能达到25%爆炸下限，但有毒气体不能达到最高容许浓度时，应设置可燃气体检（探）测器；有毒气体或含有可燃气体的有毒气体泄漏时，有毒气体可能达到最高容许浓度，但可燃气体不能达到25%爆炸下限时，应设置有毒气体检（探）测器；可燃气体与有毒气体同时存在的场所，可燃气体浓度可能达到 25%爆炸下限，有毒气体也可能达到最高容许浓度时，应分别设置可燃气体和有毒气体检（探）测器；既属可燃气体又属有毒气体，只设有毒气体检（探）测器即可。

② 可燃气体和有毒气体的检测系统，应采用两级报警。同一检测区域内的有毒气体、可燃气体检（探）测器同时报警时，应遵循下列原则：同一级别的报警中，有毒气体的报警优先；二级报警优先于一级报警。

③ 工艺有特殊需要或在正常运行时人员不得进入的危险场所，宜对可燃气体和有毒气体释放源进行连续检测、指示、报警，并对报警进行记录或打印。

④ 报警信号应发送至现场报警器和有人员值守的控制室或现场操作室的指示报警设备，并且进行声光报警。

⑤ 装置区域内现场报警器的布置应根据装置区的面积、设备及建（构）筑物的布置、释放源的理化性质和现场空气流动特点等综合考虑确定。现场报警器可选用音响器或报警灯。

⑥ 可燃气体或有毒气体场所的检（探）测器应采用固定式。

⑦ 可燃气体、有毒气体检测报警系统宜独立设置。

3. 毒性气体泄漏紧急处置装置

有毒有害气体存储罐和使用有毒有害气体的反应装置以及输送管道、开闭阀门和仪表接口等均有发生泄漏的可能，应设有检测报警装置，为及时安全处置提供帮助。在发生泄漏时，首先采用关闭总阀或其他封堵方式处理；对难以封堵的情况，可采用转移或推入水池等逐步消解方式处理。为此通常需要设有以下装置：

① 厂区备有防止储罐、阀门、管道、生产装置等发生泄漏的专用堵漏工具。

② 储罐泄漏进入围堰形成液池并挥发进入空气，设置移动泵（如涉及易燃易爆物料，须配备移动式防爆泵），及时把泄漏的物料泵入收容器具，减少有毒有害气体的产生。

③ 生产装置管道、反应器发生泄漏排放氯气、氨、氯化氢、有机废气等污染物，通过紧急关闭泄漏设备及前段阀门，控制有毒有害气体的泄漏。

④ 氯化工艺旁设置泄漏检测、应急报警设施，并配套碱水池。液氯钢瓶泄漏且堵漏失败时，将钢瓶推入碱液池。

⑤ 氨化工艺旁设置泄漏检测、应急报警设施，并配套水喷淋设施。

4. 液体和废水泄漏紧急处置装置

液体或废水泄漏可依次通过截流、回收、事故排水收集、废水处理等措施，以降低或消除污染物的扩散及其引起的环境污染风险。

① 罐区设置防渗围堰，围堰有效容积均不低于各储罐最大储存容积。各生产装置和库房设置应急截流沟或导流围挡，马路两侧铺设路牙石。装置区和库房的应急截流沟、罐区围堰与事故池连通，围堰外设置雨水和事故水的切换阀。危险废物储存仓库地面须进行防腐防渗处理。

② 在厂区地势最低处设置 1 座事故应急池，事故废水能够自流进入事故池。事故池配备提升泵，可以把事故废水打入厂区污水处理设施。雨水管网设置 2 个控制闸阀，分别位于事故应急池连通管、雨水总排口。平时关闭总排口闸阀，打开与事故应急池连通闸阀。

根据《水体污染防控紧急措施设计导则》，事故应急池有效容积 $V_总$ 按式（10-1）核算：

$$V_总 = (V_1 + V_2 - V_3) + V_4 + V_5 \tag{10-1}$$

式中　V_1——收集系统范围内发生事故的 1 个罐组或 1 套装置的物料量；

V_2——发生事故的储罐或装置的消防水量；

V_3——发生事故时可以传输到其他储存设施的物料量；

V_4——发生事故时仍必须进入该收集系统的生产废水量；

V_5——发生事故时可能进入该收集系统的降雨量。

③ 厂区生产废水经处理后外排，并设置污水监控池（或在线监测）。

二、急救设施和用品

制药企业往往涉及多种化学有害物质，在有可能发生化学性灼伤及经皮肤黏膜吸收引起急性中毒的工作地点或车间，应就近设置现场应急急救设施，包括：

①不断水的冲淋、洗眼设施，应靠近可能发生相应事故的工作地点设置；②气体防护柜；③急救包或急救箱以及急救药品，应当设置在便于劳动者取用的地点，药品配备可参考表10-1；④转运病人的担架和装置；⑤急救处理的设施以及应急救援通信设备等。

表 10-1　急救箱配备参考一览表

药品名称	储存数量	用途
医用酒精	1 瓶	消毒伤口
新洁尔灭酊	1 瓶	消毒伤口
过氧化氢溶液	1 瓶	清洗伤口
0.9%的生理盐水	1 瓶	清洗伤口
2%碳酸氢钠	1 瓶	处置酸灼伤
2%乙酸或 3%硼酸	1 瓶	处置碱灼伤
解毒药品	按实际需要	职业中毒处置
脱脂棉花、棉签	2 包、5 包	清洗伤口
脱脂棉签	5 包	清洗伤口
中号胶布	2 卷	粘贴绷带
绷带	2 卷	包扎伤口
剪刀	1 个	急救
镊子	1 个	急救
医用手套、口罩	按实际需要	防止施救者被感染
烫伤软膏	2 支	消肿/烫伤
保鲜纸	2 包	包裹烧伤、烫伤部位
创可贴	8 个	止血护创
伤湿止痛膏	2 个	瘀伤、扭伤
冰袋	1 个	瘀伤、肌肉拉伤或关节扭伤
止血带	2 个	止血
三角巾	2 包	受伤的上肢、固定敷料或骨折处等
高分子急救夹板	1 个	骨折处理
眼药膏	2 支	处理眼睛
洗眼液	2 支	处理眼睛
防暑降温药品	5 盒	夏季防暑降温
体温计	2 支	测体温

药品名称	储存数量	用途
急救、呼吸气囊	1 个	人工呼吸
雾化吸入器	1 个	应急处置
急救毯	1 个	急救
手电筒	2 个	急救
急救使用说明	1 个	

若制药企业生产或使用剧毒或高毒物质，存在高风险，还应设置紧急救援站或有毒气体防护站，应急处置和防护设施配备情况见表 10-2。防毒器具在专用存放柜内铅封存放，设置明显标识，并定期维护与检查，确保应急使用需要。

制药过程中若不慎发生事故，应立即启动应急救援，配合当地人民政府及其有关部门（生态环境局、应急管理局）按照下列规定，采取必要的应急处置措施，减少事故损失，防止事故蔓延、扩大。

① 立即组织营救和救治受害人员，疏散、撤离或者采取其他措施保护危害区域内的其他人员。

② 迅速控制危害源，测定危险化学品的性质、事故的危害区域及危害程度。

③ 针对事故对人体、动植物、土壤、水源、大气造成的现实危害和可能产生的危害，迅速采取封闭、隔离、洗消等措施。

④ 对危险化学品事故造成的环境污染和生态破坏状况进行监测、评估，并采取相应的环境污染治理和生态修复措施。

表 10-2　应急和防护设备配备参考一览表

类型	名称	规格型号	数量	位置
个人防护器材	消防服	耐酸碱	4 套	门卫室
	空气呼吸器		6 个	生产车间及仓库
	防毒面具	全面罩	4 个	门卫室
	橡胶耐酸碱服		1 份/人	生产车间
	橡胶耐酸碱手套		1 份/人	生产车间
	耐油鞋		1 份/人	生产车间
	防静电工作服		6 套	生产车间
	安全帽		1 顶/人	个人保管
消防器材	消防服	耐酸碱	4 套	门卫室
	灭火器		若干	厂区
	消防扳手、消火栓		若干	厂区
	事故应急池		≥1 个	厂区内

续表

类型	名称	规格型号	数量	位置
监测监控设备	固定式风向标		≥2个	仓库、车间办公室
	有毒气体检测仪和报警器		若干	生产车间
	可燃气体检测仪和报警器		若干	生产车间
	火灾报警按钮及控制器		若干	生产车间及仓库
	监控视频		若干	厂区
	手提应急照明灯	充电式（防爆型）	16个	车间、仓库及办公室等
通信设备	电话		若干	车间岗位、办公室
	手机、传真		若干	
泄漏控制器材	堵漏装备（小孔堵漏枪）	橡胶	6套	生产车间
清消物资	石灰			生产车间及仓库
	消防沙			生产车间及仓库
	吸油毡			仓库
	活性炭			仓库

第三节　应急救援预案

依据《中华人民共和国安全生产法》《中华人民共和国消防法》《危险化学品安全管理条例》等法律法规，参照《危险化学品事故应急救援预案编制导则》等技术指南，编制《危险化学品事故应急救援预案》，并报所在市安监局备案，企业原则上要定期举行预案演练和消防演练。

一、应急救援预案体系及其编制基本要求

制药企业的应急预案体系主要由综合应急预案、专项应急预案和现场处置方案构成。综合应急预案是企业应急预案体系的总纲，主要从总体上阐述事故的应急工作原则，包括生产经营单位的应急组织机构及职责、应急预案体系、事故风险描述、预警及信息报告、应急响应、保障措施、应急预案管理等内容。

对于某一种或者多种类型的事故风险，企业可以编制相应的专项应急预案，或将专项应急预案并入综合应急预案。专项应急预案主要包括事故风险分析、应急指挥机构及职责、处置程序和措施等内容。

制药企业对于某些危险性较大的场所、装置或者设施，还应当编制现场处置方案。现场处置方案主要包括事故风险分析、应急工作职责、应急处置和注意事项等内容。企业应根据

风险评估、岗位操作规程以及危险性控制措施，组织本单位现场作业人员及相关专业人员共同编制现场处置方案。

应急预案应当符合下列基本要求：

① 符合有关法律、法规、规章和标准的规定。

② 符合本地区、本部门、本单位的安全生产实际情况；符合本地区、本部门、本单位的危险性分析情况。

③ 应急组织和人员的职责应分工明确，并有具体的落实措施。

④ 有明确、具体的应急程序和处置措施，并与其应急能力相适应。

⑤ 有明确的应急保障措施，满足本地区、本部门、本单位的应急工作需要。

⑥ 应急预案基本要素齐全、完整，应急预案附件提供的信息应准确。

⑦ 本单位应急预案内容与该地区相关应急预案相互衔接。

制药企业主要负责人负责组织编制和实施本单位的应急预案，并对应急预案的真实性和实用性负责；各分管负责人应当按照职责分工落实应急预案规定的职责。

二、专项应急预案

制药企业安全环保事故主要包括火灾爆炸、危险品泄漏以及伴生的人员伤亡、水污染事故、空气污染事故。针对上述事故，应制定专项应急预案，包括事故分级、应急响应、信息报告、应急抢险人员分工、应急处置流程以及应急处置措施等。

1. 火灾爆炸伴生环境事件专项应急预案

（1）可能发生的事故装置及事故类型

① 可能发生的事故装置及危险性。各生产装置、罐区发生火灾伴生环境事件。

② 事故类型包括大气污染事故和水污染事故。发生火灾伴生环境事件，可能产生一氧化碳、光气、氯化氢、氮氧化物、二氧化硫、烟尘等污染物。发生火灾环境事件，产生消防废水进入雨水管网，污染河流等地表水。

（2）预警与响应

① 预警分级　预警级别由低到高，颜色依次为蓝色、黄色、红色。根据事态的发展情况和采取措施的效果，预警颜色可以升级、降级或解除。

a. 一级预警（红色表示）：火灾导致消防废水、有毒化学品进入外部水体，火灾伴生有毒废气导致人员中毒、伤亡现象，环境状态特别严重。

b. 二级预警（黄色表示）：发生火灾，事故废水、有毒化学品不能全部进入事故池，但也未排入外部水体；火灾伴生大量有毒废气，但未导致人员中毒、伤亡现象。

c. 三级预警（蓝色表示）：发生火灾，事故废水、有毒化学品能够全部截流；火灾产生面积小、短时间被扑灭，火灾未伴生大量有毒废气。对环境影响轻微。

② 响应分级　根据预警级别进行分级响应，如表 10-3 所示。

表 10-3　公司事故等级、响应级别、预警颜色及事故后果对应表

事故等级	响应等级	预警颜色	可能发生的状况
一般事故	Ⅲ级	蓝色	发生火灾，事故废水、有毒化学品能够全部截流；火灾产生面积小、短时间被扑灭，火灾未伴生大量有毒废气，对环境影响轻微

续表

事故等级	响应等级	预警颜色	可能发生的状况
较大事故	Ⅱ级	黄色	发生火灾，事故废水、有毒化学品不能全部进入事故池，不及时处理将排入外部水体；火灾伴生大量有毒废气，但未导致人员中毒、伤亡现象
重大事故	Ⅰ级	红色	火灾导致消防废水、有毒化学品进入外部水体，火灾伴生的有毒废气有导致人员中毒、伤亡现象，环境状态特别严重

③ 响应流程 发生事故征兆时，按图 10-2 所示流程进行处置。

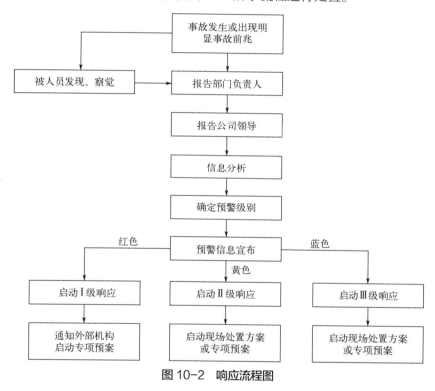

图 10-2 响应流程图

（3）信息报告

一旦发生险情或事故，现场人员立即将事故情况报告部门负责人，由部门负责人报告公司领导，也可越级上报。生产现场带班人员、班组长和调度人员在遇到险情时第一时间有下达停产撤人命令的直接决策权和指挥权。

① Ⅲ级事故的报告程序：判断为Ⅲ级事故时，立即启动相应的现场处置方案进行处置，同时及时向车间主任报告。

② Ⅱ级事故的报告程序：判断为Ⅱ级事故时，现场处置人员及时向车间主任及指挥中心报告情况，根据指挥中心指挥程序进行处置。

③ Ⅰ级事故的报告程序：判断为Ⅰ级事故或当Ⅱ级事故没有得到有效的控制，有扩大的迹象时，事故所在车间负责人除组织处置外，及时向指挥中心、公司领导（总经理、分管副总）汇报，请求支援。接到报告的公司领导应立即采取应急措施。当应急救援指挥中心认

为事故较大，有可能超出本级处置能力时，应在发现事件后的 1h 内向园区管委会、当地环保局报告。紧急情况下，可以越级上报。

（4）现场处置

对于火灾爆炸事故，不仅涉及人员安全，而且还涉及有机物和药物等的泄漏和扩散以及灭火过程产生的废水及其产生的污染物，需要全面应对。具体流程详见图 10-3。

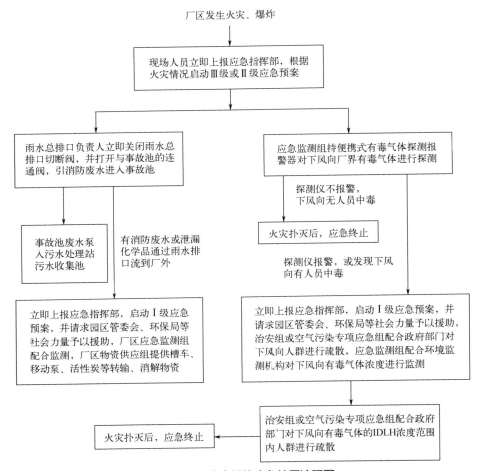

图 10-3　火灾爆炸应急处置流程图

火灾爆炸事故处置的一般原则与常用主要技术措施有：

① 扑灭现场明火应坚持先控制后扑灭的原则。依危险化学品性质、火灾大小采用冷却、堵截、突破、夹攻、合击、分割、围歼、破拆、封堵、排烟等方法进行控制与灭火。

② 根据危险化学品特性，选用正确的灭火剂。禁止用水、泡沫等含水灭火剂扑救遇湿易燃物品、自燃物品火灾；禁用直流水冲击扑灭粉末状、易沸溅危险化学品火灾；禁用砂土盖压扑灭爆炸品火灾；宜使用低压水流或雾状水扑灭腐蚀品火灾，避免腐蚀品溅出；禁止对液态轻烃强行灭火。

③ 有关生产部门监控装置工艺变化情况，做好应急状态下生产方案的调整和相关装置的生产平衡，优先保证应急救援所需的水、电、汽、交通运输车辆和工程机械。

④ 根据现场情况和预案要求，及时决定有关设备、装置、单元或系统紧急停车，避免事故扩大。

（5）注意事项

开展救援的目的是降低危害、减少损失，避免发生二次事故以及类似事故，因此要做好自身防护并为事故调查尽可能保存证据。

① 采取救援对策或措施方面的注意事项　救援人员不得冒险救援，首先要做好自身防护，并做好应急监测，重点关注大气应急监测因子：一氧化碳、光气、氯化氢、氮氧化物、二氧化硫、烟尘等污染物。同时，做好抢险时的消防水收集，以防止安全事故引发的环境污染事故。当事故威胁到抢修人员安全时，应立即撤离。

另外，要禁止未经过培训的人员进入火灾区域救援。

② 应急救援结束后的注意事项　当救援结束时，要做好抢险器材的清点检查和恢复，并及时做好事故物证标志的保护。

③ 其他需要特别警示的事项　各类事故废水不得随意排放，应统一收集排入事故应急池，再经厂区污水处理站处理达标后方可排放。

2. （液体）危险化学品泄漏事件现场处置方案

（1）事故特征

① 可能发生的事故类型

a. 可能发生的事故装置及危险性　常压罐区及生产装置区。

b. 事故类型　可能造成大气污染，也可能引发火灾伴生环境事件，造成大气污染。消防废水可能污染周边水体。

② 事故发生的区域、地点或装置的名称　常压罐区及各生产装置区。

（2）应急响应与信息报告

（液体）危险化学品泄漏事件专项预案。

（3）应急处置措施

对液体泄漏物可采取容器盛装、吸附、筑堤、挖坑、泵吸等措施进行收集、阻挡或转移。若液体具有挥发及可燃性，可用适当的泡沫覆盖泄漏液体。救援工作流程详见图10-4。简单来说，用控制泄漏物与控制泄漏源的方式处置。

① 控制泄漏源　在生产过程中发生泄漏，事故单位应根据生产和事故情况，及时采取控制措施，防止事故扩大。采取停车、局部打循环、改走副线或降压堵漏等措施。

在其他储存、使用等过程中发生泄漏，应根据事故情况，采取转料、套装、堵漏等控制措施。

② 控制泄漏物　泄漏物控制应与泄漏源控制同时进行。

对气体泄漏物可采取喷雾状水、释放惰性气体、加入中和剂等措施，降低泄漏物的浓度或爆燃危险。喷水稀释时，应筑堤收容产生的废水，防止水体污染。

（4）注意事项

① 采取救援对策或措施方面的注意事项　救援人员不得冒险救援，首先要做好自身防护。救援时优先控制泄漏源，当泄漏源无法控制时，应分段堵截，缩小影响范围。做好抢险时的危险废物收集。

另外，要禁止未经过培训的人员进入泄漏区域救援。

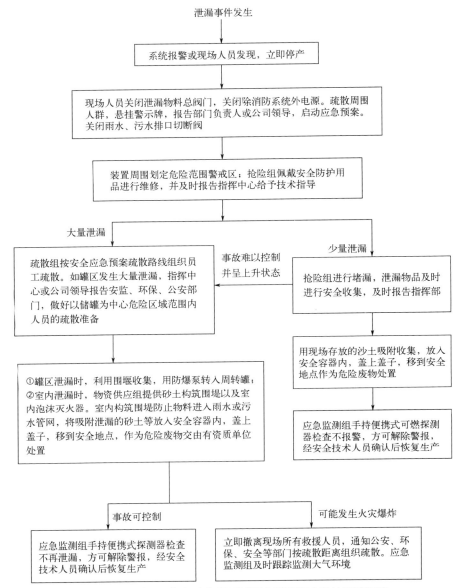

图 10-4 （液体）危险化学品泄漏事件泄漏应急处置流程图

② 应急救援结束后的注意事项　当救援结束时，要做好抢险器材的清点检查和恢复；做好事故物证标志的保护。

③ 其他需要特别警示的事项

a. 各类事故废水不得随意排放，应统一收集排入事故应急池，经处理合格后排放。产生的危险废物按危险废物管理要求向环保部门申请，在环保部门的监管下委托有资质处置单位进行处置。

b. 泄漏时应切断火源。应急救援人员戴正压自给式呼吸器，穿完全隔离的化学防护服。切断泄漏源。

c. 少量泄漏时，采用砂土吸收，用安全容器移至空旷地方任其蒸发或安全处置，污染地面用洗涤剂刷洗，经稀释的污水排入废水处理系统。大量泄漏时，利用罐区围堰或砂土构筑围堤，用泡沫覆盖避免大量挥发蒸气，用防爆泵转移至储罐或专用容器内，请环保部门进行无害化处理。

3. 空气环境污染事件专项应急预案

（1）可能导致空气环境污染事件的情景

制药企业可能引发空气环境污染事故的风险源主要有：① 液氯、液氨钢瓶（储罐）及其输送管线泄漏，短时间内对于下风向的环境空气质量有明显影响。② 储罐、生产装置、导热油炉等涉及易燃易爆物质的设备和场所发生火灾引起的伴生污染物一氧化碳、烟尘等，污染大气环境。③ 尾气吸收装置不能正常运行，出现非正常排放，污染环境。

（2）应急组织机构、职责、应急措施

① 专项组织机构　见图10-5。

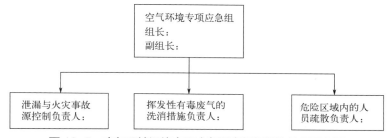

图10-5　空气环境污染专项应急预案组织机构体系示意图

② 空气专项组的主要职责与应急措施

a. 液氯钢瓶、液氨钢瓶发生泄漏

i. 人员疏散组迅速撤离泄漏污染区人员至上风处，并立即进行隔离；小泄漏时150m范围内疏散并隔离，大泄漏时须及时通过应急救援总指挥向园区管委会和环保分局汇报，对450m范围内进行疏散和隔离，严格限制出入。

ii. 泄漏与火灾事故源控制责任人会同工程抢险组戴自给正压式呼吸器，穿防毒服，从上风向进入现场，首先进行堵漏。不能堵漏的，将液氯钢瓶、液氨钢瓶分别推入碱水池、酸水池。漏气容器要妥善处理，修复、检验后再用。

iii. 有毒气体洗消组负责对泄漏容器喷雾状水，并协助雨水、消防废水切换组将事故废水切换至事故应急池，防止流入下水道、排洪沟等限制性空间。

b. 硫酸、硝酸、盐酸储罐发生泄漏

i. 人员疏散组迅速撤离泄漏污染区人员至上风处，并立即进行隔离，严格限制出入。

ii. 泄漏与火灾事故源控制责任人会同工程抢险组戴自给正压式呼吸器，穿防酸碱工作服，从上风处进入现场，进行堵漏。

iii. 有毒气体洗消组负责对泄漏容器喷雾状水，减少酸性气体挥发，并协助雨水、消防废水切换组将事故废水切换至事故应急池，防止流入下水道、排洪沟等限制性空间。小量泄漏时，将地面洒上苏打灰，然后用大量水冲洗，洗水稀释后放入废水系统；大量泄漏时，用泵转移至槽车或专用收集器内。

c. 二氯乙烷储罐泄漏

i. 人员疏散组迅速撤离泄漏污染区人员至上风处，并立即进行隔离，严格限制出入。

ii．泄漏与火灾事故源控制责任人会同工程抢险组戴自给正压式呼吸器，穿防静电工作服，从上风处进入现场，进行堵漏。

iii．有毒气体洗消组负责对围堰内泄漏物料进行泡沫覆盖，减少有害气体挥发，并协助雨水、消防废水切换组将事故废水切换至事故应急池，防止流入下水道、排洪沟等限制性空间。小量泄漏时，用砂土或其他不燃材料吸附或吸收，也可以用大量水冲洗，洗水稀释后放入废水系统。大量泄漏时，用泡沫覆盖，降低蒸气灾害，用防爆泵转移至槽车或专用收集器内。

d．生产装置管道、反应器发生泄漏，排放易燃易爆、有毒有害危险化学品等污染物，通过紧急关闭泄漏设备及前段阀门，控制易燃易爆、有毒有害危险化学品的泄漏，同时打开泄漏设备与火炬连接的安全阀，把设备内残余气体引入火炬燃烧。

e．定期组织对废气处理设施进行检查，当发现尾气吸收塔故障时，应立即通知生产装置停车。

f．厂区出现火灾、爆炸、泄漏、废气设施不能正常运行等异常情况时，在完成以上要求的同时，还要检查确认有毒有害废气是否扩散至厂区外（可持可燃、有毒气体探测仪对下风向厂界进行探测），一旦发现及时向厂区应急指挥部汇报，并配合外部救援单位对下风向污染物跟踪、监测及人群疏散。

g．关注实时天气情况，对极端天气、自然灾害情况应事先预警并提前做好应对措施。

（3）预警

按照火灾事故的严重性、紧急程度和可能波及的范围，将空气环境污染的预警分为三级：Ⅰ级、Ⅱ级、Ⅲ级，分别用红色、橙色和黄色标示。根据事态的发展情况和采取措施的效果，预警可以升级、降级或解除。

① 预警条件　在危险源排查时收到的信息证明空气污染事件即将发生或者发生的可能性增大时，立即进入预警状态，并启动突发环境事件应急预案。

发布预警公告须经应急指挥部批准，预警公告的内容主要包括：突发环境事件名称、预警级别、预警区域或场所、预警期起止时间、影响估计、拟采取的应对措施和发布机关等。预警公告发布后，需要变更预警内容的应当及时发布变更公告。

公司根据所发事故的大小，确定相应的预警颜色。黄色为Ⅲ级预警、橙色为Ⅱ级预警、红色为Ⅰ级预警，Ⅰ级为最高级别。预警分级及方法见表10-4。

表 10-4　预警分级及方法

项目	预警级别		
	Ⅰ级（红色）	Ⅱ级（橙色）	Ⅲ级（黄色）
预警分级	当地地质、气象部门发布相应的Ⅱ级以上预警信息（如地震、雷电、台风等预警）；远程监控视频或现场巡查人员发现厂区范围内出现小规模火灾；厂区有害气体大量泄漏，有扩散至厂外的可能，且对下风向影响可能较大	厂区有害气体（液氯、液氨）少量泄漏，且对下风向影响不大	DCS发出警报；液体罐区、液氯钢瓶、液氨钢瓶有少量泄漏

② 预警发布　预警信息由应急指挥部发布。预警信息包括可能发生事故的类别、时间、影响的范围、预警级别、警示事项、相关措施和发布部门等。所有预警信息的发布、调整和解除均由应急指挥部统一发送。

信息内容包括：可能导致空气污染事件的原因、扩散形式、发生时间、发生地点、所在位置、可能影响的周围敏感点名称、可能的影响范围和疏散范围、影响程度、预计清理恢复时间、应急救援路线和应急救援物资；收集到的有关信息证明空气污染事件即将发生或者发生的可能性增大以及已经发生但有继续扩大的趋势时，按照相应预警级别启动对应的应急响应。预警信息报告流程如图10-6所示。

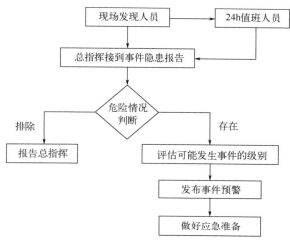

图 10-6　预警信息报告流程图

③ 预警响应措施　在确认进入预警状态之后，相关部门人员按照相关程序可采取以下行动：

a. 各应急队伍和人员进入应急待命状态，准备好应急抢险工具和物资，做好启动应急预案进行应急响应的准备；

b. 通知可能受到危害的人员做好撤离的准备；

c. 针对可能造成的危害，封闭、隔离或者限制使用有关场所，中止可能导致危险扩大的行为和活动。

④ 预警解除　解除流程：可能导致空气污染的风险降低至可接受程度或不会出现泄漏的化学品和伴生空气污染物扩散厂外的情况→总指挥批准→下达预警解除命令→后续处置。预警结束的方式采用生产会议或者广播方式进行。

（4）应急响应

① 响应分级　根据企业现场实际情况以及与企业人员交流的情况，将该装置空气污染环境事件响应级别分为3级，响应分级见表10-5。

表 10-5　空气环境污染事件响应分级

响应等级	空气污染环境事件级别	事件内容
Ⅰ级	重大环境事件	厂区发生重大火灾或大量有害气体（液氯、液氨）泄漏，火灾伴生污染物和泄漏的有害气体排出厂外，造成外部空气环境严重污染
Ⅱ级	较大环境事件	厂区发生较大火灾或有害气体泄漏（液氯、液氨），火灾伴生污染物和泄漏的有害气体对空气环境造成较大污染
Ⅲ级	一般环境事件	厂区发生小火灾或少量有害气体泄漏，火灾伴生污染物和泄漏的有害气体对空气环境未造成污染或影响轻微

② 响应程序

a．Ⅰ级应急响应：对应于重大环境事件，立即上报环保局或更高一级的环境应急机构，企业应急总指挥担任临时总指挥。由园区或更高一级的环境应急机构成立现场应急指挥部时，企业总指挥移交指挥权并介绍事故情况和已采取的应急措施，企业应急队伍统一听从园区或更高一级的环境应急机构指挥部调度，且配合政府事故后处置工作。

b．Ⅱ级应急响应：对应于较大环境事件，事件发现人员立即报告企业应急指挥部，企业应急总指挥通知公司各个应急救援小组，准备现场救援，立即进入抢险救援状态，进行紧急抢险。同时随时关注事件处置进展，防止事件升级。

c．Ⅲ级应急响应：对应于一般环境事件，只需启动现场级应急救援预案的事故。同时随时关注事件处置进展，防止事件升级。

分级管理应急响应见表10-6。

表 10-6　突发环境事件分级管理

突发环境事件级别	级别确认部门	应急总指挥	启动应急预案级别
Ⅲ级	应急指挥部	总经理	启动突发环境事件应急预案Ⅲ级应急措施
Ⅱ级	应急指挥部	总经理	启动突发环境事件应急预案Ⅱ级应急措施
Ⅰ级	应急指挥部	园区环保分局或更高一级的应急指挥机构	启动突发环境事件应急预案Ⅰ级应急措施

(5) 应急监测

空气污染事件应急监测因子见表10-7。

表 10-7　空气污染事件应急监测因子

环境风险要素	事件类型	污染物	监测频次
空气环境	液氯钢瓶库和氯化工段反应釜、氯气输送管线泄漏引起的环境空气污染事件	氯气、氯化氢	污染物进入周围环境后，随着稀释、扩散、沉降等自然作用以及应急处理处置后，其浓度会逐渐降低。为了掌握事故发生后的污染程度、范围及变化趋势，需要实时进行连续监测，对于确认事故影响的结束、宣布应急响应行动的终止有重要意义。事故刚发生时，可适当加密采样频次，待摸清污染物变化规律后，可减少采样频次
	液氨钢瓶库和胺化工段反应釜、氨气输送管线泄漏引起的环境空气污染事件	氨	
	硝酸储罐泄漏引起的环境空气污染事件	氮氧化物	
	硫酸装置泄漏引起的环境空气污染事件	硫酸雾	
	火灾爆炸伴生环境空气污染事件	CO	

4．水环境污染事件专项应急预案

(1) 可能导致水环境污染事件的情景

制药企业可能引发水环境污染事件的风险源主要有：①罐区、装置区火灾、爆炸事故引发的伴生危险化学物质泄漏及次生大量的消防尾水，进入外部水体；②罐区、化学品库（剧毒品库、甲类库、液氯、液氨库）泄漏物料、喷淋水、冲洗水进入地表水体，会造成水体严重污染；③废活性炭、废催化剂、蒸馏釜残等危险废物流失进入地表水体；④污水处理站运行异常、废水处理不达标并通过雨水口排入外部水体。

（2）应急组织机构、职责、应急措施

① 专项组织机构　水污染专项应急预案组织机构体系示意图如图 10-7 所示。

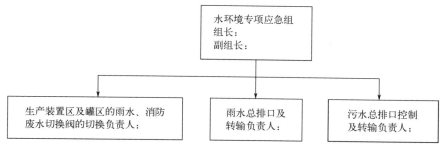

图 10-7　水污染专项应急预案组织机构体系示意图

② 水专项组的主要职责与现场应急措施

a．正常情况下，关闭雨水总排口闸阀；关闭装置区、罐区雨水、消防废水切换阀与事故池的联通。

b．发生火灾爆炸事故并产生大量消防尾水时，雨水总排口负责人切断雨水总排口，各生产装置区及罐区的雨水、消防废水切换阀负责人根据消防废水产生位置打开雨水切换阀与事故水池连接，引消防水进事故池。

c．安装雨水监控系统。下雨时，雨水进入雨水监控井，在线监测雨水水质，水质不达标时，自动打开雨水监控井与雨水缓冲池的联通阀门，雨水进入缓冲池，经泵送至污水处理站；水质达标后，自动打开雨水监控井与雨水外排口的联通阀门，雨水进入园区雨水管网。

d．厂区出现火灾、爆炸、泄漏、污水处理设施不能正常运行等异常情况时，在完成以上要求的同时，还要检查厂区是否有超标废水或其他有毒有害物质进入外部水体，一旦发现及时向厂区应急指挥部汇报。配合外部救援单位对污染水体进行跟踪、监测以及采取收容、消解等措施。

e．关注实时天气情况，对极端天气、自然灾害情况应事先预警并提前做好应对措施。

（3）现场处置

详见各事故情景现场处置预案。

（4）应急监测

水污染事件应急监测因子见表 10-8。

表 10-8　水污染事件应急监测因子

环境风险要素	事件类型	污染物	监测频次
水环境	火灾、爆炸以及生产区装置、储罐泄漏事故引起的水污染事件	COD、pH 及特征污染物	① 厂区雨水总排口设置在线监测，并设置雨水收集池，在线监测如超标，通过电动卷闸关闭雨水排口，雨水进入雨水暂存池。 ② 厂区污水设置污水监控池，监测达园区污水处理厂接管标准后泵入园区污水管网，污水泵房采用双人双锁制度

(5) 预警

按照泄漏、火灾、爆炸事故的严重性、紧急程度和可能波及的范围，将水环境污染的预警分为三级：Ⅰ级、Ⅱ级、Ⅲ级，分别用红色、橙色和黄色标示。根据事态的发展情况和采取措施的效果，预警可以升级、降级或解除。

① 发布预警条件　在危险源排查时收到的信息证明水体污染事件即将发生或者发生的可能性增大时，立即进入预警状态，并启动突发环境事件应急预案。

发布预警公告须经应急指挥部批准，预警公告的内容主要包括：突发环境事件名称、预警级别、预警区域或场所、预警期起止时间、影响估计、拟采取的应对措施和发布机关等。预警公告发布后，需要变更预警内容的应当及时发布变更公告。

公司根据所发事故的大小，确定相应的预警颜色。黄色为Ⅲ级预警、橙色为Ⅱ级预警、红色为Ⅰ级预警，Ⅰ级为最高级别。预警分级及方法见表 10-9。

表 10-9　预警分级及方法

预警级别 项目	Ⅰ级（红色）	Ⅱ级（橙色）	Ⅲ级（黄色）
预警分级	当地地质、气象部门发布相应的Ⅱ级以上预警信息（如地震、雷电、台风等预警）；远程监控视频或现场巡查人员发现厂区范围内出现小规模火灾；厂区危险物质泄漏进入雨水管道，有排出厂外的可能	污水处理设施异常；雨水排口在线监测及自动切换系统异常	DCS 发出警报

② 预警发布　预警信息由应急指挥部发布。预警信息包括可能发生事故的类别、时间、影响的范围、预警级别、警示事项、相关措施和发布部门等。所有预警信息的发布、调整和解除均由应急指挥部统一发送。

信息内容包括：可能导致水污染事件的原因、扩散形式、发生时间、发生地点、所在位置、可能影响水体名称、可能的影响范围、影响程度预计清理恢复时间、应急救援路线和应急救援物资。

收集到的有关信息证明水体污染事件即将发生或者发生的可能性增大以及已经发生但有继续扩大的趋势时，按照相应预警级别启动对应的应急响应。预警信息报告流程如图 10-8 所示。

③ 预警响应措施　在确认进入预警状态之后，相关部门人员按照相关程序可采取以下行动：

a. 各应急队伍和人员进入应急待命状态，准备好应急抢险工具和物资，做好启动应急预案进行应急响应的准备；

b. 通知可能受到危害的人员做好撤离的准备；

c. 针对可能造成的危害，封闭、隔离或者限制使用有关场所，中止可能导致危险扩大的行为和活动。

④ 预警解除　解除流程：可能导致水体污染的风险降低至可接受程度或不会出现泄漏的化学品或超标废水流出厂外的情况→总指挥批准→下达预警解除命令→后续处置。预警结束的方式采用生产会议或者广播方式进行。

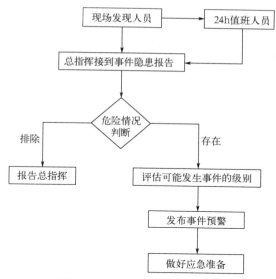

图 10-8　预警信息报告流程图

（6）应急响应

① 响应分级　根据现场实际情况以及与企业人员交流的情况，将该装置水体污染环境事件响应级别分为 3 级，响应分级见表 10-10。

表 10-10　水体污染环境事件响应分级

响应等级	水体污染环境事件级别	事件内容
Ⅰ级	重大环境事件	厂区发生重大火灾或危险化学品泄漏，消防水或消防泡沫、泄漏的危险化学品进入雨水管网流出厂外，造成外部水体污染
Ⅱ级	较大环境事件	厂区发生较大火灾，产生的消防水能够截流在生产装置区围堤内或能够全部引入厂区事故应急池中；泄漏的化学品少量进入厂区雨水管网，但尚未流出厂外
Ⅲ级	一般环境事件	厂区发生小火灾，使用灭火器能够处理灭火，不产生消防水；泄漏的危险化学品未进入雨水管网

② 响应程序

a. Ⅰ级应急响应：对应于重大环境事件，立即上报园区环保分局或更高一级的环境应急机构，企业应急总指挥担任临时总指挥。由园区或更高一级的环境应急机构成立现场应急指挥部时，企业总指挥移交指挥权并介绍事故情况和已采取的应急措施，企业应急队伍统一听从基地或更高一级的环境应急机构指挥部调度，且配合政府事故后处置工作。

b. Ⅱ级应急响应：对应于较大环境事件，事件发现人员立即报告企业应急指挥部，企业应急总指挥通知公司各个应急救援小组，准备现场救援，立即进入抢险救援状态，进行紧急抢险。按照企业现有的环境风险防控措施和应急救援队伍，消防尾水、超标废水、泄漏的危险化学品可控制在厂区内，不会流出厂外。同时随时关注事件处置进展，防止事件升级。

c. Ⅲ级应急响应：对应于一般环境事件，只需启动现场级应急救援预案的事故。同时，随时关注事件处置进展，防止事件升级。

分级管理应急响应见表 10-11。

表 10-11　突发环境事件分级管理

突发环境事件级别	级别确认部门	应急总指挥	启动应急预案级别
Ⅲ级	应急指挥部	总经理	启动突发环境事件应急预案Ⅲ级应急措施
Ⅱ级	应急指挥部	总经理	启动突发环境事件应急预案Ⅱ级应急措施
Ⅰ级	应急指挥部	园区环保分局或更高一级的应急指挥机构	启动突发环境事件应急预案Ⅰ级应急措施

（7）水污染事件现场处置措施

见表 10-12。

表 10-12　水污染事件现场处置措施

突发环境事件级别	现场处置措施
Ⅲ级	立即关闭雨水总排口
Ⅱ级	立即关闭雨水总排口，引消防废水或泄漏的化学品进入事故池； 对进入厂区污水管网的消防废水或泄漏的危险化学品采用移动泵转输至中转罐或用槽车转移，对转输的废水送厂区污水处理站处理
Ⅰ级	立即关闭雨水总排口，引消防废水或泄漏的化学品进入事故池。 对进入厂区污水管网的消防废水或泄漏的危险化学品采用移动泵转至中转罐或用槽车转移；转输废水送厂区污水处理站处理。 配合园区应急指挥部对流出厂外的危险化学品进行围堵，调集移动泵、槽车、活性炭等应急资源供园区应急指挥部使用

第四节　人体伤害事故应急处置

制药过程发生的危险事故主要有火灾爆炸事故和泄漏事故等，通常除上节所说的伴生环境污染事故以外，还常常伴有机械伤害和中毒窒息事故等发生。

在我国，一般根据生产安全事故（以下简称事故）造成的人员伤亡或者直接经济损失，将事故分为：特别重大、重大、较大和一般，共四个等级。具体如下：

① 特别重大事故，是指造成 30 人以上死亡，或者 100 人以上重伤（包括急性工业中毒，下同），或者 1 亿元以上直接经济损失的事故；

② 重大事故，是指造成 10 人以上 30 人以下死亡，或者 50 人以上 100 人以下重伤，或者 5000 万元以上 1 亿元以下直接经济损失的事故；

③ 较大事故，是指造成 3 人以上 10 人以下死亡，或者 10 人以上 50 人以下重伤，或者 1000 万元以上 5000 万元以下直接经济损失的事故；

④ 一般事故，是指造成 3 人以下死亡，或者 10 人以下重伤，或者 1000 万元以下直接经济损失的事故。

一、人体伤害事故应急处置一般流程与要求

伤害事故发生后，当事人或事故现场有关人员应当及时采取自救、互救措施，保护事故现场，并立即向本单位负责人报告，拨打110、119、120等急救电话。事故现场负责人立即向当地安监局、项目建设和项目安全监督机构报告；事故单位负责人和建设单位负责人接到事故报告后，要立即启动事故应急预案，迅速采取有效措施组织事故抢救，防止事故扩大，减少人员伤亡和财产损失。安全生产事故应急响应处置一般流程如下（图10-9）。

① 事故发生后，最早发现者应立即通知附近同事，并立即向当班调度安全部门报警，同时采取一切办法切断事故源。

② 当班负责人接到报警后，应迅速通知有关车间，要求查明事故部位和原因，下达按应急救援预案处理的指令，同时发出警报，通知指挥部成员或专业队伍迅速赶往事故现场，下令疏散周围人员。

③ 指挥部成员视情况向上级主管部门报告事故情况，同时安排相关部门迅速通知附近人员和单位。

④ 发生事故的部门，应迅速查明发生源点泄漏部位、原因，凡能以切断电源、事故源等处理措施消除事故的，则应以自救为主；如事故源不能自己控制的应向指挥部报告，说明泄漏量或事故危害程度，并提出堵漏或抢修的具体措施。

⑤ 指挥部成员赶到事故现场后，根据事故状态及危害程度，作出相应的应急决定，并命令应急救援队伍立即开展救援，如事故扩大，应及时请求救援。

⑥ 公司应急消防队到达事故现场时，应穿戴好防护器具，首先查明有无中毒人员，以最快速度使中毒者脱离现场，轻者由医务救疗组治疗，严重者马上送医院抢救。

⑦ 安全、生产、技术部门到达事故现场后，会同发生事故部门在查明判断事故危害程度后，视是否可控作出局部或全部停车的决定，若需要紧急停车的则按紧急停车程序进行。

⑧ 医疗救护人员到达现场后，与各救援专业组配合，立即救护伤员和中毒人员，并采取相应急救措施后送医院抢救。

⑨ 警戒疏散组到达现场后，担负治安和交通指挥，组织纠察，设岗划分禁区，加强警戒，加强巡逻检查。

⑩ 环保人员到达现场后，应迅速查明泄漏和扩散情况以及发展势态，根据风向、风速、建（构）筑物分布，判定扩散方向和速度，并及时向指挥部汇报，必要时根据扩散区域人员分布情况、动植物特征通知人员撤离，或指导相关人员采取简易有效的应急措施。

⑪ 抢险抢修人员到达现场后，根据指挥部下达的抢修指令，迅速进行设备抢修，控制事故以防止事故扩大。

⑫ 在事故得到控制后，立即成立事故专门处置小组，调查事故原因和落实防范措施及抢修方案，并组织抢修，尽快恢复生产。

从上述流程可见，对于伤害事故的应急处置主要包括：应急响应、警戒隔离、人员防护与救护、工程抢险、现场监测、现场清理、信息发布直至救援结束。同时，应当于1h内，将特别重大、重大事故逐级上报至国务院应急管理行政主管部门和交通运输管理部门，将达到较大事故级别的逐级上报至省政府安全生产监督管理部门和省交通厅，而一般事故上报至设区的市级人民政府安全生产监督管理部门和市交通局。

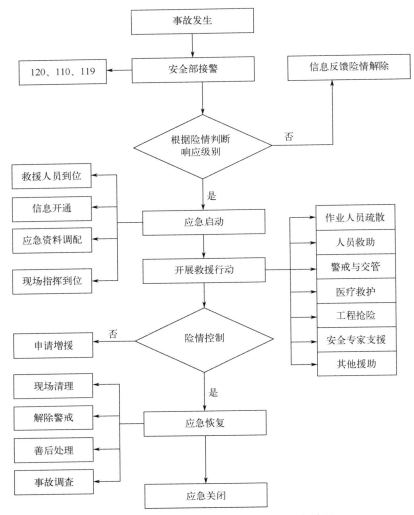

图 10-9 安全生产事故应急响应处置一般流程

二、典型伤害事故应急处置

1. 机械伤害事故处置

（1）事故处置流程

① 轻微、一般机械伤害的应急处置 首先停止机械运转。轻微的伤害可自行对伤口进行清洗、处理包扎；当受到一般机械伤害时，伤口经简单处理后送医院治疗。

② 严重机械伤害应急处置

a. 当班人员发现有人受伤后，必须立即停止机械运转，向周围人员呼救，进行简单包扎、止血等措施，以防止受伤人员流血过多造成死亡事故发生。同时通知组长并拨打 120 急救电话。

b. 救援组长在安排救援小组施救的同时迅速上报部门领导，当事态扩大时，上报公司管理部门以便采取更有效的救护措施。

c. 在做好事故紧急救助的同时，应注意保护事故现场。

（2）事故处置基本要求

① 发现有人受伤后，必须立即停止机械运转，向周围人员呼救，同时通知现场急救中心，以及拨打120等社会急救电话。报警时，应注意说明受伤者的受伤部位和受伤情况，发生事件的区域或场所，以便让救护人员事先做好急救的准备。

② 项目人身伤害和突发环境事件应急工作组在组织进行应急抢救的同时，应立即上报项目安全生产应急领导小组，启动应急预案和现场处置方案，最大限度地减少人员伤害和财产损失。必要时，应立即上报当地政府有关部门，并请求支持和救援。

③ 由项目现场医护人员进行现场包扎、止血等措施，防止受伤人员流血过多造成死亡事故发生。创伤出血者迅速包扎止血，送往医院救治。

④ 发生断手、断指等严重情况时，对伤者伤口要进行包扎止血、止痛，进行半握拳状的功能固定。对断手、断指应用消毒或清洁敷料包好，忌将断指浸入酒精等消毒液中，以防细胞变质。将包好的断手、断指放在无泄漏的塑料袋内，扎紧好袋口，在袋周围放上冰块，或用冰棍代替，速随伤者送医院抢救。

⑤ 肢体卷入设备内，必须立即切断电源；如果肢体仍被卡在设备内，不可用倒转设备的方法取出肢体，妥善的方法是拆除设备部件，无法拆除时拨打当地119请求社会救援。

⑥ 发生头皮撕裂伤可采取以下急救措施：及时对伤者进行抢救，采取止痛及其他对症措施；用生理盐水冲洗有伤部位，涂红汞后用消毒大纱布块、消毒棉花紧紧包扎，压迫止血；使用抗生素，注射抗破伤风血清，预防伤口感染；送医院进一步治疗。

⑦ 受伤人员出现肢体骨折时，应尽量保持受伤的体位，由现场医务人员对伤肢进行固定，并在其指导下采用正确的方式进行抬运，防止因救助方法不当导致伤情加重。

⑧ 受伤人员出现呼吸、心跳停止症状后，必须立即进行心脏按压或人工呼吸。

⑨ 在做好事故紧急救助的同时，应注意保护事故现场，对相关信息和证据进行收集和整理，做好事故调查工作。

（3）事故处置实例

① 事故经过　2010年6月25日15时00分，加工班人员郭某在现场料库加工钢槽支架时，由于衣服穿戴过于宽松，手臂不慎卷入台式钻床，班长（高某）立即向队长（于某）报告，队长立即命令抢救组（张某、柳某、闫某）赶到现场，抢救伤员，保护现场。

② 应急处置

a. 应急领导小组接到现场电话通知后立即启动应急救援预案。事故现场总指挥姚某从现场电话中确认事故地点和人员受伤情况做出如下部署：由张某带领应急人员及担架、急救箱等应急物资乘应急救援车立即赶赴事故现场，并对应急抢救提出了具体要求，在施救时应根据人员受伤情况，采取正确得当的措施避免伤情扩大；财务人员准备资金以便送达医院能及时得到救治。

b. 15:05应急车辆及人员、物资到达事发现场。

c. 事故现场于某正在指挥现场实施抢救。现场情况：郭某的手臂被台式钻床钻出血，张某等立即用干净毛巾把伤口包扎好，由联络组组长梁某找来工程抢险车，由应急人员将伤员郭某及时送往当地医院进行医治。同时，应急领导小组向项目部安全质量环保部报告事故情况。后勤组为抢救伤员工作提供后勤保障。

d. 15:10车辆带着受伤者出发赶往医院。

e. 对事故现场进行清理，恢复正常的作业条件。

2. 烫伤事故处置

（1）事故处置流程

烫伤事故发生后，现场人员应立即向周围人员呼救，迅速将烫伤人员脱离危险区域并立即冷疗，面积较小的烫伤可用大量干净冷水冲洗至少 30min，保护好烧伤创面，尽量避免污染；面积较大或程度较深的烫伤应以干净的纱布敷盖患部简单包扎，尽快转送医院或拨打 120。

现场人员在进行现场处置后应立即向当班工段班组长报告，工段班组长迅速向应急救援指挥部汇报，救援指挥部宣布启动处置方案，应急处置组成员接到通知后，立即赶赴现场进行应急处理。

（2）事故处置基本要求

① 火焰烧伤：衣服着火应迅速脱去燃烧的衣服，或就地打滚压灭火焰，或以水浇，或用衣被等物扑盖灭火，切忌站立喊叫或奔跑呼救，避免头面部和呼吸道灼伤。

② 高温液体烫伤：应立即将被热液浸湿的衣服脱去，如果与皮肤发生粘连，不得强行脱烫伤人员的衣物，以免扩大创面损伤面积。

③ 化学烧伤：受伤后应首先将浸有化学物质的衣服迅速脱去，并立即用大量水冲洗，尽可能地去除创面上的化学物质。

④ 物料烫伤：高温物料烫伤时，应立即清除身体部位附着的物料，必要时脱去衣物，然后冷水冲洗，如贴身衣服与伤口粘在一起，切勿强行撕脱，以免使伤口加重，可用剪刀先剪开，然后慢慢将衣服脱去。

⑤ 气道吸入性损伤的治疗应于现场即开始，保持呼吸通畅，解除气道梗阻，不能等待诊断明确后再进行；伴有面、颈部烧伤的患者，在救治时要防止再损伤。

⑥ 对烫伤严重者应禁止大量饮水，以防休克；口渴严重时可饮盐水，以减少皮肤渗出，有利于预防休克。

（3）事故处置实例

① 事故经过　2016 年×月×日 23 时左右，某公司氯化车间副主任吴某在办理排渣证之前，安排姚某、杨某、闫某 3 人对四氯对苯二氰生产线进行排渣作业，当 3 人拧开汽化器法兰上的螺栓时，二氰液体热料从汽化器法兰处喷出，3 名工人当场被烫伤。车间内其他岗位的王某、于某、朱某、张某 4 名工人在紧急撤离的过程中也被喷出的热料烫伤。

② 应急处置　事故发生后，公司拨打了 120 急救电话，并安排人员对 7 名伤者进行冷却处理。10 多分钟后，120 急救车到达现场，将 7 名伤者送至医院救治，其中部分伤员伤情较重被连夜转往徐州某医院救治。

③ 事故原因分析

a. 直接原因　工作人员安全意识淡薄，在未佩戴劳动防护用品且安全措施未落实的情况下违章进行作业。

b. 间接原因　公司安全管理不到位，未为排渣工人配备排渣劳动防护用品，对排渣工人的安全培训教育流于形式；吴某在排渣证办理前，且安全措施未落实的情况下，违章指挥工人进行作业。

3. 中毒伤害事故处置

（1）事故处置流程

现场人员应立即将中毒者转移至上风向或侧上风向空气无污染区域，并进行紧急救治；经现场紧急救治，伤势严重者立即送医院观察治疗。

（2）事故处置基本要求

针对事故的应急处置，还应遵循以下要求：

① 现场指挥人员发现危及人身安全的紧急情况时，应迅速发出紧急撤离信号。

② 若因火灾爆炸引发泄漏中毒事故，或因泄漏引发火灾爆炸事故，应统筹考虑，优先采取保障人员生命安全、防止灾害扩大的救援措施。

③ 维护现场救援秩序，防止救援过程中发生车辆碰撞、车辆伤害、物体打击、高处坠落等事故。

④ 对可燃、有毒有害危险化学品的浓度、扩散等情况进行动态监测。现场指挥部和总指挥部根据现场动态监测信息，适时调整救援行动方案。

⑤ 在危险区与安全区交界处设立洗消站。使用相应的洗消药剂，对所有中毒人员及工具、装备进行洗消。

⑥ 现场清理：彻底清除事故现场各处残留的有毒有害气体；对泄漏液体、固体应统一收集处理；对污染地面进行彻底清洗，确保不留残液；对事故现场空气、水源、土壤污染情况进行动态监测，并将监测信息及时报告现场指挥部和总指挥部；洗消污水应集中净化处理，严禁直接外排；若空气、水源、土壤出现污染，应及时采取相应处置措施。

⑦ 信息发布：事故信息由总指挥部统一对外发布；信息发布应及时、准确、客观、全面。

（3）中毒事故实例

以常见的氯气（Cl_2）为例，氯气在生产、储运和使用过程中都可能发生泄漏事故，如抢救不及时有效，则会发生死亡事故。

① 事故概况　某日某电解车间液氯工段 2 号氯计量槽出口阀门突然意外破裂。泄漏液氯 1t 左右，持续时间约 75min。当时气温为 22.8℃，相对湿度 45%，气压 8.4kPa，风向西北，风速 3m/s。泄漏的液氯迅速汽化，随风向东南方向扩散。下风侧近邻是厂前区食堂，隔 10 多米是职工医院、办公楼，再往前是厂门前公路，过公路是居民区和某职工医院。污染带呈扇形分布，纵深达 1500m 左右，宽度 200～1500m。污染区内部分树木花草落叶，厂前区树叶变焦黄；部分办公楼和居民及路上的过往行人有 400 余人受到氯气危害。其中 108 人住院治疗，门诊死亡 1 人。住院者中该厂职工 9 人，社会居民 99 人。男 51 人（47.2%），女 57 人（52.8%）。年龄最小者仅出生 1 天，最大者 84 岁。诊断为氯气刺激反应 75 人（69.4%）；轻度中毒 29 人（26.9%）；中度中毒 3 人（2.8%）；重度中毒 1 人（0.9%）。

事故发生后 2h（14:20），当地卫生防疫站对事故现场氯气浓度测定结果为：在距毒源 10m 下风处为 96.4mg/m³；距毒源 50m 下风处为 47mg/m³；距毒源 200m 下风处为 5.3mg/m³。

这次事故导致全厂部分停产 6h，医药费用等支出达 52 万元，并造成极坏的社会影响。

② 应急处置

a. 医院抢救　该厂职工医院由于在重污染区内，医院门前黄烟弥漫，无法徒步行走。未及时撤离的医务人员被分别围困在几间房间内，抢救指挥部发现后几次派面包车接应，终于在 12 时左右职工医院工作人员全部撤离，医院被迫停止工作。

该厂附近的某纺织医院于 12 时 35 分接到呼救电话后，立即做好抢救准备。当时正是午休时间，院长通过电话、广播通知在家午休职工立即赶到医院进行抢救。马上成立了抢救指挥部，市长兼市委书记火速赶到现场，化工局长、卫生局长、公安局长等局领导也很快赶到指挥部。市长做了简短部署后，公安局保证了救护车辆行驶畅通，市卫生局局长调动全市各大医院出动救护车，接受急救中心的分流病员。市职业病诊断组副组长、职业病专家杨教授迅速拟出简明的抢救方案，张贴在大厅里。静滴药物按协定处方，护士统一加药，实行流水作业。

抢救措施：一律限制活动，吸氧，镇静，静注地塞米松、氨茶碱、庆大霉素等。

9 月 24 日，市卫生局组织市职业病诊断组专家对全市各大医院中本次事故的住院病人进行会诊，统一了诊断标准和处理原则，并对各医院的治疗方案进行具体指导。抢救基本成功，经 2~3 周的治疗，绝大部分中毒人员痊愈出院，并上班工作。

b. 现场处理　液氯工段发生事故后，立即开启纳氏泵，将 2 号计量槽中的液氯向 3 号槽及漂液工段转送，以减少外逸氯气量。以厂长为首的指挥中心，果断决定迅速更换破裂的出口阀门；立即用客车将本厂和外厂两个幼儿园 200 余名孩子紧急转移到外厂的子弟小学；通过居委会组织邻近的居民疏散转移；电解工段停电、停车；成立现场抢修、医疗救护、群众工作、事故调查、政治宣传五个工作组，分头开展工作。

由于现场指挥及时、措施得当，抢修人员临危不惧、奋不顾身，只用 75min 就将出口阀更换完毕。在现场处理中，指挥人员立于泄漏源上风向，使用防毒面具或湿毛巾遮住口鼻，尚可坚持。但抢修人员佩戴防毒面具时效甚短，基本无防护作用。后来借来氧气呼吸器才能坚持抢修。抢修人员穿消防衣靴，皮肤防护效果不好；有 6 人发生会阴部、阴囊及前臂化学性灼伤。

③ 事故原因分析

a. 阀门质量有问题。该阀门是 8 月 2 日更换的新阀门，其质量存在严重缺陷。法兰钻孔时钻到了阀体部位，使阀体减薄至 8mm；阀盖法兰中心与阀体中心不重合，明显偏心；阀体材质强度低于要求强度 40%左右。该阀门在订货审批、检修质量要求、基建设计程序、安装规程、安全检修制度、验收制度等方面都存在一定薄弱环节，需全面复查，健全完善，方能防止类似事故发生。

b. 该厂职工医院选址不合理。该院是由该厂原保健站扩建而成，距该厂电解工段只有 30m，距液氯工段 60m。该市全年主导风向为西北风，医院恰在上述工段下风侧。本次事故中，职工医院院区被严重污染，致使医务人员在事故中死亡 1 人，住院治疗 3 人，门诊治疗 12 人，医院被迫停止工作，极大地影响了本次事故的现场抢救工作。因此，该厂应高度重视，另选址重建职工医院。

c. 应急救援设施配备不合理。该厂未按要求配备应急救援设施，事故发生时全厂无一台氧气呼吸器或供气式呼吸器，给在高浓度氯环境中抢修造成困难。后来从兄弟单位借来了氧气呼吸器，工人戴上氧气呼吸器进行抢修，但因无化学防护服，致使抢修工人的皮肤和阴囊发生化学性灼伤。此类工厂应按规定配齐各岗位的防护用品，并做到专人专柜保管，定期检查。

事实上，我们可以将消除危险、有害因素及其主要条件的技术和措施纳入项目设计和装置系统建设中，即使在危险、有害因素依然存在或出现无操作和设备发生故障时，也不会产生危险或危害后果。但是，系统的安全管理缺失或存在缺陷以及监控装置发生故障使得危害事故难以杜绝。

 习题

1. 应急预案体系的构成是怎样的？
2. 应急救援设施主要包括哪些方面？
3. 制药过程发生的主要事故类型有哪些？
4. 试结合加氢脱保护法制备某原药的工艺，编制应急预案。
5. 试结合基于病毒菌疫苗的生产工艺，编制应急救援预案。
6. 针对小水针罐装熔封车间，编制应急救援预案（提示：关注熔封用可燃气体的爆燃性和毒害性、线上药液的危害性，以及相关法规和标准）
7. 化学合成制药企业雨水总排口、储罐区排水口切断闸阀处于常闭状态是否正确？请说明理由。

附录

法规与技术标准

1. 产业政策相关文件

(1)《产业结构调整指导目录（2024 年本)》

(2)《鼓励外商投资产业目录（2022 年版)》

(3)《限制用地项目目录（2012 年本)》

(4)《禁止用地项目目录（2012 年本)》

(5)《部分工业行业淘汰落后生产工艺装备和产品指导目录（2010 年本)》

(6)《国务院办公厅关于促进医药产业健康发展的指导意见》(国办发〔2016〕11 号)

(7)《关于严格限制四氯化碳生产、购买和使用的公告》(环境保护部公告 2009 年 第 68 号)

(8)《关于严格控制新建、改建、扩建含氢氯氟烃生产项目的通知》(环办〔2008〕104 号)

(9)《药品生产质量管理规范》(2010 年修订)

2. 环境保护相关法规

(1)《中华人民共和国环境保护法》

(2)《中华人民共和国环境影响评价法》

(3)《中华人民共和国大气污染防治法》

(4)《中华人民共和国水污染防治法》

(5)《中华人民共和国固体废物污染环境防治法》

(6)《中华人民共和国噪声污染防治法》

(7)《中华人民共和国海洋环境保护法》

(8)《中华人民共和国循环经济促进法》

(9)《中华人民共和国节约能源法》

(10)《中华人民共和国清洁生产促进法》

(11)《环境空气质量标准》（GB 3095—2012)

(12)《地表水环境质量标准》（GB 3838—2002)

(13)《地下水质量标准》（GB/T 14848—2017)

(14)《海水水质标准》（GB 3097—1997)

(15)《声环境质量标准》（GB 3096—2008)

(16)《土壤环境质量　建设用地土壤污染风险管控标准（试行)》（GB 36600—2018)

(17)《土壤环境质量　农用地土壤污染风险管控标准（试行）》（GB 15618—2018）

(18)《大气污染物综合排放标准》（GB 16297—1996）

(19)《恶臭污染物排放标准》（GB 14554—1993）

(20)《锅炉大气污染物排放标准》（GB 13271—2014）

(21)《污水综合排放标准》（GB 8978—1996）

(22)《工业企业厂界环境噪声排放标准》（GB 12348—2008）

(23)《固定源废气监测技术规范》（HJ/T 397—2007）

(24)《国家危险废物名录》（2025 版）

(25)"危险废物鉴别标准"（GB 5085.1—6 2007）

(26)《化学合成类制药工业水污染物排放标准》（GB 21904—2008）

(27)《煤质颗粒活性炭　净化水用煤质颗粒活性岩》（GB 7701.2—2008）

(28)《危险废物贮存污染控制标准》（GB 18597—2023）

(29)《危险废物焚烧污染控制标准》（GB 18484—2020）

(30)《危险废物填埋污染控制标准》（GB 18598—2019）

(31)《再生资源回收管理办法》（2019 年修订）

(32)《一般工业固体废物贮存和填埋污染控制标准》（GB 18599—2020）

(33)《制订地方水污染物排放标准的技术原则与方法》（GB/T 3839—1983）

(34)《危险废物收集、贮存、运输技术规范》（HJ 2025—2012）

(35)《排污许可证管理条例》（中华人民共和国国务院令　第 736 号）

(36)《建设项目环境保护管理条例》（国务院令第 682 号）

(37)《化工建设项目环境保护工程设计标准》（GB/T 50483—2019）

(38)《挥发性有机物（VOCs）污染防治技术政策》（环境保护部公告 2013 年第 31 号）

(39)《2020 年挥发性有机物治理攻坚方案》（环大气〔2020〕33 号）

(40)《国务院关于印发大气污染防治行动计划的通知》（国务院国发〔2013〕37 号）

(41)《国务院关于印发水污染防治行动计划的通知》（国务院国发〔2015〕17 号）

(42)《国务院关于印发土壤污染防治行动计划的通知》（国务院国发〔2016〕31 号）

(43)《新污染物治理行动方案》（国办发〔2022〕15 号）

(44)《关于加强工业节水工作的意见》（国经贸资源〔2000〕1015 号）

(45)《环境影响评价公众参与办法》（生态环境部令　第 4 号，2019 年 1 月 1 日）

(46)《建设项目环境影响评价分类管理名录》（2021 年版）

(47)《关于进一步加强环境影响评价管理防范环境风险的通知》（环保部环发〔2012〕77 号）

(48)《关于切实加强风险防范严格环境影响评价管理的通知》（环保部环发〔2012〕98 号）

(49)《危险废物污染防治技术政策》（环保部环发〔2001〕199 号）

(50)《国务院关于加强环境保护重点工作的意见》（国务院国发〔2011〕35 号）

(51)《国务院关于落实科学发展观，加强环境保护的决定》（国务院国发〔2005〕39 号）

(52)《关于推进环境保护公众参与的指导意见》（环办〔2014〕48 号）

(53)《"十四五"环境影响评价与排污许可工作实施方案》（生态环境部环环评〔2022〕26 号）

(54)《石化行业挥发性有机物综合整治方案》（环保部环发〔2014〕177号）

(55)《"十三五"挥发性有机物污染防治工作方案》（环大气〔2017〕121号）

(56)《制药工业污染防治技术政策》（生态环境部公告2012年第18号）

(57)《建设项目竣工环境保护验收技术规范 制药》（HJ 792—2016）

(58)《危险货物道路运输安全管理办法》（交通运输部令2019年第29号）

(59)《铁路危险货物运输管理规则》（铁运〔2017〕164号）（TG/HY 105—2017）

(60)《国内水路运输管理条例》（交通运输部令〔2020〕4号）

(61)《环境影响评价技术导则 制药建设项目》（HJ 611-2011）

(62)《危险化学品目录》（2025版）

(63)《危险废物识别标志设置技术规范》（HJ 1276—2022）

3. 安全生产管理相关法规

(1)《中华人民共和国消防法》

(2)《中华人民共和国安全生产法》

(3)《中华人民共和国生物安全法》

(4)《中华人民共和国突发事件应对法》

(5)《中华人民共和国动物防疫法》

(6)《中华人民共和国传染病防治法》

(7)《中华人民共和国劳动法》

(8)《中华人民共和国劳动合同法》

(9)《中华人民共和国职业病防治法》

(10)《中华人民共和国特种设备安全法》

(11)《火灾分类》（GB/T 4968—2008）

(12)《建筑防火通用规范》（GB 55037—2022）

(13)《建筑灭火器配置设计规范》（GB 50140—2005）

(14)《石油化工企业设计防火标准（2018年版）》（GB 50160—2008）

(15)《消防设施通用规范》（GB 55036—2022）

(16)《特种设备安全监察条例》（中华人民共和国国务院令第549号）

(17)《固定式压力容器安全技术监察规程》（TSG 21—2016）

(18)《重点区域大气污染防治"十二五"规划》（环发〔2012〕130号）

(19)《职业病危害因素分类目录》（国卫疾控发〔2015〕92号）

(20)《职业病分类和目录》（国卫疾控发〔2013〕48号）

(21)《职业健康监护技术规范》（GBZ 188—2014）

(22)《用人单位职业健康监护监督管理办法》（国家安全生产监督管理总局令第49号）

(23)《工业企业设计卫生标准》（GBZ 1—2010）

(24)《防暑降温措施管理办法》（安监总安健〔2012〕89号）

(25)《呼吸防护用品的选择、使用与维护》（GB/T 18664—2002）

(26)《工业企业噪声控制设计规范》（GB/T 50087—2013）

(27)《工作场所防止职业中毒卫生工程防护措施规范》（GBZ/T 194—2007）

(28)《危险化学品事故应急救援指挥导则》（AQ/T 3052—2015）

(29)《建筑灭火器配置设计规范》（GB 50140—2005）

(30)《石油化工可燃气体和有毒气体检测报警设计标准》（GB/T 50493—2019）

(31)《工作场所有毒气体检测报警装置设置规范》（GBZ/T 223—2009）

(32)《中国生物制品规程》（国药管注〔2000〕337 号）

(33)《实验室 生物安全通用要求》（GB 19489—2008）

(34)《生物安全实验室建筑技术规范》（GB 50346—2011）

(35)《危险化学品重大危险源辨识》（GB 18218—2018）

(36)《危险化学品重大危险源监督管理暂行规定（2015 年修订）》（国家安监总局令第40 号）

(37)《重大动物疫情应急条例》（2017 年国务院令第 687 号修正）

(38)《突发公共卫生事件应急条例》（国务院令第 376 号）

(39)《实验动物管理条例》（根据 2017 年 3 月 1 日《国务院关于修改和废止部分行政法规的决定》第三次修订）

(40)《个体防护装备配备规范 第 2 部分：石油、化工、天然气》（GB 39800.2—2020）

(41)《工作场所职业卫生监督管理规定》（国家安全生产监督管理总局令第 47 号）

(42)《吸附法工业有机废气治理工程技术规范》（HJ 2026—2013）

(43)《催化燃烧法工业有机废气治理工程技术规范》（HJ 2027—2013）

(44)《危险化学品安全管理条例》（国务院令第 591 号）

(45)《生产安全事故应急预案管理办法》（国家安全生产监督管理总局令第 88 号）

(46)《水体污染防控紧急措施设计导则》（中石化建标〔2006〕43 号）

(47)《危险化学品事故应急救援预案编制导则》（安监管危化字〔2004〕43 号）

(48)《危险化学品企业生产安全事故应急准备指南》（应急厅〔2019〕62 号）

(49)《关于进一步加强安全评价机构监管工作的通知》（安监总厅科技〔2016〕13 号）

(50)《安全评价通则》（AQ 8001—2007）

(51)《安全预评价导则》（AQ8002—2007）

(52)《安全验收评价导则》（AQ8003—2007）

(53)《危险化学品建设项目安全评价细则（试行)》（安监总危化〔2007〕255 号）

(54)《生产过程危险和有害因素分类与代码》（GB/T 13861—2022）

(55)《企业职工伤亡事故分类》（GB 6441—1986）

(56)《安监总局关于加强化工过程安全管理的指导意见》（安监总管三〔2013〕88 号）

(57)《国家安全监督管理总局关于加强化工安全仪表系统管理的指导意见》（安监总管三〔2014〕116 号）

(58)《危险化学品安全管理条例》（国务院令第 591 号）

(59)《安全生产许可证条例》（国务院令第 397 号）

(60)《工伤保险条例》（国务院令第 586 号）

(61)《易制毒化学品管理条例》（根据 2018 年 9 月 18 日《国务院关于修改部分行政法规的决定》第三次修订）

(62)《中华人民共和国监控化学品管理条例》（工业和信息化部令第 48 号）

(63)《生产安全事故报告和调查处理条例》（国务院令第 493 号）

(64)《使用有毒物品作业场所劳动保护条例》（国务院令第 352 号）

(65)《建设项目安全设施"三同时"监督管理办法》（国家安全生产监督管理总局令第 36 号，第 77 号修订）

(66)《危险化学品建设项目安全监督管理办法》（国家安全生产监督管理总局令第 41 号，第 79 号修订）

(67)《危险化学品生产企业安全生产许可证实施办法》（国家安全生产监督管理总局令第 41 号，第 89 号修订）

(68)《生产安全事故应急预案管理办法》（国家安全生产监督管理总局令第 88 号，应急管理部第 2 号修正）

(69)《特种作业人员安全技术培训考核管理规定》（国家安全生产监督管理总局令第 30 号）

(70)《特种设备作业人员监督管理办法》（国家质检总局第 140 号令）

(71)《防雷减灾管理办法（修订）》（中国气象局第 24 号令）

(72)《工业企业总平面设计规范》（GB 50187—2012）

(73)《化工企业总图运输设计规范》（GB 50489—2009）

(74)《医药工业总图运输设计规范》（GB 51047—2014）

(75)《供配电系统设计规范》（GB 50052—2009）

(76)《低压配电设计规范》（GB 50054—2011）

(77)《建筑物防雷设计规范》（GB 50057—2010）

(78)《消防给水及消火栓系统技术规范》（GB 50974—2014）

(79)《爆炸危险环境电力装置设计规范》（GB 50058—2014）

(80)《石油化工可燃气体和有毒气体检测报警设计标准》（GB/T 50493—2019）

(81)《控制室设计规范》（HG/T 20508—2014）

(82)《危险化学品企业特殊作业安全规范》（GB 30871—2022）

(83)《生产过程安全卫生要求总则》（GB/T 12801—2008）

(84)《化工企业安全卫生设计规范》（HG 20571—2014）

(85)《危险化学品安全使用许可证实施办法》（国家安全生产监督管理总局令第 57 号，第 89 号修正）

(86)《职业性接触毒物危害程度分级》（GBZ/T 230—2010）

(87)《危险废物鉴别技术规范》（HJ 298—2019）

(88)《危险废物鉴别标准 通则》（GB 5085.7—2019）

(89)《病原微生物实验室生物安全通用准则》（WS 233—2017）

参考文献

[1] [英]R. Smith. 化工过程设计. 王保国，王春艳，李会泉，等，译. 北京：化学工业出版社，2002.

[2] 吕阳成，骆广生，戴猷元. 中药提取工艺研究进展. 中国医药工业杂志，2001（05）：40-43.

[3] 张坤民. 中国环境保护事业. 中国人口、资源与环境，2010，20（06）：1-5.

[4] [美]戴维 T. 艾伦，戴维 R. 肖恩纳德. 绿色工程：环境友好的化工过程设计. 李桦，等，译. 北京：化学工业出版社，2006.

[5] 梁慧刚，黄翠，宋冬林，等. 合成生物学研究和应用的生物安全问题. 科技导报，2016，34（2）：307-312.

[6] 国家药典委员会. 中华人民共和国药典（三部）. 北京：中国医药科技出版社，2015.

[7] Baldwin C L, Runkle R S.Biohazards symbol: Development of a biological hazards warning signal.Science, 1967, 158 (798): 264–265.

[8] Alistair B A B, Murray A R.Pharmaceuticals and personal care products in the environment: What are the big questions? Environment Health Perspectives, 2012, 120 (9): 1221-1229.

[9] Devesh K.Impact of pharmaceutical industries on environment, health and safety.Journal of Critical Reviews, 2015, 4 (2): 25-30.

[10] Gathuru I M, Buchanich J M, Marsh G M, et al. Health Hazards in the Pharmaceutical Industry. Pharmaceut Reg Affairs, 2015, 4: 145.

[11] 姚日生，桑苇，周存六. 铁离子在光引发氯化合成间二氯苯过程中的作用. 石油化工，1998，27（10）：74-726.

[12] 许文. 化工安全工程概论. 北京：化学工业出版社，2015.

[13] 姚日生. 制药工程原理与设备. 北京：高等教育出版社，2007.

[14] 中国就业培训指导中心. 国家职业资格培训教程·安全评价师（基础知识）. 北京：中国劳动社会保障出版社，2010.

[15] 葛秀坤，邵辉，赵庆贤，等，氯气氯化工艺过程自动控制方案研究. 工业安全与环保，2011，37（8）：9-11.

[16] 柳红梅. 微波辐射对人体健康影响的研究进展. 口岸卫生控制，2004，9（2）：37-39.

[17] 吕琳. 有毒物质风险分级方法及在职业病危害预评价项目中的应用. 中国工业医学杂志，2010，6（3）：226-229.

[18] 杜伟佳，黄敏之，谭强. 广州市某中药制药厂职业危害因素对工人健康的影响. 职业与健康，2011，7（14）：1561-1565.

[19] 赵莉. 某制药企业职业健康监护工作探讨. 职业与健康. 2012，8（16）：1965-1967.

[20] 王洋，庄缅，某制药企业生产过程中职业病危害现状评价. 化学工程师，2014，6：70.

[21] 姜亢，王勇毅，李炜炜. 中国安全生产科学技术. 2009，2（1）：27-31

[22] 任南琪. 高浓度有机工业废水处理技术. 北京：化学工业出版社，2012.

[23] 高廷耀. 水污染控制工程：下册. 北京：高等教育出版社，2015.

[24] 胡晓东. 制药废水处理技术及工程实例. 北京：化学工业出版社，2008.

[25] 王效山. 制药工业三废处理技术. 北京：化学工业出版社，2010.

[26] Yao R S, Sun M. Water Research, 2006, 40: 3091-3098.

[27] Metcalf & Eddy Inc. Wastewater Engineering : Treatment and Reuse. 4th ed. Boston : McGraw-Hill, 2003.

[28] 张自杰. 环境工程手册：水污染防治卷. 北京：高等教育出版社，1996.

[29] 环境保护部环境工程评估中心. 全国环境影响评价工程师职业资格考试系列参考教材：环境影响评价技术导则与标准. 北京：中国环境科学出版社，2016.

[30] 黄岳元，等. 化工环境保护与安全技术概论. 北京：高等教育出版社，2014.

[31] 陈甫雪. 制药过程安全与环保. 2 版. 北京：化学工业出版社，2017.